植物与植物生理

（第二版）

主　　编　崔爱萍（山西林业职业技术学院）
　　　　　李永文（保定职业技术学院）
　　　　　黄小忠（江苏农林职业技术学院）
副 主 编　郭学斌（山西省林业科学研究院）
　　　　　郝会军（潍坊职业学院）
　　　　　代彦满（三门峡职业技术学院）
　　　　　胡　云（内蒙古农业大学职业技术学院）
参　　编　康华靖（温州科技职业学院）
　　　　　林　海（鹤壁职业技术学院）
　　　　　赵春哲（黑龙江农垦科技职业学院）
　　　　　王增池（沧州职业技术学院）
　　　　　安文杰（山西林业职业技术学院）

华中科技大学出版社

中国·武汉

内 容 提 要

本书以被子植物为主线，阐述了植物的形态特征、解剖结构、生理功能及个体发育过程中器官的发生，植物分类的基本知识，植物的主要类群和特点，植物的物质和能量代谢，植物的生长发育及环境条件等内容，图文并茂。知识平台每章后面附有本章小结和复习思考题；实践平台包括单项实验实训和综合实训，突出应用性和可操作性。

本书适合于高职高专生物技术类、林业技术类、农业技术类专业使用，也可供相关专业的师生及技术人员参考。

图书在版编目(CIP)数据

植物与植物生理/崔爱萍，李永文，黄小忠主编.—2 版.—武汉：华中科技大学出版社，2020.8(2023.8 重印)
ISBN 978-7-5680-6390-6

Ⅰ.①植…　Ⅱ.①崔…　②李…　③黄…　Ⅲ.①植物学-高等职业教育-教材　②植物生理学-高等职业教育-教材　Ⅳ.Q94

中国版本图书馆 CIP 数据核字(2020)第 130761 号

植物与植物生理(第二版)　　崔爱萍　李永文　黄小忠　主编
Zhiwu yu Zhiwu Shengli (Di-er Ban)

策划编辑：王新华
责任编辑：王新华
封面设计：刘　卉
责任校对：张会军
责任监印：周治超
出版发行：华中科技大学出版社(中国·武汉)　　电话：(027)81321913
武汉市东湖新技术开发区华工科技园　　邮编：430223
录　　排：武汉正风天下文化发展有限公司
印　　刷：武汉开心印印刷有限公司
开　　本：787mm×1092mm　1/16
印　　张：20.75
字　　数：488 千字
版　　次：2023 年 8 月第 2 版第 3 次印刷
定　　价：48.00 元

华中出版

本书若有印装质量问题，请向出版社营销中心调换
全国免费服务热线：400-6679-118　竭诚为您服务

第二版前言

“植物与植物生理”是生命科学的基础学科之一，是各类高职高专院校中种植类、生物类相关专业的一门必修课。《植物与植物生理》编写组在多年来高职高专“植物与植物生理”课程教学改革研究与应用的基础上，通过对职业岗位(群)所需技能与能力、相关课程间知识结构与关系的分析，立足于理论教学“以必需、够用为度”的原则，重点突出了理论与生产实际的结合，形成了涵盖专业能力培养的知识结构和技能体系。

本教材分为“植物与植物生理知识平台”和“植物与植物生理实践平台”两大模块。知识平台包括 12 章，阐述了种子植物细胞、组织和器官的形态、结构及主要生理功能，植物分类基本知识，植物界各大类群的特征以及种子植物常见的分科特征，植物的各种代谢生理，植物生长发育的基本规律及促控措施等。每章设有学习内容、学习目标、技能目标，并附有本章小结、阅读材料、复习思考题。实践平台包括 23 个实验实训和 5 个综合实训。针对高等职业教育的实际需要，还充实了植物与植物生理的一些新技术、新方法。全书附插图约 180 幅。本教材可作为高职高专院校及本科院校的职业技术学院生物技术类、林业技术类、农业技术类专业的教材，也可作为成人教育相关专业的教材。另外，本教材还可供广大农林及生物科技工作者参考使用。

本教材由崔爱萍、李永文、黄小忠担任主编。参加编写的有山西林业职业技术学院崔爱萍、安文杰，保定职业技术学院李永文，江苏农林职业技术学院黄小忠，山西省林业科学研究院郭学斌，潍坊职业学院郝会军，三门峡职业技术学院代彦满，内蒙古农业大学职业技术学院胡云，温州科技职业学院康华靖，鹤壁职业技术学院林海，黑龙江农垦科技职业学院赵春哲，沧州职业技术学院王增池。全书由崔爱萍、李永文统稿。

在教材的编写过程中，编写人员参阅和借鉴了现有教材、有关专家和学者的一些资料和图片，得到了华中科技大学出版社及各编写人员所在院校的关心和支持，第一版作者付出了大量的劳动，打下了良好的基础，在此一并表示衷心感谢！

由于编者水平有限，教材中难免有不妥之处，恳请批评指正。

编　者

2020 年 5 月

目录

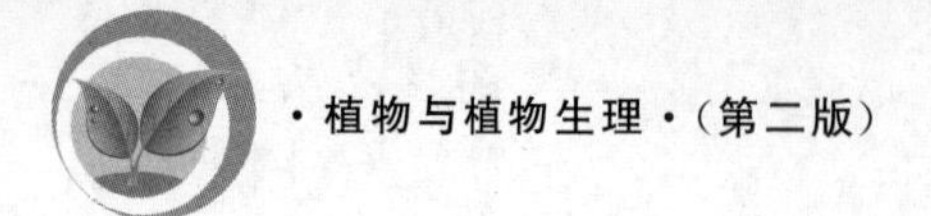

绪论

一、植物的多样性及我国的植物资源

1. 植物的多样性

地球上自生命发生以来，经历了近 35 亿年的漫长岁月，在不断的演变和进行过程中，形成了约 200 万种现存的生物，其中已知植物的总数达 50 万种之多。

在地球上复杂环境的孕育下，植物出现了多种多样的类型。从形态来讲，有矮小的一、二年生及多年生草本植物，有攀缘的藤本植物，有常绿或落叶的乔木或灌木。从结构来讲，有的仅由一个细胞组成，如衣藻、小球藻；有的由一定数量的细胞聚集成群体类型，如实球藻；在此基础上，出现了多细胞的低级类型，如海带、紫菜等；而后演化出具有根、茎、叶的高级类型，如合欢、苹果、杨、柳等。从生命周期来讲，有的细菌仅能生存 20～30 min，即进行分裂产生新个体；一、二年生的草本植物，分别在一年中或跨越两个年份(经历两个生长季)而完成生命进程，如棉花、冬小麦等；多年生的草本植物可以生存多年，如菊花、芦苇等；木本植物的树龄较长，有的甚至长达百年、千年，如松、柏、银杏等。从生态特性来讲，大多数植物生活在陆地上，称为陆生植物；部分植物生活在水中，称为水生植物，如莲、轮藻等；在一些特定环境中则相应出现一些特殊类型的植物，如沙生植物、盐生植物、树生植物等。从营养方式来讲，绝大多数植物体内具有叶绿素，能进行光合作用，自制养料，称为绿色植物或自养植物；有一部分植物不具有叶绿素，不能自制养料，必须寄生在其他植物体上，吸收现成的营养物质而生活，称为寄生植物，如菟丝子；而许多菌类则多从死的或腐烂的生物体上通过对有机物的分解作用而摄取生活所需的养料，是营腐生生活的腐生植物；寄生植物和腐生植物均属于非绿色植物或称为异养植物。

植物的多种多样不是偶然产生的，而是植物有机体在和环境的相互作用中，经过长期不断的遗传、变异、适应和选择等一系列的矛盾运动，有规律地演化而成的。演化规律是由原核到真核，由水生到陆生，由简单到复杂，由低等到高等。植物界的分类如图 0-1 所示。

2. 我国的植物资源

我国地域辽阔，自然生态条件复杂，植物资源丰富，仅种子植物就有 3 万种以上，占世界高等植物的 1/10，素有“植物王国”之称。在我国，几乎可以看到北半球上覆盖地面的各种植被类型。最北部的大兴安岭、长白山一带分布有落叶松、云杉、红松，林下还分布着闻名中外的药材——人参。华北山地和辽东、山东半岛一带，是全国小麦、棉花和杂粮的重要产区，还盛产苹果、梨、桃、葡萄、枣、核桃、板栗等。秦岭以南的川、贵、滇一带和长江中下游，植物资源最为丰富，是重要粮食作物——水稻的生产区，代表性植被类型为常绿阔叶林，经济林木有多种栎，以及香樟、油桐、毛竹、马尾松、杉木等，主要果树有柑橘、桃、李、杨梅、香榧、山核桃等。粤、桂、闽、台和滇南部的热带地区，有菠萝、甘蔗、剑麻、香蕉、

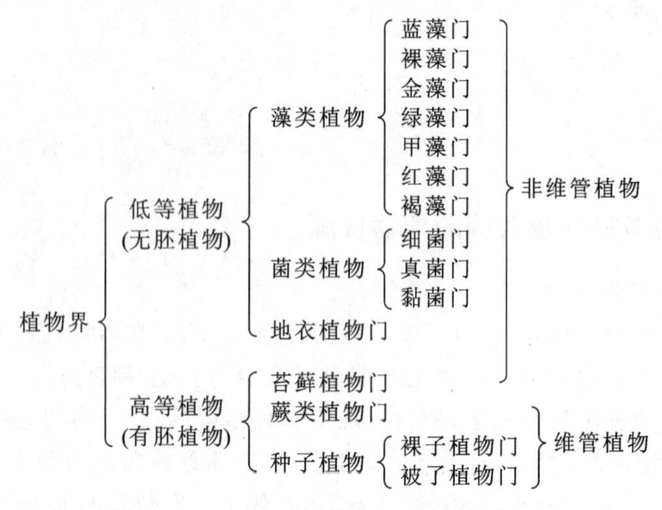

图 0-1 植物界的分类

荔枝、龙眼、芒果，还有橡胶、椰子、咖啡、可可、胡椒、油棕、槟榔等经济作物；特别是花卉更是闻名于世，仅广东一省就有几千种有花植物。东北平原和内蒙古高原有一望无际的大草原，禾本科、豆科牧草，营养价值高，是畜牧业的主要基础。青藏高原有青稞、冬小麦、荞麦和萝卜。新疆、甘肃、青海有我国最优质的长绒棉，还有葡萄、西瓜和哈密瓜。戈壁滩上有沙拐枣和麻黄。台湾省是世界盛产香樟、生产樟脑最多的地方，等等。

许多植物原产于我国，而引种到国外。在被子植物方面，水稻、小米（粟）早在数千年前已有栽培，豆类中的大豆，经济作物中的茶、桑、油桐、大麻、香樟等，果树中的桃、梅、梨、板栗、枇杷、荔枝、杨梅、橙等皆原产于我国。在裸子植物方面，全世界共有 13 科，约 800 种，我国就有 12 科，近 300 种之多，它们多是经济用材树种；我国的银杏、水杉、水松、银杉等素有“活化石”（或称孑遗植物）之誉。此外，还有很多特产树种，如金钱松、油杉等。药用植物方面，人参及数千种中草药更是宝贵的财富。在蕨类、藻类、苔藓及真菌中，也有许多特产的属种。原产我国的花卉植物也很多，如牡丹、月季、玫瑰、茶花、榆叶梅、金露梅、二月兰、报春花、荷包牡丹、米兰、黄杨、委陵菜等。

二、植物在自然界和人类生活中的作用

1. 绿色植物的光合作用

绿色植物利用太阳光，把二氧化碳和水合成碳水化合物，把光能转变成化学能贮藏在碳水化合物中，同时释放出氧气的过程称为光合作用。光合作用合成的碳水化合物在植物体内能进一步同化为糖类、脂肪、蛋白质等，这些物质不仅满足了绿色植物自身的营养需要，而且对于维持其他生物包括人类的生命起着关键的作用。

人类的衣、食、住、行等都离不开植物。在衣和食方面，作为主要粮食的作物有麦、稻、玉米、高粱等，常见的果蔬植物有苹果、梨、桃、柑橘、香蕉、荔枝、白菜、萝卜等，重要的油料植物有大豆、花生、油菜等，而棉花、大麻、苎麻、竹类是纺织或造纸的原料；在住和行方面，许多高大的树木，如松、柏、栎、桐等，可供建筑房屋、桥梁或制造车、船等用；在药用方面，

许多植物含有生物碱、有机酸、苷类、氨基酸、激素、抗生素等，多是药品的主要有效成分；在工业方面，无论是造纸、纺织、橡胶、油漆、染料、芳香油等都以植物为原料；就是为人类提供主要能源的煤炭、石油、天然气也是由数千万年前被埋藏在地层中的动植物矿化而成的。因此，绿色植物是地球的“初级生产者”，光合作用创造了自然界无穷无尽的宝库。

2. 非绿色植物的矿化作用

自然界的物质总是处于不断的运动中，不仅有从无机物合成有机物的过程，而且还有从有机物分解成无机物的过程。有机物分解作用的主要途径：一方面是植物和其他生物的呼吸作用；另一方面是死的有机体经过非绿色植物细菌、真菌、黏菌等的作用分解成为简单的无机物，即非绿色植物的矿化作用。经过矿化作用后，将简单的无机物再归还到自然界中，重新被绿色植物利用。

3. 植物在自然界物质循环中的作用

植物在自然界的各种物质循环中均起着非常重要的作用。如在碳循环中，地球上生物呼吸、物质燃烧、动植物尸体分解、火山爆发等都放出大量的二氧化碳而消耗大量的氧气；如果没有绿色植物的光合作用，大气中的二氧化碳浓度将不断增加，而氧气的消耗得不到补充。因此，绿色植物对于维持大气碳循环具有重要作用，没有绿色植物的光合作用，就不能维持大气中碳的循环。再如，在氮循环中，绿色植物在体内合成的蛋白质，除建造本身外，还作为养料被动物吸收；动、植物尸体通过细菌或真菌的分解而放出氨，成为铵盐，或通过硝化细菌的硝化作用成为硝酸铵，再被植物吸收，在植物体内再合成蛋白质。由此可见，氮的循环也只有在植物的作用下，才能不断进行。此外，其他元素如磷、钾、钙、镁等，也都是以被吸收的方式从土壤进入植物体，通过辗转变化，又重返土壤。总之，通过绿色植物和非绿色植物的吸收、合成、分解、释放等，相互依存，互为矛盾统一，使自然界的物质循环往复，永无止境，促进了自然界和地球上生物的不断运动和进化。

4. 植物在保护和改善环境中的作用

各种形式的绿地对改善小气候均有明显的作用，植物在夏季可以降低小环境内的温度、增加湿度，据测定，在树林内的空气湿度比空旷地高 7%～14%。许多树木如松、柏、樟等，常分泌芳香的植物杀菌素，据测定，1 hm^2 阔叶林整个夏季可以分泌 3 kg 植物杀菌素，针叶林可分泌 5 kg 植物杀菌素，桧柏林可分泌 30 kg 植物杀菌素；桉树的挥发性油能杀死结核菌和肺炎菌。利用树木的滞尘作用可显著降低城市大气的粉尘量，据调查，林地与空旷地相比，减尘率达 37%～60%。植物通过其叶片、枝条等的反射可分散声波，能减弱噪声的传播，如声音经过 30 m 宽的树木及灌木丛后可降低 7 dB，通过 40 m 宽的林带可降低 10～15 dB。植物除吸收二氧化碳外，木本植物中的合欢、悬铃木、加拿大杨、臭椿、女贞、梧桐、大叶黄杨等可吸收大气中的二氧化硫和氟化物等。植物还可以通过树冠的截留、地被植物的截留以及死地被的吸收等减少地表径流，起到涵养水源、保持水土等作用。此外，不少植物对环境污染反应特别敏感，可被作为监测环境污染的指示植物，如苔藓植物中的紫萼藓、钟帽藓以及地衣植物，单子叶植物中的鸭跖草对工业废气、废水以及放射性物质都很敏感，已被作为环境污染的监测植物，等等。总之，绿化、美化、净化，保护和改善生态环境，都离不开植物。

三、植物与植物生理的研究内容及分支学科

植物与植物生理的分支学科包括植物学和植物生理学。植物学是研究植物界和植物体生活和发展规律的学科。植物学主要研究植物的形态构造、生理功能、生长发育、系统分类、遗传进化及生态分布等内容。研究的目的在于全面了解植物、合理利用植物和保护植物,使植物更好地为人类的生产和生活服务。随着生产和科学的发展,植物学逐渐形成一些比较专门的研究分科。例如:研究植物形态及建成的植物形态学;研究植物内部构造及形成规律的植物解剖学;研究植物种类的鉴定、植物间亲缘关系以及植物界的自然系统的植物分类学;研究植物细胞结构、机能及生命现象的植物细胞学;研究植物遗传与变异的植物遗传学;此外,还有植物生态学、植物群落学、植物地理学等。植物生理学是研究植物生命活动规律及其与外界环境条件关系的学科。植物生理学主要研究植物体内的物质和能量代谢、植物的生长发育、植物对环境条件的反应等。植物与植物生理不仅是农业科学的重要基础,同时与环境保护、食品工业、医药、轻工业等方面密切相关。

回顾植物学的发展历程,一方面,许多分支学科相继形成;另一方面,由描述性阶段逐渐转入实验学阶段。20 世纪 60 年代以来,由于研究方法和实验技术的不断创新,植物学得到迅速发展。在宏观领域,已由对植物的个体形态的研究进入对种群、群落及生态系统的研究,甚至采用遥感技术研究植物群落在地球表面的空间分布和演变规律,并应用其进行植物资源的调查。在微观领域,研究对象由细胞水平进入亚细胞水平、分子水平,对植物体结构与功能有了更深入的了解,在光合作用、呼吸作用、生物固氮、离子吸收等许多方面获得了重大突破,特别是确认 DNA 是遗传的分子基础,并阐明了 DNA 的双螺旋结构之后,人们开始从分子水平上认识植物。

近十几年来,植物与植物生理的各个领域不断与相邻学科如生物化学、细胞生物学、遗传学等相互渗透,一些传统学科间的界限越来越淡化,尤其是分子生物学的迅速崛起,对本学科的发展产生了重大的影响,致使边缘学科和新的综合性研究领域层出不穷。可以预期,通过学科的渗透交叉和创新提高,植物与植物生理将在探索生命的奥妙和发生发展的规律上获得巨大进步。

四、学习植物与植物生理的目的与方法

植物与植物生理是种植类、生物类相关专业学生必修的一门专业基础课,是进一步学好其他专业课的必要条件和基础。通过本课程的学习,学生不仅掌握植物与植物生理的基础知识和基本技能,而且能运用所学知识指导生产实践,同时对如何进一步保护和利用植物资源,使其更好地为人类生产和生活服务有一定的启发。例如:在栽培、繁育各种农作物、林木、果树以及其他经济植物时,需要具备植物学的基础知识;农、林产品的加工,以及家禽、家畜的饲养,需要以植物作为原料或饲料;应用植物光合作用的知识,可以改进作物的间作、套种方式与茬口安排时间,以找出合理的密植程度,提高对日光能的利用,从而提高复种指数与产量;利用作物开花对日照长短的要求,可控制不同花期的作物同时开花,以利于选育品种,也可为改善作物经济性状选择合理的播种时期;利用植物激素及植物生长调节剂,能有效地进行插条生根,疏花疏果,诱导、加强或解除休眠,促进、延缓或抑

制植物生长，以提高农产品产量和质量；等等。

植物与植物生理内容丰富，理论性和实践性都很强。一般来讲，学好植物与植物生理，必须做到“学、看、做、思”四个字。学，即要打好基础，认真阅读教材，掌握植物与植物生理的基本知识和基本理论，从而具备植物与植物生理的基本素养。看，即要经常实习、实践，在校园、家乡识别和熟悉一些植物，对学好本课程有很大帮助，要珍惜学校组织的教学实习机会，获得野外工作的经历和兴趣。做，即要精于实验，通过实验掌握植物与植物生理的基本技能，熟悉仪器设备的操作方法。思，即要勤于思考，多做比较、分析和归纳，要认识到植物是不断运动和发展的生物有机体，是在各种错综复杂的环境中生长发育的，植物的生存与周围环境有着密切的关系，如植物的形态构造与生理功能、形态构造与生态环境、个性与共性、吸水与失水、光合作用与呼吸作用、生长发育与休眠衰老等。在学习植物与植物生理的过程中，特别要重视理论与实际紧密结合，以求学得踏实，学得深入，为后续课程的学习和从事今后的工作打下良好的基础。

复习思考题

1. 植物与植物生理的主要研究内容有哪些？
2. 简述植物在自然界和人类生活中的作用。
3. 学习本课程应注意什么？

模块一

植物与植物生理知识平台

第一章　植物的细胞和组织

学习内容

植物细胞的形态、结构、繁殖方式;植物组织的类型及特征。

学习目标

了解植物细胞的形态、大小;掌握植物细胞的基本结构、功能、繁殖方式及过程;掌握植物组织的类型、特征及植物细胞、组织和器官之间的关系。

技能目标

掌握显微镜的使用方法;学会植物解剖切片的制作技术。

第一节　植物细胞的形态与结构

一、植物细胞的形态

(一)植物细胞的基本概念

细胞是构成生物体的形态结构和生命活动的基本单位。植物是由单个或多个细胞构成的。最简单的植物,其植物体仅由一个细胞组成,即单细胞植物,例如细菌、小球藻等,单细胞植物的一个细胞,能够进行各种生命活动。多细胞植物的个体,可由几个到亿万个细胞组成,因种类而异。多细胞植物个体中的所有细胞,在结构和功能上密切联系,分工协作,共同完成个体的各种生命活动。

根据细胞在结构、代谢和遗传活动上的差异把细胞分为两大类，即原核细胞和真核细胞。原核细胞没有典型的细胞核的分化，其遗传物质分散在细胞质中。真核细胞具有典型的细胞核结构，具有多种细胞器的分化，其代谢活动，如光合作用、呼吸作用、蛋白质合成等分别在不同细胞器中进行。由真核细胞构成的生物称为真核生物，高等植物和绝大多数低等植物均由真核细胞构成。

（二）植物细胞的大小和形状

1. 植物细胞的大小

不同种类的细胞，大小差别悬殊。现已知最小的细胞是支原体，其直径仅为 0.1 μm，要用电子显微镜才能见到。种子植物的分生组织细胞，直径为 5～25 μm；而分化成长的细胞，直径为 15～65 μm。也有少数大型的细胞，肉眼可见，如西瓜瓤的细胞，直径约为 1 mm，棉花种子的表皮毛细胞有的长达 75 mm；而苎麻茎的纤维细胞长达 550 mm。绝大多数细胞的体积小，它的相对表面积就大，这对物质的迅速交换和内部转运非常有利。

2. 植物细胞的形状

植物细胞的形状多种多样，有球形、多面体、纺锤形和星形等（图 1-1）。单细胞植物体或离散的单个细胞，如小球藻、衣藻，因细胞处于游离状态，形状常近似球形。在多细胞植物体内，细胞紧密排列在一起，由于相互挤压，大部分细胞呈多面体。种子植物的细胞，具有精细的分工，其形状极具多样性。例如输送水分和养料的细胞（导管分子和筛管分子）呈长管状，并连接成相通的“管道”，以利于物质运输；起支持作用的细胞（纤维），一般呈长梭形，并聚集成束，加强支持功能；幼根表面吸收水分的细胞，常常向着土壤延伸出细管状突起（根毛），以扩大吸收表面积。这些细胞形状的多样性，除与功能及遗传有关外，也与外界条件的变化有关。

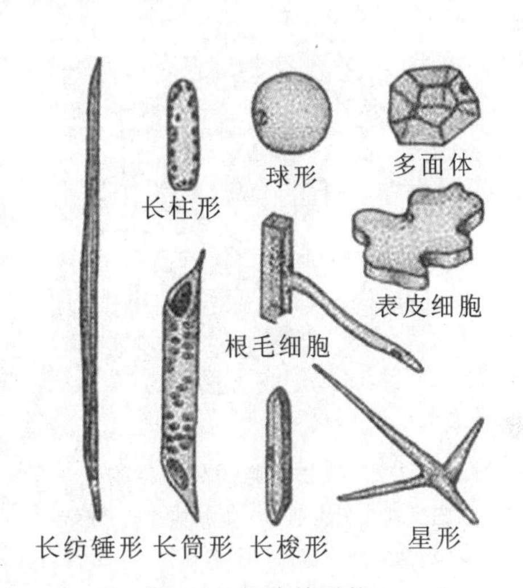

图 1-1　细胞的形状

二、真核细胞的一般结构

植物细胞虽然大小不一、形状多样，但其结构基本相同。真核植物细胞由细胞壁和原生质体两部分组成。原生质是组成细胞的有生命物质的总称，而原生质体是组成细胞的一个形态结构单位，是活细胞中细胞壁以内各种结构的总称，是细胞内各种代谢活动进行的场所。真核植物细胞的原生质体包括细胞膜、细胞质、细胞核三部分，原核植物细胞的原生质体中没有明显的细胞核和细胞质分化。植物细胞中的一些贮藏物质和代谢产物统称为后含物。

在光学显微镜下，可以观察到植物细胞的细胞壁、细胞质、细胞核、液泡等基本结

构。此外,用特殊染色方法还能观察到高尔基体、线粒体等细胞器,这些可在光学显微镜下观察到的细胞结构称为显微结构;而在光学显微镜下观察不到,必须借助电子显微镜才能观察到的细胞内的微细结构称为亚显微结构或超微结构(图 1-2)。

(一) 细胞壁

植物细胞的原生质体外具有细胞壁,这是植物细胞区别于动物细胞的显著特征。细胞壁是由原生质体生命活动过程中向外分泌的多种物质复合而成的,细胞壁起支撑和保护作用,与维持原生质体的膨压和植物组织的吸收、蒸腾、运输和分泌等方面的生理活动有很大的关系。

1. 细胞壁的构造

在细胞生长发育过程中,因其所形成的壁物质在种类、数量、比例以及物理组成上的时空差异,细胞壁结构表现出分层现象,在显微镜下可区分为胞间层、初生壁和次生壁(图 1-3)。一般认为,分化完成后仍保持有生活的原生质体的细胞,不具次生壁。

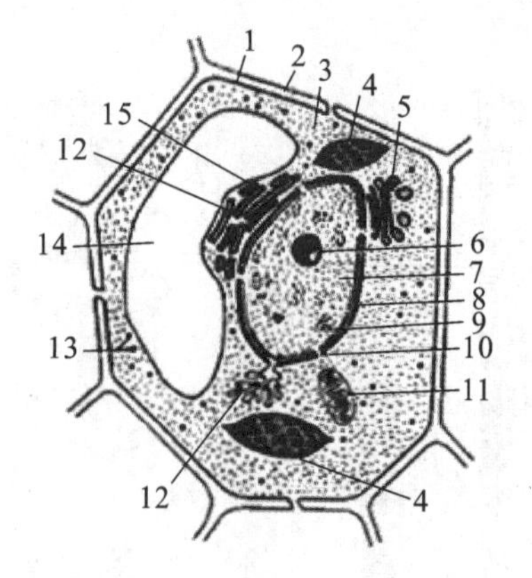

图 1-2 植物细胞的超微结构

1—细胞膜;2—细胞壁;3—细胞质;4—叶绿体;
5—高尔基体;6—核仁;7—细胞核;8—外膜;
9—内膜;10—核孔;11—线粒体;12—内质网;
13—核糖体;14—液泡;15—液泡膜

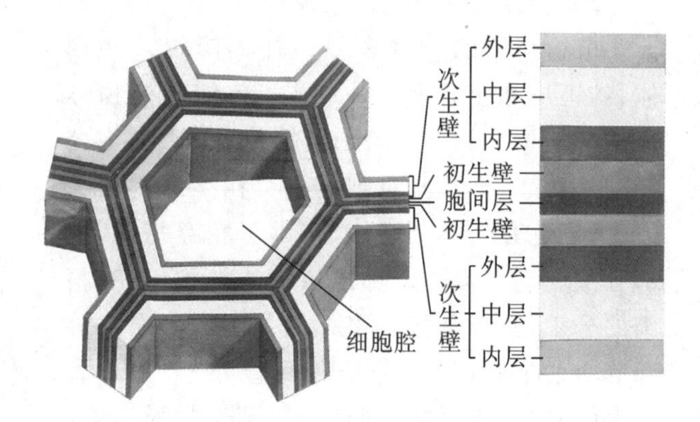

图 1-3 细胞壁分层示意图

(1) 胞间层 胞间层又称中层,位于细胞壁最外面,是相邻两细胞共有的壁层,是细胞分裂产生新细胞时形成的,主要由果胶类物质组成,有很强的亲水性和可塑性,多细胞植物依靠它使相邻细胞粘连在一起。果胶易被酸或酶分解,从而导致细胞分离。许多果实,如番茄、苹果、西瓜等成熟时,分泌果胶酶使果肉细胞离散,果实由硬变软。胞间层与初生壁的界限往往难以辨明,当细胞形成次生壁后尤其如此。

(2) 初生壁 初生壁是细胞生长过程中或细胞停止生长前由原生质体分泌形成的细胞壁层,其主要成分是纤维素、半纤维素和果胶等。初生壁较薄(1～3 μm),质地较柔软,有较大的可塑性,能随细胞的生长而延伸。许多细胞在形成初生壁后,如不再有次生壁的沉积,初生壁便成为它们永久的细胞壁。

(3) 次生壁 次生壁是在细胞停止生长、初生壁不再增加表面积后,由原生质体代谢产生的物质沉积在初生壁内侧而形成的壁层，与质膜相邻。次生壁较厚（5～10 μm）。植物体内一些具有支持作用的细胞和起输导作用的细胞会形成次生壁，以增强机械强度，这些细胞的原生质体往往会死去，留下厚的细胞壁执行支持植物体的功能。次生壁中纤维素、半纤维素含量高，果胶质极少，因此比初生壁坚韧，延展性差。次生壁还常有木质素、木栓质等物质填充在其中。

2. 细胞壁的特化

由于细胞在植物体内担负的功能不同，在形成次生壁时，原生质体常分泌不同性质的化学物质填充在细胞壁内，与纤维素密切结合而使细胞壁的性质发生各种变化，常见的变化有以下 4 种。

（1）木质化　木质素填充到细胞壁中的变化称为木质化。木质素是三种醇类化合物脱氢形成的高分子聚合物，是一种亲水性物质，与纤维素结合在一起。细胞壁木质化后硬度增加，加强了机械支持作用，同时木质化细胞仍可透过水分，木本植物体内有大量细胞壁木质化的细胞（如导管分子、管胞，木纤维等）。

（2）角质化　细胞壁上增加角质的变化称为角质化。角质是一种脂类化合物。角质化细胞壁不易透水，这种变化大都发生在植物体表面的表皮细胞上，角质常在表皮细胞外壁形成角质膜层，以防止水分过分蒸腾、机械损伤和微生物的侵袭。

（3）栓质化　细胞壁中增加栓质的变化称为栓质化。栓质也是一种脂类化合物，栓质化后的细胞壁失去透水和透气能力。因此，栓质化细胞的原生质体大都解体而成为死细胞。栓质化的细胞壁富有弹性，日常使用的软木塞就是栓质化细胞形成的。栓质化细胞一般分布在植物老茎、枝及老根外层，以防止水分蒸腾，保护植物免受恶劣条件侵害。

（4）矿质化　细胞壁中增加矿质的变化称为矿质化。最普通的有钙或二氧化硅，多见于茎叶的表层细胞。矿质化的细胞壁硬度增大，从而增加植物的支持力，并保护植物不易受到动物的侵害。禾本科植物如玉米、稻、麦、竹子等的茎叶非常坚利，就是由于细胞壁内含有二氧化硅。

3. 细胞壁上的纹孔与胞间连丝

（1）纹孔　细胞壁在生长时并不是均匀增厚的。在细胞的初生壁上有一些明显凹陷的较薄区域，称为初生纹孔场。次生壁形成时，往往在原有初生纹孔场处不形成次生壁，同时，细胞壁其他地方也还有未增厚的区域，次生壁上这些没有增厚的区域称为纹孔，它有利于细胞间的沟通和水分运输，有利于细胞间物质交换。相邻细胞壁上的纹孔常成对形成，两个成对的纹孔称为纹孔对。纹孔对有 3 种类型，即单纹孔、具缘纹孔（图 1-4）、半具缘纹孔。

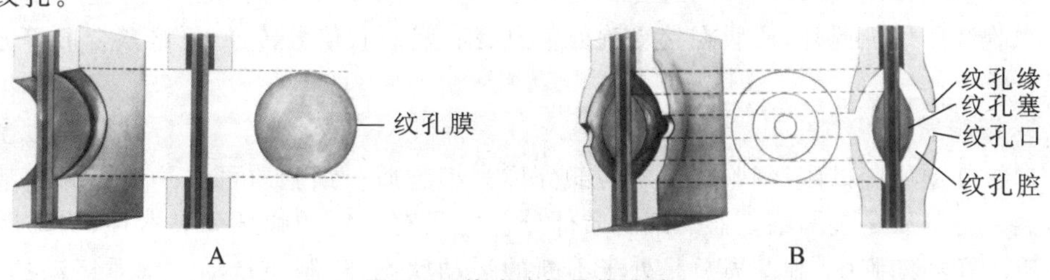

图 1-4　单纹孔与具缘纹孔

A—单纹孔；B—具缘纹孔

① 单纹孔　结构简单,细胞壁上未加厚部分呈圆孔形或扁圆形,边缘不隆起。纹孔对中间由初生壁和胞间层所形成的纹孔膜隔开。单纹孔从正面观察为一个单一的圆。

② 具缘纹孔　纹孔边缘的次生壁向细胞腔内呈架拱状隆起,这个隆起称为纹孔缘;纹孔缘向细胞腔内拱起形成一个扁圆的小空间,称为纹孔腔;纹孔缘周围留下的小口称为纹孔口。

③ 半具缘纹孔　这是在管胞或导管与薄壁细胞间形成的纹孔,即一边有架拱状隆起的纹孔缘,另一边形似单纹孔。

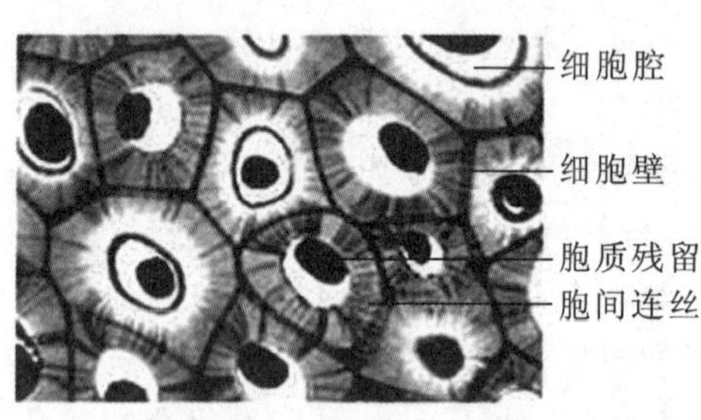

图 1-5　柿胚乳细胞的胞间连丝

(2) 胞间连丝　穿过细胞壁而连接相邻细胞的细胞质丝称为胞间连丝(图 1-5)。胞间连丝多分布在初生纹孔场上,细胞壁的其他部位也有胞间连丝。在电子显微镜下,胞间连丝是小管状结构,沟通了相邻细胞,一些物质和信息可以经胞间连丝传递。所以植物细胞虽有细胞壁,实际上它们是彼此相连的一个统一的整体。水分和小分子物质都可从这里穿行。一些植物病毒也是通过胞间连丝而扩大感染的。某些相邻细胞之间的胞间连丝,可发育成直径较大的胞质通道,它的形成有利于细胞间大分子物质,甚至是某些细胞器的交流。

(二) 原生质体

原生质体是一个活细胞中细胞壁以内的原生质分化成的各种结构的总称。它是细胞的主要部分,细胞内各类代谢活动在这里进行。原生质体包括细胞膜、细胞质、细胞核等部分。

1. 细胞膜

细胞膜又称质膜,是位于原生质体外围、紧贴细胞壁的一层薄膜。组成质膜的主要物质是蛋白质、脂类以及少量的多糖(图 1-6)。

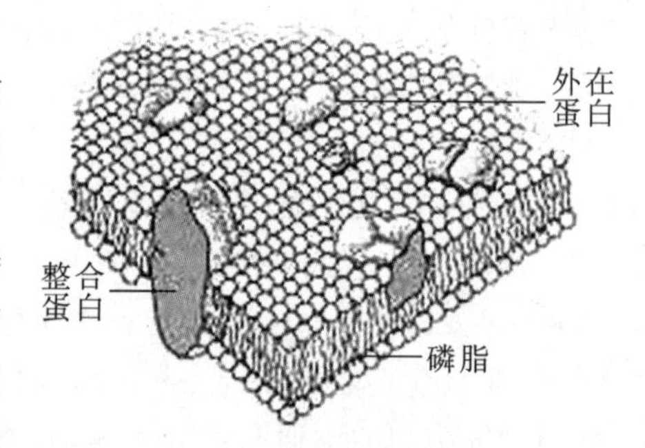

图 1-6　细胞膜模式图解

细胞膜具有重要的生理功能,它既使细胞维持稳定代谢的胞内环境,进行正常的活动,又能调节和选择物质进出细胞,使营养物质有控制地进出细胞,而废物能排出细胞。质膜能向细胞内形成凹陷,吞食外围的液体或固体的小颗粒。吞食液体的过程称为胞饮作用,吞食固体的过程称为吞噬作用。质膜参与胞内物质向胞外排出的过程称为胞吐作用。此外,质膜在接受胞外信息、细胞识别、信号传递、纤维素合成等方面也发挥着重要作用。

2. 细胞质

真核细胞质膜以内、细胞核以外的部分称为细胞质。细胞质可进一步分为胞基质和细胞器。胞基质是包围细胞器的细胞质部分。它具有一定的弹性和黏滞性,为透明的胶状物质。在活细胞中,胞基质总是处于不断的运动状态,称胞质运动。胞质运动的方向:在具单个液泡的细胞中围着液泡沿一个方向运动,而在有多个液泡的细胞中,则有几个不同的运动方向。胞质运动的速度因细胞的生理状态而异，也受环境条件影响。胞质运动对细胞内物质运转有重要作用，加快代谢活动，充分体现细胞的生命现象。

细胞器是细胞内具有特定的形态、结构和功能的亚细胞结构。活细胞的细胞质内有多种细胞器，包括具有双层膜结构的质体、线粒体，具有单层膜结构的内质网、高尔基体、液泡、溶酶体、圆球体和微体，以及无膜结构的核糖体、微管、微丝等。

(1) 质体　质体是真核植物细胞特有的细胞器，根据质体的发育程度、功能和色素情况，可将其分为叶绿体、白色体和有色体。

①叶绿体　高等植物的叶绿体主要存在于叶肉细胞内。叶绿体的主要功能是光合作用，合成有机物。叶绿体呈透镜形或椭圆形，长径 3～10 μm，短径 2～3 μm。细胞内叶绿体的数目、大小和形状因植物种类和细胞类型不同而异。在细胞内，叶绿体常分布在靠近质膜处的胞基质中。

叶绿体的内部结构复杂。用光学显微镜观察，叶绿体为绿色小颗粒。用电子显微镜观察(图 1-7)，叶绿体由叶绿体被膜、类囊体和基质组成。被膜由双层膜构成，内膜以内充满无色的基质，基质中密布基粒，每个基粒由 10～100 个盘状类囊体叠成，类囊体平行地相叠，在基质内到处延伸，连接基粒的类囊体部分称为基质片层或基质类囊体，所以叶绿体也是一个膜系统。基质中含有 DNA、RNA、核糖体、酶、淀粉粒、油滴等。

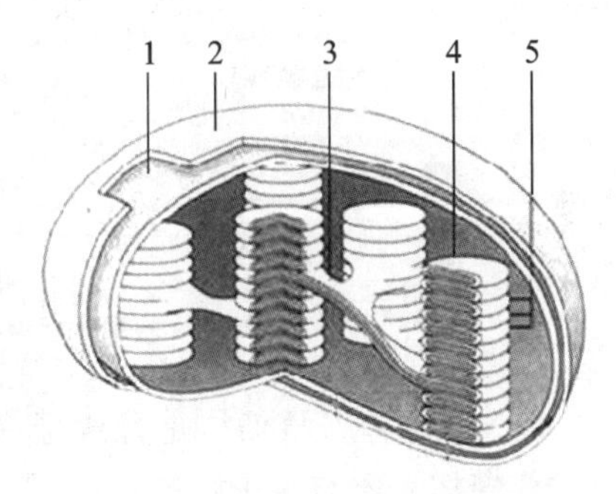

图 1-7　叶绿体的结构

1—内膜；2—外膜；3—基质片层；4—基粒；5—基粒类囊体

②白色体　白色体是不含可见色素的质体，呈无色颗粒状，常见于甘薯、马铃薯等植物的地下贮藏器官、胚以及少数植物叶的表皮细胞中。白色体近似于球形，2～5 μm 大小，其内部结构简单，在基质中仅有少数不发达的片层。根据白色体的功能及所贮藏的物质不同，可将其分为造粉体、造蛋白体和造油体。造粉体是贮存淀粉的白色体，主要分布于子叶、胚乳、块茎和块根等贮藏组织中，遇碘呈蓝色。贮藏蛋白质的白色体称为造蛋白体，常见于分生组织、表皮和根冠等细胞中，遇碘呈黄色。贮存脂类物质的白色体称为造油体，存在于胞基质中，遇苏丹Ⅲ呈橙红色。

③有色体　有色体是含有类胡萝卜素，包括黄色的叶黄素和红色的胡萝卜素的质体。在不同细胞或同一细胞的不同时期，由于两者含量的比例不同，有色体呈红、黄色之间的种种色彩。有色体可见于部分植物的花瓣、成熟的果实、胡萝卜的贮藏根以及衰老的叶片中。有色体的形状以及内部结构多种多样。大多数植物的花瓣以及柑橘、黄辣椒的果实中的有色体呈球状，黄水仙花瓣、番茄果实中的有色体呈同心圆排列的膜结构，红辣椒果实中的有色体呈管状等。有色体赋予花、果实鲜艳的色彩，可吸引昆虫，有利于传粉和果实的传播。

(2) 线粒体　活的真核细胞一般都有线粒体，它是细胞内化学能转变成生物能的主要场所。线粒体的形态与细胞类型和生理状况密切有关，常呈球状、杆状、分支状等。线粒体的大小一般为(0.5～1.0) μm×(1～2) μm，有的可达(2～4) μm×(7～14) μm。细胞的种类或生理活性不同,线粒体的数目亦有差异。

用电子显微镜观察,线粒体具有双层膜(图 1-8),外面一层称为外膜,内膜向内形成管状突起,称为"嵴",在嵴上附有很多功能与呼吸作用有关的酶,"嵴"的形成增大了内膜的表面积,"嵴"间的空间为基质,其中含 DNA、RNA、核糖体、蛋白质、脂类。内膜和嵴上有许多带柄颗粒,称为腺苷三磷酸酶复合体。线粒体是细胞进行呼吸作用的重要场所,可提供各种代谢活动需要的能量,被形容为"细胞的动力工厂"。

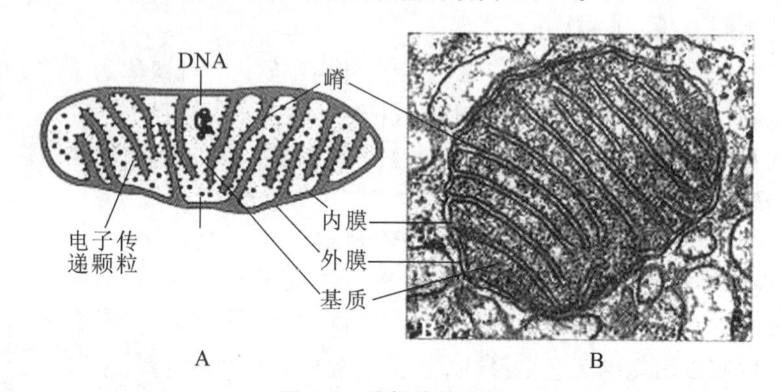

图 1-8 线粒体的结构

A—线粒体结构模式图;B—透射电镜下的线粒体结构

(3) 核糖体　核糖体是合成蛋白质的细胞器。生长旺盛、代谢活跃的细胞内核糖体多。核糖体主要存在于胞基质中,但在细胞核、粗糙型内质网外表面、质体和线粒体的基质中也有分布。核糖体的主要化学成分是大约 60%的核糖核酸和大约 40%的蛋白质。胞基质中的核糖体由两个近似于半球形、大小不等的亚基结合而成(图 1-9),直径为 17～23 nm。核糖体常与信使 RNA 分子结合成念珠状的复合体——多聚核糖体。

(4) 内质网　内质网分布于细胞质中,是由单层膜围成的扁平的囊、槽、池或管状的、相互沟通的网状系统(图 1-10)。内质网有两种类型:①粗糙型内质网(又叫糙面内质网),其膜的外表面附着有核糖体;②光滑型内质网(又叫光面内质网),其膜上无核糖体。两种类型可同时存在于一个细胞内,也可相互连接。内质网向外可通过胞间连丝和相邻细胞内的内质网相连,向内可与外核膜相连。

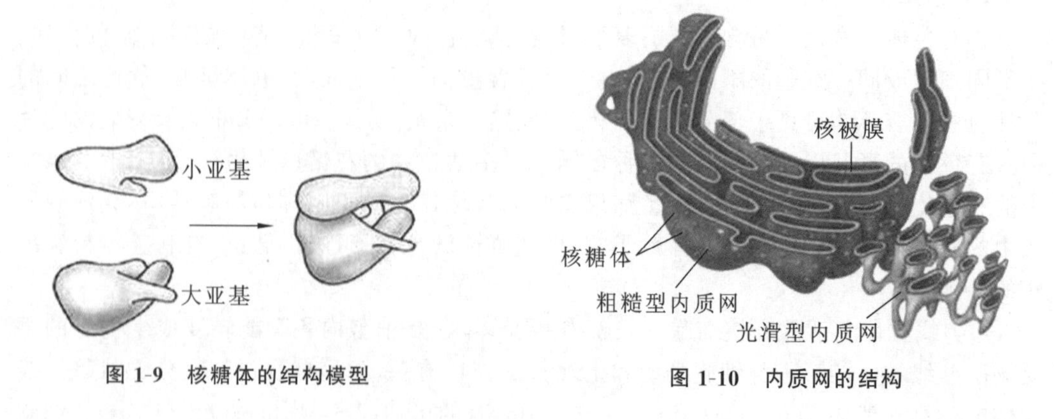

图 1-9 核糖体的结构模型

图 1-10 内质网的结构

内质网具有制造、包装和运输代谢产物的作用。粗糙型内质网能合成蛋白质及一些脂类，并将其运到光滑型内质网，由光滑型内质网形成小泡，运到高尔基体，然后分泌到细胞外。光滑型内质网还可合成脂类等。内质网是许多细胞器的来源，如内质网特化或分离出的小泡可形成液泡、高尔基体、圆球体及微体等细胞器。此外，内质网还有“分室”作用，将许多细胞器相对分隔开，便于各自的代谢顺利进行。

(5) 高尔基体　高尔基体一般是由 5～8 个扁平、平滑、近圆形的单位膜围成的、直径为 1～3 μm 的囊垛合而成(图 1-11)，在生长和分泌旺盛的细胞内特别多。高尔基体是动态的结构，有极性。凸出的一面为形成面(近核面)，凹入的一面是成熟面(近质膜面)。高尔基体边缘膨大且具穿孔，形同网状，或分支成许多小管，周围有很多由扁囊边缘“出芽”脱落的囊泡，它们可转移到胞基质中，和其他来源的某些小泡融合，也可和质膜结合。

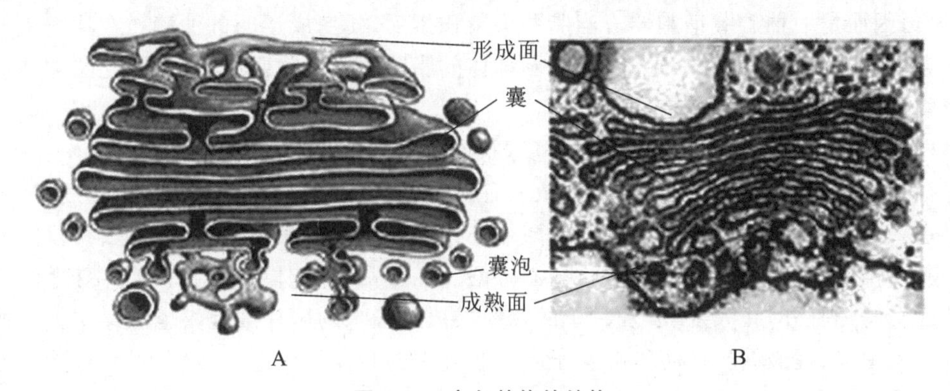

图 1-11　高尔基体的结构

A—高尔基体的模式图；B—电子显微镜下的高尔基体结构

高尔基体的主要功能是合成半纤维素等多糖物质，同时将多糖或多糖蛋白以高尔基小泡的形式运输到细胞的某些部位，供细胞壁生长利用或分泌到细胞外，故它具有分泌作用，并参与细胞壁的形成。另外，高尔基体还参与细胞内部蛋白质和脂类的运输。

(6) 液泡　液泡是由具选择通透性的液泡膜和细胞液组成的细胞器。液泡膜为单层膜结构，其形态结构与质膜相似，但选择通透性高于质膜，并与内质网联系密切。液泡膜包围的内含物称为细胞液。其成分很复杂，主要是水，并含有糖、有机酸、脂类、蛋白质、氨基酸、树胶、黏液、植物碱、花青素、单宁和无机盐等物质。在不同类型或不同发育时期的细胞中，液泡的数目、大小、形状、成分都有差别。幼期的细胞，如顶端分生组织细胞内，液泡小、数量多，散布于胞基质中。随着细胞的长大和分化，小液泡增大，并逐渐合并为少数几个甚至一个位于细胞中央的大液泡，将其他的原生质都挤成一薄层，包在液泡的外围而紧贴着细胞壁，有利于新陈代谢和细胞的生长。

液泡具有贮藏作用，其内含许多物质；具有消化作用，因其含水解酶，在一定条件下能分解其贮藏的物质，重新用来参加各种代谢活动；还能调节渗透压的大小，控制水分进、出细胞。尤其是中央大液泡，与植物体吸收水分、运输物质以及维持细胞的紧张状态有着直接关系。同时，高浓度的细胞液在低温时不易结冰，在干旱时不易丧失水分，提高了植物的抗寒、抗旱能力。

(7) 溶酶体和圆球体　溶酶体是由单层膜构成的能分解蛋白质、核酸、多糖等生物大

分子的细胞器。溶酶体主要来自高尔基体和内质网分离的小泡。它的形状和大小差异较大,一般为球形,直径为 0.2～0.8 μm。溶酶体除含特有的酸性磷酸酶外,还有许多(已知的有 60 多种)其他的水解酶。

溶酶体具有异体吞噬、自体吞噬和自溶的功能。溶酶体分解从外界进入细胞内的物质,称为异体吞噬,例如,有些大分子物质、病毒、细菌,经胞饮或吞噬作用被细胞摄入后,和溶酶体融合而被消化。溶酶体消化细胞自身的局部细胞质或细胞器的过程称为自体吞噬。自溶作用是指在植物发育进程中,有一些细胞会逐步正常地死亡,这是因为在基因控制下,溶酶体膜破裂,将其中的水解酶释放到细胞内,而引起的细胞自身溶解死亡。自溶作用实际上是一种细胞的程序性死亡,有利于个体发育。

圆球体是由单层膜围成的细胞器。圆球体除含水解酶外,还含有脂肪酶,是积累脂肪的场所,因而是一种贮藏细胞器。当脂肪大量积累后,便变成透明的油滴。在油料植物种子中含有很多圆球体。在一定条件下,圆球体的脂肪酶也能将脂肪水解,因此圆球体也具有溶酶体的性质。

(8) 微体　微体是单层膜包围的呈球状或哑铃形的细胞器,其直径为 0.2～1.5 μm,普遍存在于植物细胞中。植物体内的微体有两种类型:一类是含过氧化氢酶的过氧化物酶体;另一类是含乙醇酸氧化酶的乙醛酸循环体。过氧化物酶体常和叶绿体、线粒体聚集在一起,将光呼吸的底物乙醇酸氧化为乙醛酸。乙醛酸循环体除存在于油料植物种子的胚乳或子叶细胞外,在大麦、小麦种子的糊粉层以及玉米的盾片细胞内也有存在。在种子萌发过程中,乙醛酸循环体将贮存在子叶和胚乳中的脂类物质逐步转化为糖类,满足种子萌发之需。

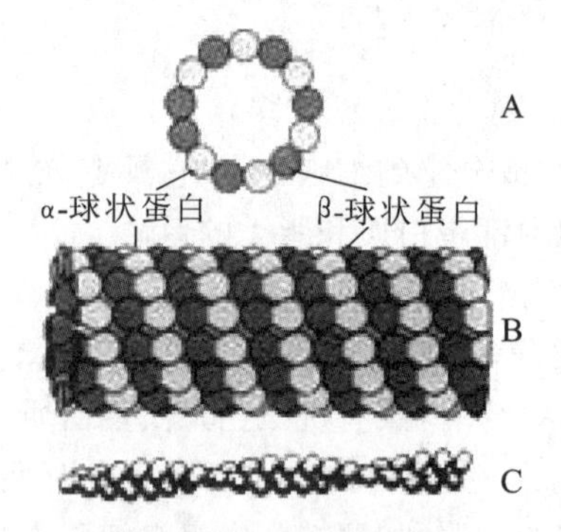

图 1-12　微管和微丝

A—微管横剖面;B—微管整体观;C—微丝

(9) 细胞骨架　植物细胞质中存在着骨架结构,称为细胞骨架。构成细胞骨架的三种结构是微管、微丝和中间纤维。微管是由微管蛋白(α-球状蛋白和 β-球状蛋白)围成的中空的长管状结构(图 1-12),直径约 25 nm,多分布于质膜内侧和细胞核、线粒体、高尔基体小泡的周围。在植物细胞内,微管的主要功能有:支持和维持细胞的一定形状,例如被子植物的精子细胞呈纺锤形,与细胞质中的微管和细胞长轴相一致地排列有关;参与构成有丝分裂和减数分裂时出现的纺锤丝;调节细胞壁的生长和分化;影响胞内物质的运输和胞质运动;构成低等植物的鞭毛,调节整个细胞的运动。

微丝是主要由肌动蛋白组成的直径为 6～8 nm 的细丝。肌动蛋白分子近似于球形,它既可以以溶解的单体 G-肌动蛋白存在,又可以聚合成纤维状的 F-肌动蛋白。微丝参与细胞质流动、染色体运动、叶绿体运动、胞质分裂、物质运输以及与膜有关的一些重要生命活动如内吞作用和外排作用等。

中间纤维又称为中间丝,直径约为 10 nm,由于其平均直径在微管和微丝之间,故称为中间纤维。中间纤维是由长的、杆状的蛋白质装配的一种坚韧、耐久的蛋白质纤维。一般认为，中间纤维在维持细胞形态、调节胞内颗粒运动、控制细胞器和细胞核定位等方面有重要作用。

3. 细胞核

细胞核是真核细胞遗传与代谢的控制中心。生活的细胞一般有一个近似于球形的细胞核，因其折光率与细胞质不同，在光学显微镜下容易辨别。

细胞核的大小、形状以及在胞内所处的位置，与细胞的年龄、功能以及生理状况有关，而且也受某些外界因素的影响。在幼期细胞中，细胞核常位于细胞中央，细胞生长时，由于液泡的增大和合并形成中央大液泡，细胞核常被挤至细胞的一侧。细胞核的结构，随着细胞周期的改变而相应变化，细胞核可分为核膜、核仁和核质三部分(图 1-13)。

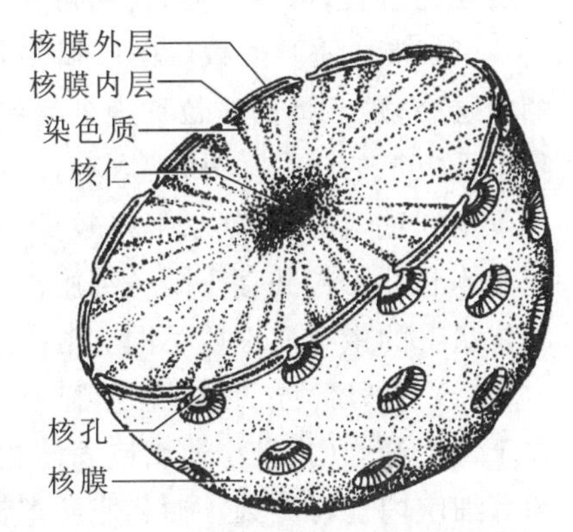

图 1-13　细胞核的超微结构模式图

(1) 核膜　电子显微镜下观察，核膜由两层膜构成，外膜上附有核糖体，可与细胞质中的内质网相连，与细胞质相沟通。内膜光滑，两层膜在一定间隔时愈合形成核孔。核孔很小，它是控制细胞核与细胞质之间物质交换的通道。

(2) 核仁　大多数细胞的核内有 1 个或几个核仁。在光学显微镜下，核仁折光率较强，呈致密的匀质球体，且没有被膜包围。核仁内具有少量 DNA，它是形成核糖体 RNA 的模板。核仁的主要功能是进行核糖体 RNA 的合成，因此核仁内含有丰富的 RNA 及蛋白质，它们可以构成核糖体大、小亚基的前体。

(3) 核质　核仁以外、核膜以内的物质称为核质。核质可以分为核液和染色质，核液是细胞核内的基质，染色质和核仁悬浮在其中。它含有蛋白质、RNA(包括 mRNA 和 tRNA)和多种酶，保证 DNA 的复制和 RNA 的转录。

三、植物细胞的后含物

植物细胞在生长、分化和成熟过程中，原生质体新陈代谢活动所产生的代谢中间产物、废物和贮藏物质等，统称为后含物。后含物中主要是贮藏物质和晶体(图 1-14)，常见的贮藏物质有淀粉、蛋白质和脂类。

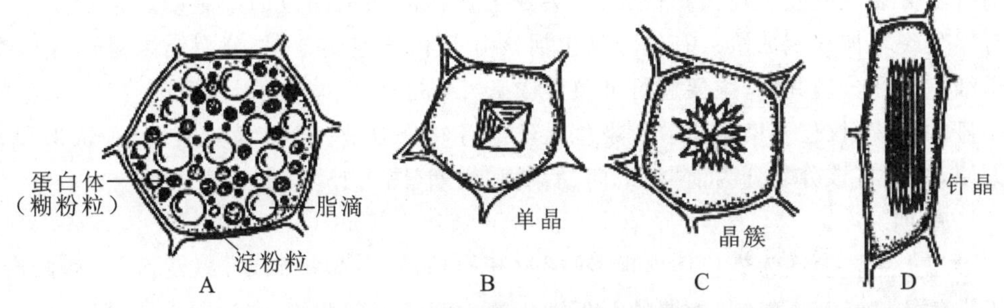

图 1-14　植物细胞中的各种后含物

A—贮藏物质；B～D—晶体

1. 贮藏物质

（1）淀粉　淀粉是植物细胞的质体中形成的最普遍的贮藏物质，贮藏淀粉常呈颗粒状，称为淀粉粒。淀粉粒主要分布于贮藏组织的细胞中。例如，禾本科作物籽粒的胚乳细胞，甘薯、马铃薯、木薯等薯类作物的贮藏薄壁组织细胞，都有大量的淀粉粒存在。淀粉遇碘呈蓝紫色，可根据这种特性反应，检验其存在与否。不同植物淀粉粒的大小、形状和脐点所在的位置，都各有其特点，可作为商品检验、生药鉴定上的依据之一。

（2）蛋白质　贮藏蛋白质以多种形式存在于细胞质中。例如，在禾本科植物籽粒的糊粉层中，贮藏蛋白质粒称为糊粉粒，形成于液泡之中。蓖麻、油桐胚乳细胞的糊粉粒内，除了无定形的蛋白质外，还含有蛋白质的拟晶体和非蛋白质的球状体。花生子叶细胞内，也可见到这样的糊粉粒，但量较少。在马铃薯块茎外围的贮藏薄壁组织细胞中，蛋白质的拟晶体和淀粉粒共存于同一细胞内，贮藏蛋白质常呈固体状态，与原生质体中有生命而呈胶体状态的蛋白质性质不同。贮藏蛋白质遇碘呈黄色。

（3）油和脂肪　在植物细胞中，油和脂肪是由造油体合成的重要贮藏物质，少量地存在于每个细胞内，呈小油滴或固体状，大量地存在于一些油料植物种子或果实内，子叶、花粉等细胞内也可见到。油和脂肪遇苏丹Ⅲ或苏丹Ⅳ呈橙红色。

2. 晶体

在植物细胞中的结晶形成于液泡内，常为草酸钙结晶，有单晶、晶簇、针晶等，呈各种形状，如印度橡皮树叶的上表皮细胞中的结晶呈钟乳体等。禾本科、莎草科、棕榈科植物茎、叶的表皮细胞内所含的二氧化硅晶体，称为硅质小体。

第二节　植物细胞的繁殖

繁殖是生物或细胞形成新个体或新细胞的过程，植物细胞通过分裂进行繁殖。植物细胞的分裂包括有丝分裂、减数分裂和无丝分裂。

一、有丝分裂

（一）有丝分裂的过程

有丝分裂是一种最普通的分裂方式，植物器官的生长一般都是以有丝分裂方式进行的。有丝分裂主要发生在植物根尖、茎尖及生长快的幼嫩部位的细胞中。植物生长主要靠有丝分裂增加细胞数量。有丝分裂包括核分裂和细胞质分裂，分裂结果是形成两个新的子细胞。在分裂间期，主要进行染色体中DNA的复制和相关蛋白质的合成，细胞核具有明显的核膜、核仁及染色质粒或染色质丝。有丝分裂是一个连续过程，为了认识和研究的方便，一般将核分裂分为前期、中期、后期和末期（图1-15）。

1. 前期

形态上主要表现为染色体出现、纺锤丝开始形成、分裂极确定，以及核仁、核膜解体。由于染色体已经完成复制，前期的每条染色体由两条染色单体构成，之间为共同的着丝点所连接。

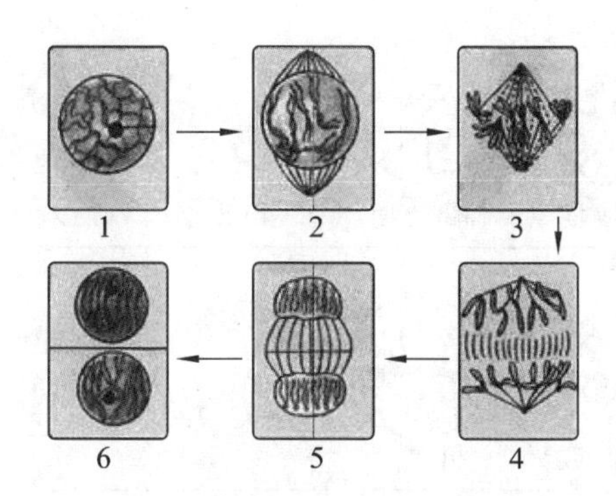

图 1-15　有丝分裂过程图解

1—间期；2—前期；3—中期；4—后期；5～6—末期

2. 中期

染色体排列到细胞中央的赤道板上，纺锤体形成。这个时期的染色体都集中在赤道板上，较易进行计数和进行特征方面的观察研究。

3. 后期

在纺锤体的作用下，各染色体所含的染色单体从着丝点处分为两个新染色体（子染色体），并从赤道板各向一极移动。

4. 末期

当两组子染色体分别到达两极后，便是末期的开始，此时期主要是新的子核形成以及随新壁建成而进行细胞质的分裂，最后形成两个子细胞。

（二）有丝分裂的意义

通过有丝分裂，将亲代细胞的染色体经过复制以后，精确地平均分配到两个子细胞中去，因而在生物的亲代和子代间保持了遗传性状的稳定性，对生物的遗传具有重要意义。

二、减数分裂

减数分裂是指有性生殖的个体在形成生殖细胞过程中发生的一种特殊分裂方式，不同于有丝分裂和无丝分裂，减数分裂仅发生在生命周期某一阶段，它是进行有性生殖的生物性母细胞成熟、形成配子的过程中出现的一种特殊分裂方式。减数分裂过程中染色体仅复制一次，细胞连续分裂两次，两次分裂中将同源染色体与姐妹染色体均分给子细胞，使最终形成的配子中染色体仅为性母细胞的一半。受精时雌雄配子结合，恢复亲代染色体数，从而保持物种染色体数的恒定。

（一）减数分裂的过程

减数分裂包括两次连续的分裂，分别称为减数分裂Ⅰ和减数分裂Ⅱ，减数分裂的结果是产生 4 个子细胞（图 1-16）。

1. 减数分裂Ⅰ

（1）前期Ⅰ　根据染色体的形态，可分为细线期、偶线期、粗线期、双线期和终变期 5 个阶段。

① 细线期　核内出现细长如线的染色体，每条染色体已经过复制，每条染色体由两

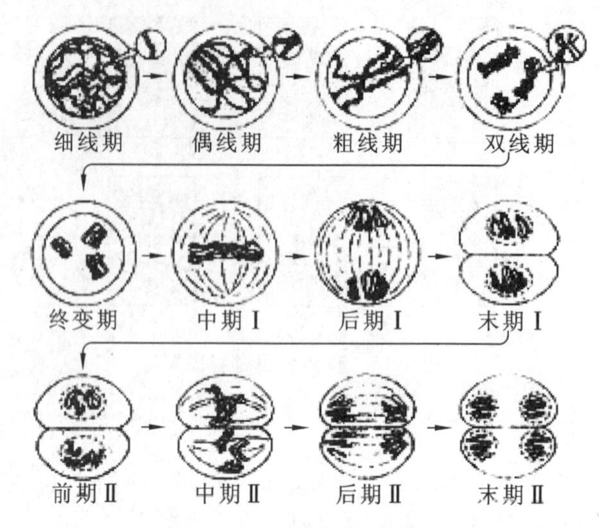

图 1-16　减数分裂的过程图解

条染色单体构成。

② 偶线期　偶线期又称为配对期。细胞内的同源染色体两两侧面紧密进行配对,这一现象称为联会,配对的一对同源染色体中有 4 条染色单体。

③ 粗线期　染色体连续缩短变粗,同时,四分体中的非姐妹染色单体之间发生了 DNA 的片断交换,从而使部分遗传物质重新组合,产生了基因重组,可导致后代遗传性状的变异,对物种进化有重要意义。

④ 双线期　发生交叉的染色单体开始分开。由于交叉常常不止发生在一个位点,因此,染色体呈现 V、X、8、O 等各种形状。

⑤ 终变期　终变期又称为浓缩期,染色体变成紧密凝集状态并向核的周围靠近。以后,核膜、核仁消失。

(2) 中期Ⅰ　细胞里出现纺锤体,纺锤丝与着丝点相连,且着丝点分散在赤道板的两侧。

(3) 后期Ⅰ　由纺锤丝牵引,两个同源染色体分别向两极移动,每一极只分到同源染色体中的一个,实现染色体数目的减半。

(4) 末期Ⅰ　到达两极的同源染色体又聚集起来,重现核膜、核仁,然后细胞分裂为两个子细胞。这两个子细胞的染色体数目只有原来的 1/2。减数分裂Ⅰ生成的细胞紧接着发生第二次分裂。

2. 减数分裂Ⅱ

减数分裂Ⅱ与减数分裂Ⅰ紧接,也可能出现短暂的停顿。染色体不再复制,每条染色体的着丝点分裂,姐妹染色单体分开,分别移向细胞的两极,有时还伴随细胞的变形。

(1) 前期Ⅱ　染色体首先是散乱地分布于细胞之中,而后再次聚集,核膜、核仁再次消失。

(2) 中期Ⅱ　染色体的着丝点排列到细胞中央赤道板上,再次形成纺锤体。此时已经不存在同源染色体了。

(3) 后期Ⅱ　每条染色体的着丝点分离,两条姐妹染色单体也随之分开,成为两条染色体。在纺锤丝的牵引下,这两条染色体分别移向细胞的两极。

(4) 末期Ⅱ　重现核膜、核仁,到达两极的染色体,分别进入两个子细胞,细胞质分为两个部分,这样,经过两次分裂,形成4个子细胞,每个子细胞里含有最初母细胞的半数染色体。

(二) 减数分裂的意义

减数分裂保证了有性生殖生物个体世代之间染色体数目的稳定性。因为在有性生殖中,通过减数分裂实现了性细胞(配子)的染色体数目减半,即由体细胞的 $2n$ 条染色体变为 n 条染色体的雌雄配子,再经过两性配子结合,合子的染色体数目又重新恢复到亲本的 $2n$ 水平,使后代始终保持亲本固有的染色体数目,保证了遗传物质的相对稳定。同时,减数分裂为有性生殖过程中创造变异提供了遗传的物质基础。减数分裂通过染色单体片段的交换,使同源染色体上的遗传物质发生重组,形成不同于亲代的遗传物质。

三、无丝分裂

无丝分裂是最早发现的一种细胞分裂方式,因其分裂过程中没有纺锤丝与染色体的变化,所以称为无丝分裂。又因为这种分裂方式是细胞核和细胞质的直接分裂,所以又称为直接分裂。

无丝分裂的早期,球形的细胞核和核仁都伸长;然后细胞核进一步伸长呈哑铃形,中央部分狭细(图1-17);最后,细胞核分裂,这时细胞质也随着分裂,并且在光滑型内质网的参与下形成细胞膜。在无丝分裂中,核膜和核仁都不消失,没有染色体和纺锤丝的出现,当然也就看不到染色体复制的规律性变化。但是,这并不说明染色质没有发生深刻的变化,实际上染色质也要进行复制,并且细胞要增大。当细胞核体积增大一倍时,细胞核就发生分裂,核中的遗传物质就分配到子细胞中去。

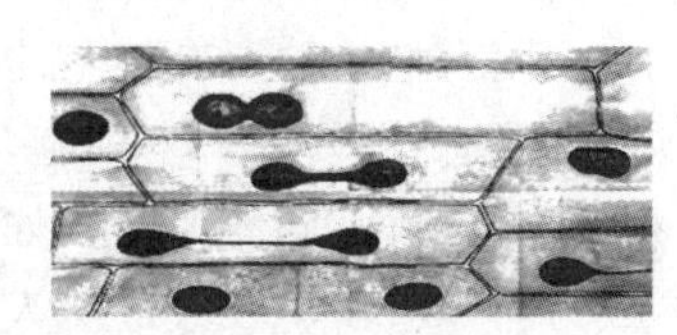

图1-17　无丝分裂图解

无丝分裂具有独特的优越性,比有丝分裂消耗能量少,分裂迅速并可能同时形成多个核,分裂时细胞核保持正常的生理功能,在不利条件下仍可进行细胞分裂。

四、细胞的生长与分化

(一) 植物细胞的生长

细胞生长是指细胞体积的增长,包括细胞纵向的延长和横向的扩展。一个细胞经生长以后,体积可以增加到原来大小(分生状态的细胞大小)的几倍、几十倍。细胞的这种生长,就使植物体表现出明显的伸长或扩大。

植物细胞在生长过程中,除了细胞体积明显扩大外,在内部结构上也发生了相应的变化,其中最突出的是液泡化程度明显增加,即细胞内原来小而分散的液泡逐渐长大和合并,最后成为中央液泡,细胞质的其余部分成为紧贴细胞壁的一薄层,细胞核随细胞质由中央移向侧面。在液泡变化的同时,细胞内的其他细胞器,在数量和分布上也发生着各种变化,例如内质网增加,由稀网状变成密网状,质体逐渐发育等。原生质体在细胞生长过程中还不断地分泌壁物质,使细胞壁随原生质体长大而延展,同时壁的厚度和化学组成也发生变化,细胞壁(初生壁)厚度增加,并且由原来含有大量的果胶和半纤维素转变成含有较多的纤维素和非纤维素多糖。

植物细胞的生长是有一定限度的,当体积达到一定大小后,便会停止生长。细胞最后的大小,随植物的种类和细胞的类型而异,即生长受遗传因子的控制。但是,细胞生长的速度和细胞的大小,也会受环境条件的影响,例如在水分充足、营养条件良好、温度适宜时,细胞生长迅速,体积亦较大,在植物体上反映出根、茎生长迅速,植株高大,叶宽而肥嫩。反之,在水分缺乏、营养不良、温度偏低时,细胞生长缓慢,而且体积较小,在植物体上反映出生长缓慢、植株矮小、叶小而薄。

(二)植物细胞的分化

多细胞生物中,细胞的功能具有分工,与之相适应的,在细胞形态上就出现各种变化。例如:绿色细胞专营光合作用,为适应于这一功能,细胞中特有地发育出大量叶绿体;表皮细胞行使保护功能,在细胞壁的结构上有所特化,发育出明显的角质层;具贮藏功能的细胞,往往具有大的液泡和大量的白色体等。细胞这种结构和功能上的特化,称为细胞分化。细胞分化使多细胞植物中细胞功能趋向专门化,这样有利于提高各种生理功能的效率,因此,分化是进化的表现。

同一植物的所有细胞均来自受精卵,它们具有相同的遗传物质,但它们可以分化成不同的形态;即使同一个细胞,在不同的条件下也可能分化成不同的类型。那么,细胞为什么会分化成不同的形态?如何去控制细胞的分化使其更好地为人类所利用?这些问题已成为当今植物学领域最使人感兴趣的问题。科学家们也在这一领域开展了广泛的探索,逐渐了解到分化受多种内外因素的影响,例如,细胞的极性、细胞在植物体中的位置、细胞的发育时期、各种激素和某些化学物质,以及光照、温度、湿度等物理因素都能影响分化。

第三节　植物的组织

一、植物组织的概念

植物在长期的进化过程中,由低等的单细胞植物体逐渐演化为高等的多细胞植物体。单细胞植物在一个细胞中进行各种生理功能。多细胞植物,特别是种子植物对环境有着高度的适应,其体内已经分化出许多生理功能不同、形态结构相应发生变化的细胞组合,这些细胞组合之间有机配合,紧密联系,形成各种器官,这样便能有效地完成有机体的整个生理活动。这些由形态、结构相似,功能相同的一种或数种类型的细胞组成的结构和功能单位,称为组织。

组织是植物体内细胞生长、分化的结果,也是植物体复杂化和完善化的产物。通常植物的进化程度愈高,其体内各种生理功能分工愈精细,组织分化愈明显,内部结构也就愈复杂。如叶片是进行光合作用、制造有机营养物质的场所，在叶中就相应地出现了发达的绿色同化组织；茎干是输导水分和营养物质的必经通道，管状的输导组织也就相应地发达起来；根系的根尖部分表皮细胞外壁凸出，形成毛状结构，扩大了根的表面，能够更多地接触土壤，可从中吸收水分和溶于水的无机盐养分等。这些都说明植物组织的形态、结构和功能是高度统一的。

二、植物组织的类型

构成植物体的组织种类很多，通常可按其发育程度和主要功能的不同以及形态结构的分化特点进行分类。

（一）分生组织

分生组织存在于高等植物体内的特定部位，是一类可连续性或周期性分裂产生新细胞的组织。分生组织的细胞经过分裂、生长、分化而形成其他各类组织，其结构特点是细胞排列紧密、一般无细胞间隙；细胞壁薄，主要由果胶和纤维素构成；细胞核相对较大，细胞质浓，一般没有液泡和质体的分化。

1. 按分布位置分类

根据分生组织在植物体中的存在位置，将其分为下列三种（图 1-18）。

（1）顶端分生组织　顶端分生组织位于茎与根主轴和侧枝的顶端。它们的分裂活动可以使根和茎不断伸长，并在茎上形成侧枝和叶，使植物体扩大营养面积。茎的顶端分生组织最后还将产生生殖器官。顶端分生组织细胞的特征是：细胞小而等径，壁薄，细胞核位于中央并占有较大的体积，液泡小而分散，原生质浓厚，细胞内通常缺少后含物。

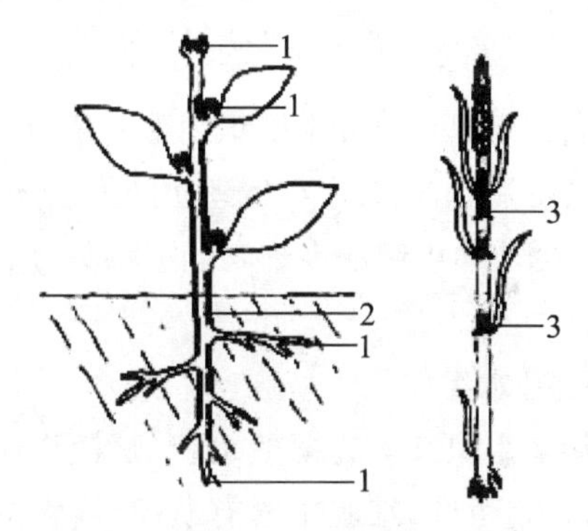

图 1-18　植物体中分生组织的分布

1—顶端分生组织；2—侧生分生组织；3—居间分生组织

（2）侧生分生组织　侧生分生组织位于根和茎侧的周围部分，靠近器官的边缘。它包括形成层和木栓形成层。形成层的活动能使根和茎不断增粗，以适应植物营养面积的扩大；木栓形成层的活动可使长粗的根、茎表面或受伤的器官表面形成新的保护组织。

侧生分生组织主要存在于裸子植物和木本双子叶植物中，草本双子叶植物中的侧生分生组织只有微弱的活动或根本不存在，在单子叶植物中侧生分生组织一般不存在，因此，草本双子叶植物和单子叶植物的根和茎没有明显的增粗生长。

（3）居间分生组织　居间分生组织是夹在已经分化了的组织区域之间的分生组织，它是顶端分生组织在某些器官中局部区域的保留。典型的居间分生组织存在于许多单子叶植物的茎和叶中，例如水稻、小麦等禾谷类作物，在茎的节间基部保留居间分生组织，当顶端分化成幼穗后，仍能借助于居间分生组织的活动，进行拔节和抽穗，使茎急剧长高。葱、蒜、韭菜的叶子剪去上部还能继续生长，也是叶基部的居间分生组织活动的结果。落花生由于雌蕊柄基部居间分生组织的活动，能把开花后的子房推入土中。

2. 按来源分类

根据分生组织的来源、发育程度和性质，可将分生组织分为原分生组织、初生分生组织和次生分生组织。

(1) 原分生组织　原分生组织包括胚和成熟植株的茎尖或根尖的分生组织先端的原始细胞。原分生组织的细胞体积较小、近似于正方体、细胞核相对较大、细胞质浓、细胞器丰富，有很强的持续分裂或潜在分裂能力，是产生其他组织的最初来源。

(2) 初生分生组织　初生分生组织位于根端和茎端的原分生组织的后方，是原分生组织细胞分裂后经有限生长或衍生而来的组织。初生分生组织的细胞分裂能力仍较强，部分细胞初步分化为原表皮、基本分生组织和原形成层。原表皮位于最外周，主要进行径向分裂；基本分生组织位于原表皮之内，所占比例最大，可进行各个方向的分裂，以增加分生组织的体积；原形成层位于基本分生组织中的特定部位，其细胞扁而长，是分化产生成熟组织的基础。

(3) 次生分生组织　次生分生组织是由某些成熟组织经脱分化、重新恢复分裂能力而来的组织。次生分生组织的细胞或扁长，或为短轴型的扁多角形，细胞呈不同程度的液泡化。次生分生组织包括木栓形成层和维管形成层（尤其是束间形成层），主要分布于根、茎器官的内侧，并与其长轴相平行，与根、茎的逐年增粗直接相关。

（二）成熟组织

成熟组织是由分生组织细胞分裂所产生的细胞，经过生长、分化和特化而来的组织。成熟组织在其形态、结构和生理功能上已经稳定，一般不表现分裂活性，因而有"永久组织"之称。根据成熟组织的生理功能可将其分为基本组织、保护组织、输导组织、机械组织和分泌组织。

1. 基本组织

基本组织又称为薄壁组织，是植物体内分布最广、数量最多的组织。其特点是细胞壁薄，仅有初生壁；细胞中含有质体、线粒体、内质网、高尔基体等细胞器，液泡较大，排列疏松，胞间隙明显；基本组织分化程度较浅，具有潜在的分裂能力，在一定条件下可经脱分化转变为次生分生组织。了解基本组织的这些特性，对于扦插、嫁接以及组织培养等工作均有实际意义。

基本组织是植物体进行各种新陈代谢的主要组织，根据生理功能的不同将其分为 5 种。

(1) 吸收组织　吸收组织位于根尖的根毛区，包括根的表皮细胞及其外壁向外突起所形成的管状结构的根毛。其功能是吸收水分和营养物质，并将这些物质转送到根的输导组织中。

(2) 同化组织　同化组织在叶肉内最多，在幼茎、发育中的果实和种子中也存在。其最大特点是细胞内含有大量叶绿体，液泡化明显，功能是进行光合作用。

(3) 贮藏组织　贮藏组织常见于根和茎的皮层、髓部、果实、种子的胚乳或子叶以及块根、块茎等贮藏器官中，细胞内充满贮藏的营养物质，主要贮藏物质是淀粉、糖类、蛋白质或油类等。

某些植物能积贮大量水分的贮水组织，也可以看做贮藏组织的一种。如仙人掌、凤梨、景天等茎或叶中具有贮藏大量水分和黏液的薄壁细胞，是植物适应干旱的一种结构。

(4) 通气组织　水生或湿生植物常有通气组织，如莲的茎、叶柄组织细胞具有发达的细胞间隙，形成气腔或气道，以利于气体交换。

(5) 传递细胞　传递细胞是一种特化的薄壁细胞，其最显著的特征是细胞壁的内突生长，即向内突入细胞腔内，形成许多不规则的突起。这大大扩大了质膜的表面积，加上富有胞间连丝，有利于代谢物质的短途运输与传递，故称为传递细胞或转输细胞。

2. 保护组织

保护组织存在于植物体的表面，由一层或数层细胞构成，具有防止水分过度蒸腾，抵抗外界风雨和病虫害侵入等作用。根据保护组织的来源、形态结构及其功能的强弱，可将其分为初生保护组织(表皮)和次生保护组织(周皮)。

(1) 表皮　表皮由初生分生组织的原表皮分化而来，通常由一层具有生活力的细胞组成(图 1-19)。表皮可含几种不同的细胞类型，如表皮细胞、构成气孔器的保卫细胞、表皮毛等。表皮细胞排列紧密，无细胞间隙。有的细胞侧壁呈波纹或不规则形状，细胞相互嵌合，衔接更为紧密。细胞中含有大的液泡，一般没有叶绿体，但有时可有白色体存在。细胞的外壁增厚，常形成角质膜。植物叶片的表皮普遍存在着气孔器，借以调节水分的蒸腾和气体的交换，加强有机体和外界环境的联系。

(2) 周皮　周皮存在于具有次生增粗的器官中，如裸子植物、双子叶植物的老根、老茎，是取代表皮的复合型的次生保护组织。周皮的形成从木栓形成层的活动开始，木栓形成层平周地向外分裂、分化出多层木栓细胞，组成木栓层；向内分裂出少量的栓内层，木栓层、木栓形成层和栓内层共同构成周皮(图 1-20)。随着根、茎的继续增粗，周皮的内侧还可产生新的木栓形成层，再形成新的周皮。周皮的木栓层细胞之间无细胞间隙，细胞壁较厚并且高度栓化，细胞内的原生质体解体，从而形成了不透水、绝缘、隔热、耐腐蚀、质轻等特性，对植物本身起着控制水分散失、防止虫害侵害以及抗御其他逆境等保护作用。每次新周皮的形成，其外侧组织相继死亡，并逐渐累积增厚。在老的树干上，周皮及其外侧的毁坏组织，以及韧皮部，也就是形成层以外的部分，常被称为树皮。树皮是粗老树干外围的保护组织。

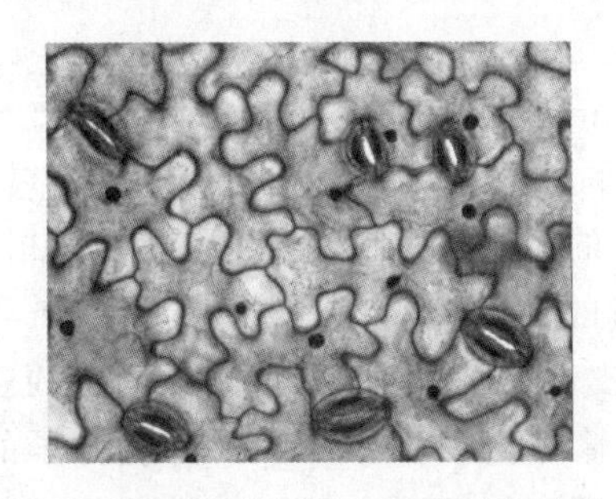

图 1-19　蚕豆叶的下表皮细胞及气孔器

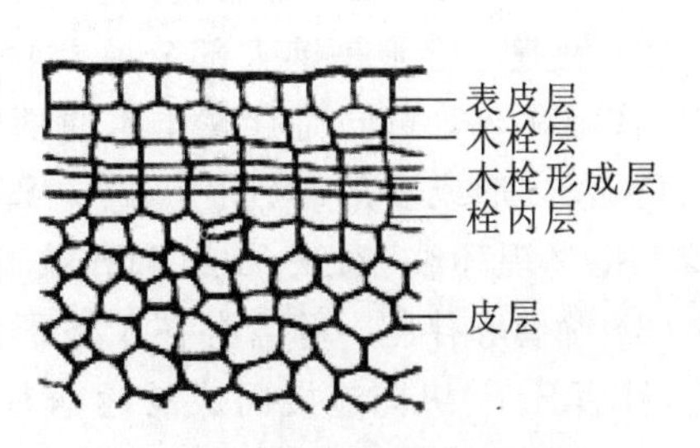

图 1-20　棉茎的部分横切面

在形成周皮时，常常出现一些孔状结构，能让水分、气体内外交流，这种结构称为皮孔。

皮孔多自原有的气孔下面发生,气孔下的薄壁组织细胞脱分化而产生木栓形成层,继而向外分裂出一些有发达胞间隙的补充组织细胞,最后撑破表皮,而在周皮上显出突起。皮孔虽然不像气孔那样可以自控开闭,但使得粗大器官的内部组织仍能与外界进行气体交换。

3. 输导组织

输导组织是植物体内长距离运输物质的组织,根据输导组织的结构和所运输的物质不同,可将其分为运输水分和无机盐类的导管与管胞、运输有机同化物的筛管与筛胞两大类。

(1) 导管　导管普遍存在于被子植物的木质部,向上运输根从土壤中吸收的水分和无机盐。它是由许多管状的、细胞壁木质化的死细胞纵向连接成的一种输导组织,组成导管的每一个细胞称为导管分子。

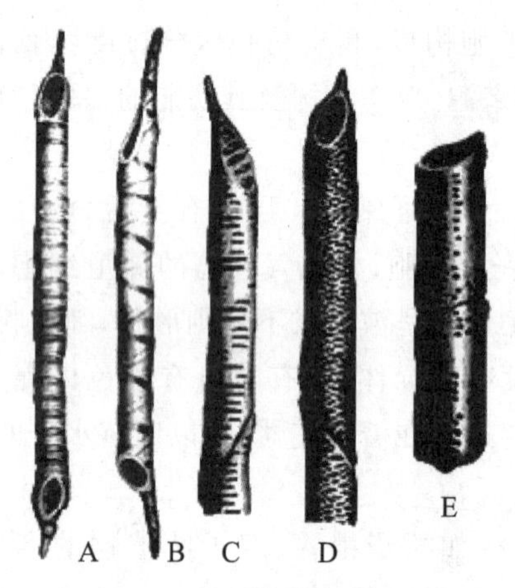

图 1-21　导管的类型

A—环纹导管;B—螺纹导管;C—梯纹导管;D—网纹导管;E—孔纹导管

在导管分子的发育初期,其细胞内含有丰富的微管、内质网、高尔基体等细胞器。随着细胞的生长、液泡的分化和继后的细胞程序性死亡等,导管分子的侧壁木质化并发生不同形式的次生加厚,端壁逐渐解体消失,形成不同形式的穿孔(单穿孔或数个小孔组成的复穿孔)。具有穿孔的端壁称为穿孔板。穿孔的形成及原生质体消失使导管成为中空的连续长管,有利于水分及无机盐的纵向运输。导管还可通过侧壁上的纹孔或未增厚的部分与毗邻的细胞进行横向运输。根据导管的发育先后和侧壁木质化增厚方式,可将其分为环纹导管、螺纹导管、梯纹导管、网纹导管和孔纹导管五种(图 1-21)。

有时在同一导管中可见到两种不同的增厚方式,如环纹与螺纹增厚可在一条导管的不同部分出现。环纹导管与螺纹导管在器官形成过程中出现较早,一般存在于原生木质部中,其导管分子细长而腔小(尤其是环纹导管),且其侧壁分别呈环状或螺旋状木质化加厚,输水能力弱。由于其增厚的部分不多,未增厚的管壁部分仍可适应于器官的生长而伸延,但易被拉断。梯纹导管、网纹导管和孔纹导管是在器官的初生生长中后期和次生生长过程中形成的,位于初生木质部中的后生木质部和次生木质部,其导管分子短粗而腔大,输水效率高(尤其是孔纹导管)。

(2) 管胞　管胞是绝大部分蕨类植物和裸子植物的唯一输水组织,在多数被子植物中,管胞和导管可同时存在于木质部中。管胞呈长梭状,两端尖斜不具穿孔,横切面呈三角形、方形或多角形(图 1-22)。管胞次生壁的木质化和增厚方式与导管相似,在侧壁上也呈现环纹、螺纹、梯纹和孔纹等多种方式的加厚纹饰。

(3) 筛管和伴胞　筛管存在于被子植物的韧皮部中,是由若干不具细胞核的管状活细胞(筛管分子)纵向连接而成的运输有机物质的输导组织(图 1-23)。筛管分子的细胞壁不次生加厚,端壁(称为筛板)上存在着成群的小孔——筛孔。穿过筛孔连接相邻两个筛管分子的原生质呈束状,称为联络索。联络索通过筛孔彼此相连,使纵接的筛管分子相互贯通,形成运输同化产物的通道。

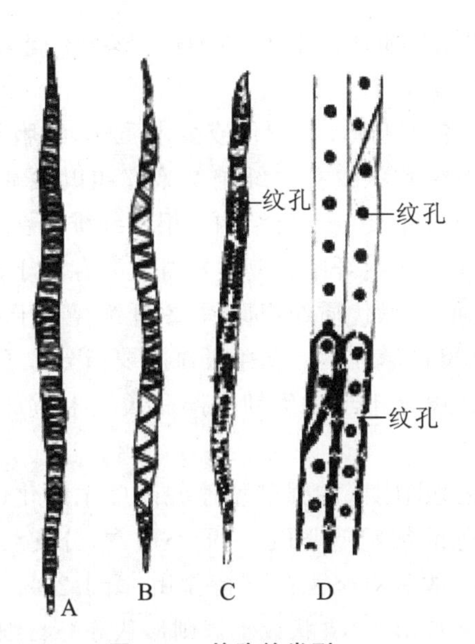

图 1-22 管胞的类型

A—环纹管胞；B—螺纹管胞；C—梯纹管胞；D—孔纹管胞

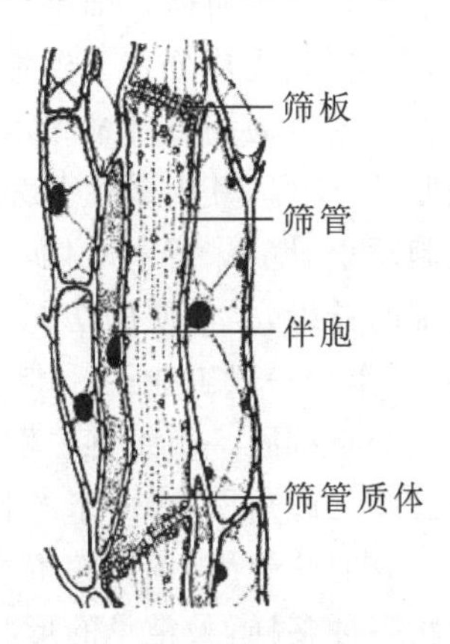

图 1-23 烟草的筛管和伴胞

在每个筛管的旁边通常有一个或多个伴胞。伴胞与筛管在发育上具有同源性(由同一母细胞分裂而来)，在功能上伴胞从属于筛管，协助和保证筛管的活性与运输功能。

(4) 筛胞　筛胞是蕨类植物和裸子植物体内主要输导有机物的细胞。筛胞通常细长，末端尖斜，细胞壁上可有不甚特化的筛域出现，筛孔细小、一般不形成筛板结构。许多筛胞的斜壁或侧壁相接而纵向叠生。筛胞运输有机物质的效率比筛管差，是比较原始的运输有机物质的组织。

导管和筛管是被子植物体内物质输导的重要组织，但也是病菌感染、传播扩散的主要通道。如土壤中的枯萎病菌入侵根部后，其菌丝可随导管到达地上部分的茎和叶，某些病毒可借昆虫刺吸取食而进入筛管，引起植株发生病害。因此，研究输导组织的特性，有利于合理施用内吸传导型农药，有效防治病、虫、草害。

4. 机械组织

机械组织是在植物体内主要起机械支持作用和稳固作用的一种组织。根据其细胞的形态、细胞壁加厚程度与加厚方式，机械组织可分为厚角组织和厚壁组织。

(1) 厚角组织　厚角组织是一类细胞仅在其角隅处或相毗邻的细胞间的初生壁显著增厚的组织(图 1-24)。厚角组织主要出现于双子叶植物的幼茎、花梗、叶柄以及粗壮的叶脉等的薄壁组织外围，组成厚角组织的细胞是活细胞，常含叶绿体，有一定的分裂潜能。其细胞壁的局部增厚是伴随器官的发育而增厚的，因此，厚角组织既有一定的坚韧性，又具有可塑性和延伸性。厚角组织的细胞较长，两端呈方形、斜形或尖形，彼此重叠连接成束，在横切面上其细胞腔形状接近圆形或椭圆形。

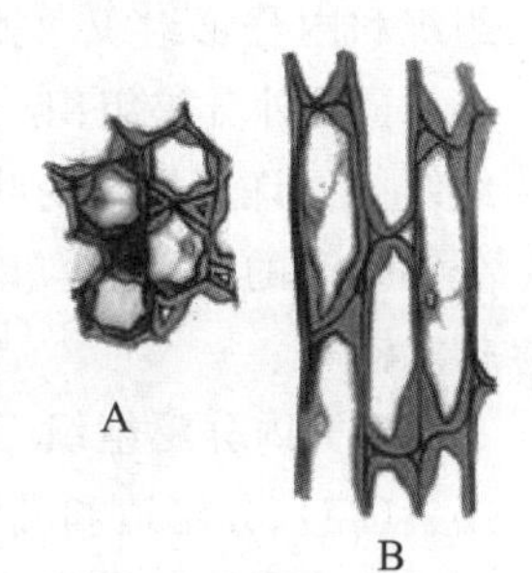

图 1-24 厚角组织

A—横切；B—纵切

(2) 厚壁组织　厚壁组织是一类细胞壁全面次生增厚、常木质化,细胞腔狭小,成熟细胞一般没有生活的原生质体的组织。根据其形状不同又可将其分为纤维和石细胞。

①纤维　纤维细胞狭长,两端尖细,其细胞壁极厚、木质化或少木质化,细胞腔极小,一般没有原生质体。细胞壁上有少数小的斜缝隙状纹孔。纤维细胞互相以尖端穿插连接,多成束、成片分布于植物体中,形成植物体内主要的支持结构。根据纤维存在的部位,可将纤维分为韧皮纤维和木纤维,或初生纤维和次生纤维。韧皮纤维主要存在于韧皮部,细胞长、壁厚,其组成主要为纤维素,坚韧性强,可做优质纺织原料;木纤维存在于木质部,细胞短小、壁厚、常木质化,硬度大而韧性差,可做填充料。初生纤维主要指分布于初生韧皮部的纤维,是优质的纺织原料;次生纤维是指分布于次生韧皮部和次生木质部中的纤维,可作为一般工业用纤维。

②石细胞　石细胞一般是由薄壁细胞经过细胞壁的强烈增厚并高度木质化(有时也可栓质化或角质化)而来的特化细胞。石细胞的细胞壁坚硬、呈同心层次,分支纹孔从细胞腔放射状分出,细胞腔很小,原生质体消失,故具有坚强的支持作用(图 1-25)。石细胞形状多种多样,最常见的形状为椭圆形、球形、长形、分支状或不规则形状等。石细胞通常成群聚生,有时也可单生于植物茎的皮层、韧皮部、髓内,桃、杏等的果皮,蚕豆等的种皮中也较常见。茶的叶肉、梨的果肉中分布的石细胞形态、数量是鉴别其品质的依据,石细胞的形态特征有时也作为区分物种的参考依据。

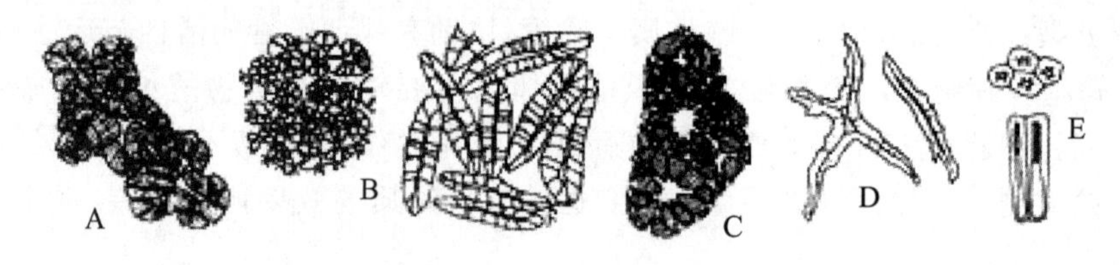

图 1-25　石细胞(厚壁组织)

A—核桃壳的石细胞;B—椰子内果皮石细胞的横切面和纵切面;C—梨果肉中的石细胞;
D—山茶属叶柄中的石细胞;E—菜豆种皮表皮层石细胞横切面和纵切面

5. 分泌组织

植物体中凡能产生分泌物质(如糖类、挥发油、有机酸、乳汁、蜜汁、单宁、树脂、生物碱、抗生素等)的有关细胞或特化的细胞组合称为分泌组织。分泌组织一般由分泌细胞和其他薄壁细胞组成。根据分泌组织的存在部位和分泌物的溢排情况,将其划分为外分泌组织和内分泌组织两类。

(1) 外分泌组织　外分泌组织分布在植株的外表,是将分泌物排于植物体外的分泌组织。如许多植物的叶和幼茎的表皮上,具有能分泌黏液的腺毛;虫媒花的花器官具有能分泌蜜汁的蜜腺;盐角草等泌盐植物上有盐腺;植物的叶尖、叶沿常有能形成吐水现象的排水器等。

(2) 内分泌组织　内分泌组织是将分泌物贮存于植物体内的分泌组织,常见的有分泌囊(腔)、分泌道和乳汁管。如柑橘果皮上具有产生挥发油的分泌囊,松茎的木质部中具有能形成树脂的分泌道,红薯、莴苣等的茎、叶中具有能形成乳汁的乳汁管等。

三、植物体内的维管系统

(一)维管组织

维管组织是由木质部和韧皮部组成的输导水分和营养物质,并有一定支持功能的植物组织。次生生长的植物(大多数裸子植物和木本双子叶植物),其维管组织包括来源于原形成层的初生木质部和初生韧皮部(合称为初生维管组织)及来源于维管形成层的次生木质部和次生韧皮部(合称为次生维管组织)。只有初生生长的植物(大多数蕨类植物和单子叶植物),维管组织只包括来源于原形成层的初生木质部和初生韧皮部。

植物学中,把植物体内具有维管组织的植物称为维管植物。在植物进化过程中,维管组织的分化和出现,对于植物适应陆生环境具有重大意义。

(二)维管束的类型

维管束是维管植物(蕨类植物、裸子植物和被子植物)的叶和幼茎等器官中由初生木质部和初生韧皮部共同组成的束状结构。维管束彼此交织连接,构成初生植物体输导水分、无机盐及有机物质的一种输导系统——维管系统,并兼有支持植物体的作用。

维管束由初生木质部和初生韧皮部组成。被子植物的初生木质部包括导管、管胞、木薄壁组织细胞和木纤维,初生韧皮部包括筛管、伴胞、韧皮薄壁组织细胞和韧皮纤维等。

根据维管束内形成层的有无,可将维管束分为有限维管束和无限维管束两类。有限维管束是指有些植物原形成层分裂产生的细胞,全部分化为木质部和韧皮部,没有留存能继续分裂出新细胞的形成层。这类维管束不能产生次生组织。大多数单子叶植物中的维管束属有限维管束。而无限维管束是指有些植物的原形成层分裂产生的细胞,除大部分分化成木质部和韧皮部外,在两者之间还保留少量分生组织——束中形成层。

根据初生木质部与初生韧皮部排列方式的不同,可将维管束分为以下类型。

(1)外韧维管束　在裸子植物和被子植物茎中,维管束的初生韧皮部常常位于初生木质部的外侧,此类型最为常见。

(2)双韧维管束　初生韧皮部在初生木质部的内、外两侧,如南瓜属的茎。

(3)周木维管束　初生木质部包围着初生韧皮部,如菖蒲属。

(4)周韧维管束　初生韧皮部包围着初生木质部,如蕨类植物水龙骨属的根状茎。

(5)辐射维管束　初生木质部呈辐射状排列,初生韧皮部位于初生木质部的放射角之间,如植物幼根的维管束。

(三)维管系统

维管系统又称为维管组织系统,包括植物体内所有的维管组织,是贯穿于整个植株,与体内物质的运输、支持和巩固植物体有关的组织系统,是植物适应陆生生活的产物。维管系统的产生使得水分、矿物质和有机养料能够在植物体内快速运输和分配,从而使植物体摆脱了对水环境的高度依赖性。蕨类植物、裸子植物与被子植物均为维管植物。

根据维管系统形成的先后和组成特性,可将其分为初生维管系统和次生维管系统。初生维管系统主要存在于初生成熟组织,如绝大多数单子叶植物、裸子植物、双子叶植物

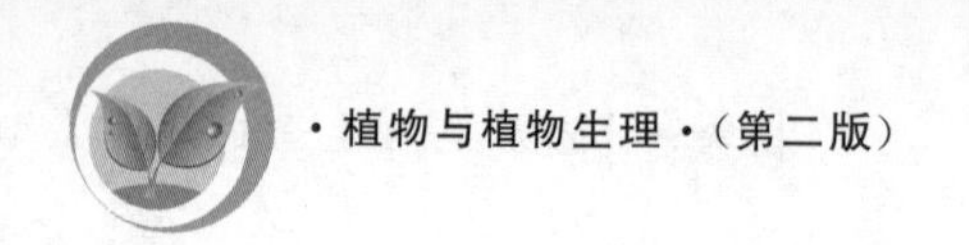

幼嫩的根、茎、叶等中的维管组织。次生维管系统则是次生成熟组织中的维管组织,主要存在于双子叶植物和裸子植物的老根和老茎中。

本章小结

细胞是构成生物体的形态结构和生命活动的基本单位,细胞生命活动的物质基础是原生质。植物细胞由细胞壁、原生质体和细胞后含物组成。细胞壁有保护原生质体的作用,原生质体是细胞的主要部分,细胞内各类代谢活动都在这里进行。原生质体包括细胞膜、细胞质、细胞核等部分,细胞质位于质膜以内、细胞核以外,可分为胞基质和细胞器两部分;细胞器有多种,主要包括质体、线粒体、核糖体、内质网、高尔基体、溶酶体、圆球体、微体、液泡等。不同细胞器其形态结构不同,承担的生理功能也不同。细胞后含物主要是贮藏物质,常见的有淀粉、蛋白质和脂类。

植物的生长、发育主要是植物体内细胞的繁殖、增大和分化的结果。细胞的繁殖是以分裂的方式进行的,细胞分裂有无丝分裂、有丝分裂和减数分裂三种方式。

植物细胞的生长和分化形成具有各种形态、结构和功能的组织,它是植物体形成各种器官的基础。植物的组织按其发育程度、不同生理功能以及形态结构的特点,可分为分生组织、保护组织、基本组织、机械组织、输导组织和分泌组织。

阅读材料

大蒜为什么是植物细胞有丝分裂实验的好材料?

植物细胞有丝分裂实验,一般都用洋葱作实验材料。可是反复的教学实践发现用洋葱作实验材料,效果不太好。可用大蒜作为替代实验材料,大蒜与洋葱相比有以下几个优点。

(1) 生长快　在同等条件下,大蒜比洋葱生根快得多,尤其是在温度偏低时更为明显。比如在 15 ℃时,培养大蒜 48 h,根尖可长出 15 mm 以上,而培养洋葱 72 h,根尖则刚长出。

(2) 生根较多　一头洋葱可生根 80 多条,而两瓣大蒜就可生根 80 条,因此用大蒜作实验材料更经济。

(3) 可取材的时间较多　实验研究表明,大蒜根尖生长点细胞在 9:00 左右、14:00 左右、24:00 左右都处于分裂的旺盛时期,因此一天中这几个时间都可以取材,在做实验时可直接取材,不用提前固定材料,而用洋葱则需提前固定材料,因为洋葱根尖细胞分裂的旺盛时期在 12:00—13:00。

(4) 实验效果较好　以龙胆紫作染色剂时,洋葱根尖组织会变硬,使生长点细胞不易分散,细胞界限不清,核浓缩着色深而不易找到分裂相。而用大蒜在同等条件下根尖细胞很容易被压散,且细胞排列整齐,界限明显,便于观察。

复习思考题

1. 植物细胞的基本结构包括哪些？
2. 细胞壁的变化有哪些？它们对植物体有何作用？
3. 简述有丝分裂、减数分裂的基本过程及意义。
4. 什么是分生组织？分生组织有何特点？
5. 根据来源和性质不同，分生组织分为哪几类？各由什么细胞和组织发育而来？
6. 成熟组织有何特点？可分为几类？
7. 薄壁组织有何特点？可分为几类？
8. 保护组织可以分为几类？各自的特点是什么？
9. 厚角组织和厚壁组织有何异同点？
10. 从结构、功能及分布方面简述导管和管胞、筛管和筛胞的不同。
11. 简述维管束的种类及特点。

第二章　植物的营养器官

学习内容

植物营养器官根、茎、叶的功能、形态和构造;根、茎、叶的变态类型。

学习目标

了解植物营养器官的功能;掌握植物营养器官的形态特征、构造特点;了解植物器官的发育与变化规律以及与环境的关系。

技能目标

能够正确描述植物营养器官的特征及类型;运用所学知识指导生产实际。

第一节　植物的根

一、根的功能

根的主要生理功能是吸收土壤中的水和溶解在水中的无机营养物,并通过输导作用,满足地上部分生长、发育的需要。根能固定植物,支持植物的茎叶系统。同时,根还能合成多种氨基酸。此外,有些植物的根还有贮藏营养物质、利用不定芽来繁殖等作用。

二、根的形态

(一) 根的种类

1. 定根

当种子萌发时,胚根首先突破种皮,向下生长形成的根称为主根。主根生长到一定长度,就在一定部位产生分支,形成侧根,侧根上仍能产生新的分支。主根和侧根都有一定的发生位置,因此称为定根。

2. 不定根

植物除能由种子产生定根外,还能从茎、叶、老根和胚轴上产生根,这些根产生的位置不固定,统称不定根(图 2-1),不定根也可能产生侧根。

禾本科植物的种子萌发时形成的主根,存活期不长,以后由胚轴上或茎的基部所产生的不定根所代替。农、林、园艺工作中,利用枝条、叶、地下茎等能产生不定根的习性,可进行大量的扦插、压条等营养繁殖。农业上常把胚根所形成的主根和胚轴上生出的不定根

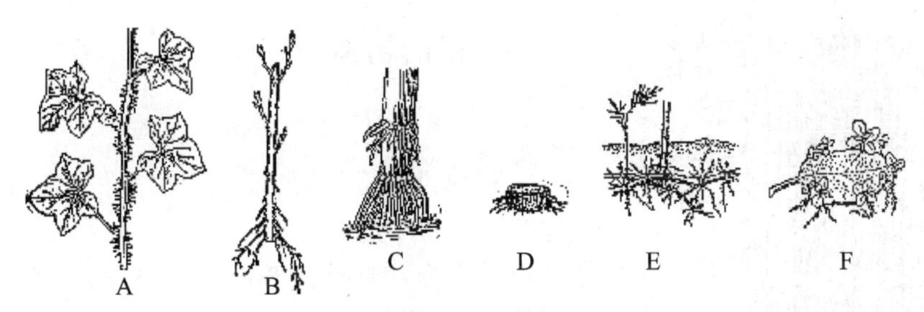

图 2-1　不定根

A—常春藤枝上的气生根；B—柳枝插条上的不定根；C—玉米茎上的支柱根；
D—老根上的不定根；E—竹鞭上的不定根；F—落地生根叶上小植株的不定根

(如禾本科作物)，统称为种子根，也称为初生根，而将茎基部节上的不定根称为次生根，与植物学上常用名词有别，应加以注意。

（二）根系的类型

一株植物地下部分根的总体称为根系。在双子叶植物和裸子植物中，根系是由主根和它分支的各级侧根组成的；在单子叶植物中，根系主要是由不定根和它分支的各级侧根组成的。根系有两种基本类型，即直根系和须根系(图2-2)。有明显的主根和侧根区分的根系，称为直根系，如松、柏、棉、油菜、蒲公英等植物的根系。无明显的主根和侧根区分的根系，或根系全部由不定根和它的分支组成，粗细相近，无主次之分，而呈须状的根系，称为须根系，如禾本科的稻、麦以及鳞茎植物葱、韭、蒜、百合等单子叶植物的根系和某些双子叶植物的根系，如大车前。

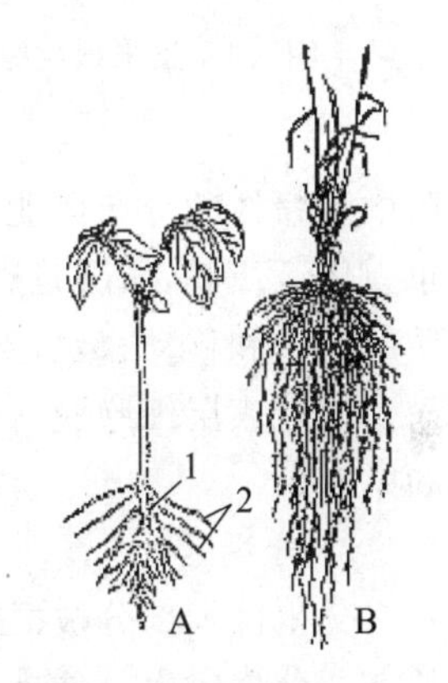

图 2-2　直根系和须根系

A—直根系；B—须根系

1—主根；2—侧根

（三）根系在土壤中的生长与分布

根系在土壤中分布的深度和广度，因植物的种类、生长发育情况、土壤条件和人为影响等因素而不同。根系在土壤中分布的状况，一般可分为深根系和浅根系两类。深根系主根发达，向下垂直生长，深入土层，可达 3～5 m，甚至 10 m 以上，如大豆、蓖麻、马尾松等。浅根系侧根或不定根较主根发达，并向四周扩展，因此，浅根系多分布在土壤表层，如车前、玉米、水稻等。直根系多为深根系，须根系多为浅根系，但不是所有的直根系都属深根系。根的深度在植物的不同生长发育期也是不同的，如马尾松的一年生苗，主根仅深约 20 cm，但成长后可深达 5 m 以上。根系的分布也因土层厚薄、土壤水肥的多少、土壤微生物的种类和活动情况以及土壤种类的不同而异。一般来说，地下水位较低、通气良好、土壤肥沃，根系分布较深，反之较浅。干旱地区的根系较深，潮湿地区的根系较浅。此外，人为的影响也能改变根系的深度。例如植物幼苗期的表面灌溉、苗木的移植、压条和扦插，易于形成浅根；种子繁殖、深耕多肥，易于形成深根。

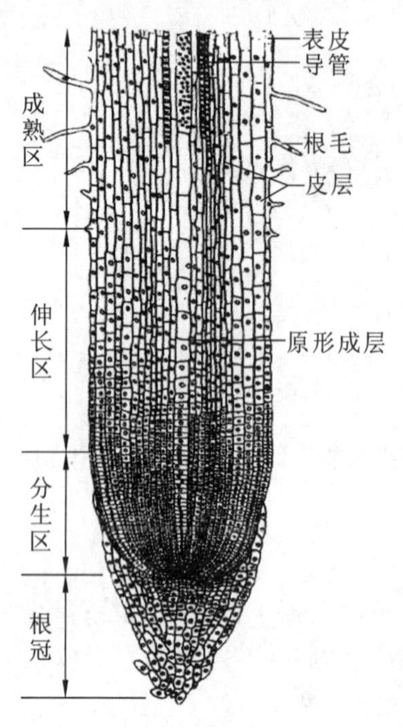

图 2-3　玉米根尖纵切面

三、根的构造

（一）根尖的分区及构造特征

从根的纵向看，根由根尖和次生根（老根）组成，根尖是指根的顶端到根毛处的一段，其上为次生根（老根）。根尖是根生命活动最活跃的部位，根的生长、组织的形成以及水分和物质的吸收主要由根尖来完成。根尖从顶端起可依次分为根冠、分生区、伸长区和成熟区四个部分（图 2-3）。除根冠与分生区之间的界限较明显外，其他各区细胞分化是逐渐过渡的，并无严格界限。

1. 根冠

根冠位于根的顶端，从外形上看，根冠像一帽状物套在分生区的外侧，有保护幼嫩的分生区不受擦伤的作用。根冠外层细胞的外壁有黏液覆盖，使根尖易于在土壤颗粒间推进，减少阻力。根冠还与根的向地性生长有关。根冠细胞中常含有淀粉体，且多集中分布在细胞下方；一些水生植物和对重力不敏感的攀缘植物根冠细胞中往往没有淀粉体。因此多数人认为，细胞中淀粉体的分布可能与根的向地生长有一定的关系。淀粉体有平衡石的作用，它们把重力传至质膜，质膜是感受重力的敏感部位，进而引起一系列生化反应和与向地性有关物质的产生和移动，最后导致根的向地性生长。

根冠表层细胞脱落后，由分生区细胞产生新的细胞补充，从而使根冠保持一定的形状和厚度。

2. 分生区

分生区大部分被根冠包围，是根内产生新细胞、促进根尖生长的主要部位，也称为生长点。分生区由一群排列紧密、细胞壁薄、细胞核相对较大，细胞质丰富、无明显液泡，且具分裂能力的分生组织组成。

分生区的前端由具有持续分裂能力的原分生组织组成，其排列和分裂活动具有分层特性。后面为初生分生组织。初生分生组织由原分生组织分裂而来，细胞分裂能力逐渐减弱，并进行初步分化，最外层的初生分生组织称为原表皮，中央部分是原形成层，两者之间为基本分生组织。上述三部分起源于原分生组织的不同层次。根分生区的原分生组织和初生分生组织位于根的顶端部位，因而又称为顶端分生组织。

3. 伸长区

伸长区位于分生区上方，细胞多已停止分裂，主要特点是细胞显著伸长，呈圆筒形，细胞内出现明显的液泡，在靠近成熟区的原形成层部位有筛管和导管出现。由于伸长区细胞迅速伸长，分生区细胞的分裂、增大，致使根尖向土层深处生长，有利于根的吸收作用。

4. 成熟区（根毛区）

成熟区位于伸长区上方，细胞已停止伸长，形成了各种成熟组织。成熟区表面密被根毛，又称为根毛区。根毛是表皮细胞向外形成的管状结构，其长度和数目因植物而异。根毛的形成扩大了根的吸收面积，所以成熟区是根吸收能力最强的部位。在农、林和园艺工作中，带土移栽或在移栽植物时充分灌溉和修剪部分枝叶，其目的就是减少根尖损害和植物蒸腾，防止过度失水，提高成活率。

（二）双子叶植物根的构造

1. 初生生长与初生构造

根的初生生长是指根尖顶端分生组织细胞分裂后，产生的新细胞经生长和分化，形成根毛区各层次成熟构造的过程，根初生生长过程中形成的各种组织属于初生组织，由初生组织所复合而成的结构，称为根的初生构造。

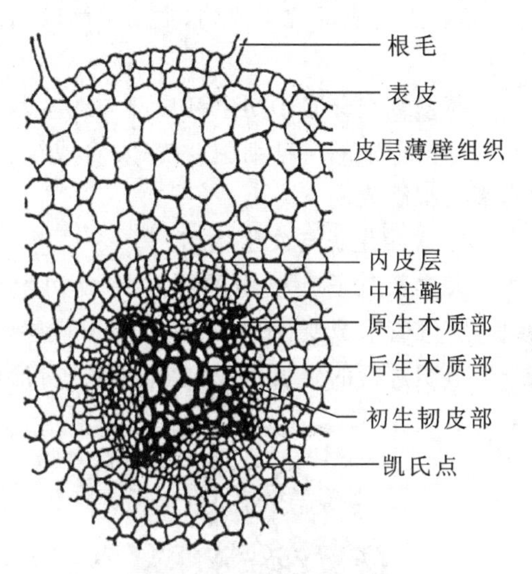

图 2-4 棉花根的初生构造

横切双子叶植物根的成熟区，自外而内可分为表皮、皮层、维管柱（中柱）三部分（图2-4）。

（1）表皮　表皮包围在成熟区的外侧，常由一层细胞组成，细胞排列紧密，由原表皮发育而来，细胞的长轴与根的纵轴平行。表皮细胞的细胞壁不角化或仅有薄的角质膜，适于水和溶质通过，部分表皮细胞的细胞壁向外突出形成根毛，以扩大根的吸收面积。对幼根来说，表皮的吸收作用比保护作用更重要，所以根的表皮是一种吸收组织。

（2）皮层　皮层位于表皮与维管柱之间，由多层体积较大的薄壁细胞组成，细胞排列疏松，有明显的细胞间隙。

皮层的最外层细胞排列紧密，形态较小，称为外皮层。当表皮细胞被破坏后，外皮层细胞壁增厚并栓化，代替表皮起保护作用。皮层薄壁细胞由基本分生组织发育而来，有些植物细胞内可贮藏淀粉等营养物质成为贮藏组织。水生和湿生植物在皮层中可形成气腔和通气道等通气组织。皮层最内一层的细胞排列紧密，称为内皮层；在其细胞的径向壁和横壁上有一条木化和栓化的带状加厚区域，称为凯氏带。内皮层的这种特殊结构，阻断了皮层与维管柱之间的质外体运输途径，进入维管柱的溶质只能通过内皮层细胞的原生质体，从而使根对物质的吸收具有选择性。

（3）维管柱　维管柱也称中柱，是指内皮层以内的部分，由原形成层分化而来。维管柱由中柱鞘、初生木质部、初生韧皮部和薄壁细胞组成，少数植物的根内还有髓。

中柱鞘位于维管柱最外层，通常由1～2层排列整齐的薄壁细胞组成，少数植物有多层细胞，中柱鞘有潜在的分裂能力，可产生侧根、不定根、不定芽、木栓形成层和维管形成层的一部分等。

初生木质部位于根的中央，主要由导管和管胞组成，还有木纤维和木薄壁细胞；横切面上呈辐射状，有几个辐射角就称为几原型的木质部。一般来说，多数植物根中木质部的辐射角是相对稳定的,如棉花根为四原型的木质部。但少数植物因根的粗细不同也可发生变化,如花生的主根为四原型,侧根为二原型。初生木质部辐射角外侧的导管先分化成熟,主要由环纹、螺纹导管组成,称为原生木质部,内侧较晚分化成熟的导管主要是梯纹、网纹和孔纹导管,称为后生木质部;初生木质部这种由外向内逐渐成熟的方式称为外始式。

初生韧皮部与初生木质部相间排列,有原生韧皮部和后生韧皮部之分。原生韧皮部在外,后生韧皮部位于内侧,主要由筛管、伴胞和韧皮薄壁细胞组成,少数植物有韧皮纤维存在。

薄壁细胞分布于初生韧皮部与初生木质部之间,在次生生长开始时,其中一些由原形成层保留下来的薄壁细胞,将来发育成维管形成层的主要部分。少数植物中央有髓,也由薄壁细胞组成。

2. 次生生长与次生构造

大多数双子叶植物的根在完成初生生长形成初生构造后,开始出现次生分生组织——维管形成层(图 2-5)和木栓形成层,进一步产生次生组织,使根增粗。这种由次生分生组织进行的生长,称为次生生长,所形成的构造称为次生构造。

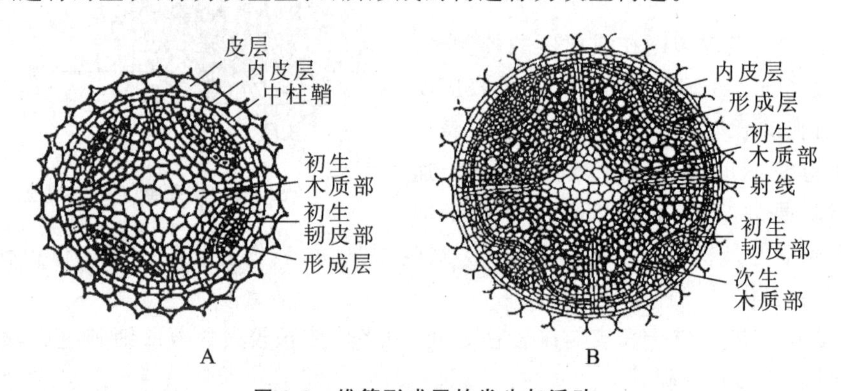

图 2-5　维管形成层的发生与活动

A—维管形成层的发生;B—维管形成层的活动

(1) 维管形成层的发生和活动　根的次生生长开始时,在成熟区初生韧皮部内侧与初生木质部内凹部分之间,由原形成层保留下来未分化的薄壁细胞恢复分裂能力,形成维管形成层片层;随后,各段维管形成层片层逐渐向两侧扩展,直到与中柱鞘相接。此时,正对原生木质部外面的中柱鞘细胞也恢复分生能力,成为维管形成层的另一部分,并与先前产生的相衔接。至此,维管形成层成为一连续波浪状的形成层环。

维管形成层形成后,主要进行切向分裂,向内产生新细胞,分化形成新的木质部,加在初生木质部的外侧,称为次生木质部;向外分裂所产生的细胞形成新的韧皮部,加在初生韧皮部的内侧,称为次生韧皮部。次生木质部和次生韧皮部的成分,基本上与初生木质部和初生韧皮部相同。靠近初生韧皮部内侧的维管形成层发生较早,分裂也较快,结果使维管形成层由波浪状环逐渐变成圆形的环。维管形成层除产生次生木质部和次生韧皮部外,还能分裂形成维管射线,其中,位于次生木质部的射线为木射线,位于次生韧皮部的射线为韧皮射线。射线由径向排列的薄壁细胞组成,是根内的横向运输系统。

(2) 木栓形成层的发生和活动　随着次生组织的增加,维管柱不断扩大,到一定的程度,将引起中柱鞘以外的皮层、表皮等组织破裂。在这些外层组织破坏前,中柱鞘细胞恢复分裂能力,形成木栓形成层。木栓形成层产生后,进行切向分裂,向外和向内各产生数层新细胞;外面的几层细胞发育成为木栓层,内层的细胞则形成栓内层,两者之间为木栓形成层,三者合称为周皮。

周皮的形成使外面的皮层和表皮得不到水和养料,最终相继死亡脱落。在多年生植物根中,每年都产生新的木栓形成层,从而形成新周皮,以适应维管形成层的活动,而老周皮则逐年死亡。木栓形成层的发生位置逐渐内移,最后可深入到次生韧皮部的薄壁细胞中发生。

(三) 单子叶植物根的构造特点

禾本科植物,如小麦、玉米、水稻及甘蔗等根的初生构造与双子叶植物一样,亦分为表皮、皮层、维管柱(中柱)三个基本部分,但各部分特点不同。单子叶植物没有维管形成层和木栓形成层,不能进行次生生长,没有次生构造(图 2-6)。

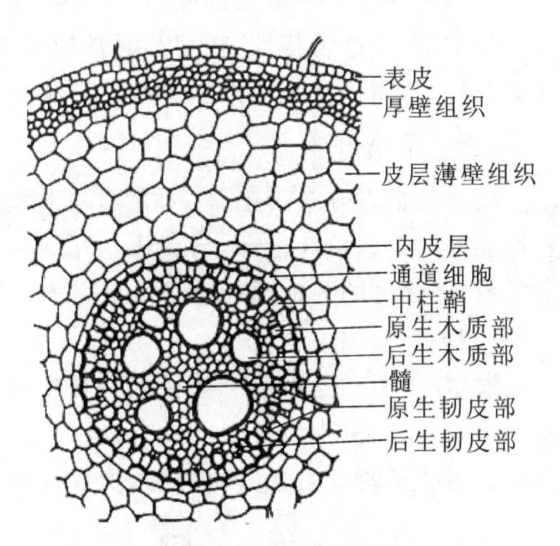

图 2-6　小麦老根横切面

1. 表皮

表皮是最外一层细胞,也有根毛形成,但禾本科植物表皮细胞寿命一般较短,根毛枯死后,往往解体而脱落。

2. 皮层

皮层位于表皮和维管柱之间,靠近表皮几层为外皮层,细胞在发育后期常形成栓化的厚壁组织,在表皮、根毛枯萎后,代替表皮行使保护作用。外皮层以内为皮层薄壁细胞,数量较多,水稻的皮层薄壁细胞在后期形成许多辐射排列的腔隙,以适应水湿环境。

内皮层的绝大部分细胞径向壁、横壁和内切向壁增厚,只有外切向壁未加厚,在横切面上,增厚的部分呈马蹄形。但正对着初生木质部的内皮层细胞壁不增厚,保持薄壁状态,称为通道细胞。

3. 维管柱

维管柱分为中柱鞘、初生木质部和初生韧皮部等部分。初生木质部一般为多原型,由原生木质部和后生木质部组成。原生木质部在外侧,由数个小型导管组成,后生木质部位于内侧,仅有一个大型导管。初生韧皮部位于原生木质部之间,与原生木质部相间排列。维管柱中央为髓部,但小麦幼根的中央部分有时被 1 个或 2 个大型后生导管所占满。在根发育后期,髓、中柱鞘等组织常木化、增厚,整个维管柱既保持了输导功能,又有坚强的支持巩固作用。

大多数非禾本科的单子叶植物,包括多年生植物,其根也只有初生生长和初生构造而无次生生长和次生构造;其主要特征与禾本科植物的根相似。但也有些非禾本科植物的根的初生木质部束数较少,如韭菜等植物的根,其初生木质部为 4～5 原型。

（四）侧根的形成

植物在初生生长过程中，能不断产生侧根，侧根起源于中柱鞘。当侧根开始发生时，一定部位的中柱鞘细胞恢复分裂能力，它们首先进行平周分裂，增加细胞层数，然后进行多方向分裂，形成侧根原基。侧根原基的顶端逐渐分化形成根冠和分生区，随着分生区细胞的不断分裂、生长和分化，最后侧根原基穿过母根的皮层、表皮形成侧根。分生区后同样产生伸长区和成熟区，并分化出输导组织，与母根的维管系统相连。

在二原型的根中，侧根发生于原生木质部和原生韧皮部之间或正对原生木质部的地方；在三原型和四原型根中，多正对原生木质部；在多原型根中，则多正对原生韧皮部。

主根和侧根有着密切的联系，当主根切断时，能促进侧根的产生和生长。在农、林、园艺工作中，利用这个特性，在移苗时常切断主根，以引起更多侧根的发生，保证植株根系的旺盛发育，从而使整个植株能更好地繁茂生长，有时也是为了便于以后的移植。

（五）根瘤和菌根

植物的根系分布于土壤中，它们和土壤中的微生物有着密切的关系，其中有些土壤微生物能侵入某些植物根部，与其建立互助互利的共生关系，种子植物根和微生物之间的共生关系，最常见的为根瘤和菌根。

1. 根瘤

根瘤(图 2-7)是根瘤细菌侵入豆科植物根部细胞而形成的瘤状共生结构。在这种共生关系中，豆科植物为根瘤提供有机物、矿物质和水，而根瘤细菌则可将空气中植物不能直接利用的氮转变为含氮化合物，供豆科植物利用。

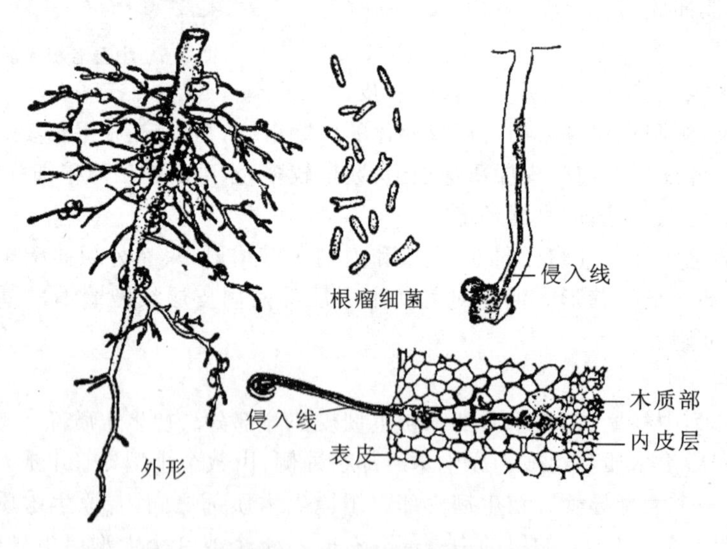

图 2-7　根瘤的外形、根瘤细菌及根瘤的形成

豆科植物的根瘤形成时，豆科植物根分泌一些物质，吸引根瘤细菌到根毛附近，随后根瘤细菌产生分泌物使根毛卷曲、膨胀，并使根毛顶端细胞壁溶解，根瘤细菌经此处侵入根毛，并在根毛中滋生，聚集成带，其外被黏液所包，同时根毛细胞分泌纤维素包在菌带和黏液外侧形成管状侵入线。根瘤细菌沿侵入线侵入根的皮层，并迅速在该处繁殖，促使皮

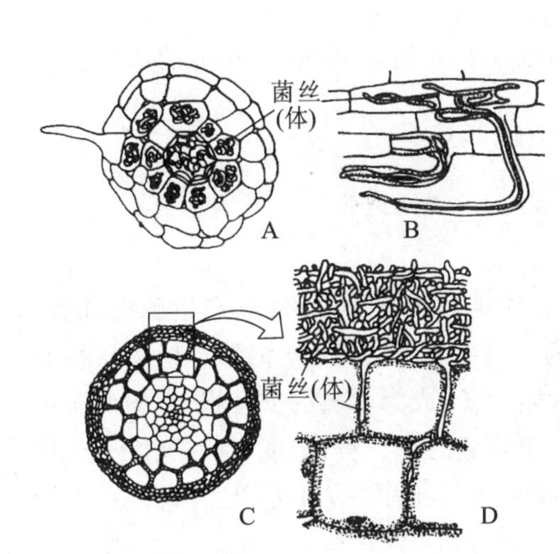

图 2-8　菌根

A～B—内生菌根；C～D—外生菌根

层细胞迅速分裂，形成根瘤。

2. 菌根

菌根是高等植物根与某些真菌的共生体。菌根所表现的共生关系是真菌能增加根对水和无机盐的吸收和转化能力，而植物则把其制造的有机物提供给真菌。菌根有外生菌根、内生菌根和内外生菌根三种(图 2-8)。

(1) 外生菌根　真菌的菌丝大部分生长在幼根的表面，形成菌根鞘，只有少数菌丝侵入表皮和皮层细胞的间隙中，但不侵入细胞中。具有外生菌根的根，其根毛不发达或没有根毛，菌丝在根尖外面代替根毛的作用，许多木本植物如松、水杉、山毛榉等有外生菌根。

(2) 内生菌根　真菌的菌丝，通过表皮进入皮层的细胞腔内，菌丝在细胞内盘旋扭结。内生菌根主要促进根内的物质运输、加强根的吸收机能，如兰科、桑属、银杏等有内生菌根。

(3) 内外生菌根　植物幼根的表面和活细胞内均有真菌的菌丝，如柳属、苹果等植物有这种菌根。

很多具菌根的植物，在没有相应的真菌存在时，就不能正常地生长或种子不能萌发，如松树在没有与它共生的真菌的土壤里，吸收养分很少，生长缓慢，甚至死亡。某些真菌，如不与一定植物的根系共生，也将不能存活。在林业上，根据造林的树种，预先在土壤内接种需要的真菌，或事先让种子感染真菌，以保证树种良好的生长发育，在荒地或草原造林上有着重要的意义。

四、根的变态

有些植物的营养器官在长期历史发展过程中，其形态结构及生理功能发生了极大的改变，并以此成为该植物的遗传特性，这种变化称为变态。根的变态主要有贮藏根、气生根和寄生根三种类型。

(一) 贮藏根

贮藏根主要用于贮存养料，肥厚多汁，形状多样，常见于二年生或多年生的草本双子叶植物。贮藏根是越冬植物的一种适应，所贮藏的养料可供来年生长发育时的需要，使根上能抽出枝，并开花结果。根据来源，可分为肉质直根和块根两大类。

1. 肉质直根

萝卜等植物的肉质直根由下胚轴和主根发育而来，植物的营养贮藏在变态根内，以供抽薹和开花用。肉质直根增粗的主要原因是在次生生长后，部分木质部(萝卜)或韧皮部(甜菜)的薄壁细胞恢复分裂能力，转变成副形成层，进而产生三生木质部和三生韧皮部。

2. 块根

块根由不定根或侧根发育而来，其细胞内贮藏大量的淀粉等营养物质。一株植物可形成多个块根,块根的增粗是维管形成层和副形成层共同活动的结果,常见的块根如甘薯、大丽花等。

(二) 气生根

气生根就是生长在地面以上空气中的根,常见的有以下三种。

1. 支持根

在较近地面茎节上的不定根不断地延长后,根先端伸入土中,并继续产生侧根,能成为增强植物整体支持力量的辅助根系,因此,称为支持根。如玉米、榕树等。榕树从枝上产生多数下垂的气生根,进入土壤,由于以后的次生生长,成为木质的支持根,榕树的支持根在热带和亚热带能形成"一树成林"的现象。在土壤肥力高、空气湿度大的条件下,支持根可大量发生;培土也能促进支持根的产生。支持根深入土中后,可再产生侧根,具支持和吸收作用。

2. 攀缘根

常春藤、络石、凌霄等的茎细长柔弱,不能直立,其上产生不定根,以固着在其他树干、山石或墙壁等表面而攀缘上升,称为攀缘根。

3. 呼吸根

生长在海岸腐泥中的红树、木榄和河岸、池边的水松,它们都有许多支根,从腐泥中向上生长,挺立在泥外空气中。呼吸根外有呼吸孔,内有发达的通气组织,有利于通气和贮存气体,以适应土壤中缺氧的情况,维持植物的正常生长。

(三) 寄生根

寄生植物如菟丝子,以茎紧密地回旋缠绕在寄主茎上,叶退化成鳞片状,营养全部依靠寄主,并以突起状的根伸入寄主茎的组织内,彼此的维管组织相通,吸取寄主体内的养料和水分,这种根称为寄生根,也称为吸器。菟丝子在寄主接近衰弱死亡时,也常自我缠绕,产生寄生根,从自身的其他枝上吸取养料,以供开花结实、产生种子的需要。槲寄生虽也有寄生根,并伸入寄主组织内,但它本身具绿叶,能制造养料,它只是吸取寄主的水分和盐类,因此是半寄生植物,与菟丝子的叶完全退化、营养全部依赖寄主的情况不同。

第二节　植物的茎

一、茎的功能

大多数被子植物的主茎直立于地面,分生出许多大小不等的枝条,并着生数目繁多的叶。枝、叶有规律的分布,使叶能充分地接受阳光,进行光合作用,制造营养物质。枝条又支持着大量的花和果实,使它们处于适宜的位置,适应于传粉以及果实和种子的传播。

茎是植物体物质运输的主要通道,根部从土壤中吸收的水分、矿质元素以及在根中合成或贮藏的有机营养物质,要通过茎输送到地上各部;叶进行光合作用所制造的有机物质,也要通过茎输送到体内各部以便于利用或贮藏。

有些植物的茎具贮藏和繁殖功能。有的植物可以形成鳞茎、块茎、球茎和根状茎等变态茎,贮存大量养料,并可以进行营养繁殖。某些植物的茎容易产生不定根和不定芽,人们常采用枝条扦插、压条、嫁接等方法来繁殖植物。此外,绿色的幼茎还能进行光合作用等。

二、茎的形态

(一) 茎的组成

茎的顶端着生有顶芽,旁侧着生有腋芽,茎上还着生有许多叶子,所以常把着生叶和芽的茎称为枝条(图 2-9)。叶子着生之处称为节。相邻两个节之间的一段为节间。木本植物的枝条,其叶子脱落后留下的疤痕,称为叶痕。叶痕中的点状突起是枝条与叶柄间的维管束断离后留下的痕迹,称为叶迹。枝条表面可以看见许多不同形状的皮孔,这是枝条与外界气体交换的通道。有的枝条上还有芽鳞痕存在,这是顶芽开放时,其芽鳞片脱落后,在枝条上留下的密集痕迹。在季节性明显的地区,往往可以根据枝条上芽鳞痕的数目,判断枝条的生长年龄和生长速度。

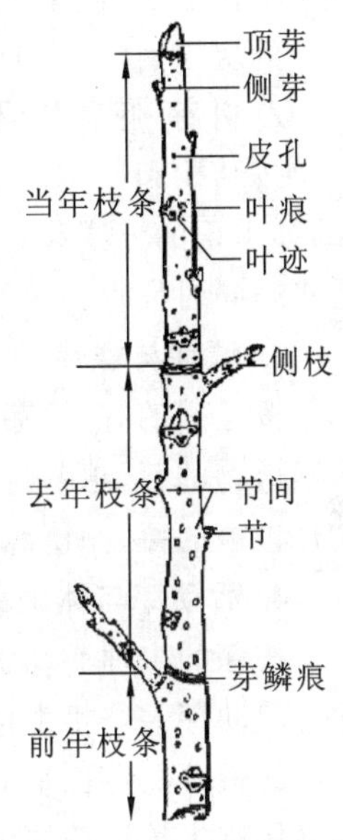

图 2-9 胡桃枝条形态

节间的长短与枝条延伸生长的强弱有关,节间伸长显著的枝条,称为长枝。节间极度缩短形成的枝条称为短枝。许多果树,其长枝是营养枝,在长枝上生有许多短枝,花多生于短枝上,此时短枝也称为结果枝。

(二) 茎的类型

茎在长期的进化过程中,为适应外界环境,完成其生理功能,形成了不同的类型。

1. 直立茎

绝大多数植物的主茎垂直于地面,背地而向上生长,侧枝直立或斜生于空间,如松、柏、杨、桦等。

2. 攀缘茎

茎细长柔软,自身不能直立,以特有的结构攀缘他物向上生长。依据攀缘结构的性质又可分为:以卷须攀缘的,如葡萄、南瓜等;以钩刺攀缘的,如白藤、猪殃殃等;以吸盘攀缘的,如爬山虎等。

3. 匍匐茎

茎细长柔弱,自身不能直立,且没有攀缘结构,只能沿着地面蔓延生长,如草莓、三叶草等。生产上常用这类植物作地被植物。

4. 缠绕茎

茎细长较柔软,不能直立,以茎本身缠绕于支持物上升,如牵牛、马兜铃、忍冬、葎草、何首乌等。具有缠绕茎和攀缘茎的植物统称为藤本植物,热带、亚热带森林里藤本植物特别茂盛,形成森林内的特有景观。

(三) 芽及其类型

芽分布于枝条的顶端或叶腋内,是未发育的枝条或花和花序的原始体。芽由生长锥、叶原基、幼叶等组成，按照芽生长的位置、性质、结构和生理状态等不同，可将芽分为若干类型。

1. 定芽与不定芽

按芽在枝上发生位置是否确定，芽分为定芽和不定芽两类。定芽在枝上的发生位置固定，顶芽发生于枝的顶端，腋芽或侧芽则发生于叶腋，顶芽和腋芽都是定芽。不定芽发生于植株的老茎、根、叶及创伤部位，其发生位置比较广泛，且没有确定性。如柳的老茎、甘薯的块根、秋海棠的叶上发生的芽都是不定芽。

2. 叶芽、花芽与混合芽

按结构和性质，芽可分为叶芽、花芽和混合芽。叶芽(又称枝芽)是将来发育成枝叶的芽，如水稻的分蘖芽。花芽是将来发育为花或花序的芽，如广玉兰和小麦的顶芽。混合芽是将来同时发育为枝叶和花或花序的芽，如梨、苹果等植物的顶芽。

3. 鳞芽与裸芽

按芽鳞的有无，芽可分为鳞芽和裸芽。鳞芽是一些生长或起源在冬寒地带的多年生木本植物的芽，越冬时有芽鳞片包被，又称为被芽，如苹果、梅等的芽。裸芽是越冬时无芽鳞片包被的芽，如蓖麻、棉、枫杨等的芽。

4. 活动芽与休眠芽

按芽的生理活动状态，可将芽分为活动芽和休眠芽。能在当年生长季节中萌发的芽称为活动芽。一年生草本植物的芽多数是活动芽。温带的多年生木本植物，其枝条上近下部的腋芽在生长季节里往往是不活动的，暂时保持休眠状态，这种芽称为休眠芽。休眠芽仍具有生长活动的潜势。在不同的条件下活动芽与休眠芽可以互相转变。

（四）茎的分枝方式

植物的顶芽和侧芽存在着一定的生长相关性。当顶芽活跃地生长时，侧芽的生长受到一定的抑制；如果顶芽因某些原因而停止生长，侧芽就会迅速生长，由于上述原因及植物的遗传特性，不同植物有不同的分枝方式(图 2-10)。

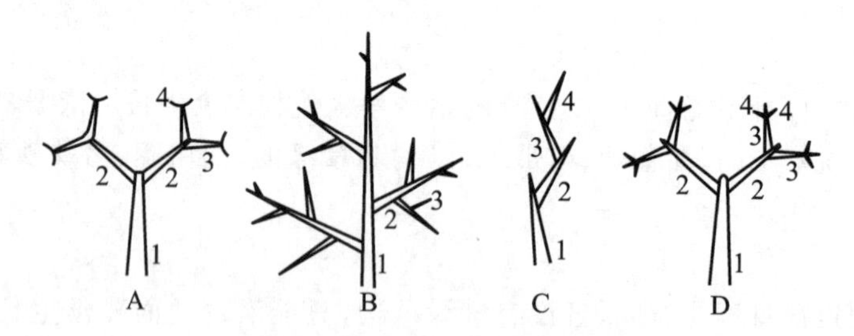

图 2-10　茎的分枝方式图解

A—二叉分枝；B—单轴分枝；C—合轴分枝；D—假二叉分枝

1—主轴；2—一级分枝；3—二级分枝；4—三级分枝

1. 二叉分枝

二叉分枝是比较原始的分枝方式，分枝时顶端分生组织一分为二，各形成一小枝，每一小枝在一定时期又进行同样的分枝，统称为二叉分枝。此分枝多见于低等植物中，在部分高等植物如石松、卷柏中也存在。

2. 单轴分枝(总状分枝)

单轴分枝是指从幼苗开始,主茎的顶芽活动始终占优势,形成一个直立的主轴,而侧枝则较不发达,其侧枝也以同样的方式形成次级分枝。单轴分枝方式的植株呈塔形。栽培这类植物时要注意保顶芽,以提高其品质。如杨、松、杉等木本植物的树干高大挺直,是很有价值的木材。

3. 合轴分枝

合轴分枝是指植株的顶芽活动到一定时间后死亡,或分化为花芽,或发生变态,而靠近顶芽的一个腋芽迅速发展为新枝,代替主茎生长一段时间后,顶芽又被其下方的侧芽替代生长的分枝方式。合轴分枝的主轴除了很短的主茎外,其余均为各级侧枝分段连接而成,因此,茎干弯曲、节间很短,而花芽较多。合轴分枝在农作物和果树中普遍存在,如棉、番茄、马铃薯、柑橘类、葡萄、枣、李等的果枝,茶树等在幼年期为单轴分枝,成长后则出现合轴分枝。

4. 假二叉分枝

假二叉分枝是指某些具有对生叶的植物,如丁香、石竹、槲寄生等,其主茎和分枝的顶芽生长形成一段枝条后停止发育,由顶端下方对生的两个侧芽同时发育为新枝,且新枝的顶芽与侧芽生长规律与母枝一样,如此继续发育形成的分枝方式。

(五) 禾本科植物的分蘖

分蘖是指植株的分枝主要集中于主茎的基部的一种分枝方式。其特点是主茎基部的节较密集,节上生出许多不定根,分枝的长短和粗细相近,呈丛生状态。典型的分蘖常见于禾本科作物,如水稻、小麦等(图 2-11)。

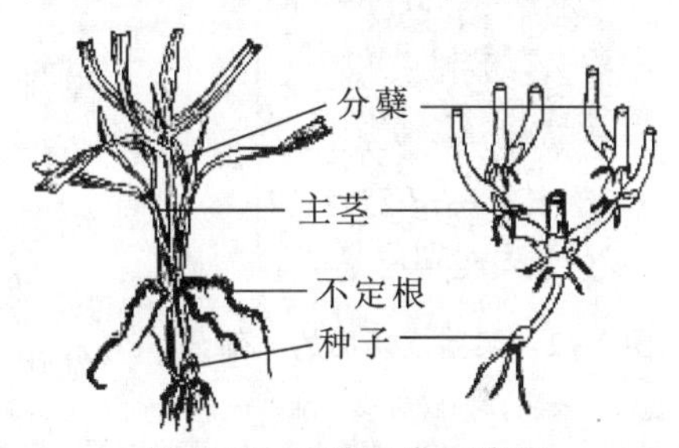

图 2-11 小麦分蘖示意图

三、茎的构造

(一) 茎尖分区及生长

茎尖从顶端开始可分为分生区、伸长区和成熟区三部分,它的最前端无类似根冠的构造,而是被许多幼叶紧紧包裹。

1. 分生区

茎尖最前端的圆锥形是分生区,由原分生组织的原套、原体及其衍生的周缘分生组织和髓分生组织组成。原套一般由表面 1~2 层细胞组成,它们进行垂周分裂,扩大表面积。原体是包围于原套内的一团不规则排列的细胞,它们进行各个方向的分裂,增大体积。原套、原体向外侧下方衍生的细胞组成周缘分生组织,原体下部的细胞构成髓分生组织。

在离茎尖原套、原体下方不远处的部位,即有叶原基出现;在幼叶的叶腋内有腋芽原基形成,叶原基和腋芽原基都是由原表皮及内侧一、二层细胞分裂而来,它们以后分别分化形成叶和腋芽。在分生区的后部,周缘分生组织和髓分生组织逐渐分化出原表皮、基本分生组织和原形成层三种初生分生组织。

2. 伸长区

伸长区位于分生区下方，其主要特点是细胞纵向伸长迅速，主要由初生分生组织组成。但初生分生组织的分裂活动逐渐减弱，并初步分化出一些初生组织。

3. 成熟区

成熟区的细胞分裂基本停止，内部各成熟组织的分化已经完成，具备了茎的初生构造。

（二）双子叶植物茎的构造

1. 初生生长与初生构造

茎的顶端分生组织中的初生分生组织所衍生的细胞，经过分裂、生长、分化而形成的组织，称为初生组织，由这种组织组成茎的初生构造。双子叶植物茎的初生构造包括表皮、皮层和维管柱三个部分（图 2-12）。

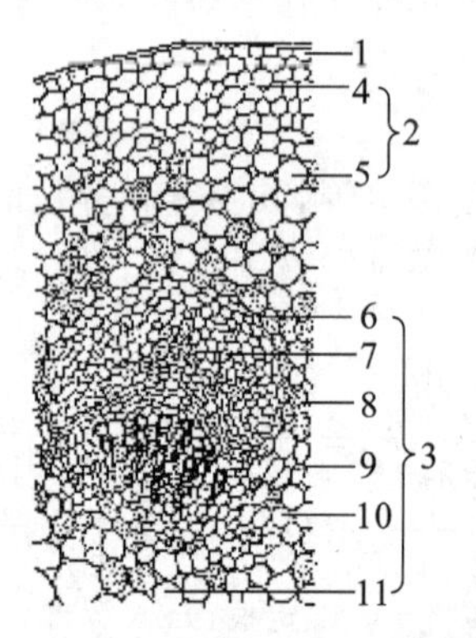

图 2-12　梨茎横切面的一部分

1—表皮；2—皮层；3—维管柱；4—厚角组织；5—薄壁组织；6—韧皮纤维；7—初生韧皮部；8—束中形成层；9—初生木质部；10—髓射线；11—髓

（1）表皮　由一层原表皮发育而来的初生保护组织细胞构成，细胞呈砖形，长径与茎的长轴平行，外壁较厚，并角化形成角质膜，常有气孔和表皮毛。

（2）皮层　皮层位于表皮和维管柱之间，主要由薄壁细胞组成。在表皮内侧，常有几层厚角组织细胞，担负幼茎的支持作用，厚角组织中常含叶绿体，使幼茎呈绿色。有些植物茎的皮层中，存在分泌构造（如棉花、松等）和通气组织（如水生植物）。茎的皮层一般无内皮层分化，有些植物皮层的最内层细胞富含淀粉粒，称为淀粉鞘。

（3）维管柱　维管柱是皮层以内的中轴部分，由初生维管束、髓射线和髓三部分组成。

初生维管束来源于原形成层，呈束状，排成一圆环。由初生韧皮部、束中形成层和初生木质部组成。多数植物的初生韧皮部在外，初生木质部在内，但也有少数植物如葫芦科植物在初生木质部的内、外侧都有韧皮部。初生韧皮部由筛管、伴胞、韧皮薄壁细胞和韧皮纤维组成，分为外侧的原生韧皮部和内侧的后生韧皮部。初生木质部由导管、管胞、木薄壁细胞和木纤维组成，由内侧的原生木质部和外侧的后生木质部组成，其发育方式为内始式。束中形成层位于初生韧皮部与初生木质部之间，由原形成层保留下来的分生组织组成，它是茎进行次生生长的基础。

髓和髓射线均来源于基本分生组织，由薄壁细胞组成。髓位于幼茎中央，其细胞体积较大，常含淀粉粒，有时也含有晶体等物质。髓射线位于维管束之间，其细胞常径向伸长，连接皮层和髓，具有横向运输作用。髓射线的部分细胞将来还可恢复分裂能力，构成束间形成层，参与次生构造的形成。

2. 次生生长与次生构造

大多数双子叶植物的茎同根一样，在初生生长的基础上，产生维管形成层和木栓形成层(图 2-13)，通过它们的活动，进行次生增粗生长，形成次生构造。

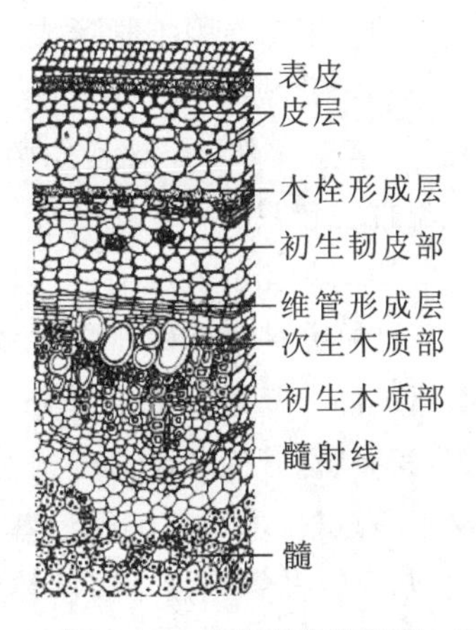

图 2-13 棉茎部分横切面

(1) 维管形成层的发生和活动　在原形成层分化为维管束时，在初生木质部和初生韧皮部之间，保留了一层具分生潜能的束中形成层，在次生生长开始时，连接束中形成层的那部分髓射线细胞恢复分裂能力，变为束间形成层，束间形成层和束中形成层连成一环，构成维管形成层。维管形成层由纺锤状原始细胞和射线原始细胞组成，前者细胞长而扁，两端尖斜；后者细胞近乎等径，分布于纺锤状原始细胞之间。

维管形成层形成后，纺锤状原始细胞随即进行平周分裂，向外形成的细胞发育成次生韧皮部，加在初生韧皮部的内侧；向内形成的细胞发育为次生木质部，加在初生木质部的外侧。同时，射线原始细胞进行径向分裂，向内产生木射线，向外产生韧皮射线。木射线和韧皮射线均由径向排列的薄壁细胞组成，是茎内进行横向运输的次生构造。由于维管形成层向外产生的细胞比向内产生的细胞少，因此次生韧皮部比次生木质部要少。

(2) 木栓形成层的发生和活动　由表皮或部分皮层细胞恢复分裂能力，形成木栓形成层。木栓形成层形成后，向外分裂分化形成木栓层，向内分裂形成少量的栓内层，三者组成周皮，代替表皮的保护作用。

多数植物木栓层的活动有一定期限，当茎继续加粗时，原有的周皮破裂而失去作用，在其内侧又产生新的木栓形成层，形成新的周皮。这样，木栓形成层的产生部位依次内移，直至次生韧皮部。随着新周皮的形成，其外侧的各种细胞由于水分和营养物的供应中断，就相继死亡形成树皮。

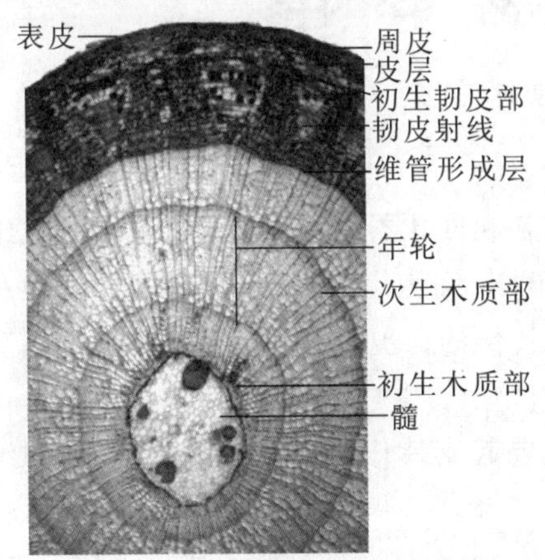

图 2-14 椴树三年生茎横切面构造

在形成周皮的过程中，在原来气孔位置下面的木栓形成层不形成木栓细胞，而产生一团圆球形、排列疏松的薄壁细胞，称为补充细胞。由于补充细胞增多，向外胀大突出，形成裂口，因此在枝条的表面形成许多皮孔，通过皮孔，茎内细胞可与外界进行气体交换。

3. 木材的构造

木材是指维管形成层历年产生的次生木质部的总称(因初生木质部占中央的一小部分，常可忽略)(图 2-14)。木材有两个主要特征：一是有年轮；二是有边材和心材之分。

（1）年轮　因维管形成层在生长季节不同阶段的活动特性不同，所形成的新细胞的大小和分化成熟的构造有差异，使得所产生的次生木质部呈次第变化的同心环，故有“生长轮”之称。在一个生长期中，维管形成层所产生的次生木质部（木材），构成一个生长轮，在温带一年只有一个生长轮，这样的生长轮就是年轮。植物的年龄、各年份气候特征或变化等均与年轮的宽窄有一定的关系。因此，年轮可作为研究气候变迁的依据。

（2）边材和心材　横切多年生木本植物的树干，可见其木材的边缘部分和中央部分有所不同。靠近形成层部分的木材是近几年形成的次生木质部，颜色浅，具有木薄壁组织，其导管、管胞和木薄壁组织有效地担负输导和贮藏的功能，这样的木材称为边材。边材木质疏松、木质差。靠近茎中央部分的木材是形成较久的次生木质部，这部分颜色较深，其导管和管胞由于侵填体的形成，并因单宁、树脂、色素等有机物的累积而失去输导功能，这样的木材称为心材。心材木质致密、木质好。随着茎的次生生长，新的边材相继产生，老的边材逐年成为心材，能更强地巩固和支持植株。少数木本植物在生长后期，心材被菌类侵入而腐烂，形成空心树干，虽能生活，但易为外力所折断。

（三）单子叶植物茎的构造特点

单子叶植物的茎和双子叶植物的茎在构造上有许多不同。大多数单子叶植物的茎，只有初生构造，所以构造比较简单。现以禾本科植物的茎作为代表，说明单子叶植物茎初生构造的显著特点。

禾本科植物茎由表皮、机械组织、薄壁组织和维管束组成，维管束散生在薄壁组织和机械组织之中，因而茎没有皮层、髓和髓射线之分（图 2-15）。

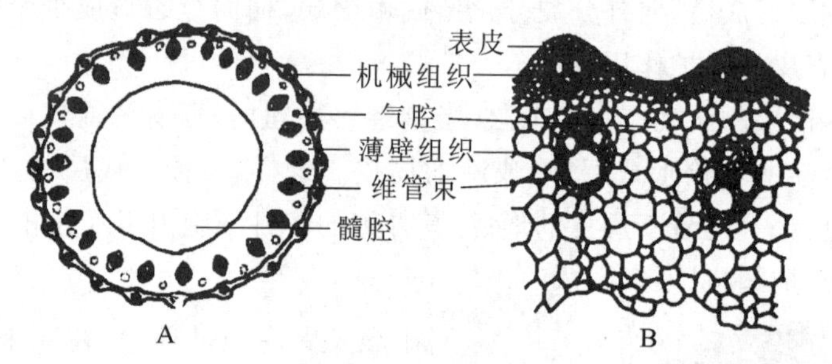

图 2-15　水稻茎横切面

A—全形轮廓图；B—部分放大图

表皮位于茎的最外层，由一种长细胞、两种短细胞和气孔器有规律地排列而成。长细胞的细胞壁厚、角化且纵向壁常呈波状；短细胞位于两长细胞之间，分为栓化的栓细胞和硅化的硅细胞；气孔器与长细胞相间排列，由一对哑铃形的保卫细胞和一对长梭形的副卫细胞构成。

表皮的内侧有几层厚壁组织，它们连成一环，主要起支持作用，厚壁细胞的层数和细胞壁的厚度与茎的抗倒伏能力有关。

薄壁组织分布于机械组织以内维管束之间的区域，由大型薄壁细胞组成。水稻、小麦等植物茎中央的薄壁组织解体，形成髓腔。水生禾本科植物的维管束之间的薄壁组织中还有裂生通气道。

禾本科植物的维管束中无形成层，为有限维管束，维管束外围均被厚壁组织组成的维管束鞘包围，内部由初生木质部和初生韧皮部组成。初生韧皮部位于外侧，其原生韧皮部常被挤毁，保留下来的为后生韧皮部，由筛管和伴胞组成。初生木质部位于内侧，在横切面上呈V形，V形的基部为原生木质部，包括一至多个环纹或螺纹导管以及少量的木薄壁细胞。在生长过程中，导管常被拉破，四周的薄壁细胞互相分离，形成一个大气隙；V形的两臂处各有一个大型的孔纹导管，导管之间是薄壁细胞和管胞共同组成的后生木质部。

禾本科植物维管束的排列方式分为两类。一类以水稻、小麦为代表，茎中央有髓腔，维管束大体上排列为内、外两环。外环的维管束较小，位于茎的边缘，其大部分埋藏于机械组织中；内环的维管束较大，周围为基本组织所包围。另一类如玉米、甘蔗等植物茎中央无髓腔，充满基本组织，各维管束分散排列于其中。从外围向中心，维管束越来越大，相互之间的距离也越来越远。

(四) 裸子植物茎的构造特点

裸子植物茎都是木本的，其构造和双子叶植物木本茎大致相同，两者都是由表皮、皮层和维管柱三部分组成，长期存在着形成层，产生次生构造，使茎逐年加粗，并有显著的年轮。但韧皮部的成分和木质部略有不同。

多数裸子植物茎的次生木质部主要是由管胞、木薄壁组织和射线组成，无导管(少数如买麻藤目的裸子植物，木质部具有导管)，无典型的木纤维。

裸子植物次生韧皮部的构造也较简单，由筛胞、韧皮薄壁组织和射线所组成。一般没有筛管、伴胞和韧皮纤维，有些松柏类植物茎的次生韧皮部中，也可能产生韧皮纤维和石细胞。

有些裸子植物(特别是松柏类植物中)茎的皮层、维管柱(韧皮部、木质部、髓、髓射线)中，常分布着许多管状的分泌组织，即树脂道，这在双子叶植物木本茎中是没有的。

四、茎的变态

茎的变态可以分为地上茎和地下茎两种类型。

(一) 地上茎的变态

地上茎由于和叶有密切的关系，因此，有时也称为地上枝。它的变态主要有四种(图 2-16)。

1. 茎刺

茎发育为刺，称为茎刺或枝刺，如山楂、酸橙的单刺，皂荚的分枝刺。茎刺有时分枝生叶，它的位置常在叶腋，因此与叶刺有区别。蔷薇茎上的皮刺是由表皮形成的，与维管组织无联系，与茎刺有显著区别。

2. 茎卷须

许多攀缘植物的茎细长，不能直立，变成卷须，称为茎卷须或枝卷须。茎卷须的位置或与花枝的位置相当(如葡萄)，或生于叶腋(如南瓜、黄瓜)。

3. 叶状茎

茎转变成叶状，扁平，呈绿色，能进行光合作用，称为叶状茎或叶状枝。假叶树的侧枝

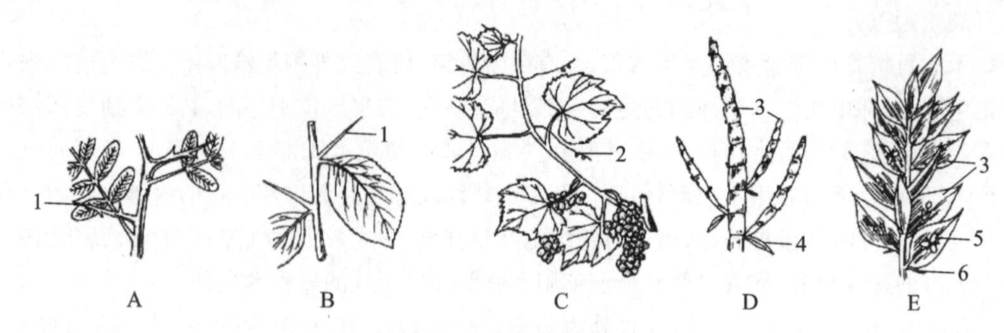

图 2-16　地上茎的变态

A—皂荚；B—山楂；C—葡萄；D—竹节蓼；E—假叶树

1—茎刺；2—茎卷须；3—叶状茎；4—叶；5—花；6—鳞叶

变为叶状枝，叶退化为鳞片状，叶腋内可生小花。由于鳞片过小，不易辨识，故人们常误认为“叶”（实际上是叶状枝）上开花。天门冬的叶腋内也产生叶状枝。竹节蓼的叶状枝极显著，叶小或全缺。

4. 肉质茎

肉质茎肥厚多汁，常为绿色，不仅可以贮藏水分和养料，还可以进行光合作用，如仙人掌、莴苣等。

（二）地下茎的变态

生在地下的茎与根相似，但由于仍具茎的特征（有叶、节和节间，叶一般退化成鳞片，脱落后留有叶痕，叶腋内有腋芽），因此，容易与根相区别。常见的地下茎的变态有四种（图 2-17）。

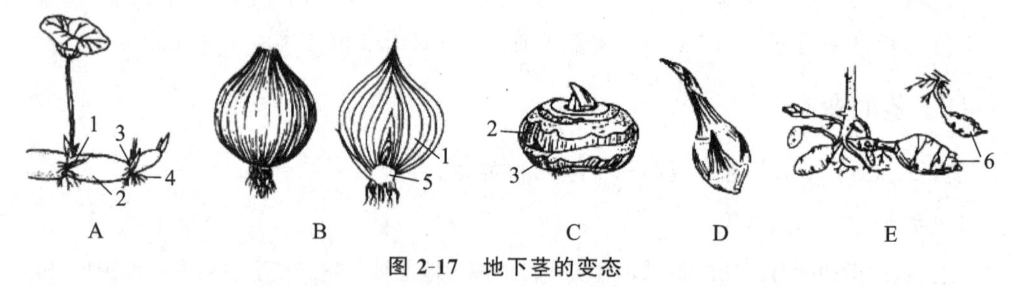

图 2-17　地下茎的变态

A—莲；B—洋葱；C—荸荠；D—慈姑；E—菊芋

1—鳞叶；2—节间；3—节；4—不定根；5—鳞茎盘；6—块茎

1. 根状茎

根状茎简称根茎，即横卧地下，形较长，似根的变态茎，竹、莲、芦苇以及许多杂草，如狗牙根、马兰、白茅等，都有根状茎。

2. 块茎

块茎中最常见的是马铃薯，马铃薯的块茎是由根状茎的先端膨大，积累养料所形成的。块茎上有许多凹陷，称为芽眼，幼时具退化的鳞叶，后脱落。菊芋俗称洋姜，也具块茎，可制糖或糖浆。甘露子的串珠状块茎可供食用，即酱菜中的“螺丝菜”，也称宝塔菜。

3. 鳞茎

由许多肥厚的肉质鳞叶包围的扁平或圆盘状的地下茎，称为鳞茎。常见的鳞茎如百合、洋葱、蒜等。

4. 球茎

球状的地下茎，如荸荠、慈姑等，它们都是由根状茎先端膨大而成。球茎有明显的节和节间，节上具褐色膜状物，即鳞叶，为退化变形的叶。球茎具顶芽，荸荠有较多的侧芽，簇生在顶芽四周。

第三节　植物的叶

一、叶的功能

叶的功能主要是光合作用、蒸腾作用和气体交换。光合作用是指绿色组织通过叶绿体色素和有关酶类活动，利用太阳光能，把二氧化碳和水合成有机物，并将光能转变为化学能而贮存起来，同时释放氧气的过程。蒸腾作用是水分以气体状态从植物体内散失到大气中的过程，它是植物根吸收水和矿质元素的动力，并有调节叶温的作用。有些植物的叶片还有吸收、贮藏和繁殖等功能，如根外施肥、喷施农药和除草剂，都是通过叶表面吸收进入植物体而起作用的，秋海棠等植物的叶具有繁殖作用。

二、叶的形态

（一）叶的组成

典型的叶由叶片、叶柄及托叶组成。具有叶片、叶柄、托叶三部分的叶称为完全叶，如棉、桃、茳草等的叶；仅有叶片或仅有叶片和叶柄的叶称为不完全叶，如烟叶、小旋花、菠菜等。

水稻、小麦等禾本科植物叶的组成较特殊，由叶片、叶鞘、叶舌、叶耳组成。叶舌、叶耳的有无、形态、大小及色泽常为禾本科植物分类的依据。如小麦叶耳明显，稗草则不具叶耳（图 2-18）。

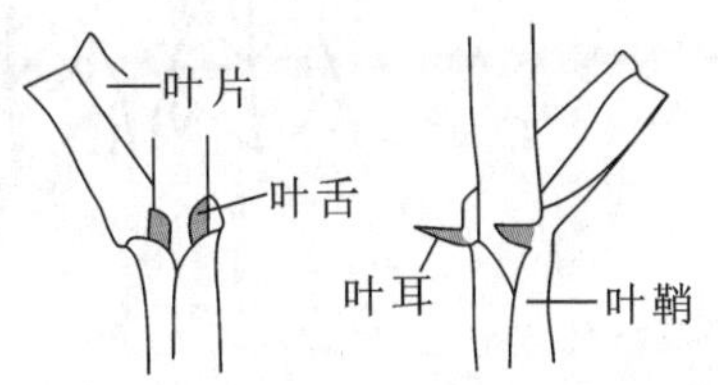

图 2-18　禾本科植物叶的组成

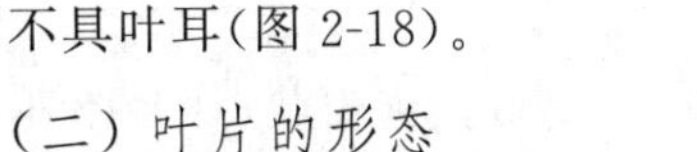

（二）叶片的形态

1. 叶形

叶形是指叶片的整体形状，是识别植物的重要依据之一。不同植物叶形往往不同，为了便于区分植物，往往根据叶片最宽处位置及叶的长宽比对叶形进行细分（图 2-19）。

2. 叶尖、叶缘和叶裂

（1）叶尖　叶尖是叶片的先端，常见的叶尖类型有卷须状、芒尖、尾尖、渐尖、急尖、骤尖、短尖、钝形、圆形、微凹、微缺、倒心形等（图 2-20）。

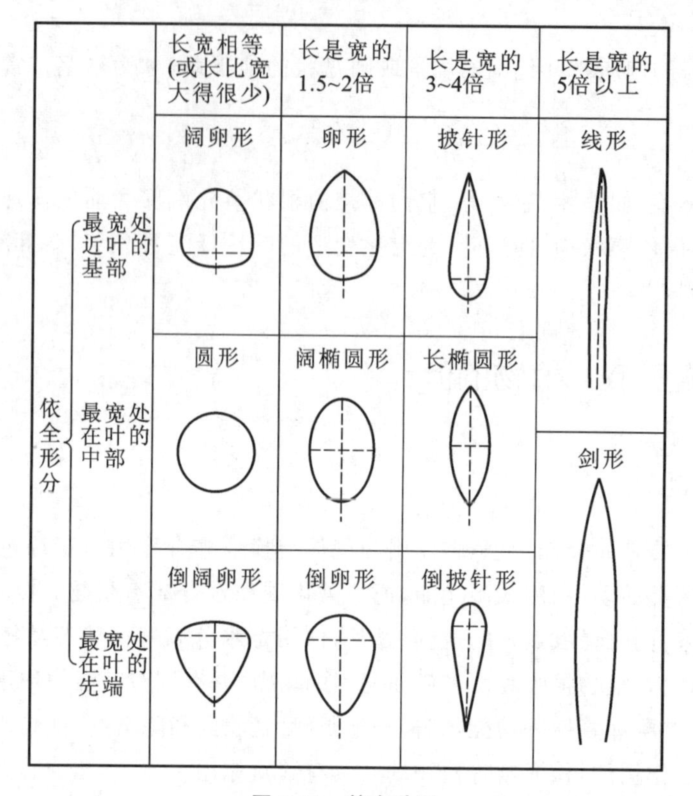

图 2-19 基本叶形

图 2-20 叶尖的类型

(2) 叶缘　叶缘指叶片的边缘。叶缘有全缘（如玉兰、女贞）、锯齿状（如月季花）、牙齿状（如桑）、钝齿状（如大叶黄杨）、波状（如白菜）、重锯齿状（如华北珍珠梅）、纤毛状（如山樱花）、刺芒状（如刺叶冬青）等类型（图 2-21）。叶缘凹凸不齐时，缺陷处称为缺刻，两缺刻之间的部分称为裂片。

(3) 叶裂　叶裂是指叶缘具有较大缺刻的边缘形态。按叶裂的形状分为掌状裂和羽状裂，按叶裂裂缺的程度分为浅裂、深裂、全裂（图 2-22）。

3. 叶脉

叶片中分布的粗细不等的脉纹称为叶脉。它是贯穿在叶肉内的维管组织，主要起支

图 2-21　叶缘的类型

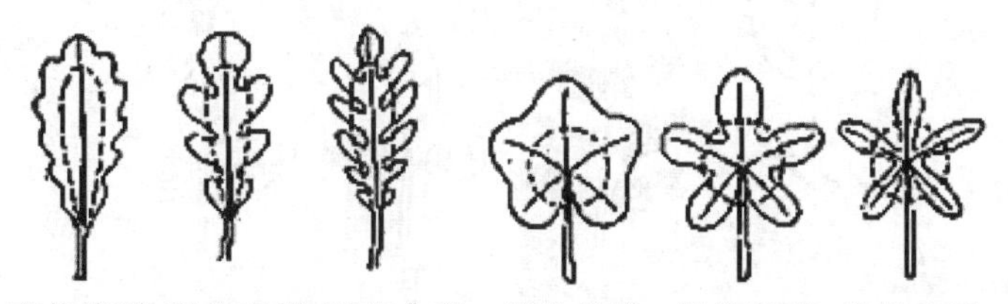

图 2-22　叶裂的类型

持和输导作用。叶脉分为网状脉和平行脉两种。网状脉的叶脉错综分支，相互交织成网状，是双子叶植物的特征之一。网状脉分为羽状网脉和掌状网脉。平行脉的叶脉彼此平行、接近平行而不交叉，是单子叶植物的特征之一。平行脉又分为直出平行脉、弧状平行脉、射出平行脉、横出平行脉等。裸子植物多具单一主脉。叉状脉多见于蕨类植物，偶见于种子植物(图 2-23)。

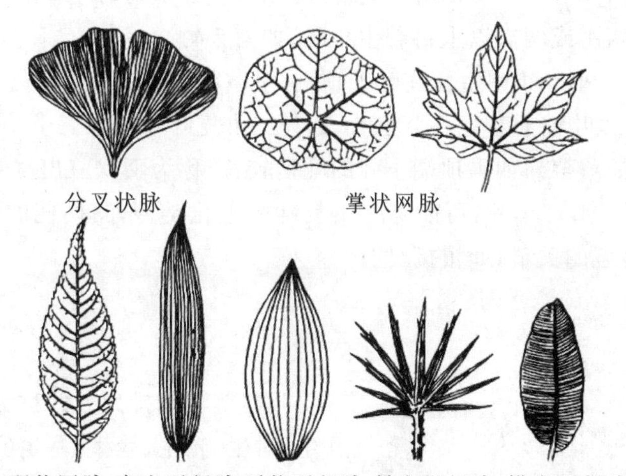

图 2-23　叶脉的类型

(三) 叶的类型

1. 单叶

单叶是一个叶柄上只生有一个叶片的叶，如杨、柳、桃等的叶。

2. 复叶

复叶是在一个叶柄上生有两个或两个以上叶片的叶。复叶的叶柄称为总叶柄(叶轴),总叶柄上着生的叶片称为小叶。根据小叶在总叶柄上的排列情况,可将复叶分为羽状复叶、掌状复叶、三出复叶和单身复叶等类型(图2-24)。

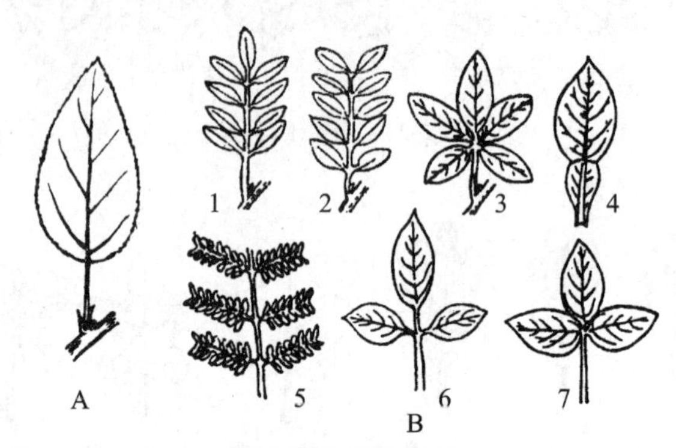

图2-24 叶的类型

A—单叶;B—复叶

1—奇数羽状复叶;2—偶数羽状复叶;3—掌状复叶;4—单身复叶;5—二回羽状复叶;6—羽状三出复叶;7—掌状三出复叶

(1) 羽状复叶 小叶着生在叶轴的两侧,称为羽状复叶。根据羽状复叶顶端的小叶数可分为奇数羽状复叶(顶端具一个小叶,如月季、刺槐)和偶数羽状复叶(顶端具两个小叶,如花生、合欢)。根据羽状复叶中叶轴的分支次数可分为一回羽状复叶(叶轴不分支,其上直接着生小叶,如月季)、二回羽状复叶(叶轴分支一次再着生小叶,如合欢)和多回羽状复叶(叶轴分支两次或两次以上再着生小叶,如南天竹)。

(2) 掌状复叶 小叶集中生长在叶轴顶端,呈掌状排列,如大麻、七叶树等。

(3) 三出复叶 叶轴上着生三个小叶,称为三出复叶。如果三个小叶柄是等长的,称为掌状三出复叶(如草莓);如果顶端小叶的叶柄较长,称为羽状三出复叶(如大豆)。

(4) 单身复叶 形似单叶,可能是三出复叶的退化类型,其两侧的小叶退化,但在顶生小叶的基部有显著的关节,如柑橘、柠檬等。

(四) 叶序

1. 叶序

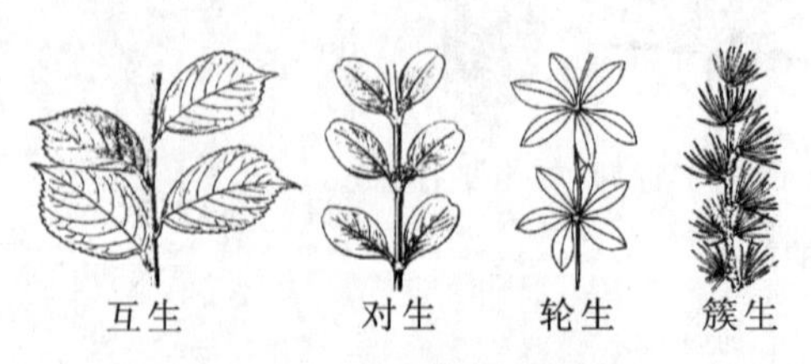

图2-25 叶序的类型

叶在茎上的排列方式称为叶序。常见的有互生、对生、轮生、簇生、基生(图2-25)。

(1) 互生 每个节上只长一个叶,叶交互而生,如杨、柳、榆、玉兰、苦荬菜等的叶。

(2) 对生 每个节上相对着生两个叶,如雪柳、冬青、女贞、石竹等的叶。

(3) 轮生 每个节上着生三个或三个以上的叶,如夹竹桃、茜草、轮叶黄精等的叶。

(4) 簇生 多个叶着生在极度缩短的短枝上,如华北落叶松、银杏、雪松等的叶。

(5) 基生 多个叶着生于地表附近的短茎上,如车前、蒲公英、马蔺等的叶。

2. 叶镶嵌

叶序、叶柄扭曲及叶柄长度变化的共同作用,可使茎上相邻两节的叶的着生位置、伸展方向均不同,减少相互遮挡,有利于叶片充分地接受阳光,进行光合作用。叶的这种镶嵌排列、彼此不重叠的现象称为叶镶嵌。爬山虎、常春藤、木香花的叶片,均匀地展布在墙壁或竹篱上,是垂直绿化的极好材料,就是叶镶嵌的结果。

三、叶的构造

(一) 双子叶植物叶片的构造

叶片是叶的重要组成部分,叶片由表皮、叶肉和叶脉三个部分构成(图 2-26)。

1. 表皮

表皮分为上表皮与下表皮,是叶的保护组织,由表皮细胞、气孔器、排水器、表皮毛、腺鳞等组成。

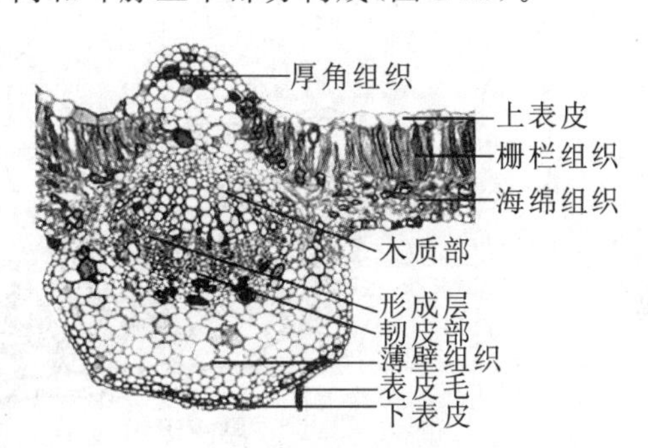

图 2-26 棉花叶的横切(中脉)

(1) 表皮细胞 叶片的表皮细胞一般是形状不规则的扁平细胞,侧壁凹凸不齐,彼此紧密嵌合,在横切面上则呈长方形或方形,外壁较厚并角质化,形成角质层,为活细胞,一般不具叶绿体。具有保护植物不受细菌、真菌侵害的作用,同时可防止过度日照引起的损害。

(2) 气孔器 双子叶植物的气孔器由两个肾形的细胞围合而成,这两个细胞称为保卫细胞,其间的间隙称为气孔。有些植物在保卫细胞之外,还有较整齐的副卫细胞(如甘薯)。

(3) 排水器 排水器分布在某些植物叶的端部和叶缘处,它由水孔和通水组织构成。水孔与气孔相似,但没有自动调节开闭的作用;通水组织是指与脉梢的管胞相通的排列疏松的一群小细胞。

(4) 表皮毛 表皮毛为表皮的附属物,形态各异,功能不同。

2. 叶肉

叶肉是叶片进行光合作用的主要部分,其细胞中含大量的叶绿体,主要功能是光合作用。双子叶植物的叶肉一般分为栅栏组织和海绵组织。

(1) 栅栏组织 近上表皮一侧的叶肉细胞呈长柱状,并与上表皮相垂直,类似栅栏状,细胞内叶绿体相对较多。栅栏组织的细胞层数和特点随植物种类而不同。栅栏组织使植物既可充分利用强光照,又可减少强光伤害。

(2) 海绵组织 海绵组织位于栅栏组织与下表皮之间,其细胞形态、大小不相同,细胞内叶绿体相对较少,细胞间隙大,通气能力强。海绵组织光合作用能力弱于栅栏组织。海绵组织常不规则,并有短臂突出而互相连接成网,胞间隙很大,在气孔内侧,形成较大的气孔下室。叶肉中有明显的栅栏组织和海绵组织分化的叶称为异面叶,叶肉中没有明显的栅栏组织和海绵组织分化的叶称为等面叶。

3. 叶脉

叶脉分布在叶肉组织中,呈网状,起支持和输导作用。中脉和大的侧脉常由维管束和机械组织组成,其中木质部在向茎面,韧皮部在背茎面。粗大的中脉中,在木质部和韧皮部之间还有形成层存在,但形成层活动时间很短,只产生极少量的次生组织。在叶脉的周围或在叶脉的上下方常形成机械组织。叶脉越细,构造越简单,表现为形成层和机械组织减少,以至于完全消失;木质部和韧皮部的组成分子逐渐减少,到脉梢时,木质部中仅有几个螺纹管胞,韧皮部中只有几个狭短的筛管分子和增大的伴胞。

(二) 禾本科植物叶片的构造

禾本科植物叶片由表皮、叶肉和叶脉三部分组成(图 2-27)。

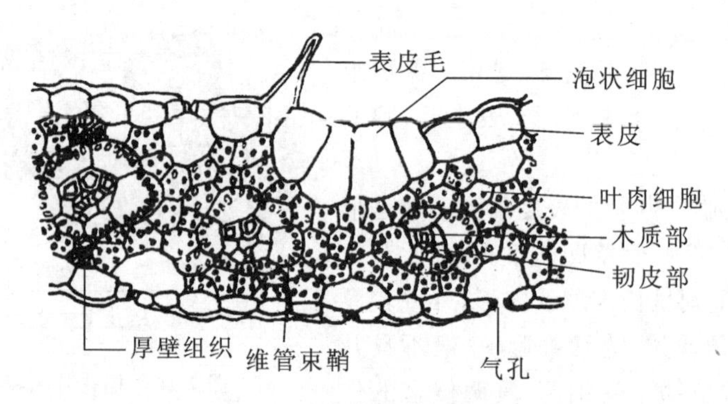

图 2-27　玉米叶横切结构

1. 表皮

表皮分为上表皮与下表皮。上表皮由表皮细胞(包括长细胞、两种短细胞即硅细胞和栓细胞)、泡状细胞和气孔器组成;下表皮组成稍有不同,没有泡状细胞。泡状细胞是指在相邻两叶脉之间的上表皮部位的几个特殊形态的大型薄壁细胞,也称为运动细胞,它们能较有效地控制水分的出入。表皮上常生有表皮毛,有些表皮毛基部较大、先端尖锐,且有木质化的厚壁,称为刺毛。

2. 叶肉

禾本科植物的叶为等面叶,叶肉没有栅栏组织和海绵组织的分化。叶肉细胞形状随植物种类而异,在有些植物中细胞壁具明显的内褶。如小麦、水稻等的叶肉细胞形成"峰、谷、腰、环"的构造,其峰垂直于表皮,各环沿叶片长轴排列。细胞壁的内褶增大了质膜表面积,有利于光合作用。

3. 叶脉

叶脉是叶内的维管束,为有限维管束。维管束鞘有两种类型:玉米、甘蔗、高粱等的维管束鞘由单层薄壁细胞构成,它的细胞较大,排列整齐,含叶绿体,在显微构造上,这些叶绿体比叶肉细胞所含的大,没有或仅有少量基粒,但其积累淀粉的能力超过叶肉细胞中的叶绿体。玉米等植物叶片维管束鞘与外侧紧密毗连的一圈叶肉细胞组成花环形构造,这是四碳植物的特征。小麦、水稻等植物的叶片中,没有这种花环形构造,且维管束鞘细胞中的叶绿体也很少,这是三碳植物的特征。

(三) 裸子植物叶的构造

裸子植物的叶多呈针形、披针形或鳞片状,少数植物(如苏铁)的叶为大型羽状复叶,而银杏为二裂的扇形叶。这里主要以松叶为例,介绍裸子植物叶的构造特点(图 2-28)。

针叶的表皮细胞壁较厚,角质层发达,表皮下有几层厚壁细胞,称为下皮层,气孔下陷在表皮下的下皮层中。叶肉细胞的细胞壁常向内凹陷成褶皱,叶绿体沿褶皱分布,扩大了光合作用的表面积;叶肉组织中具有若干树脂道,且在叶肉细胞与维管束的交界处有明显的内皮层构造;内皮层以内有一个或两个维管束。维管束由木质部和韧皮部组成。

四、叶的变态

叶的变态主要有六种类型(图 2-29)。

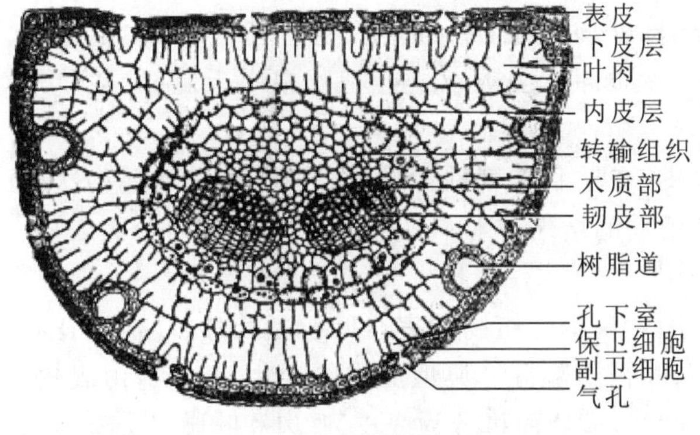

图 2-28 松叶的横切面

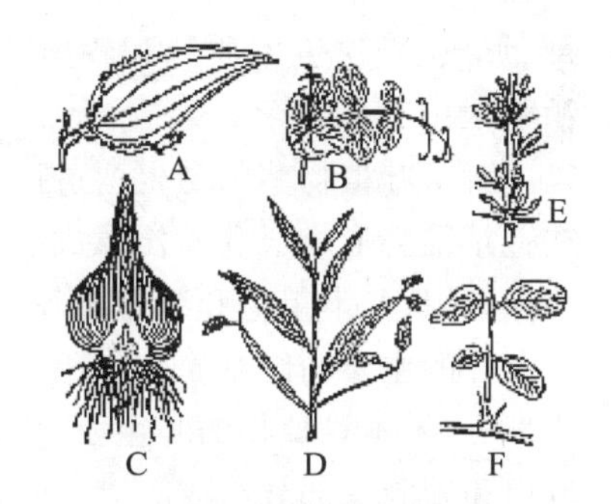

图 2-29 叶的变态

A、B—叶卷须(A—菝葜;B—豌豆);
C—鳞叶(风信子);D—叶状柄(金合欢属);
E、F—叶刺(E—小檗;F—刺槐)

1. 叶卷须

叶的一部分变成卷须状,称为叶卷须。豌豆的羽状复叶,先端的一些叶片变成卷须,菝葜的托叶变成卷须,叶卷须有攀缘作用。

2. 鳞叶

叶特化或退化成鳞片状,称为鳞叶。鳞叶的存在有两种情况:一种是木本植物的鳞芽外的鳞叶,常呈褐色,具茸毛或有黏液,有保护芽的作用,也称为芽鳞;另一种是地下茎上的鳞叶,有肉质的和膜质的两类。

3. 叶状柄

有些植物的叶片不发达,而叶柄转变为扁平的叶片状,并具叶片的功能,称为叶状柄。

4. 叶刺

由叶或叶的部分(如托叶)变成刺状,称为叶刺。叶刺腋(即叶腋)中有芽,以后发展成枝,枝上具正常的叶。如小檗长枝上的叶变成叶刺,刺槐的托叶变成刺,也称为托叶刺。

5. 捕虫叶

有些植物具有能捕食小虫的变态叶,称为捕虫叶。具捕虫叶的植物,称为食虫植物或肉食植物。

6. 苞片和总苞

生在花下面的变态叶,称为苞片。苞片一般较小,绿色,但也有形大、呈各种颜色的。苞片数多而聚生在花序外围的,称为总苞。苞片和总苞有保护花芽或果实的作用。

本章小结

根的主要生理功能是吸收、输导、固着、支持等。根尖可分为根冠、分生区、伸长区、成熟区(根毛区)。双子叶植物根的初生构造包括表皮、皮层和维管柱三部分。大多数双子叶植物根可进行次生生长,形成次生构造,它是次生分生组织维管形成层和木栓形成层活动的结果;根的次生构造自外向内依次为周皮、初生韧皮部、次生韧皮部、形成层、次生木质部和辐射状的初生木质部。多数双子叶植物根中无髓,少数草本植物根中有髓。

双子叶植物茎的初生构造可分为表皮、皮层和维管柱三部分。双子叶植物茎的次生构造是维管形成层和木栓形成层发生和活动的结果。禾本科植物茎的构造,可分为表皮、机械组织、基本组织和维管束等。

叶的主要功能是光合作用和蒸腾作用。双子叶植物的完全叶包括叶片、叶柄和托叶三部分,禾本科植物的叶主要包括叶片和叶鞘两部分。典型的成熟叶片,其构造由表皮、叶肉和叶脉三部分组成。双子叶植物的叶片,横切面可分为表皮、叶肉和叶脉三个基本部分。禾本科植物叶片也是由表皮、叶肉和叶脉三部分组成的。其表皮由表皮细胞、泡状细胞和气孔器等有规律地排列而成。其叶肉没有栅栏组织和海绵组织的分化。

阅读材料

木　材

木材泛指用于工民建筑的木制材料,常被分为软材和硬材。工程中所用的木材主要取自树木的树干部分。木材因取得和加工容易,自古以来就是一种主要的建筑材料。

1. 木材的种类

木材可分为针叶树材和阔叶树材两大类。杉木及各种松木、云杉和冷杉等是针叶树材;柞木、水曲柳、香樟、檫木及各种桦木、楠木和杨木等是阔叶树材。中国树种很多,因此各地区常用于工程的木材树种亦各异。东北地区主要有红松、落叶松(黄花松)、鱼鳞云杉、红皮云杉、水曲柳,长江流域主要有杉木、马尾松,西南、西北地区主要有冷杉、云杉、铁杉等。

2. 木材的构造

树干由树皮、形成层、木质部(即木材)和髓心组成。从树干横截面的木质部上可看到环绕髓心的年轮。每一年轮一般由两部分组成：色浅的部分称为早材（春材），是在季节早期所生长，细胞较大，材质较疏；色深的部分称为晚材（秋材），是在季节晚期所生长，细胞较小，材质较密。有些木材，在树干的中部，颜色较深，称为心材；在边部，颜色较浅，称为边材。针叶树材主要由管胞、木射线及轴向薄壁组织等组成，排列规则，材质较均匀。阔叶树材主要由导管、木纤维、轴向薄壁组织、木射线等组成，构造较复杂。由于组成木材的细胞是定向排列的，形成顺纹和横纹的差别。针叶树材一般树干高大，纹理通直，易加工，易干燥，开裂和变形较小，适于作结构用材。某些阔叶树材，质地坚硬、纹理色泽美观，适于作装修用材。

3. 木材的缺陷

木材的缺陷也称疵病，可分为下列三大类。

（1）天然缺陷　如木节、斜纹理以及因生长应力或自然损伤而形成的缺陷。木节是树木生长时被包在木质部中的树枝部分。原木的斜纹理常称为扭纹，对锯材则称为斜纹。

（2）生物危害的缺陷　主要有腐朽、变色和虫蛀等。

（3）干燥及机械加工引起的缺陷　如干裂、翘曲、锯口伤等。

缺陷降低木材的利用价值，为了合理使用木材，通常按不同用途的要求，限制木材允许缺陷的种类、大小和数量，将木材划分等级使用。腐朽和虫蛀的木材不允许用于结构，因此影响结构强度的缺陷主要是木节、斜纹和裂纹。

4. 木材的物理性质

（1）密度　指单位体积木材的质量。木材的质量和体积均受含水率影响。木材试样的烘干质量与其饱和水分时的体积、烘干后的体积及炉干时的体积之比，分别称为基本密度、烘干密度及炉干密度。木材在气干后的质量与气干后的体积之比，称为木材的气干密度。木材密度随树种而异。大多数木材的气干密度为 $0.3\sim0.9\ g/m^3$。密度大的木材，其力学强度一般较高。

（2）木材含水率　指木材中水重占烘干木材重的百分数。木材中的水分可分两部分：一部分存在于木材细胞胞壁内，称为吸附水；另一部分存在于细胞腔和细胞间隙之间，称为自由水（游离水）。当吸附水达到饱和而尚无自由水时，称为纤维饱和点。木材的纤维饱和点因树种而有差异，在23%～33%范围内。当含水率大于纤维饱和点时，水分对木材性质的影响很小。当含水率自纤维饱和点降低时，木材的物理和力学性质随之而变化。木材在大气中能吸收或蒸发水分，与周围空气的相对湿度和温度相适应而达到恒定的含水率，称为平衡含水率。木材平衡含水率随地区、季节及气候等因素而变化，在10%～18%范围内。

（3）胀缩性　木材吸收水分后体积膨胀，丧失水分则收缩。木材自纤维饱和点到炉干的干缩率，顺纹方向约为0.1%，径向为3%～6%，弦向为6%～12%。径向和弦向干缩率的不同是木材产生裂缝和翘曲的主要原因。

5. 木材的力学性质

木材有很好的力学性质，木材顺纹方向与横纹方向的力学性质有很大差别。木材的顺纹抗拉和抗压强度均较高，但横纹抗拉和抗压强度较低。木材强度还因树种而异,并受木材缺陷、荷载作用时间、含水率及温度等因素的影响,其中以木材缺陷及荷载作用时间两者的影响最大。因木节尺寸和位置不同、受力性质(拉或压)不同,有节木材的强度比无节木材可降低30%～60%。在荷载长期作用下木材的长期强度几乎只有瞬时强度的一半。

6. 木材加工、处理和应用

除直接使用原木外,木材都加工成板方材或其他制品使用。为减少木材使用中发生变形和开裂,通常板方材须经自然干燥或人工干燥。自然干燥是将木材堆垛进行气干。人工干燥主要用干燥窑法,亦可用简易的烘、烤方法。干燥窑是一种装有循环空气设备的干燥室,能调节和控制空气的温度和湿度。经干燥窑干燥的木材质量好,含水率可达10%以下。使用中易于腐朽的木材应事先进行防腐处理。用胶合的方法能将板材胶合成为大构件,用于木结构、木桩等。木材还可加工成胶合板、碎木板、纤维板等。在古建筑中木材广泛应用于寺庙、宫殿、寺塔以及民房建筑中,在现代土木建筑中,木材主要用于建筑木结构、木桥、模板、电杆、枕木、门窗、家具、建筑装修等。

复习思考题

1. 试述双子叶植物根、茎初生结构的主要区别。
2. 试述双子叶植物茎次生构造的形成过程。
3. 根瘤的形成过程和意义是什么?
4. 茎的分枝方式有几种?各有何特点?
5. 解释“树怕剥皮,而不怕烂心”的道理。
6. 茎的一般功能有哪些?从外形上如何区分根和茎?
7. 如何识别长枝与短枝、叶痕与芽鳞痕?
8. 什么是年轮?年轮是怎样形成的?
9. 举例说明完全叶与不完全叶、单叶与复叶。
10. 简述禾本科植物叶片的构造特点。

第三章 植物的生殖器官

学习内容

被子植物花的组成和类型；雄蕊和雌蕊的发育与构造；开花、传粉与双受精作用；种子和果实的形成及类型；裸子植物生殖器官及生殖过程的特点。

学习目标

掌握植物生殖器官的基本结构；了解被子植物开花、传粉的特点；理解受精作用以及种子、果实的发育过程；掌握裸子植物生殖过程的特点。

技能目标

能描述植物的花、种子和果实的形态；识别常见花、果实、种子的类型；辨析花药、子房的结构。

第一节 植物的花

花是被子植物的重要特征之一，花的形态和构造为传粉和受精创造了有利条件，花的子房内着生胚珠，经传粉、受精后，胚珠发育成种子，子房发育成果实，种子包被在果皮内。开花、传粉及受精作用对物种生存及促进种属的繁衍具有重要意义。

一、花的组成与类型

（一）花芽的分化

花或花序均由花芽发育而来，当植物生长发育到一定阶段，在适宜的光周期和温度条件下，茎尖的分生组织不再产生叶原基和腋芽原基，而分化成花原基或花序原基，进而形成花或花序，这一过程称为花芽分化。花芽分化是被子植物从营养生长转入生殖生长的重要标志。

花芽的形态因植物而异。花芽分化时，芽内的顶端分生组织（生长点）不断分裂形成若干轮小突起，成为花各部分的原基。花芽分化一般是由外向内按花萼、花冠、雄蕊、雌蕊的顺序进行（图 3-1），也有少数植物例外，如石榴是雄蕊最后分化，龙眼是花瓣最后分化。当花各部分的原基形成后，芽的顶端分生组织就不存在了。

有些植物的一个花芽只分化成一朵花，如牡丹、玉兰、桃、李等；有些植物的一个花芽

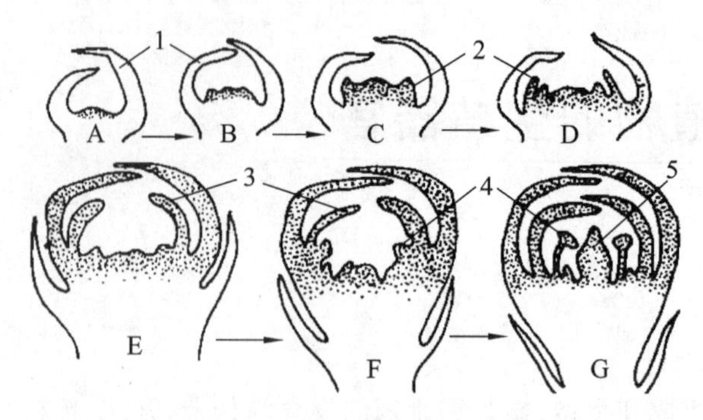

图 3-1　花芽分化过程示意图

A～G—分化顺序

1—苞片(或芽鳞);2—花萼;3—花冠;4—雄蕊;5—雌蕊

在分化过程中产生分枝,分化成许多花而形成花序,如杨、柳、油菜、丁香、紫藤等。小麦、玉米和水稻等禾本科植物的花序形成,一般称为穗分化。

花芽分化的类型有夏秋分化型、冬春分化型、当年分化型、多次分化型和不定期分化型等。夏秋分化型一般在前一年夏秋间(6—8 月)开始分化,到 9—10 月间主要部分完成分化,花芽分化一年一次,这些植物一般在早春和春夏季开花,如迎春、玉兰、榆叶梅、樱花、丁香、牡丹等。冬春分化型一般在秋梢停止生长后,到第二年春季萌芽前完成分化(11 月至翌年 4 月间),分化时间短并连续进行,如柑橘、荔枝、龙眼等。当年分化型主要是指夏秋开花的植物,在当年生新梢上形成花芽并分化,不需要经过低温,如国槐、珍珠梅、紫薇、萱草、菊花等。多次分化型在一年中能多次发枝,每次枝顶均能形成花芽并开花,如月季、倒挂金钟、无花果、茉莉等。不定期分化型每年只分化一次,但无一定时期,只要达到一定的叶面积或养分积累达到一定程度就能开花,如香蕉、番木瓜等。

花芽分化与外界环境条件有密切关系,养分充足、适宜的光照和温度等条件,是促进花芽分化、提高成花率与成果率的关键。掌握花芽分化的规律,在花芽分化前采取相应措施,对于以收获果实和种子为目的的作物丰产、温室栽培的瓜果类蔬菜以及花卉的平衡供应有着重要意义。

(二) 花的组成与类型

一朵典型的花由花梗、花托、花萼、花冠、雄蕊群和雌蕊群组成(图 3-2)。

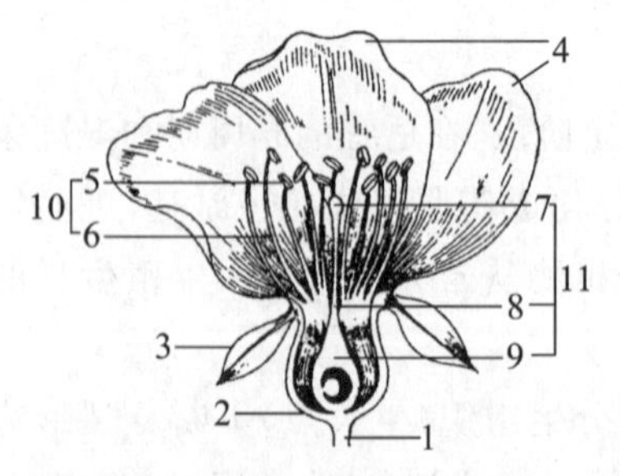

图 3-2　花的构造模式图

1—花梗;2—花托;3—花萼;4—花瓣;5—花药;6—花丝;7—柱头;8—花柱;9—子房;10—雄蕊;11—雌蕊

1. 花梗与花托

花梗(又称花柄)是着生花的小枝,与茎连接,起支持和输导作用。花梗的长短因植物而异,有的较长,如梨、樱花、倒挂金钟等;有的较短,如梅花、桃、桑等。当花发育为果实时,花梗成为果梗(又称果柄)。花梗顶端着生花萼、花冠、雄蕊群、雌蕊群的部位称为花托,花托通常膨大,形态多样(图 3-3)。

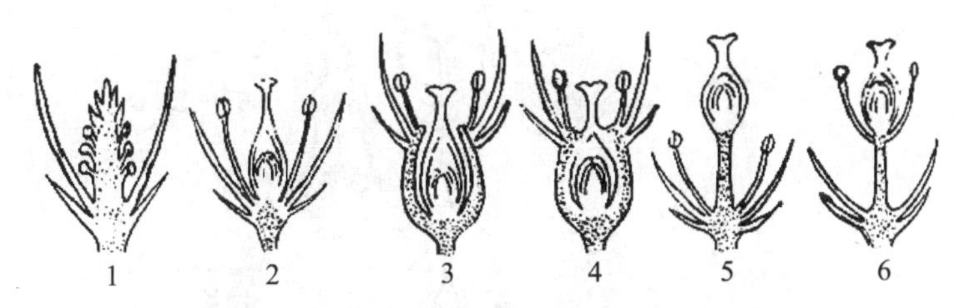

图 3-3 花托的形态

1—圆柱形花托;2—球状花托;3—凹陷并与子房离生的花托;4—凹陷并与子房合生的花托;
5—花托在雄蕊群和雌蕊群之间延伸成柄状(雌蕊柄);
6—花托在雌雄蕊群和花冠之间延伸成柄状(雌雄蕊柄)

2. 花萼与花冠

(1) 花萼 花萼是一朵花中所有萼片的总称,位于花的最外层,常排成一轮。花萼的形状、大小、数目、颜色因植物而异。花萼一般为绿色,形态似小叶。但也有少数花的花萼形态类似花瓣,有颜色,称为瓣状萼,如白头翁的为淡紫色。有些植物的花萼外还有一轮绿色叶状的萼片,称为副萼,如木槿、棉花、蛇莓等,棉花的副萼比花萼还明显。花萼和副萼具有保护幼花的作用,并能为传粉后的子房提供营养物质。

根据萼片的离合情况,花萼分为离萼和合萼。萼片之间彼此分离的称为离萼,如油菜、桃、茶、玫瑰等;萼片之间部分或全部联合的称为合萼,如棉花、泡桐、丁香等,合萼下部联合的部分称为萼筒,上部分离的部分称为萼裂片。当花发育成果实时,多数植物的花萼随花冠一起枯萎并脱落。但也有一些植物的花萼并不脱落,而随同果实一起长大留存在果实上,称为宿萼,如番茄、柿子、茄子、辣椒等。

(2) 花冠 花冠是一朵花中所有花瓣的总称,位于花萼的内侧或上方,排成一轮或多轮,花瓣细胞内常含有花青素或有色体,因而呈现各种美丽的色彩;有些植物的花冠具有挥发油类,能放出特殊香气,引诱昆虫传播花粉。

根据花瓣的离合情况,花冠分为离瓣花冠和合瓣花冠。花瓣之间彼此分离的称为离瓣花冠,如桃、月季、苹果等;花瓣之间部分或全部联合的称为合瓣花冠,如牵牛花、丹参、沙参、丁香等,合瓣花冠中联合的部分称为花冠筒(或花冠管),上部分离的部分称为花冠裂片。根据花瓣的数目、形状、离合等特点,离瓣花冠和合瓣花冠又分为不同类型(图 3-4)。

离瓣花冠的类型有以下几种。

① 十字花冠 花瓣 4 片,形态大小相似,排成十字形,如油菜、萝卜、甘蓝等,是十字花科的特征之一。

② 蔷薇花冠 花瓣 5 片(或为 5 的倍数),形态大小相似,排列整齐均匀,形成辐射对称状的花,如桃、杏、李、苹果、梨、月季等,蔷薇科植物的花冠属此类型。

③ 蝶形花冠 花瓣 5 片,形态大小不一,最上一瓣较大,称为旗瓣;两侧瓣较小,称为翼瓣;最下面的两瓣形较小且下缘稍联合,称为龙骨瓣。蝶形花亚科植物的花冠为蝶形花冠,如大豆、豌豆、刺槐、国槐、香花槐等。

④ 假蝶形花冠 花瓣 5 片,也有旗瓣、翼瓣、龙骨瓣之分,但其覆盖情况是翼瓣覆盖着旗瓣,同时亦覆盖着龙骨瓣,如云实、紫荆等。

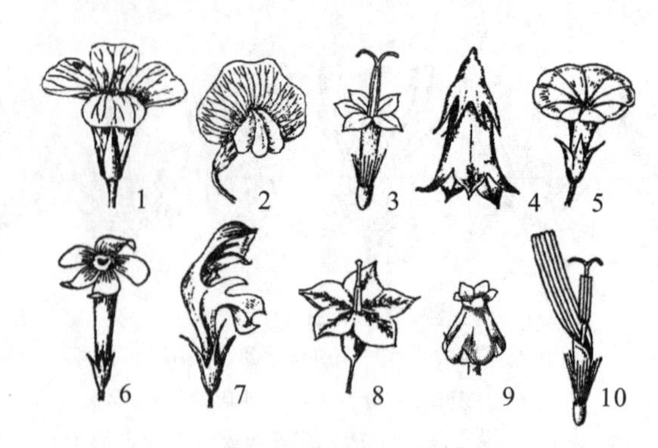

图 3-4　花冠的类型

1—十字花冠;2—蝶形花冠;3—筒状花冠;4—钟状花冠;5—漏斗状花冠;
6—高脚碟状花冠;7—唇形花冠;8—轮状花冠;9—坛状花冠;10—舌状花冠

合瓣花冠的类型有下列几种。

① 漏斗状花冠　花冠下部呈筒状,向上渐渐扩大成漏斗状,如牵牛花、打碗花、甘薯等。

② 钟状花冠　花冠筒短而粗、周边向外翻卷、形状如钟,如桔梗、南瓜等。

③ 筒状花冠　花冠大部分合生成圆筒状或管状,如向日葵的中央花、刺儿菜等。

④ 舌状花冠　花冠基部合生成一短筒,上面联合并向一边张开成扁平舌状,如向日葵的边缘花、蒲公英等。

⑤ 轮状花冠　花冠筒短,裂片由基部向四周扩展,状如车轮,如番茄、茄、常春藤等。

⑥ 唇形花冠　花冠基部合生成筒状,上部裂片分成二唇状,如一串红、薄荷等。

⑦ 坛状花冠　花冠筒膨大成卵形或球形,上部收缩成一短颈,短小的裂片向四周辐射状伸展,如石楠等。

⑧ 高脚碟状花冠　花冠下部是狭圆筒状,上部突然成水平状扩展成碟状,如水仙花。

具有离瓣花冠的花称为离瓣花,具有合瓣花冠的花称为合瓣花。具有多轮花瓣的花称为重瓣花,如牡丹、碧桃等。花中各花瓣形态大小相似,通过花冠的中心能切 2 个以上对称面的花称为整齐花(或辐射对称花),如油菜、牵牛花、桃等;花中各花瓣形态大小不同,通过花冠的中心只能切 1 个对称面的花称为不整齐花(或两侧对称花),如紫藤、益母草等;通过花冠的中心 1 个对称面也切不出的,称为不对称花,如美人蕉等。

(3) 花被　花被是一朵花中花萼与花冠的合称,多数植物花的花萼与花冠俱全,称为两被花(或双被花),如油菜、豌豆、番茄、桃等。只有花萼或花冠的花称为单被花,如大麻、荞麦、桑、藜、百合等。无花萼也无花冠的花称为无被花(或裸花),如杨、柳、胡桃、桦木等。花萼与花冠无明显区别的花称为同被花(或花被片),如丝兰等。

3. 雄蕊群与雌蕊群

(1) 雄蕊群　雄蕊群是一朵花中雄蕊的总称。雄蕊常位于花冠以内,由花丝和花药组成。花丝通常细长,基部着生在花托或贴生在花冠上,起支持和输导作用;花药位于花丝顶端,常膨大成囊状,花药在花丝上的着生方式有基着(如郁金香)、背着(如木兰)、丁字着(如百合)、个字着(如泡桐)、广字着、全着等。花药开裂的方式有孔裂(如龙葵)、瓣裂(如香樟)、纵裂(如蒲草)等(图 3-5)。

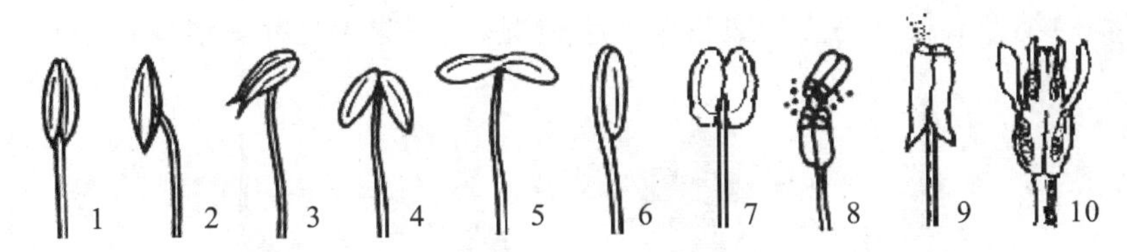

图 3-5　花药的着生与开裂方式

1～6—花药的着生方式；1—基着；2—背着；3—丁字着；4—个字着；5—广字着；6—全着；7～10—花药的开裂方式；7—纵裂；8—横裂；9—孔裂；10—瓣裂

根据雄蕊中花丝、花药的离合以及花丝的长短等，雄蕊分为下列类型（图 3-6）。

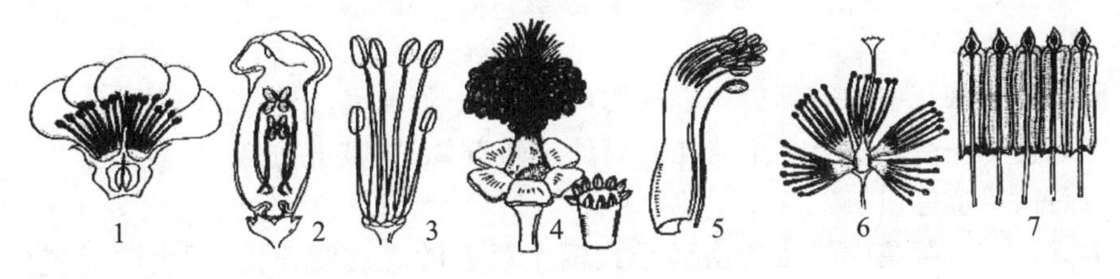

图 3-6　雄蕊的类型

1—离生雄蕊；2—二强雄蕊；3—四强雄蕊；4—单体雄蕊；5—二体雄蕊；6—多体雄蕊；7—聚药雄蕊

① 离生雄蕊　指花中花丝彼此分离的雄蕊，如桃、莲等。其中雄蕊数目固定，长短差异明显的类型有下列两种。

二强雄蕊　雄蕊 4 枚，花丝分离，2 长 2 短，如毛泡桐、益母草等。

四强雄蕊　雄蕊 6 枚，花丝分离，4 长 2 短，如油菜、白菜、萝卜等。

② 合生雄蕊　花中雄蕊部分或全部联合，常见的有下列四种。

单体雄蕊　雄蕊多数，花丝下部或全部联合成筒状，花药分离，如棉花、锦葵、冬葵等。

二体雄蕊　雄蕊多数，花丝分成两组，其中 9 枚花丝联合，另一枚单生，如大豆等。

多体雄蕊　雄蕊多数，花丝基部合生成多组，上部分离，如蓖麻、金丝桃等。

聚药雄蕊　雄蕊多数，花丝彼此分离，花药合生，如向日葵、南瓜和菊花等。

（2）雌蕊群　雌蕊群是一朵花中雌蕊的总称。雌蕊位于花的中央，由柱头、花柱和子房组成。柱头位于顶端，是传粉时承受花粉粒的部位，常有各种形状，如球形、盘状、羽毛状等。花柱位于柱头和子房之间，起支持和输导作用；花柱长短变化较大，如玉米的花柱细长如丝，小麦、莲的花柱极短。雌蕊的基部为子房，常呈膨大状，子房内孕育着胚珠。组成雌蕊的单位称为心皮，心皮是具生殖作用的变态叶；心皮构成雌蕊时，其边缘联合的地方称为腹缝线，其背部主脉称为背缝线（图 3-7）。心皮构成的腔室称为子房室，子房室内着生胚珠，子房内着生胚珠的部位称为胎座。

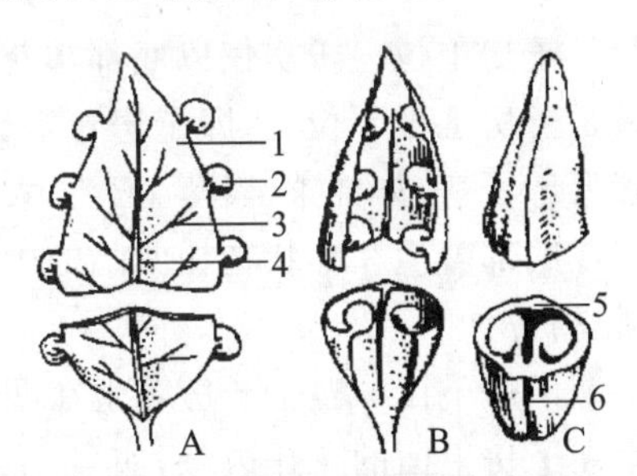

图 3-7　心皮卷合成雌蕊图解

A—一片张开的心皮；
B～C—心皮边缘向内卷合形成雌蕊
1—心皮；2—胚珠；3—心皮侧脉；
4—心皮背脉；5—背缝线；6—腹缝线

①雌蕊的类型　根据心皮的数目及着生情况,雌蕊分为三种类型(图 3-8)。

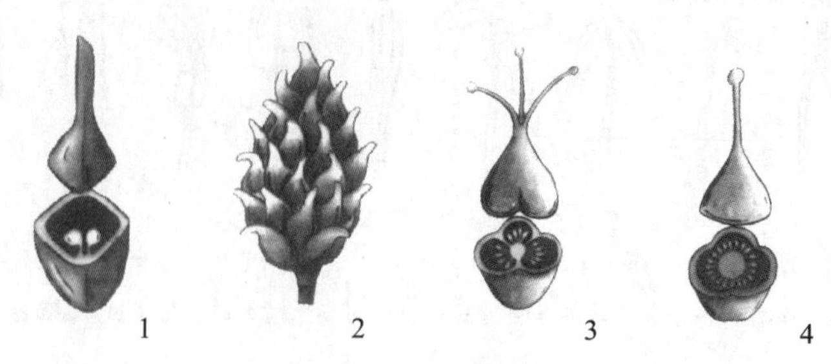

图 3-8　雌蕊的类型

1—单雌蕊;2—离生雌蕊;3、4—合生雌蕊

单雌蕊　一朵花中的雌蕊由一心皮构成,仅具一子房室,如桃、蚕豆等。

离生雌蕊　一朵花中有多个彼此分离的单雌蕊,心皮彼此分离,具多个子房室,如八角茴香、牡丹、草莓等。

合生雌蕊　一朵花中的雌蕊由两个或两个以上的心皮联合构成,也称为复生雌蕊。分三种情况:子房合生,花柱、柱头分离,如梨;子房、花柱合生,柱头分离,如向日葵、南瓜等;子房、花柱、柱头全部合生,如油菜等。

②子房的位置　根据子房在花托上着生的位置以及与花托相连的情况,分为三种类型(图 3-9)。

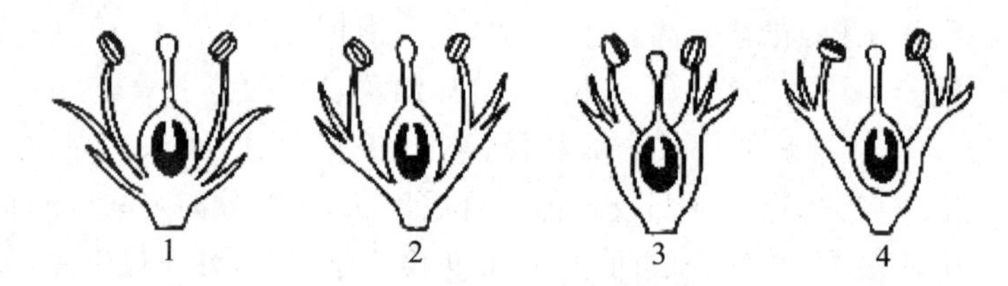

图 3-9　子房位置的类型

1—子房上位(下位花);2—子房上位(周位花);3—子房下位(上位花);4—子房半下位

子房上位　子房仅以底部与花托相连,花的其他部分不与子房相贴生。可分两种:一种是子房上位下位花,即子房着生在凸起或平坦的花托上,花萼、花冠和雄蕊群着生的位置低于子房,如油菜、紫藤、玉兰、大豆等;另一种是子房上位周位花,即花托呈杯状,子房仅以底部着生在杯状花托凹陷的中央,花萼、花冠和雄蕊群着生在杯状花托的边缘,如李、桃、梅等。

子房下位　整个子房着生在凹陷的花托中,子房与花托愈合,花萼、花冠和雄蕊群着生在子房上面的花托边缘,如梨、瓜类、向日葵、仙人掌等。

子房半下位　又称为子房中位。子房的一半左右(下半部)陷生于花托中并与之愈合,上半部仍露在外,花萼、花冠和雄蕊群着生于花托的边缘,如马齿苋、忍冬、甜菜等。

③ 胎座的类型　胎座是子房内着生胚珠的部位,胎座可分为下列类型(图 3-10)。

边缘胎座　雌蕊由单心皮构成,子房一室,胚珠着生于腹缝线上,如豆类植物。

侧膜胎座　雌蕊由两个以上的心皮构成,各心皮边缘合生,子房一室,胚珠着生于心

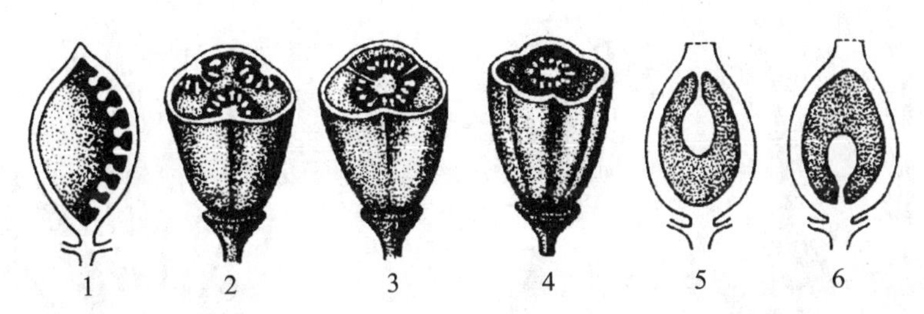

图 3-10 胎座的类型

1—边缘胎座;2—侧膜胎座;3—中轴胎座;4—特立中央胎座;5—顶生胎座;6—基生胎座

皮边缘联合的腹缝线上,如油菜、黄瓜、三色堇等。

中轴胎座 雌蕊由两个以上的心皮构成,各心皮的一部分卷向子房室内,在子房中形成中轴和隔膜,子房室数与心皮数相同,胚珠着生在中轴上,如苹果、柑橘、棉花、番茄、百合等。

特立中央胎座 多心皮构成的一室子房,子房基部与花托愈合向上突起形成短轴,或多室子房的隔膜和中轴上部消失,但中轴下部仍然存在,胚珠着生在短轴四周,如石竹、马齿苋、报春花等。

顶生胎座 雌蕊由 1～3 个心皮构成,子房一室,胚珠着生在子房的顶部,如桑等。

基生胎座 雌蕊由 1～3 个心皮构成,子房一室,胚珠着生在子房的基部,如向日葵、何首乌等。

(3) 花与植株的性别

① 花的性别 一朵花若同时具有雌蕊和雄蕊,则称为两性花,如油菜、小麦、棉花、国槐、桃花等。一朵花中只有雄蕊或雌蕊的称为单性花。其中,只有雄蕊的称为雄花,只有雌蕊的称为雌花,如杨、柳、瓜类等。一朵花中不具有雄蕊和雌蕊的称为无性花或中性花,如向日葵边缘的舌状花等。

② 植株的性别 同一植株上既有雄蕊又有雌蕊的称为雌雄同株。其中,植株上的花均为两性花的称为雌雄同株同花,如小麦、油菜等;雌蕊和雄蕊分别生于不同花中的称为雌雄同株异花,如黄瓜、玉米等。雌花和雄花分别生于不同植株上的称为雌雄异株,如毛白杨、旱柳、桑树、银杏等。其中,只有雄花的植株称为雄株,只有雌花的植株称为雌株。两性花和单性花生于同一植株上的称为杂性同株,如柿、荔枝、向日葵等。同种植物的两性花和单性花分别生于不同的植株上称为杂性异株,如葡萄、鸡爪槭、红枫、臭椿等。

(三) 禾本科植物花的构造特点

禾本科是被子植物中的单子叶植物,小麦、水稻、玉米以及许多杂草,如狗尾草、赖草、早熟禾等,都属禾本科植物,禾本科植物花的形态和结构比较特殊,不具有美丽的色彩与具香气的花被,而是退化成膜片状或鳞片状,现以小麦和水稻为例说明(图 3-11)。

小麦的花集中着生在麦穗上,按一定的方式排列,整个麦穗是小麦的花序。麦穗有一主轴,周围生有许多小穗。每一小穗基部有 2 片坚硬的颖片,称为外颖和内颖。颖片之内有几朵花,其中基部的 2～3 朵为发育完全的花,上部的几朵为发育不完全的不育花。每一朵发育完全的花外面由 2 片鳞片状薄片包住,该薄片称为稃片,外边的一片称为外稃,

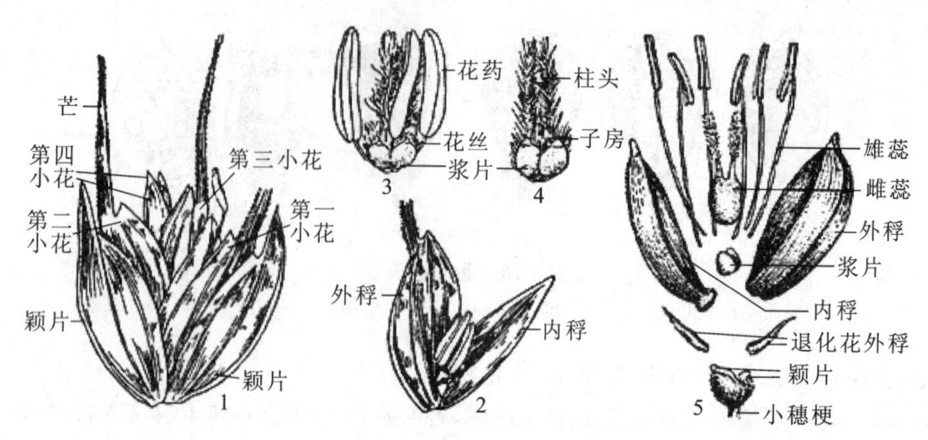

图 3-11　禾本科植物花的构造

1—小麦的小穗；2—小麦的小花；3—小麦花的雄蕊；4—小麦花的雌蕊；5—水稻小穗的组成

里面的一片称为内稃；有的小麦品种，外稃的中脉明显而延长成芒；稃片里面有 2 片小形囊状突起，称为浆片，开花时，浆片吸水膨胀，将内、外稃撑开，露出花药和柱头；小麦的雄蕊有 3 个，花丝细长，花药较大，因此，开花时常悬垂于花外；雌蕊有 1 个，柱头呈羽毛状，便于承受飘来的花粉，花柱不显著，子房一室；不育花只有内、外稃，不具雌蕊和雄蕊。

水稻小穗的颖片极为退化，仅保留 2 个小突起。小穗有 3 朵小花，下部的 2 朵小花各退化成 1 片外稃，只有上部的 1 朵小花能发育结实。能发育结实的小花有内、外稃各 1 片，6 个雄蕊，2 个浆片和 1 个雌蕊。

二、花序及类型

（一）花序的概念

被子植物的花，有的是一朵单独生于枝顶或叶腋，称为单生花或单顶花，如玉兰、牡丹、莲、桃等。而许多植物，则是许多花按照一定的顺序着生在一总花柄上，这一总花柄也称为花轴，花在花轴上的排列方式称为花序。花轴及每一花的基部常生有苞片，有些花序的苞片密集在一起，组成总苞，如马蹄莲、蒲公英等；有的苞片转变为特殊形态，如禾本科植物小穗基部的颖片。

（二）花序的类型

根据开花的顺序以及花序轴的分枝情况，花序分为无限花序和有限花序两大类。

1. 无限花序

无限花序也称为总状类花序或向心花序，是一种边开花，边成序的花序。开花顺序由基部开始，依次向上开放，如果花序轴短缩，花朵密集，则花由边缘向中央依次开放。无限花序又分为简单花序和复合花序两类（图 3-12）。

（1）简单花序　花轴不分枝，各小花互生于花轴上或集生于花轴顶端，或生长于短缩膨大的花轴上（或内）。简单花序又可分为下列几种。

① 总状花序　花轴不分枝，各小花互生于花轴上，小花的花柄几乎等长，如地黄、油菜、荠菜、紫藤等。

图 3-12 无限花序的类型

1—总状花序；2—穗状花序；3—柔荑花序；4—肉穗花序；5—伞形花序；6—伞房花序；7—头状花序；8—隐头花序

② 穗状花序　花轴不分枝，其上互生许多无梗或近无梗的两性花，如车前、马鞭草等。

③ 柔荑花序　与穗状花序相似，但花为单性花，花序柔韧，下垂或直立，如杨、柳、枫杨、胡桃(雄花序)等。

④ 肉穗花序　与穗状花序相似，但花轴粗短、肥厚而肉质化，上生多数单性无柄的小花，如玉米、香蒲的雌花序。有的肉穗花序外还包有一片大型苞片，称为佛焰花序，如天南星、马蹄莲等。

⑤ 伞形花序　各花的花梗近等长，聚生于花轴顶端，呈伞状，如报春、韭菜、点地梅等。

⑥ 伞房花序　花轴上着生许多花梗长短不一的两性花，下部花的花梗长，上部花的花梗短，整个花序的花几乎排成一平面，如梨、苹果等。

⑦ 头状花序　花轴常膨大为球形、半球形或盘状，其上着生无梗花，花序基部常有总苞，也称篮状花序，如刺儿菜、向日葵、蒲公英、合欢等。

⑧ 隐头花序　花轴膨大，顶端向轴内凹陷成杯状，仅有小口与外面相通，小花着生于凹陷的杯状花轴内，如无花果、榕树等。

(2) 复合花序　花轴分枝，每一分枝为一种简单花序。

① 复总状花序　花轴总状分枝，每一分枝为一总状花序，整个花序近似于圆锥形，也称为圆锥花序，如丁香、国槐、女贞等。

② 复穗状花序　花轴总状分枝，每一分枝为一穗状花序，如小麦、大麦、马唐等。

③ 复伞形花序　花轴的顶端丛生若干等长的分枝，每一分枝为一伞形花序，如胡萝卜、茴香等。

④ 复伞房花序　花轴总状分枝，每一分枝为一伞房花序，如花楸、石楠等。

2. 有限花序

有限花序也称为聚伞类花序或离心花序，其特点是花轴顶端或最中心的花先开，主轴的生长受到限制后，由侧轴继续生长，侧轴上也是顶花先开，因此，开花的顺序为由上而下或由内向外，可分为下列三种(图 3-13)。

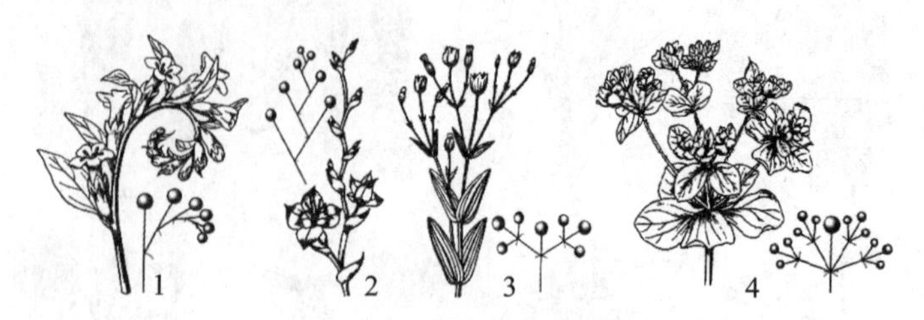

图 3-13 有限花序的类型

1—螺旋状聚伞花序；2—蝎尾状聚伞花序；3—二歧聚伞花序；4—多歧聚伞花序

(1) 单歧聚伞花序　花序主轴顶端先开一花，在顶花下的一侧形成侧轴，侧轴的顶端又开一花，如此依次开花，形成合轴分枝的花序。其中，各侧轴都朝一个方向生长的，称为螺旋状聚伞花序(或卷伞花序)，如琉璃草、紫草、勿忘草等；各侧轴为左右间隔生长的，称为蝎尾状聚伞花序，如唐菖蒲、美人蕉、鸢尾等。

(2) 二歧聚伞花序　花序主轴顶端先开一花，顶花下的一对侧芽同时萌发形成两个侧轴，每一侧轴顶端各开一花，如此反复形成的花序，如大叶黄杨、繁缕、卫矛、卷耳等。

(3) 多歧聚伞花序　花序主轴顶端先开一花，顶花下的花序主轴上分生出多个侧轴，每一侧轴顶端各开一花，如此反复，如大戟、猫眼草等。

三、花程式与花图式

(一) 花程式

把花的类型、组成、排列以及彼此的关系，运用字母、符号和数字列成类似数学方程式的形式来表示，称为花程式。在花程式中，符号、数字的含义和书写规则要求如下。

1. 字母所表示的含义

花各组成部分用字母表示。P 表示花被，K 表示花萼，C 表示花冠，A 表示雄蕊群，G 表示雌蕊群。

2. 符号所表示的含义

花各组成部分形态结构特征用符号表示。* 表示辐射对称花(整齐花)，↑表示两侧对称花(不整齐花)，⚥/♀ 表示两性花，♂表示雄花，♀ 表示雌花；+表示分组或成轮，()表示合生；子房的位置用 G 和“—”表示，若子房上位，则“—”写在 G 下方，如子房下位，则“—”写在 G 上方，如子房半下位，在 G 上、下方均写“—”。

3. 数字表示的含义

数字表示花各部分的数目，写在各代表符号的右下方。0 表示缺少或退化；1，2，…表示花各部的数目，∞表示多数或不定数(表示胚珠数时常省略)；雌蕊右下角如果有三个数字即 $G_{(a:b:c)}$，则 a 表示心皮数，b 表示子房室的数目，c 表示每个子房室内的胚珠数，数字之间用“:”隔开。

4. 花程式的书写顺序

按照如下顺序书写：花的性别、花的对称情况、花各部分从外部到内部依次写 K、C、A、G 或 P、A、G，并在各字母右下方标明各部分的数字及离合情况。

如紫藤：♂/♀ $\uparrow K_{(5)}C_{1+2+(2)}A_{(9)+1}\underline{G}_{(1:1:\infty)}$

表示紫藤为两性花，两侧对称（不整齐花），花萼 5 片，合生；花瓣 5 片，排成三轮，最外轮 1 片，内两轮各 2 片，最内轮的 2 个花瓣联合；雄蕊 10 个，9 个联合，1 个分离，为二体雄蕊；子房上位，单雌蕊，1 心皮，1 子房室，室内胚珠多个。

如百合：♂/♀ $* P_{3+3}A_{3+3}\underline{G}_{(3:3)}$

表示百合为两性花，辐射对称（整齐花），花被片 6 枚，2 轮，每轮 3 片；雄蕊共 6 个，两轮排列，每轮为 3 个；子房上位，雌蕊由 3 心皮组成，3 室，合生，胚珠多个。

如柳树：♂：$\uparrow K_0C_0A_2$；♀：$* K_0C_0\underline{G}_{(2:1:\infty)}$

表示柳树的雄花为两侧对称（不整齐花），无花萼和花冠（无被花），只有 2 个雄蕊；雌花为辐射对称（整齐花），无花萼和花冠（无被花），子房上位，2 心皮，1 子房室，胚珠多个。

（二）花图式

花图式是花的横切面简图，用以表示花各部分的排列、轮数、数目、离合等特征。

绘制花图式时：用“◦”表示花轴，绘在花图式的上方；在花轴的对方（或侧方）绘一中央有突起的新月形空心弧线，表示苞片（或两侧的小苞片）；如为顶生花，则“◦”及苞片和小苞片都不必绘出。花的各部分应绘在花轴和苞片之间。花萼用具有突起和具短线的新月形弧线表示，位于最外轮；花冠以黑色的实心弧线表示，位于图的第二轮；如果花萼、花瓣都是离生的，各弧线彼此分离；如为合生的，则以虚线连接各弧线。雄蕊以花药的横切面来表示，位于图的第三轮；雌蕊以子房的横切面来表示，位于图的最中央（图 3-14）。

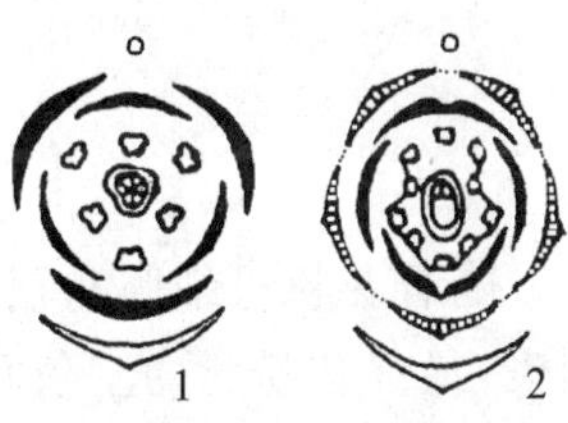

图 3-14 花图式及图解

1—百合的花图式；2—紫藤的花图式

四、雄蕊的发育与结构

雄蕊由花药和花丝组成。花丝中央有一个维管束，起支持和输导作用，花药发育能产生雄配子体（二核期花粉粒或三核期花粉粒）及雄配子（精子），花丝与花药的相连处为药隔。

（一）花药的发育与结构

幼小的花药是一团具有分裂能力的细胞，随着花药的发育，最外一层分化为表皮细胞，其内四角隅处形成四组孢原细胞。孢原细胞平周分裂形成两层细胞，外层称为壁细胞（也称为周缘细胞），内层称为造孢细胞。壁细胞经分裂由外向内依次分化形成纤维层、中层和绒毡层，三者与表皮共同组成花粉囊的壁。造孢细胞经分裂（或直接长大）形成许多花粉母细胞，每个花粉母细胞经减数分裂形成四分体，以后每个四分体发育成为一个花粉粒（图 3-15）。

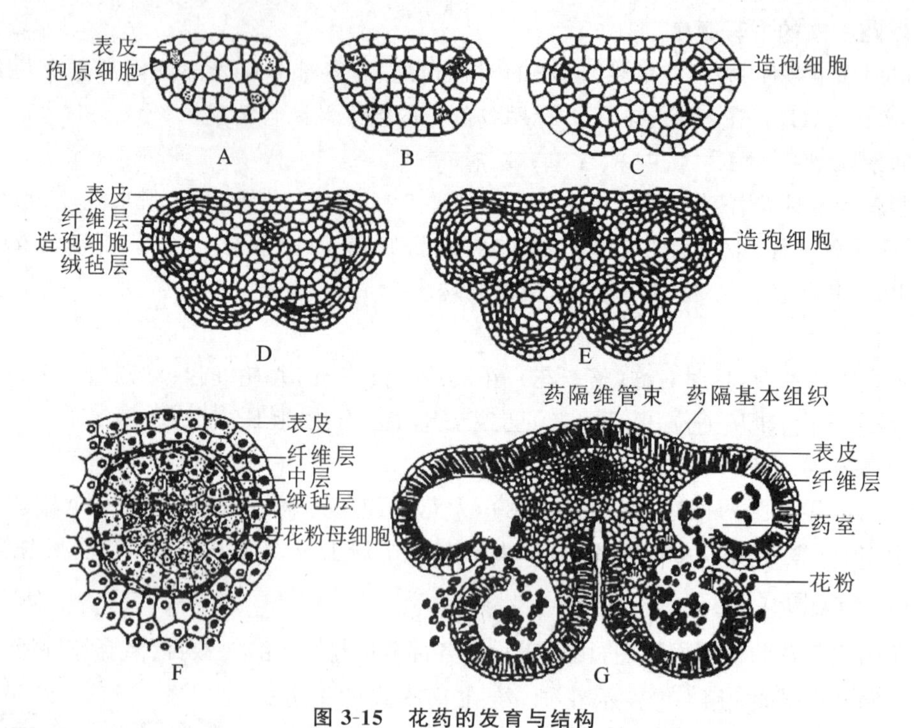

图 3-15　花药的发育与结构

A～E—花药的发育过程；F—一个花粉囊放大；G—已开裂的花药

随着花粉母细胞和花粉粒的发育，绒毡层作为花粉形成时的营养被吸收，中层解体消失，最终花粉囊的壁仅剩表皮和纤维层。与此同时，在花药的中部发育形成一个维管束，维管束与周围的基本组织细胞构成药隔。当花药发育成熟时，花粉囊壁由于纤维层的干缩而开裂，散出花粉粒。绝大多数植物的花药通常具两对花粉囊，花粉囊之间的壁破裂，相互连通为一个药室；棉花等少数植物的花药只具两个花粉囊，开裂时形成一个药室。

（二）花粉粒的发育与结构

花粉母细胞经减数分裂形成的四分体彼此分离，成为四个单核花粉粒。单核花粉粒长大变圆，并形成大液泡，细胞核在近壁处进行一次有丝分裂，形成大小悬殊的两个细胞，大的圆球形细胞称为营养细胞，小的纺锤状细胞称为生殖细胞，此时的花粉粒称为二细胞花粉粒（或二核花粉粒）；被子植物约有 70％花粉粒成熟时只有营养细胞和生殖细胞，如大豆、百合、棉、桃、李、杨、柑橘等。有些植物二核花粉粒中的生殖细胞再进行一次有丝分裂，形成两个精细胞（精子），此时花粉粒含有一个营养细胞和两个精细胞，称为三细胞花粉粒（或三核花粉粒），如向日葵、油菜、大麦、玉米等（图 3-16）。

在花粉粒内部进行发育的同时，花粉粒外围形成了内、外两层壁。内壁较薄而软，有弹性；外壁较厚而硬，缺乏弹性，外壁上有 1 至多个萌发孔（沟），萌发孔是花粉管萌发伸出的通道。

花粉粒的形态、大小、寿命因植物种类各异，大小一般为 15～20 μm。最大的如紫茉

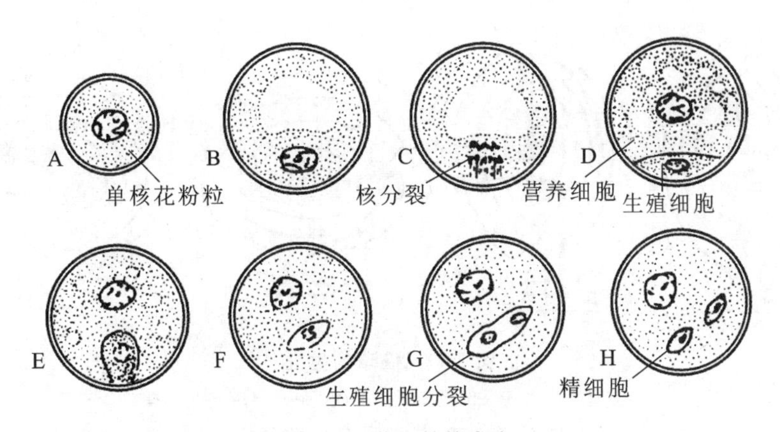

图 3-16　花粉粒的发育

A～B—单核花粉粒；D～F—二核花粉粒；H—三核花粉粒

莉为 250 μm，最小的为高山勿忘草，仅 2.5～3.5 μm。在自然条件下，绝大多数植物的花粉维持受精的能力是很有限的，只有几小时、几天或几星期，寿命极短的如水稻花粉只存活几分钟。了解花粉的生活力和贮藏条件，利用花药和花粉进行离体培养、人工授粉和杂交授粉，对产生花粉植物，减少杂种分离、缩短育种年限、提高选择效率等具有积极作用。但由于花粉植物为单倍体植物，故不能正常开花结实，需经人工或自然加倍，才能正常结实。

五、雌蕊的发育与结构

雌蕊由柱头、花柱和子房构成，子房内着生胚珠。胚珠基部有珠柄与胎座相连接，雌蕊发育能产生雌配子体及雌配子(卵细胞)。

(一) 胚珠的发育与结构

成熟的胚珠由珠心、珠被、珠孔、珠柄和合点组成。胚珠发育时，最初产生突起的细胞团称为珠心，由于珠心基部细胞加速分裂，产生的新细胞逐渐将珠心包围，向上扩展成为珠被。有些植物仅具一层珠被，如向日葵、核桃等；较多植物具有内珠被和外珠被两层珠被，如油菜、小麦等。珠被包围珠心时，在珠心前端留一小孔，称为珠孔；与珠孔相对的一端称为合点；胚珠基部的一部分细胞发育为柄状的结构，称为珠柄。

胚珠发育过程中，珠柄和其他各部分的生长速度不均等，使胚珠在珠柄上的着生方式不同，从而形成不同类型的胚珠，常见的类型有直生胚珠、倒生胚珠、横生胚珠和弯生胚珠四种(图 3-17)。

(二) 胚囊的发育与结构

胚囊是被子植物的雌配子体，在胚珠的珠心内产生。在胚珠各部分发育的同时，珠心内分化出一个孢原细胞，孢原细胞经过分裂分化或直接增大形成胚囊母细胞(大孢子母细胞)，胚囊母细胞经减数分裂形成纵列的四分体，其中三个退化消失，一般只有近合点端的一个经发育、分化形成单核胚囊。单核胚囊的核进行有丝分裂，第一次分裂生成的两个核

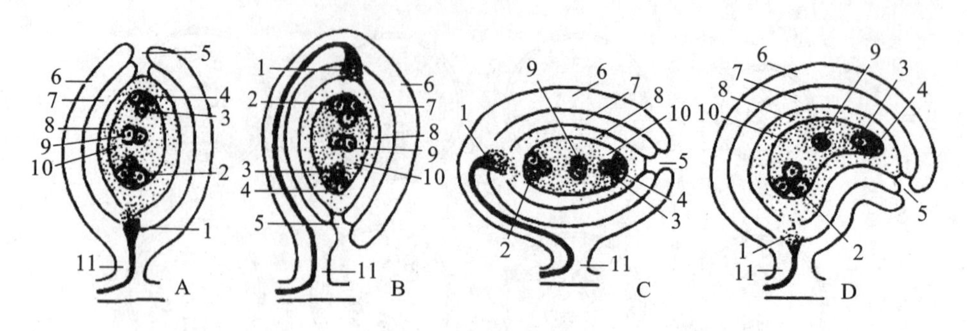

图 3-17 胚珠的类型

A—直生胚珠;B—倒生胚珠;C—横生胚珠;D—弯生胚珠

1—合点;2—反足细胞;3—卵细胞;4—助细胞;5—珠孔;6—外珠被;7—内珠被;8—珠心;9—极核;10—胚囊;11—珠柄

向胚囊两端移动,以后每个核又相继进行两次分裂,各形成四个核,这三次分裂之后,并不伴随着细胞质的分裂和新壁的产生,所以出现一个游离核时期,即八核胚囊时期。当胚囊发育成熟时,近珠孔端的三个核,一个发育为卵细胞,两个分化为助细胞;近合点端的三个核分化为三个反足细胞;中央的两个核称为极核,在有些植物中,两个极核与周围的细胞质一起组成一个大型的中央细胞。这样,成熟胚囊含有八个核或七个细胞,称为八核胚囊或七细胞胚囊。胚囊发育为八核或七细胞状态,是大多数被子植物共有的特征(图 3-18)。

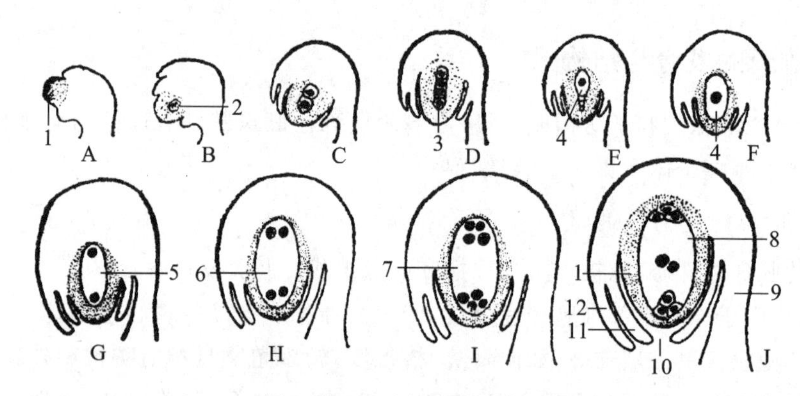

图 3-18 胚珠与胚囊的发育

1—珠心;2—大孢子母细胞;3—大孢子四分体;4—具有作用的大孢子;5—二核胚囊;6—四核胚囊;7—八核胚囊;8—成熟胚囊;9—珠柄;10—珠孔;11—内珠被;12—外珠被

六、开花、传粉与双受精

(一) 开花

当雄蕊的花粉粒和雌蕊的胚囊(或两者之一)发育成熟时,花萼和花冠常展开,露出雄蕊和雌蕊,有利于传粉,这种现象称为开花。了解粮食作物、蔬菜、果树、花卉、茶和林木等的开花规律,不仅有利于采取相应的措施,提高产量和品质,而且便于进行人工有性杂交、创育新的品种。

植物初始开花的年龄、季节等因植物种类而异，甚至同种植物的不同品种也会有差异。一、二年生植物，一生中仅开花一次，开花后，整个植株枯萎凋谢；多年生植物达到一定年龄才开花，例如桃 3～5 年、柑橘 6～8 年、椴树 20～25 年等，以后每年均可开花；少数多年生植物如毛竹，一生只开一次花，开花后即死亡。许多植物在春、夏季开花；有的植物在早春先开花后长叶，如迎春、玉兰、桃、杏、杨、柳等；有的植物深秋、初冬开花，如山茶。有的植物在晚上开花，如晚香玉；有的园艺植物和热带植物可终年开花，如月季、桉树等。

一株植物从第一朵花开放到最后一朵花开放所经历的时间称为植物的开花期。开花期的长短因植物而异，有的仅几天到十几天，如桃、杏、李等；也有持续一两个月或更长的，如腊梅等。有的植物一次盛开以后全部凋落；有的持久地陆续开放，如棉、番茄等。开花期的长短不仅与植物的遗传特性有关，还与肥料、温度、湿度等外界条件有关。不同植物花的寿命也不同，昙花的寿命较短；菊花、腊梅花的寿命较长；热带的兰科植物，每朵花可开放 1～2 个月。

（二）传粉

开花以后，花药开裂，花粉粒通过各种不同的方式传到雌蕊柱头上，这一过程称为传粉。传粉是植物有性生殖不可缺少的环节，植物传粉的方式有自花传粉和异花传粉两种，植物传粉的媒介主要有风和昆虫等。

1. 传粉的方式

一朵花的花粉粒传到同一朵花的柱头上，称为自花传粉。在生产上，自花传粉的范围相对要广泛些，在农作物中，指同株植物内的传粉；在果树栽培上，指同一品种内的传粉。自花传粉会引起闭花受精，长期的自花传粉会引起种质的逐渐衰退。

一朵花的花粉粒传到另一朵花的柱头上，称为异花传粉。在农作物中，指不同植株间的传粉；在果树栽培上，指不同品种间的传粉。由于异花传粉的精细胞和卵细胞产生于不同的环境条件，遗传性差异较大，因此，异花传粉较自花传粉进化，受精后形成的后代较易产生变异，生活力更强，适应性更广。

2. 传粉的媒介

植物传粉的媒介有风、昆虫、鸟和水等，最为普遍的是风和昆虫。

(1) 风媒植物与风媒花　借助风力传粉的植物称为风媒植物，如杨、柳、核桃、玉米、水稻等。风媒植物的花称为风媒花。风媒花一般花被小或退化，颜色不鲜艳，常无香味、无蜜腺；常具柔软下垂的柔荑花序或穗状花序；雄蕊花丝细长，易随风摆动而散布花粉；产生的花粉粒多，小而轻，外壁光滑干燥，适于随风远播；雌蕊的柱头较大，呈羽毛状，开花时伸出花被以外，有利于接受花粉。

(2) 虫媒植物与虫媒花　借助昆虫传粉的植物称为虫媒植物，大多数果树和花卉都是虫媒植物，如桃、油菜、向日葵、毛泡桐等。虫媒植物的花称为虫媒花。虫媒花的花被常具有鲜艳的色彩，有香味或蜜腺；花粉粒常较大，有些还黏合成块，易于被昆虫携带等；常见的媒介昆虫有蜂、蝶、蚁、蛾、蝇等。

在自然界，有些植物借助水传粉，这类植物称为水媒植物，如金鱼藻、黑藻等。借助鸟类传粉的植物称为鸟媒植物，传粉的鸟类是一些小型的蜂鸟，头部有长喙，在摄取花蜜时

把花粉传开。在植物栽培及育种工作中,常用人工授粉的方法进行传粉,如雪松的雌、雄花不是同时成熟的,可以采用人工授粉的方法以达到结籽的目的。

(三) 双受精

1. 双受精的过程

传粉后,花粉粒落到雌蕊的柱头上,经过柱头的识别与选择,生理上相适应的花粉粒在柱头液的影响下开始萌发。萌发时,首先吸水膨胀,内壁从萌发孔突出并逐渐伸长形成花粉管;花粉管不断生长,经花柱进子房,再经珠孔或合点等部位进入珠心,最后进入八核胚囊。

花粉管到达胚囊后,端壁破裂,其内含物、营养细胞及精子都进入胚囊,营养细胞很快消失,而进入胚囊的两个精子中,一个精子与卵细胞融合,形成二倍体的受精卵(合子),另一个精子与两个极核融合,形成三倍体的初生胚乳核,这种两个精子分别与卵细胞和极核相融合的现象称为双受精(图 3-19)。双受精后,受精卵逐渐发育为种子中的胚,受精的极核发育为种子中的胚乳。

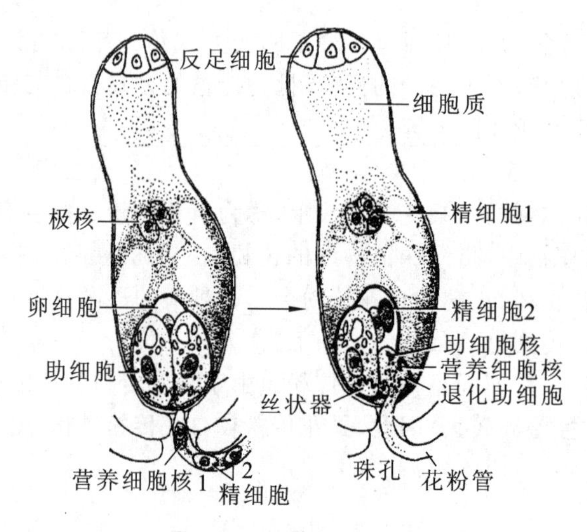

图 3-19 棉花的双受精

2. 双受精的意义

双受精作用是植物界有性生殖过程中最进化、最高级的形式。精子与卵细胞相融合,形成二倍体的合子,恢复了各种植物体原有染色体的倍数,保持了物种遗传的相对稳定性。精子与极核相融合,形成三倍体的初生胚乳核,初生胚乳核发育为胚乳,作为营养物质供胚吸收,为胚的发育提供更适宜的营养,使子代生活力更强,适应性更广。

(四) 无融合生殖与多胚现象

1. 无融合生殖

被子植物正常的有性生殖是经过精子和卵细胞的融合发育成胚,但在有些植物中,不经过精子和卵细胞的融合,也能直接发育成胚,这种现象称为无融合生殖。无融合生殖可以是卵细胞不经过受精直接发育成胚,称为孤雌生殖,如蒲公英、小麦等。或者是由助细胞、反足细胞或极核等非生殖细胞发育成胚，称为无配子生殖，如葱、含羞草等。也有的是由珠心或珠被细胞直接发育成胚的，称为无孢子生殖，如柑橘属。

2. 多胚现象

一般被子植物的胚珠中只产生一个胚囊，胚囊中仅含有一个卵细胞，所形成的种子中也只有一个胚。但有的植物种子中有一个以上的胚，称为多胚现象。产生多胚的原因很多，可能是胚珠中产生多个胚囊，如桃、李；或是由合子胚分裂而成，如郁金香；或由珠心、助细胞、反足细胞等产生不定胚，如柑橘属、芒果属、仙人掌属等。

第二节　植物的种子

被子植物双受精后，受精卵发育成胚，受精的极核发育为胚乳，珠被发育成种皮，整个胚珠发育为种子。不同植物种子形态有很大的差异，但基本上都由种皮、胚、胚乳（有或无）构成。了解种子的形态构造，掌握种子萌发的条件及特性，对于种质资源调查和育种工作具有重要意义，是从事苗圃生产、种质鉴定、植物培育等工作的基本技能。

一、种子的发育

（一）胚的发育

胚的发育由合子开始，合子形成后，经过一段时间的休眠便开始分裂。休眠期长短因植物而异，如水稻 4～6 h，小麦 16～18 h，棉花 2～3 d，苹果 5～6 d，茶树则长达 5～6 个月。双子叶植物和单子叶植物胚的发育有明显的区别。

1. 双子叶植物胚的发育

以荠菜为例说明。合子经短暂休眠后，不均等地横向分裂为基细胞和顶细胞。基细胞略大，顶细胞略小。基细胞连续横向分裂，形成一列由 6～10 个细胞组成的胚柄。顶细胞先经过两次纵分裂，成为 4 个细胞，然后各个细胞再横向分裂一次，成为 8 个细胞的球状体，球状体的各细胞经过连续分裂，成为一团组织，形成球形胚。以后球形胚的顶端两侧分裂生长较快，形成两个突起，形成心形胚。心形胚的两个突起迅速发育，成为两片子叶；两片子叶间的凹陷部分逐渐分化为胚芽，另一端分化为胚根；胚根与子叶间的部分为胚轴。至此，一个具有子叶、胚芽、胚轴和胚根的胚就形成了。有些植物的胚在发育过程中不形成胚柄，直接分化出胚的各部分（图 3-20）。

2. 单子叶植物胚的发育

以小麦为例说明。小麦合子的第一次分裂常是倾斜的横分裂，形成一个顶细胞和一个基细胞。接着，它们各自再分裂一次，形成 4 个细胞的原胚。原胚经过分裂和扩大，先形成棒状胚，再进一步发育形成梨形胚。此后，在梨形胚的上部一侧出现一个凹沟，使原胚的两侧出现发育不对称的状态，器官分化从此开始。凹沟的上部分，将来形成盾片的主要部分和胚芽鞘的大部分；凹沟的稍下处，将来发育形成胚芽鞘的其余部分、胚芽、胚轴、胚根、胚根鞘和一片不发达的外子叶；凹沟的基部发育形成盾片的下部和胚柄（图 3-21）。

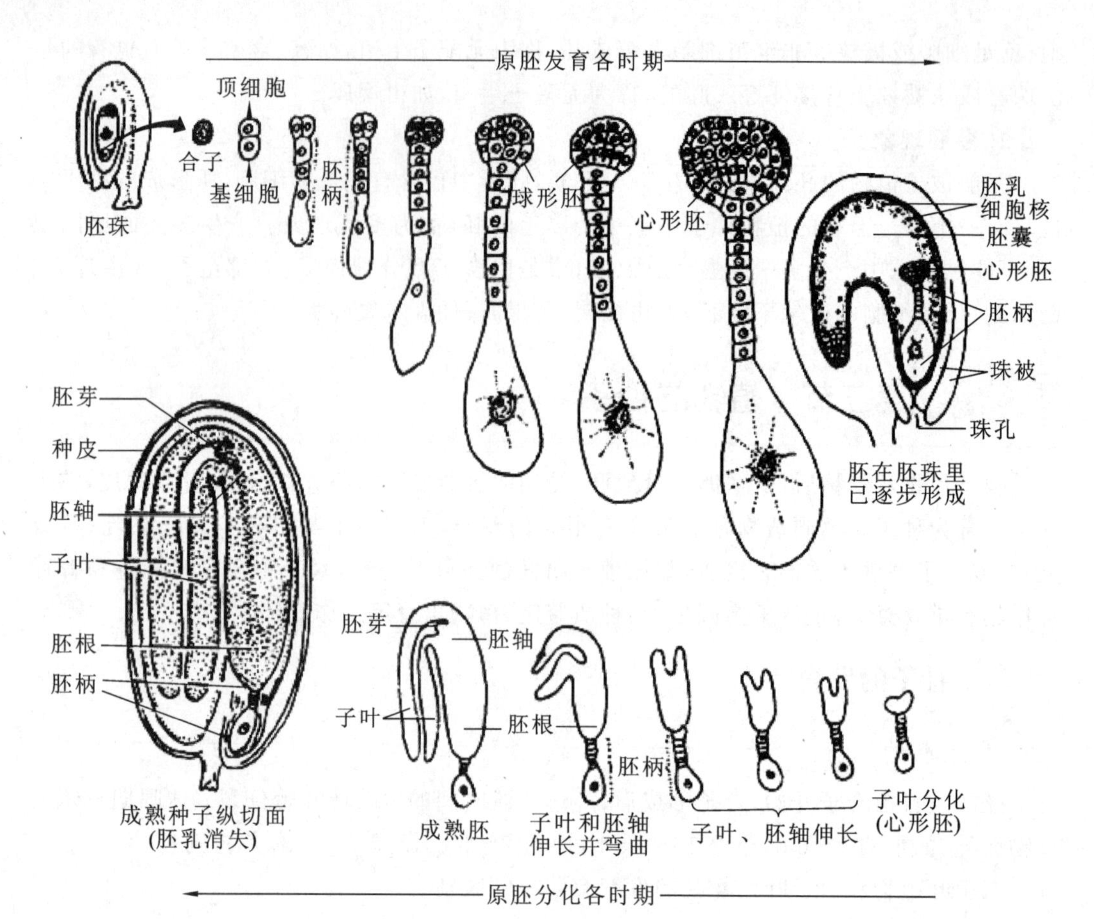

图 3-20　荠菜胚的发育过程

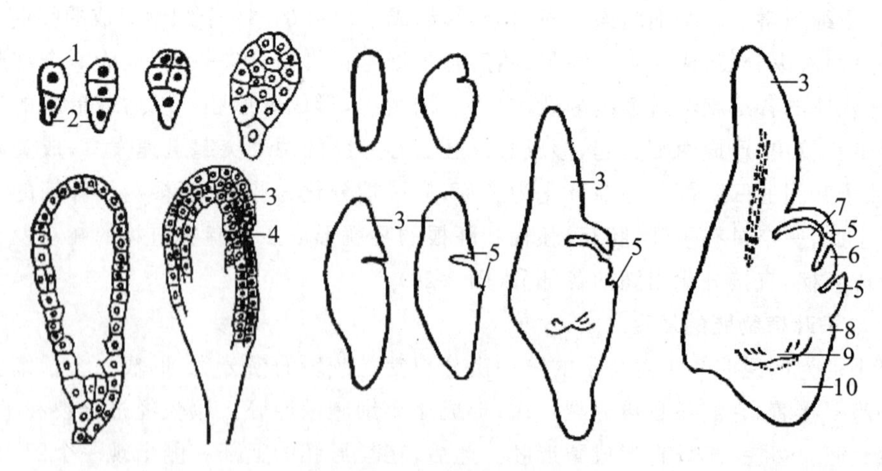

图 3-21　小麦胚的发育过程

1—顶细胞;2—基细胞;3—盾片(内子叶);4—生长点;5—胚芽鞘;
6—第一营养叶;7—胚芽生长点;8—外子叶;9—胚根;10—胚根鞘

（二）胚乳的发育

被子植物的胚乳由极核受精后形成的三倍体初生胚乳核发育形成。极核受精后，初生胚乳核一般不经过休眠或经过很短时间休眠就开始分裂。因此，胚乳的发育早于胚的发育，以便为胚的发育提供营养物质。胚乳的发育分为核型胚乳和细胞型胚乳两类（图 3-22）。

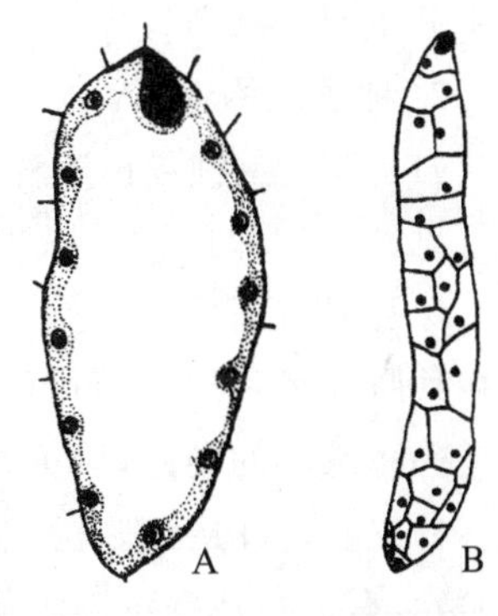

图 3-22　胚乳发育的早期阶段

A—核型胚乳；B—细胞型胚乳

1. 核型胚乳的发育

初生胚乳核进行多次分裂，但暂不进行细胞质的分裂，因而形成许多游离核。最初的所有游离核都沿胚囊边缘分布，之后，游离核继续分裂，由外向内逐渐分布到胚囊中。游离核的数目因植物种类而异。当胚乳发育到一定阶段，从胚囊边缘开始逐渐向内产生细胞壁，由边缘向中心发展，并进行细胞质分裂，形成胚乳细胞，这种方式形成的胚乳称为核型胚乳。核型胚乳是被子植物中最普遍的胚乳发育方式，多数单子叶植物和双子叶离瓣花植物的胚乳发育属此类型，如小麦、水稻、玉米、柑橘、油菜、苹果等。

2. 细胞型胚乳的发育

有些植物的胚乳，在形成初生胚乳核后，每次核的分裂都随之进行细胞质的分裂，产生细胞壁，形成胚乳细胞，而不经过游离核时期，以这种方式形成的胚乳称为细胞型胚乳。大多数双子叶合瓣花植物的胚乳发育属此类型，如番茄、烟草、芝麻等。

（三）种皮的发育

种皮是由珠被发育形成的。受精后，在胚和胚乳发育的同时，珠被发育成种皮，包在种子外面，起保护作用。胚珠具有两层珠被的，常发育形成两层种皮，即外种皮和内种皮，如棉花、油菜、蓖麻等。胚珠仅具有一层珠被的，发育形成一层种皮，如向日葵、胡桃、番茄等。也有的胚珠虽具有两层珠被，但在发育过程中，其中一层珠被因被吸收而消失，只有一层珠被发育成种皮，如大豆、南瓜等。小麦、水稻等的种皮极不发达，仅由内珠被的内皮层细胞发育成残存种皮，这种残存种皮和果皮愈合在一起，不易分开。

二、种子的形态与构造

1. 种子的形态

种子的形态、大小、色泽等因植物种类不同而异。从形状上看，大豆的种子为椭圆形，豌豆的种子为球状，蚕豆、菜豆的种子为肾形，大麦的种子为纺锤形，荞麦的种子为三棱形等。从大小上看，有的种子很大，如大实椰子种子直径为 40～50 cm；有的种子较小，如兰花种子细小如尘埃，用肉眼几乎辨认不清，附生兰 5 万颗种子重 0.1 g。种子的颜色多为褐色和黑色，但也有其他颜色，如豆类种子就有黑、红、绿、黄、白色，小麦种子依颜色分为红皮和白皮。从质地上讲，油茶种子粗糙，皂荚种子光滑，卫矛种子有肉质种皮，美人蕉、鹤望兰、荷花种皮厚且坚硬等。掌握种子的形态特征，正确识别不同植物的种子，是采种育苗工作中十分重要的环节。

2. 种子的构造

(1) 种皮　种皮位于种子外面,具有保护胚及胚乳的作用。成熟的种子在种皮上通常可见种脐和种孔。种脐是种子从种柄上脱落后留下的痕迹,在豆类种子中最明显。种孔由珠孔发育而成,常位于种脐一端,是种子萌发时吸收水分和胚根伸出的部位。有些种子在种脐的另一端与种孔相对处有一隆脊,称为种脊。有些植物如橡胶树、蓖麻等种皮下端有一海绵状的突起,称为种阜。

种皮常由几层细胞构成,最外为表皮层,表皮层之内的细胞类型与排列依植物种类不同而异,有的由薄壁细胞组成,有的由薄壁细胞和厚壁细胞共同组成。因此,有些种皮厚而硬,如松柏类种子;有些种皮很薄,如桃、杏、花生、向日葵的种子;有些种皮肉质可食,如石榴的种子;有些种皮具有很长的表皮毛,如棉花的种子;有的种子种皮外面还有假种皮,如荔枝、桂圆的可食部分;等等(图 3-23)。

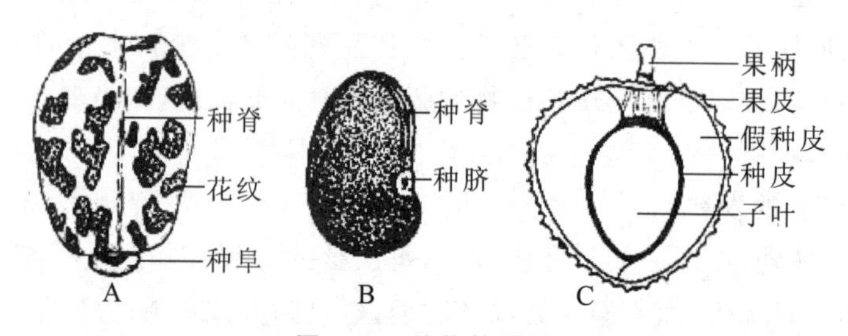

图 3-23　植物的种子

A—蓖麻种子;B—刺槐种子;C—荔枝的果实及种子

(2) 胚　胚是种子中最重要的部分,一般由胚芽、胚根、胚轴和子叶四部分组成。胚中的子叶数常作为植物分类依据之一。在被子植物中,仅有一片子叶的植物称为单子叶植物,如小麦、玉米、水稻、百合、蒜等;具有两片子叶的植物称为双子叶植物,如豆类、瓜类、桃、杏、苹果、梨等。裸子植物的子叶数目不定,有的只有两片,如金钱松、扁柏;有的具有 2～3 片,如银杏、杉木;有的具有多片,如松属常有 7～8 片。

(3) 胚乳(有或无)　胚乳位于种皮和胚之间,是种子内贮藏营养物质的组织。有些植物的种子形成过程中,胚乳的营养物质全部转移到子叶中,种子成熟时,看不到胚乳(或只有一层膜状遗物),而具有肥厚的子叶,成为无胚乳种子,如豆类、瓜类种子。有些种子虽无胚乳,但在成熟种子中,还残留一层类似胚乳的营养组织,称为外胚乳,如苹果、梨等。胚乳或子叶贮藏的营养物质因植物种类而异,主要有糖类、脂肪和蛋白质,以及少量无机盐和维生素等,如银杏的胚乳及大豆的子叶贮藏大量蛋白质,板栗的子叶贮藏大量淀粉,红松的胚乳、核桃的子叶贮存大量的脂类等。

三、种子的类型

根据种子成熟后胚乳的有无,种子分为有胚乳种子和无胚乳种子两类。

（一）有胚乳种子

有胚乳种子由种皮、胚和胚乳三部分组成，其中，胚乳占据了种子的大部分体积。所有裸子植物、大多数单子叶植物以及许多双子叶植物的种子属此类型（图 3-24）。

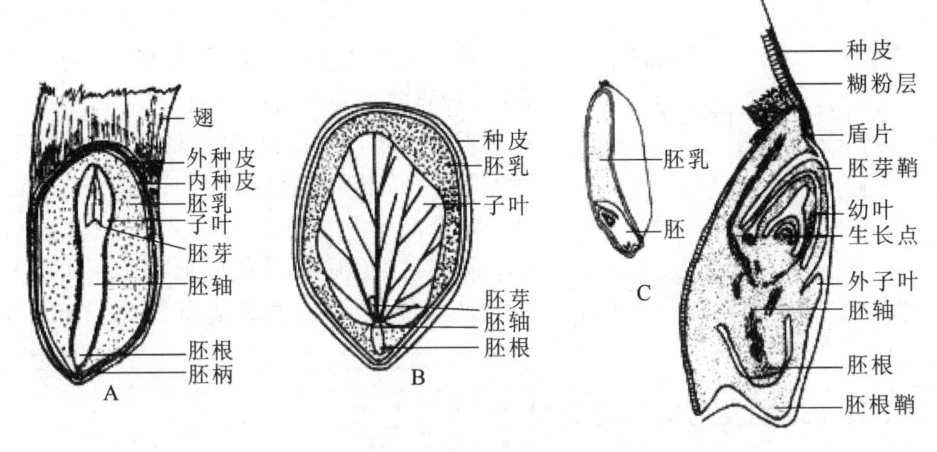

图 3-24 有胚乳种子的结构

A—裸子植物种子（松属）；B—双子叶植物有胚乳种子（油桐）；C—单子叶植物有胚乳种子（小麦）

1. 裸子植物有胚乳种子

松属种子的种皮分为内、外两层，外种皮较厚而硬，内种皮膜质；种皮内有白色的胚乳，胚乳呈筒状，其中包藏着一个细长白色呈棒状的胚；胚根位于种子尖细的一端，胚轴上端着生多片子叶，子叶中间包着细小的胚芽。银杏种子的种皮由三层组成，外种皮肉质，未成熟时绿色，成熟后为黄色，此层很容易腐烂并有臭味；市场上出售的种子均已去掉外种皮，露出白色骨质的中种皮，故有“白果”之称；内种皮纸质，包于胚乳之外；成熟时胚乳呈绿色，胚位于中央呈长柱状，具两片子叶，胚乳可食用并作为药用。

2. 双子叶植物有胚乳种子

油桐、蓖麻、梧桐种子等都有胚乳。油桐种子呈椭圆形，外种皮较厚硬，内种皮较薄。种皮内的大量白色物质即胚乳，胚被包埋在胚乳的中央，由胚根、胚芽、胚轴和子叶四部分组成。子叶两片，很薄，上有明显的脉纹；胚芽夹在两片子叶中间，与胚轴相连；子叶基部生于短短的胚轴上。

3. 单子叶植物有胚乳种子

小麦、水稻、毛竹等都是有胚乳种子，这些种子的种皮与果皮愈合而生，称为颖果。颖果中胚乳占据了绝大部分，内含大量的淀粉粒和糊粉粒。胚小，紧贴胚乳，胚芽和胚根由极短的胚轴连接，在胚芽和胚根先端分别包有胚芽鞘和胚根鞘。在胚轴一侧有一肉质盾状子叶，称为盾片或内子叶；在另一侧有一突起，称为外子叶，是退化的另一子叶。

（二）无胚乳种子

许多双子叶植物如豆类、核桃和柑橘类的种子，以及部分单子叶植物如慈姑、泽泻等

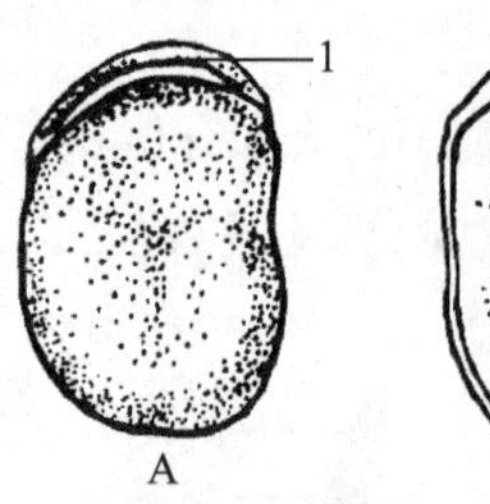

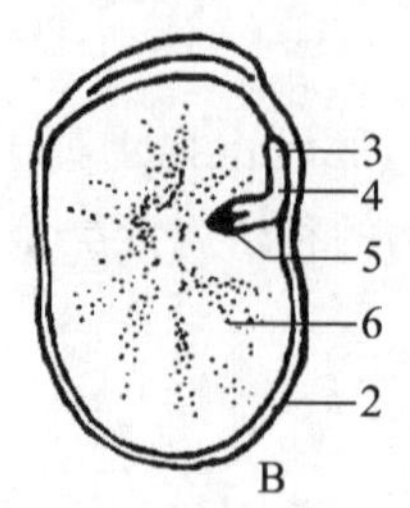

图 3-25　蚕豆种子的结构

A—种子外形；B—切去一半子叶的种子

1—种脐；2—种皮；3—胚根；4—胚轴；5—胚芽；6—子叶

的种子都缺乏胚乳，属无胚乳种子。

无胚乳种子只有种皮和胚两部分，在种子成熟过程中，胚乳中贮藏的养料转移到子叶中，因此常常具有肥厚的子叶，贮藏大量养料。蚕豆的种子扁平而略带肾形，外面包有绿色或黄褐色的种皮，种子一端有一条黑色的种脐，种脐的一端有一小孔即种孔，种脐的另一端为种脊，种脊短而不明显。在种皮里面是胚，胚由两片肥厚的子叶、两片子叶之间的胚芽、胚根和胚轴组成，子叶肉质，几乎占据了种子的全部体积（图 3-25）。

除慈姑、泽泻外，单子叶植物无胚乳种子在农作物中比较少见。慈姑种子很小，由种皮和胚两部分组成，种皮薄，胚弯曲，子叶一片，长柱形。

四、种子的萌发与幼苗的类型

（一）种子的休眠

种子成熟后，一般有适宜的外界条件便可萌发形成幼苗。但有些植物的种子，即使给予适宜的条件仍不能萌发，必须经过一段时间才能萌发，种子的这种特性称为休眠。如人参、红松的种子采收后需经过 1.5～2 年的休眠才会萌发。造成种子休眠的原因较多，有些植物的种子在离开母体时，外形上看似成熟，但内部尚未发育完全或者胚生理上仍未完全成熟，需要经过休眠期的某些变化才能成熟，这种现象称为种子的后熟，如银杏、冬青、雪松、人参等植物的种子；有些植物的种子是由于种皮过厚不易透气而限制种子萌发，如刺槐、合欢、樟树等；有些植物的种子是由于种子或果皮产生抑制萌发的物质（有机酸、植物碱或某些激素等），如黄瓜、桃、番茄等。

（二）种子的萌发

具有萌发力的种子，在适宜的条件下，其胚由休眠状态转入活动状态，开始生长，形成幼苗，这一过程称为种子的萌发。种子萌发的条件是有充足的水分、适宜的温度、足够的氧气等。

绝大多数植物的种子萌发时，首先是胚根突破种皮向下生长，形成主根，固定在土壤中，并从土壤中吸收水分和无机盐；然后是胚轴细胞相应生长和伸长，把胚芽或胚芽连同子叶一起推出土面，胚芽发育为新植物体的茎叶系统，这样，一株能独立生长的幼植物体完全形成，这就是幼苗。

（三）幼苗的类型

种子萌发后，由于胚的各个部分，特别是胚轴的生长速度不同，因而长成不同类型的幼苗。胚轴分为上胚轴和下胚轴，由子叶到第一片真叶之间的部分称为上胚轴，子叶和根之间的部分称为下胚轴。幼苗的类型有子叶出土型幼苗和子叶留土型幼苗两种（图 3-26）。

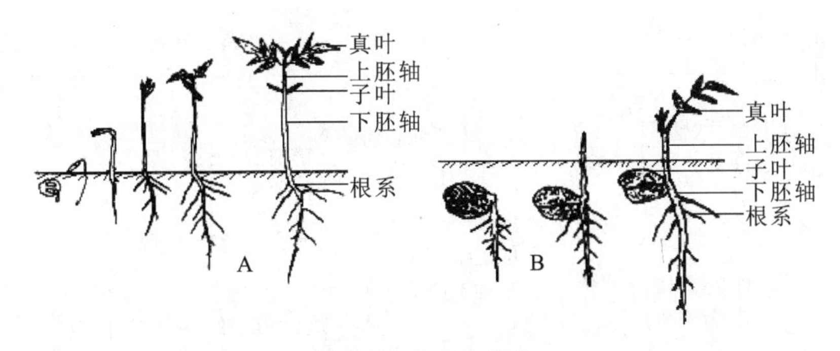

图 3-26 幼苗的类型

A—子叶出土型幼苗(苦楝);B—子叶留土型幼苗(胡桃)

1. 子叶出土型幼苗

种子萌发时,胚根先突破种皮,伸入土中,形成主根。然后,下胚轴开始生长并迅速伸长,将子叶、胚芽和上胚轴都推出土面,形成子叶出土型的幼苗。大多数裸子植物和双子叶植物、少数单子叶植物都属此类型。

子叶出土后,展开并逐渐变绿,成为幼苗最初的同化器官。待真叶长出后,子叶逐渐萎缩而脱落。大豆等种子的子叶特别肥厚,当子叶出土后,能够把贮存的营养物质运往根、茎、叶等,直到营养物质消耗用尽,子叶才萎缩脱落。

2. 子叶留土型幼苗

种子萌发时,下胚轴不伸长或伸长不明显,主要是上胚轴迅速伸长,将胚芽推出土面,而子叶始终留在土壤中,形成子叶留土型的幼苗。大部分单子叶植物如毛竹、棕榈等,以及部分双子叶植物如油菜、蚕豆、核桃等属于此类型。

子叶出土与子叶留土,是植物体对外界环境的不同适应性。这一特性为播种深浅等栽培措施提供了依据,一般子叶出土的植物覆土宜浅,否则子叶难出土;而子叶留土的植物覆土可稍深。实际工作中,需要根据种子的具体情况及土壤条件,确定播种的实际深度。

第三节 植物的果实

被子植物经过开花、传粉和受精后,胚珠发育为种子,子房或连同花的其他部分发育为果实。在种子和果实发育的同时,花的各部分发生显著变化,由花发育为果实的过程如图 3-27 所示。

一、果实的形成

在植物界只有被子植物才有果实,裸子植物仅有种子而无果实。果实包括由胚珠发育形成的种子,以及由子房壁或由花的其他部分参与发育形成的果皮。

仅由子房发育形成的果实称为真果,如桃、李、杏等。有些植物的果实,除子房外,还有花的其他部分参与形成,这类果实称为假果,如梨、苹果的食用部分由花托发育而成,桑葚、菠萝的果实由花序发育而成。

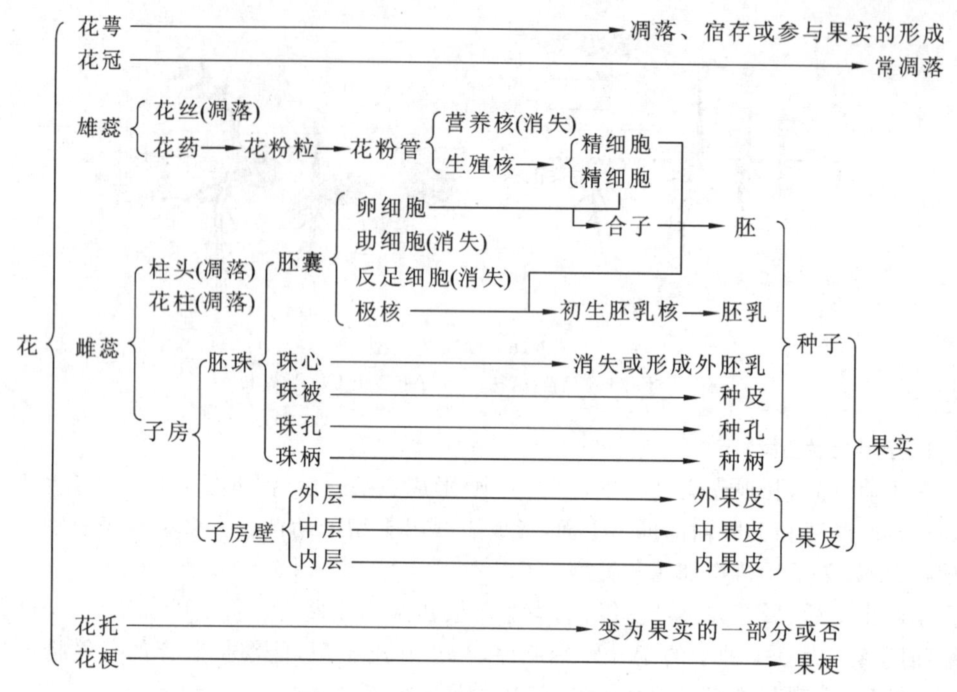

图 3-27　花发育为果实的过程图解

有些植物在自然状况或人为控制下，不经过受精，子房也能发育为果实，这种现象称为单性结实。单性结实的果实不含种子，为无籽果实，如凤梨、葡萄、柑橘、香蕉等都有单性结实现象。但并非所有的无籽果实都是单性结实的产物，有些植物开花、传粉和受精以后，胚珠在发育为种子的过程中受到阻碍，也可以形成无籽果实。在生产上，应用植物生长调节剂也可以诱导单性结实，如用 30～100 mg/kg 的吲哚乙酸和 2,4-D 等的水溶液，喷洒番茄、西瓜、辣椒等临近开花的花蕾，或用 10 mg/kg 的萘乙酸溶液喷洒葡萄花序，都能得到无籽果实。

二、果实的类型

根据果实的来源、结构和果皮性质，果实分为单果、聚合果和聚花果三类。

（一）单果

由一朵花中的单雌蕊或复雌蕊发育形成的果实称为单果。大多数果实属此类型，如桃、杏、李、苹果、梨等。单果可以单独存在，也可以是组成聚合果的基本单位。单果中有的是真果，有的是假果。根据果皮的性质与结构，单果分为肉质果与干果两类。

1. 肉质果

肉质果果实成熟时，果皮肥厚，肉质多汁。肉质果又分为下列五种（图 3-28）。

（1）浆果　由单雌蕊或复雌蕊发育形成，外果皮薄，中果皮和内果皮肥厚，肉质多汁，内含一至多粒种子，如西红柿、柿、枸杞、葡萄、小檗、金银忍冬、接骨木等。

（2）核果　由单雌蕊或复雌蕊发育而成，外果皮薄，中果皮肥厚，肉质为食用部分，内果皮坚硬形成核壳，内含一粒种子，如核桃、桃、枣、杏、李、红瑞木、山茱萸等。

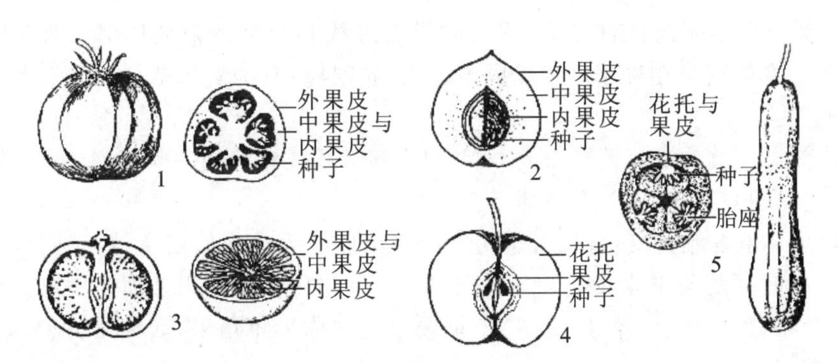

图 3-28　肉质果的类型

1—浆果(番茄);2—核果(桃);3—柑果(橘);4—梨果(苹果);5—瓠果(黄瓜)

(3) 柑果　由复雌蕊发育而成,外果皮革质,有挥发油囊;中果皮疏松,有多数维管束即橘络;内果皮膜质囊状,分为若干室,为食用部分。柑果为芸香科柑橘属植物所特有,如柑、橘、橙、柚、柠檬等。

(4) 瓠果　瓠果是由复雌蕊的下位子房发育而成的假果,花托与外果皮合成坚韧的果壁,中果皮、内果皮及胎座肥厚肉质,为可食用部分,内含多粒种子。瓠果为葫芦科植物所特有,如西瓜、黄瓜、冬瓜、苦瓜、栝楼等。

(5) 梨果　由复雌蕊的下位子房和花托一起发育而成,外果皮、中果皮与花托肥厚、肉质,为可食部分;内果皮木质化较硬,如苹果、梨、山楂、杜梨等。

2. 干果

干果果实成熟时,果皮干燥。其中,成熟时果皮开裂的称为裂果,成熟时果皮不裂的称为闭果。

(1) 裂果　裂果果皮成熟后开裂,散出种子。因心皮数目和开裂方式不同,又分为下列几种(图 3-29)。

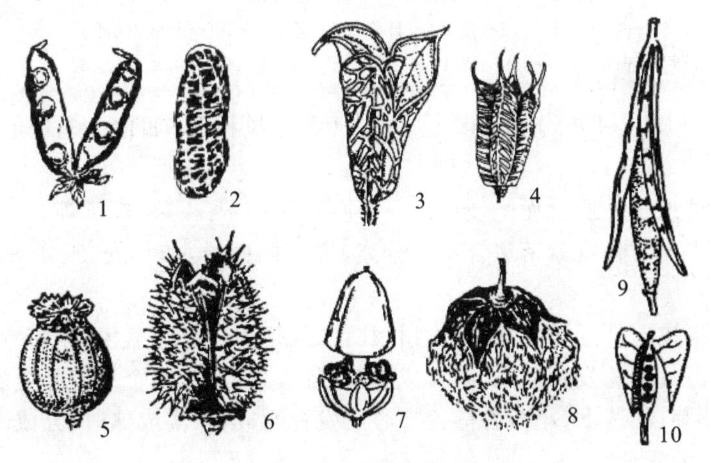

图 3-29　裂果的类型

1—荚果(豌豆);2—荚果(花生);3—蓇葖果(飞燕草);4—蓇葖果(耧斗菜);5—孔裂蒴果(罂粟);
6—轴裂蒴果(曼陀罗);7—盖裂蒴果(车前);8—背裂蒴果(棉花);9—长角果(油菜);10—短角果(荠菜)

① 荚果　由单雌蕊发育而成，成熟时沿腹缝线和背缝线两侧同时开裂，如大豆、蚕豆、绿豆等。有的荚果在种子间缢缩成串珠状，如国槐；有的荚果成熟时不开裂，如花生、皂荚、合欢等。

② 蓇葖果　由单雌蕊发育而成，成熟时沿腹缝线或背缝线一侧开裂，如飞燕草、耧斗菜、牡丹、芍药、梧桐、玉兰、八角茴香等的小果。

③ 角果　由复雌蕊发育而成，子房室中央由假隔膜分成假二室，种子附生于假隔膜上，果实成熟时沿两条腹缝线由下向上开裂。十字花科植物的果实属此类型。角果细长的称为长角果，如白菜、油菜、甘蓝等；角果较短宽的称为短角果，如荠菜、独行菜等；有的角果不开裂，如萝卜。

④ 蒴果　由复雌蕊发育而成，子房一室或多室，每室多粒种子。果实成熟时有多种开裂方式：背裂的如百合、棉花、紫花地丁；腹裂的如烟草、牵牛、杜鹃；孔裂的如罂粟、金鱼草、桔梗；齿裂的如石竹、王不留行；轴裂的如曼陀罗；盖裂的如马齿苋、车前等。

（2）闭果　闭果果实成熟后，果皮干燥但不开裂。分为下列几种（图 3-30）。

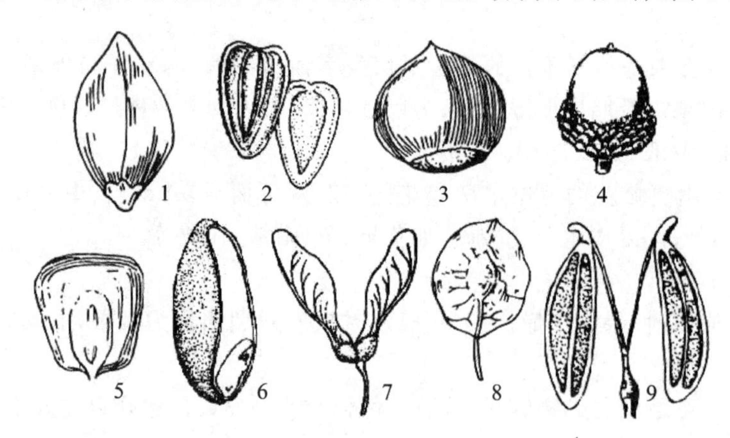

图 3-30　闭果的类型

1—瘦果（荞麦）；2—瘦果（向日葵）；3—坚果（板栗）；4—坚果（栎子）；
5—颖果（玉米）；6—颖果（小麦）；7—翅果（槭）；8—翅果（榆树）；9—双悬果（胡萝卜）

①瘦果　果皮与种皮分离，果皮坚硬，只含一粒种子，如白头翁、向日葵、荞麦、荨麻等。

②坚果　外果皮木质化而坚硬，含一粒种子，如榛子、板栗、栎子等。

③颖果　果皮与种皮紧密愈合不易分离，含一粒种子，如小麦、玉米等禾本科植物的果实。

④翅果　果皮向外延伸成翅，如榆树、杜仲、五角枫、枫杨、臭椿、洋白蜡等。

⑤分果　由复雌蕊发育而成，果实成熟时，各心皮分离，整个果实分为多个果瓣，如锦葵、苘麻等。芹菜、胡萝卜、小茴香等由二心皮发育而成，果实成熟时，分成两瓣，分悬于中央果柄上，特称为双悬果。

⑥胞果　由合生雌蕊发育形成，果皮薄而疏松地包围种子，极易与种子分离，具一粒种子，如黎、地肤等黎科植物的果实。

（二）聚合果

一朵花中有多个彼此离生的单雌蕊，每个雌蕊发育成一个小果，多个小果聚生于同一花托上，组成一个大果实，称为聚合果。按小果的类型，聚合果分为聚合瘦果，如草莓、毛茛、白头翁等；聚合蓇葖果，如牡丹、玉兰、绣线菊、八角茴香等；聚合核果，如黑莓、悬钩子等；聚合坚果，如莲；聚合浆果，如五味子等。

（三）聚花果

由整个花序发育形成的果实称为聚花果，也称花序果或复果。从发育来源上讲，聚花果都是假果，如凤梨、桑葚、无花果等。无花果的果实由隐头花序发育而成，特称为隐花果（图 3-31）。

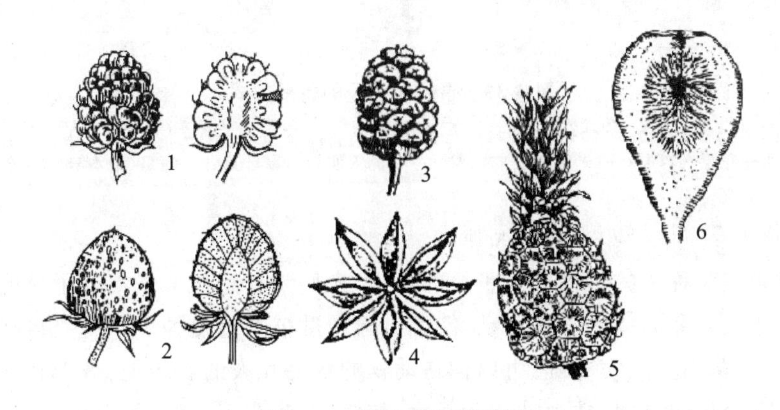

图 3-31 聚合果与聚花果

1—聚合核果（悬钩子）；2—聚合瘦果（草莓）；3—聚花果（桑葚）；
4—聚合蓇葖果（八角茴香）；5—聚花果（凤梨）；6—隐花果（无花果）

三、果实和种子的传播

在长期的自然选择中，植物的果实和种子往往形成不同的传播方式及特征和特性，果实和种子的传播扩大了该种植物的分布范围，有利于植物的种群繁衍。常见的传播方式有下列四种（图 3-32）。

（一）借风力传播

这类果实和种子一般小而轻，易被风力吹送到远处，常具有翅、毛等附属物。如杨、柳的种子外面以及蒲公英、铁线莲的果实外面常具毛状附属物，白蜡树、榆树、槭树的果实外有翅等，都能随风飘扬而得以传播。

（二）借水力传播

一般水生植物和沼泽植物的果实或种子，多借水力传播。如莲的花托形成“莲蓬”，由疏松的海绵状通气组织组成，适于水面漂浮传播；生长在热带海边的椰子，不怕水浸，又能浮水，它能够漂洋过海，借海水飘浮传至远方。此外，水流常常把许多果实和种子冲到别的地方得以传播。

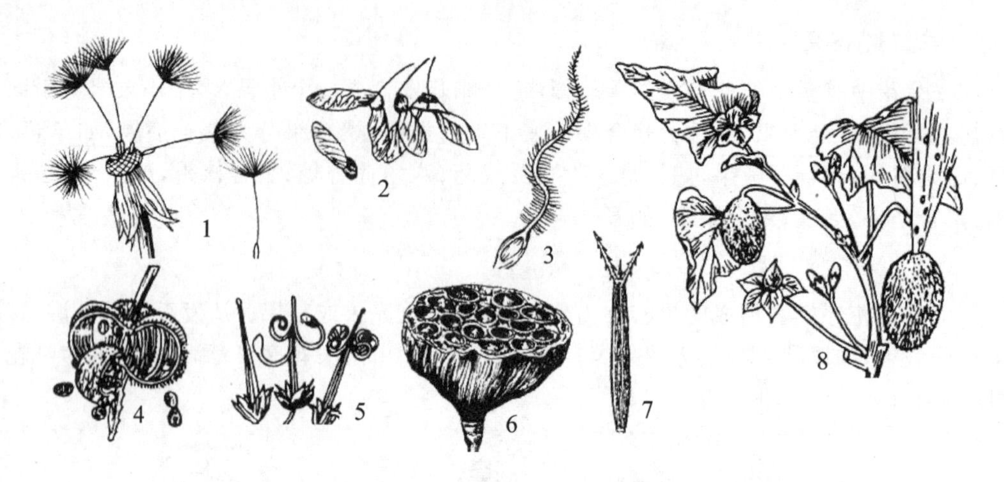

图 3-32 果实和种子的传播方式

1—蒲公英的果实（顶端具毛）；2—槭的果实（具翅）；3—铁线莲的果实（花柱残留呈羽状）；
4—凤仙花果实自裂；5—老鹳草果皮翻卷；6—莲的果实；7—鬼针草；8—喷瓜（借本身弹力传播）

（三）借人类和动物的活动传播

人类对果实和种子的传播起着重要的作用，人们常有意识地采集种子易地繁殖，以丰富植物的种类。人和动物的某些活动，能无意地帮助植物传播种子；有些植物的种子上有钩或刺，如鬼针草、苍耳、窃衣等，可以钩在动物的皮毛和人的衣服上，被带到远处；有些植物的果实具有美味的果肉，常为动物所吞食，如樱桃、葡萄等，这些植物种子的种皮比较坚硬，所以常随同粪便排出使种子得以传播；有些杂草的种子与农作物同时成熟，借作物收获及播种传播，如稗与水稻同时成熟等。

（四）借植物体本身的弹力传播

有些植物的果实成熟时，果皮开裂产生一定的弹力，借此把种子弹出，使种子得以传播。如绿豆、凤仙花、牻牛儿苗、老鹳草、喷瓜等。

第四节 裸子植物的生殖器官及生殖过程

裸子植物大多为乔木，如松属、云杉属、落叶松属等；裸子植物没有真正的花，胚珠裸露，外面没有子房壁包被，种子裸生，不形成果实，故称为裸子植物。裸子植物的生殖器官及生殖过程与被子植物有较明显的区别。下面以松属为例，说明裸子植物的生殖器官及生殖过程。

成年松树，每年春季在新萌发的枝条上形成生殖器官——大、小孢子叶球，大孢子叶球又称为雌球花，小孢子叶球又称为雄球花；在大、小孢子叶球上分别形成大、小孢子囊，大、小孢子囊内分别产生大孢子和小孢子（花粉粒）。

一、大、小孢子叶球的构造

（一）大孢子叶球（雌球花）的构造

大孢子叶球生于新枝的顶端，常呈椭圆形球果状，幼时浅紫红色，以后变绿。大孢子叶球由木质鳞片状的大孢子叶（珠鳞）和不育的膜质苞片成对地螺旋状排列在一长轴上组成。每一珠鳞的上表面基部形成两个并列的胚珠。胚珠由珠心和珠被两部分组成，珠心顶端有珠孔。珠心深处形成大孢子母细胞，大孢子母细胞经过减数分裂，形成四分体，四分体在珠心中排成直行，其中仅有远离珠孔的一个发育成为大孢子。

（二）小孢子叶球（雄球花）的构造

小孢子叶球生于新枝的基部，呈长椭圆形，为黄褐色。小孢子叶球由许多小孢子叶螺旋状排列在一个长轴上构成。每个小孢子叶背面（远轴面）有两个并列的长椭圆形的小孢子囊（花粉囊）。发育成熟时，小孢子囊内产生许多小孢子（花粉粒）。松树的小孢子有内、外两层壁，外壁上有花纹，且有两翅，便于随风传播。小孢子囊内幼时充满了造孢细胞，造孢细胞进一步发育形成许多小孢子母细胞（花粉母细胞），每个小孢子母细胞进行减数分裂，产生四分体，四分体再分裂成为四个小孢子（花粉粒）（图 3-33）。

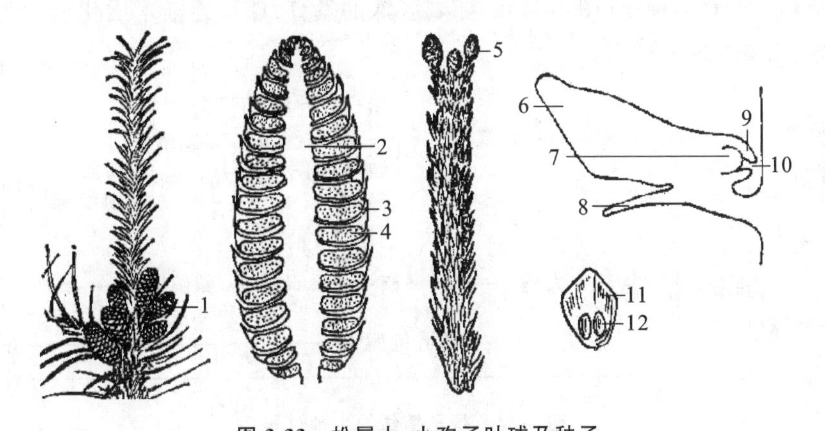

图 3-33　松属大、小孢子叶球及种子

1—小孢子叶球；2—轴；3—小孢子囊；4—小孢子；5—大孢子叶球；
6—珠鳞；7—胚珠；8—苞片；9—珠被；10—珠孔；11—种鳞；12—种子

二、大、小孢子叶球的发育

（一）大孢子叶球的发育

胚珠中的大孢子经多次分裂形成许多游离核，经过冬季，到第二年春天，游离核逐渐形成细胞壁，使雌配子体成为多细胞的结构。雌配子体始终在珠心内发育，裸子植物的雌配子体也可称为胚乳，是单倍体胚乳。在雌配子体的近珠孔端形成 3～5 个颈卵器，每个颈卵器具有数个颈细胞和一个大型的中央细胞，中央细胞在受精前分裂成卵细胞和腹沟细胞。

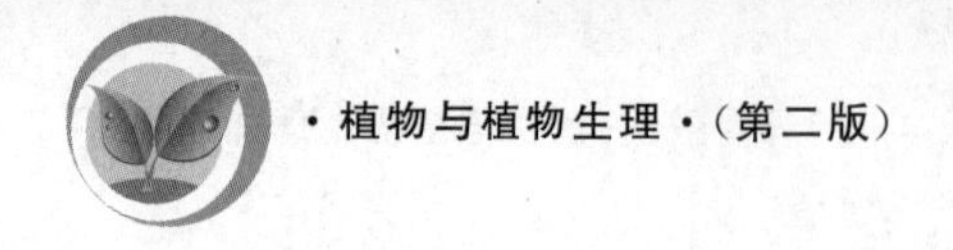

(二) 小孢子叶球的发育

小孢子(花粉粒)是单倍体细胞,它在花粉囊中已开始萌发。单核的小孢子分裂为两个核(细胞),即第一原叶细胞和胚性细胞,胚性细胞再分裂一次形成第二原叶细胞和精子器原始细胞,精子器原始细胞再分裂一次形成一个粉管细胞和一个生殖细胞。此时的花粉粒具四个细胞,即第一原叶细胞、第二原叶细胞、粉管细胞和生殖细胞,为成熟的花粉粒。随着花粉的发育,第一、第二原叶细胞逐渐消失,仅有粉管细胞和生殖细胞继续发育。

三、传粉、受精及种子的形成

裸子植物都是风媒植物,当花粉发育成熟时,花粉囊裂开,散出花粉,随风传播。此时,大孢子叶球的珠鳞彼此分开,花粉落到胚珠上,珠鳞闭合。花粉粒在珠孔上萌发,长出花粉管,花粉管穿过胚乳组织到达颈卵器。在花粉管生长过程中,生殖细胞又一分为二,一个为体细胞,另一个为柄细胞。体细胞再分裂为两个精子。花粉管达颈卵器后先端破裂,释放出两个精子,其中一个精子与卵细胞融合,形成二倍体的合子,另一个精子消失,没有双受精现象。

受精后的卵细胞在颈卵器内发育为胚,颈卵器外的胚乳细胞发育为胚乳,珠被发育为种皮,整个胚珠发育为种子(图 3-34)。随着胚珠的发育,珠鳞逐渐木质化成为种鳞,大孢子叶球也随之增大形成球果。

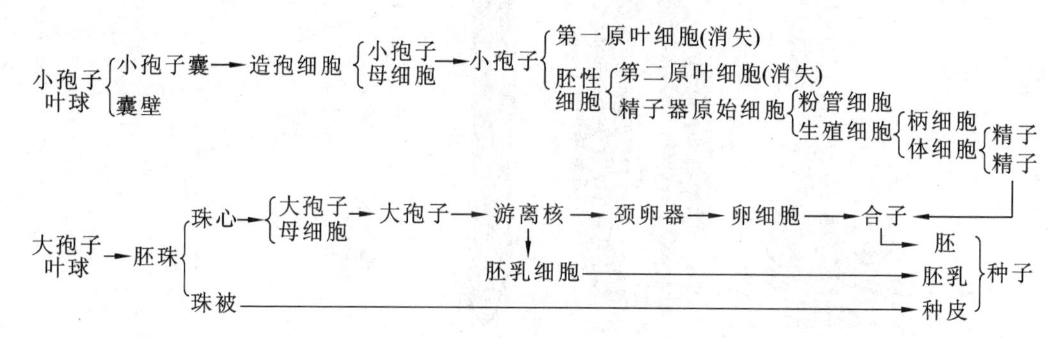

图 3-34 裸子植物的生殖过程

本章小结

花、果实和种子是被子植物的生殖器官。在被子植物的个体发育过程中,花的分化标志着植物从营养生长转入了生殖生长。花和果实是被子植物特有的器官,一朵完整的花由花柄、花托、花萼、花冠、雄蕊群和雌蕊群组成。花萼和花冠合称为花被,具有保护雄蕊和雌蕊的作用。雄蕊由花丝和花药组成,花药中形成的花粉母细胞,经过减数分裂产生花粉粒。雌蕊由柱头、花柱和子房组成,子房内的胎座上着生胚珠,胚珠由珠心、珠被、珠孔、珠柄、合点等部分组成,珠心内产生的胚囊母细胞,经过减数分裂产生胚囊,成熟的胚囊内具有卵细胞和极核(或中央细胞)。

当花的雄蕊、雌蕊发育成熟后,花粉粒从花粉囊中散出,经不同的传粉方式,传至雌蕊柱头；经过柱头识别后，花粉粒萌发形成花粉管，花粉管经过花柱到达子房，最后进入胚囊，两个精子分别与卵细胞和极核相结合，完成被子植物的双受精。受精卵发育形成胚，受精极核发育成胚乳，珠被发育成种皮；同时，子房壁发育成果皮；果皮和由胚珠发育形成的种子共同构成植物的果实。

由子房发育成的果实称为真果；除子房外，还有花的其他部分参与形成的果实称为假果。由一朵花中的单雌蕊或复雌蕊发育形成的果实称为单果，单果因果皮性质不同分为肉质果和干果。由一朵花中多数离生的单雌蕊发育形成的果实称为聚合果，由整个花序发育形成的果实称为聚花果。果实和种子的传播方式有借风力传播、借水力传播、借人和动物的活动传播和借植物体本身的弹力传播四种。

裸子植物没有真正的花，其生殖器官分别为球花、球果和种子。裸子植物借助风力传粉，在生殖过程中，虽然也有两个精子发育，但只有一个精子进行受精作用，另一个精子消失，没有双受精现象；卵细胞在颈卵器内发育；胚乳是由经过减数分裂但未经过受精作用的单倍体细胞发育而成的。由于胚珠在珠鳞上裸生，没有子房包被，因此称为裸子植物。

阅读材料

植物的繁殖

任何植物，无论是高等植物还是低等植物，它们的全部生命周期都包括两个互为依存的方面：一是维持它本身一代的生存；二是保持种族的延续。当植物生长发育到一定阶段，就必然通过一定的方式，从本身产生新的个体，这就是植物的繁殖。通过繁殖，不仅使后代得以延续，还可以从中产生出生活力更强、适应性更广的后代，使种族得到发展。植物的繁殖方式主要有以下四种。

(1) 裂殖与芽殖　通过个体的一部分繁殖后代的方式，通常是低等植物的繁殖方式。

(2) 营养繁殖　植物通过自身营养体的一部分形成新个体的方式。分为自然营养繁殖和人工营养繁殖，自然营养繁殖多借助于块根、块茎、球茎、鳞茎等变态器官进行繁殖，人工营养繁殖可以分为扦插、嫁接、压条、分离等几种类型。

(3) 无性繁殖　又称孢子繁殖，是由孢子来繁殖后代的方式。由母体生成孢子囊，在孢子囊内产生许多孢子。孢子成熟时，孢子散出，遇到适当条件就萌发成新个体。

(4) 有性生殖　通过雌、雄两性的两个细胞(配子)结合成合子来产生后代的方式。通过有性生殖，子代新个体组合亲代的优点，得到新的变异，能更好地适应环境。它有同配生殖、异配生殖和卵式生殖三种。同配生殖是由形态上大小相似的配子融合，参与同配生殖的两个配子在生理上或行为上没有明显差别。随着性细胞的进一步分化，在个体上出现两种配子囊：一种配子囊产生形体比较大的配子，即雌配子；另一种配子囊产生形态与前者相似，但小得多的配子，即雄配子。这样的两个配子相融合的生殖方式称为异配生殖。卵式生殖是植物有性生殖的最高形式，参与融合的两个配子，在结构上、能动性上和大小上都有显著的差异。雄配子（即精子）具有运动能力，细胞质少而细胞核大；雌配子是不动的细胞，细胞质多。卵式生殖的植物从藻类、真菌到高等植物都存在。有性生殖通过性细胞结合，产生的后代具有丰富的遗传和变异性，提供了选择的可能性。因此，有性生殖是植物繁殖和进化的一种重要形式。

复习思考题

1. 花的组成包括哪些部分？举例说明两被花、单性花、两性花、整齐花、不整齐花。
2. 花冠的类型有哪些？请举例说明。
3. 举例说明雄蕊和雌蕊各有哪些类型。
4. 以小麦为例，说明禾本科植物花的结构特点。
5. 什么是花序？绘图并说明花序的类型及特点。
6. 什么是传粉？为什么异花传粉具有优越性？
7. 什么是双受精？说明双受精作用的过程及生物学意义。
8. 绘图表示由花发育为果实的过程。
9. 裸子植物的生殖过程有何特点？
10. 种子的构造包括哪几部分？举例说明种子的类型。
11. 果实如何分类？举例说明果实的类型。

第四章 植物分类

学习内容

植物分类的基础知识；植物界的基本类群；被子植物的主要分科；植物界进化的一般规律。

学习目标

了解植物分类的基础知识；了解植物界的基本类群；掌握被子植物的主要科属的特点；掌握植物界进化的一般规律。

技能目标

掌握种子植物各科的主要特征及鉴定、识别常见种类的基本技能；掌握种子植物形态描述、检索表使用、标本采集制作以及野生植物调查等有关技术。

第一节 植物分类的基础知识

一、植物分类的方法

（一）人为分类法

人为分类法是人们为了自己工作或生活上的方便，不考虑植物亲缘关系的远近，只就植物的形态、习性、生态或经济上的一两个特征来进行分类的方法。例如将植物分为水生植物和陆生植物，木本植物和草本植物，栽培植物和野生植物；栽培的作物又分为粮食作物、油料作物和纤维作物；将果树分为仁果类、核果类、坚果类、浆果类和柑果类。瑞典植物分类学家林奈，把有花植物雄蕊的数目作为分类标准，分为一雄蕊纲、二雄蕊纲等。人为分类，我国自古就有，明朝李时珍所著《本草纲目》(1578 年)，将收集记载的植物按生态分为木、果、草、谷、菜 5 部 30 类，对世界植物学的发展有着重要的贡献。

（二）自然分类法

自然分类法不是按人的主观愿望去分类，而是按照植物间的形态、结构、生理上相似程度的大小，判断其亲缘关系的远近，再将它们分门别类，使之成为系统。这种分类法是根据客观情况分类，它符合植物的自然系统发生。按自然分类法来分，可以看出各种植物在分类系统上所处的位置，以及和其他植物在关系上的亲疏，这样的系统也称为系统发育系统。但是，由于千百万年来植物的变化发展很复杂，古代的种绝大部分已经绝灭，偶尔有化石留下的也很有限，还不能解决整个进化问题。做这方面研究的人见解较难一致，因而提出了不同的分类方法,如恩格勒系统、哈钦松系统等。随着科学的发展,国内外研究人员的努力,调查采集工作的深入开展,以及植物化石的不断发掘等,将来对植物真实历史的研究一定会不断取得新的进展,反映植物界进化的系统会更臻完善。

二、植物分类的单位

为了建立自然分类系统,更好地认识植物,植物分类学家制定了植物分类的各级单位,即界、门、纲、目、科、属、种。种是植物分类的基本单位。一个种的所有个体具有基本上相同的形态特征;各个体间能进行自然交配,产生能育的正常的后代;具有相对稳定的遗传特性;占有一定的分布区并要求适合于该种生存的一定的生态条件。种的一方面是适当稳定的,而另一方面又是继续发展的。例如小麦、苹果、白菜等是不同种。由相近的种集合为属,由相近的属集合为科,以此类推。有时根据实际需要,划分为更细的单位,如亚门、亚纲、亚目、亚科、族、亚族、亚属、组。每一种植物通过系统的分类,既可以表示出它在植物界的地位,也可以表示出它和其他种的关系。现以稻为例,说明它在植物分类上的各级单位。

界　植物界(Plant Kingdom)

　门　被子植物门(Angiospermae)

　　纲　单子叶植物纲(Monocotyledoneae)

　　　目　禾本目(Poales)

　　　　科　禾本科(Gramineae)

　　　　　属　稻属(*Oryza*)

　　　　　　种　稻(*Oryza sativa* L.)

种以下还可以设立亚种、变种、变型。品种不是植物自然分类系统的分类单位,而是栽培学上的变异类型。在农作物和园艺植物中,通常把经过人工选择而形成的、有经济价值的变异类型(色、香、味、形状、大小等)列为品种。作为一个品种,首先应该具备一定的经济价值。随着生产的发展,作为变异类型的品种也是不断发展的;旧品种在栽培上的地位,常由优良的新品种取而代之,所以品种的发展取决于生产的发展。

三、植物的命名

全世界现在约有50万种植物,对于这些植物,常随不同民族、地区而有习惯上的俗名,植物的俗名容易发生“同物异名”或“同名异物”的情况。例如马铃薯,英、美俗称Potato,我国俗称洋山芋、土豆、山药蛋等,这在科学研究上引起了混乱和许多不便。因此,1753年林奈正式倡导双名命名法,一种植物的名称统一以拉丁文写出,作为国际通用的学名。双名法得到了国际植物学会的确认,并制定了一套植物学名的命名规则,要求如下。

① 每种植物只能有一个合用的学名。

② 此学名须为拉丁文写出的双名,即一属名和一种名(种加词)组成。

③ 若一植物已有两个或更多的学名,只有最早与不违反命名规则者合用。

④ 一种植物的命名,其属名的第一个字母须大写,种名的第一个字母不大写。

⑤ 一种植物的学名,除包括属名、种名外,还应在种名后列上命名人的名字,一般用缩写。

⑥ 合法的学名必须附有正式发表的拉丁文描述。

四、植物检索表

（一）植物检索表及类型

植物检索表是植物分类学中识别、鉴定植物不可缺少的工具。将特征不同的植物用对比的方法逐步排列，进行分类，这是法国拉马克提倡使用的二歧分类法。根据二歧分类法，可制成植物分类检索表，常用的有定距检索表和平行检索表两种类型。

（二）植物检索表的编制方法

1. 定距检索表

在这种检索表中，相对立的特征编为同样号码，且在版面左边同样的距离处开始编写。如此继续下去，编写行越来越短，直至追寻到科、属或种的学名为止，终于查出植物的名称。它的优点是将相对性质的特征都排列在同样的距离处，一目了然，便于应用，缺点是如果编排的种类过多，检索表势必偏斜而浪费很多版面。现将定距检索表举例如下。

1. 植物体无根、茎、叶分化，雌性生殖器官由单细胞组成
  2. 植物体不为藻、菌共生体
    3. 有叶绿素、自养植物……………………………………………………………… 藻类植物
    3. 无叶绿素、异养植物……………………………………………………………… 菌类植物
  2. 植物体为藻、菌共生体……………………………………………………………… 地衣植物
1. 植物体有根、茎、叶分化，雌性生殖器官由多细胞组成
  4.有茎、叶分化，无真正根 ……………………………………………………… 苔藓植物
  4.有茎、叶分化，有真正根
    5.不产生种子，用孢子繁殖 …………………………………………………… 蕨类植物
    5.产生种子，用种子繁殖
      6.种子或胚珠裸露 ……………………………………………………………… 裸子植物
      6.种子或胚珠包被在果皮或子房中 ………………………………………… 被子植物

2. 平行检索表

在这种检索表中，每一对照性质的描写紧紧相接，便于比较，在每一行之末，或为一学名，或为一数字。如为数字，则另起一行重新写，与另一相对性状平行排列，如此直至终了为止。左边数字均平头写，为平行检索表的特点。现将平行检索表举例如下。

1. 植物体无根、茎、叶的分化，雌性生殖器官由单细胞组成 ……………………………… 2
1. 植物体有根、茎、叶的分化，雌性生殖器官由多细胞组成 ……………………………… 4
2. 植物体不为藻类和菌类所组成的共生体……………………………………………………… 3
2. 植物体为藻类和菌类所组成的共生体 ………………………………………………… 地衣植物
3. 植物体内含有叶绿素或其他光合色素，生活方式为自养……………………………… 藻类植物
3. 植物体内不含有叶绿素或其他光合色素，生活方式为异养…………………………… 菌类植物
4.植物体有茎、叶，无真正根 ……………………………………………………………… 苔藓植物
4.植物体有茎、叶，有真正根 …………………………………………………………………… 5
5.不产生种子，用孢子繁殖 ………………………………………………………………… 蕨类植物
5.产生种子，用种子繁殖 ………………………………………………………………………… 6

6.种子或胚珠裸露 ………………………………………………………………………… 裸子植物
6.种子或胚珠包被在果皮或子房中 …………………………………………………… 被子植物

(三) 植物检索表的使用

植物检索表是鉴定植物的重要工具。当鉴定一种不知名的植物时,借助检索表等工具书,运用书中各级检索表,查出该植物所属的科、属和种;在检索时必须同时核对是否符合该科、属、种的特征描述,若发现有疑问,应反复检查,直至完全符合时为止。

在查检索表之前,首先要对所要鉴定的植物标本新鲜材料进行全面与细致的观察,必要时还须借助放大镜或实体解剖镜等,作细致的解剖与观察,弄清鉴定对象的各部分形态特征,依据植物形态术语的概念,作出准确的判断。切忌粗心大意与主观臆测,以免造成误差。在鉴定植物标本时,还须考虑野外记录及访问资料等,掌握植物在野外的生长状况、生活环境以及地名等,然后根据检索表,检索出植物名称来,再对照植物志等进一步核对。

第二节　植物界的基本类群

根据植物的形态结构、生活习性和亲缘关系等,可将植物界分为低等植物和高等植物两大类。其中,低等植物又分为藻类植物、菌类植物和地衣植物,高等植物又分为苔藓植物、蕨类植物和种子植物。

一、低等植物

低等植物常生活在水中或阴湿的地方,是地球上出现最早、最原始的类群。低等植物无根、茎、叶的分化。其生殖器官常是单细胞的。有性生殖的合子不形成胚而直接发育成新个体。

(一) 藻类植物

1. 藻类植物的主要特征

藻类植物是最古老的植物之一,有2万余种,分布极为广泛,热带、温带、寒带都有分布。绝大多数是水生的,生活在淡水或海水中,少部分生活在陆地上,凡是潮湿的地区,都可见到藻类植物,如土壤、树皮、墙壁、岩石等。在不同的条件下,常生长不同的藻类。

藻类植物体具有多种类型,有单细胞、群体(细胞形态构造相同,没有分工现象)和多细胞个体(细胞不但有形态上的分化,而且有营养和生殖的分工)。多细胞的种类中,又有丝状、片状和较复杂的构造等,但都没有分化成根、茎、叶等器官,因而它们是叶状体植物。

藻类植物含有与高等植物相同的叶绿素a、叶绿素b、胡萝卜素和叶黄素四种色素,这是高等植物起源于藻类的证据之一。许多藻类植物除含有以上四种色素外,还含有其他色素,由于叶绿素和其他色素的比例不同,而呈现出不同的颜色。

藻类植物的繁殖方法有营养繁殖、无性繁殖和有性生殖。凡以植物体的片断发育为新个体的称为营养繁殖;凡以孢子直接发育为新个体的称为无性繁殖或孢子繁殖;有性生殖则借配子的结合而进行,有性生殖中又有同配、异配和卵式生殖等。

2. 藻类植物的分类

(1) 蓝藻门　蓝藻是地球上最原始、最古老的绿色自养植物。蓝藻植物体为单细胞或群体，主要特征是无细胞核分化，细胞内的原生质分为中央和周质两部分。中央部分称为中央体，无色透明，没有核膜和核仁，有核质（染色质），其功能相当于细胞核，故中央体也称为原核，是向真正细胞核进化中的一个阶段。周质中没有载色体，有光合片层，含有叶绿素 a、藻蓝素（藻蓝蛋白），故植物体呈蓝绿色，如颤藻、念珠藻等。有的还含有大量的藻红素（藻红蛋白），可使海水变红，如红颤藻。蓝藻细胞的外围部分都分泌有胶质，故植物体黏滑，蓝藻贮藏的物质是蓝藻淀粉。

蓝藻只有营养繁殖和无性繁殖而不具有性生殖。蓝藻门的代表植物有颤藻属中的蓝藻，念珠藻属中的地木耳、发菜和葛仙米等。

(2) 绿藻门　绿藻植物的细胞与高等植物相似，具核和叶绿体，有相似的色素、贮藏养分和细胞壁的成分。色素以叶绿素 a、叶绿素 b 最多，还有叶黄素和胡萝卜素，因此植物体呈绿色。贮藏的养分为淀粉和油类，细胞壁由纤维素构成。叶绿体（如缺乏叶绿素 b 时称为载色体）中具有一至几个蛋白核（淀粉核），它的周围常积累淀粉，是淀粉形成的中心。叶绿体一至多个，有杯状、网状、片状、带状等。植物体形态多种多样，有单细胞、群体和多细胞个体，高等绿藻如轮藻，还具有顶端生长。

繁殖方法有营养繁殖、无性繁殖和有性生殖。绿藻分布很广，以淡水中最多。由于绿藻的一些特征与高等植物很相似，因此有的植物学家认为高等植物起源于绿藻，它们在同一个演化的主支上。绿藻门的代表植物有小球藻属和轮藻属等。

(3) 褐藻门　褐藻多生活在海水中，在温带海洋中尤为繁茂，是藻类植物中形体最大，构造最复杂的一类，如海带的植物体可长达 100 m 以上，而巨藻属可长达 400 m。它们外形上有类似高等植物“根”、“茎”、“叶”的分化；内部结构有同化、贮藏、机械、输导、生殖和分生细胞的初步分化，这些都是长期生活在海洋中，逐步演变发育而成的。细胞中有核及粒状的色素体，色素体中含有叶绿素 a、叶绿素 c、胡萝卜素和叶黄素，由于胡萝卜素和叶黄素的含量超过叶绿素，因此藻体呈褐色。光合作用的产物主要是多糖类的褐藻淀粉（褐藻糖）和甘露醇。

褐藻具有明显的世代交替，孢子体发达。具有顶端生长和居间生长。由于以上的一些特征，因此有的植物学家认为高等植物起源于褐藻。褐藻门的代表植物有海带等。

（二）菌类植物

1. 菌类植物的主要特征

菌类植物一般无光合色素，不能进行光合作用制造碳水化合物，是依靠现存的有机物质营异养生活方式的一类低等植物。异养方式有寄生及腐生等，凡是从活的植物体吸取养分的称为寄生，凡是从死的动植物体或无生命的有机物质吸取养分的称为腐生。菌类广泛分布于水、空气、土壤、人和动植物内外，在分类上通常可分为细菌门、真菌门和黏菌门。

2. 菌类植物的分类

(1) 细菌门　细菌是一类单细胞植物，除少数能自养外，绝大多数不含叶绿素，为异养生活。细菌约有 2000 种，从形态上可分为三种基本类型，即球菌、杆菌、螺旋菌。

细菌具有细胞壁、细胞膜、细胞质、内含物、核质等。其细胞没有明显的核,只有由核酸构成的核质粒,分散在细胞质中,故细菌和蓝藻一样,均属原核生物。有些细菌分泌黏性物质,累积在细胞壁外,称为荚膜,对细菌本身有保护作用;有的细菌具有鞭毛,能够运动;极少数细菌(如硫黄细菌)含有细菌叶绿素,绝大多数细菌不含色素,为异养生活方式,包括腐生、寄生和共生。

(2) 真菌门　真菌的种类很多,有10万种以上,分布极广,陆地、水中、大气中、土壤中以及动植体上均有分布。真菌的植物体仅少数原始种类是单细胞的,如酵母菌;大多数发展为分枝或不分枝的丝状体,每一条丝称为菌丝,组成一个植物体的所有菌丝称为菌丝体。菌丝体在生殖时形成各种各样的形状,如伞形、球形、盘形等,称为子实体。

大多数真菌具有细胞壁,细胞内都有细胞核,高等真菌为单核或双核,低等真菌为多核。真菌不具叶绿素,都是异养植物,营寄生或腐生生活。有些真菌的菌丝和高等植物的根共生形成菌根,还有些真菌和藻类共生形成地衣。真菌贮藏的营养物质是肝糖、脂肪和蛋白质,而不是淀粉。

真菌的繁殖方式多种多样,无性繁殖极为发达。水生的真菌,产生无细胞壁、裸露的游动孢子;陆生的真菌,产生有细胞壁而借空气传播的孢子。有性生殖也是多种多样的,有同配、异配、卵式生殖等。

(3) 黏菌门　黏菌兼有动物和植物的特性。黏菌的营养体为裸露的原生质团,无叶绿素,含有多数细胞核,能作变形虫式的运动,围吞固体食物,这些特性均与动物相似;但黏菌的生殖方法及能产生具有纤维素细胞壁的孢子,是植物的特性。

黏菌大多数为腐生,生于潮湿的环境里,如树的孔洞或破旧的木梁上。但有少数寄生,使植物发生病害,例如寄生在白菜、芥菜、甘蓝根部组织内的黏菌,使寄主根部膨胀,植物生长不良,甚至死亡。黏菌中最常见的是腐生于落叶、朽木上的发网菌属。

(三) 地衣植物

地衣是一类特殊的植物,它是由藻类和真菌共同组成的复合体,藻、菌关系十分密切,使地衣在形态结构和生理上成为一个有机整体,在分类上也自成一个类群。藻类为单细胞或丝状的蓝藻或绿藻,分布在复合体内部,藻类进行光合作用制造有机物质供菌类作养料;真菌吸收水分和无机盐供给藻类。它们相互依存形成共生关系。

地衣分为三种类型:壳状地衣,植物紧贴树皮或岩石上不易剥离;叶状地衣,植物体有背腹性,以假根或脐附着在基质上,易剥离;枝状地衣,植物体直立或下垂如丝,多分枝。

地衣在自然界和经济上都具有重要性。地衣是土壤的形成者,它能分泌地衣酸使岩石风化形成土壤,在这种土壤上生长苔藓植物以至种子植物等,因此地衣也是其他植物的开路先锋。一些地衣可以食用,例如石耳;产于北极草原的驯鹿苔地衣,是北极鹿的食料;海石蕊地衣可提取色素制成染料、石蕊试纸或酸碱指示剂等;冰岛地衣、松萝等为药用植物。

二、高等植物

绝大多数高等植物都是陆生的,植物体常有根、茎、叶的分化(苔藓植物除外)。它们的生活周期具有明显的世代交替,即有性世代的配子体和无性世代的孢子体有规律地交替出现,完成生活史。雌性生殖器官由多细胞构成,受精卵形成胚,再生长成植物体。高等植物分为苔藓植物、蕨类植物、裸子植物和被子植物四个门。

（一）苔藓植物

1. 苔藓植物的主要特征

苔藓植物是高等植物中最原始、结构简单的陆生类群。全世界有4000余种，我国有2100余种。它们虽然脱离了水生环境而进入陆地生活，但大多数仍然生活在阴湿的环境中，是植物从水生过渡到陆生形式的代表。比较低级的种类，如地钱、角苔，其植物体为扁平的叶状体；比较高级的种类，如葫芦藓、泥炭藓，其植物体有茎、叶的分化，但还没有真正的根。吸收水、无机盐和固着植物体的机能，由一些表皮细胞的突起物（假根）来完成；它们没有维管束那样的输导组织。世代交替中，配子体占优势，孢子体不能离开配子体独立生活。

2. 苔藓植物的分类（简介）

苔藓植物门分为苔纲和藓纲，区别如表4-1所示。

表4-1 苔藓植物门的苔纲和藓纲的区别

项目	苔 纲	藓 纲
植物体	多为背腹式	无背腹之分，有类似根叶分化
孢蒴	多无蒴轴，具弹丝	有蒴轴，无弹丝
孢子萌发	原丝体阶段不发达	原丝体阶段发达
代表植物	地钱、浮苔、角苔	葫芦藓、泥炭藓、黑藓

（二）蕨类植物

1. 蕨类植物的主要特征

蕨类植物广布全球，有1万余种，寒、温、热三带均有分布，但以热带、亚热带为多。多生于林下、山野、溪旁、沼泽等较为阴湿的环境。我国云南、贵州、四川、广东、广西、福建、台湾等地，蕨类植物的种类和数量极为丰富，在世界的蕨类植物中占有重要地位。

蕨类植物孢子体占优势，日常所见的就是它们的孢子体；配子体为微小的原叶体，能够独立生活。孢子体多年生，有根、茎、叶的分化，在长期适应陆地生活的过程中产生了维管束，使植物体能获得较为充足的水分和无机盐，因而蕨类植物较苔藓植物有广泛的发展。但是由于蕨类植物的维管束为原始的类型，木质部中一般只有管胞而无导管，韧皮部主要由筛胞构成，受精作用还必须在有水的条件下进行，因而蕨类植物的发展和分布仍受到一定的限制，现存的种类大多只能生活在温暖而潮湿的地区。

2. 蕨类植物的分类（简介）

蕨类植物共分为五纲，即石松纲、水韭纲、松叶蕨纲、木贼纲和真蕨纲，五纲的主要区别见下列检索表。

1. 叶大形，较茎为发达，常为羽状或掌状分裂 …………………………………… 真蕨纲

1. 叶小形，一般不分裂，茎较叶为发达

  2. 茎中空，叶退化成轮状排列 …………………………………………………… 木贼纲

  2. 茎中实，绿色叶螺旋排列

3. 茎块状,叶长,水生 …………………………………………………………………… 水韭纲
3. 茎伸长,叶小,多陆生
4.孢子囊 1 室 ……………………………………………………………………… 石松纲
4.孢子囊 3 室 ……………………………………………………………………… 松叶蕨纲

(三) 种子植物

1. 裸子植物

(1) 裸子植物的主要特征　裸子植物是种子植物中比较低级的一类植物,突出的特征是胚珠与种子裸露。绝大多数是木本植物,多为常绿树木;都有形成层和次生结构,木质部只有管胞而无导管和纤维(买麻藤纲的植物除外);韧皮部中有筛胞而无筛管和伴胞;大多数种类的雌配子体中尚有结构简化的颈卵器。但孢子体发达,占绝对优势,配子体简化,不能脱离孢子体而独立生活。花粉管的形成,使植物的受精作用不再以水为媒介,对适应陆地生活具有重大意义。

(2) 裸子植物的分类　古生代、中生代是地球上裸子植物最为昌盛的时期;到现代大多数已灭绝,仅存 71 属,近 800 种。我国是裸子植物最多、资源最丰富的国家,有 41 属,近 300 种,其中银杏、水松、水杉是我国裸子植物三大特产,被国际上誉为“活化石”。通常分为五纲,即苏铁纲、银杏纲、松柏纲、红豆杉纲和买麻藤纲,常见的代表植物有苏铁、银杏、水松、侧柏、罗汉松等。裸子植物五个纲的主要区别见下列检索表。

1. 藤本或小灌木,花具假花被,珠被顶端延伸成细长的珠被管,次生木质部具导管,无树脂 ……………………………………………………………………………………………… 买麻藤纲
1. 乔木或灌木,花无假花被,胚珠无珠被管,次生木质部无导管,具管胞,有树脂
2. 树干通常不分枝,呈棕榈状,叶为羽状复叶 ……………………………………… 苏铁纲
2. 树干分枝,不呈棕榈状,叶为单叶
3. 叶扇形,二裂,二叉脉序 ……………………………………………………… 银杏纲
3. 叶针形、鳞片形或条形
4.雌球花不发育成球果,种子具肉质套被或假种皮 ……………………………… 红豆杉纲
4.雌球花发育成球果,种子无肉质假种皮 ……………………………………… 松柏纲

2. 被子植物

(1) 被子植物的主要特征　被子植物是植物界最高级的一类植物,突出的特征是种子被果皮包被形成果实或胚珠在心皮卷合而成的子房之中。它们的孢子体占绝对优势,木质部中有导管和纤维;韧皮部中有筛管和伴胞。它们的雄、雌配子体则进一步简化为成熟的花粉粒和成熟的胚囊,配子体完全依赖孢子体而生活。常见的被子植物体属于孢子体($2n$,无性世代),当花粉母细胞(小孢子母细胞)和胚囊母细胞(大孢子母细胞)减数分裂,产生花粉粒(小孢子)和胚囊(大孢子)时,无性世代已经结束,有性世代开始。精子(雄配子)通过花粉管(雄配子体)送入成熟的胚囊(雌配子体),使受精完全摆脱了水的控制。

被子植物具有双受精现象,产生三倍体胚乳,高度适应陆生环境,有利于种族的繁衍,是进化的表现。被子植物的种类最多,广泛分布于山地、丘陵、平原、沙漠、湖泊、河溪,少数分布在海水之中;它们的用途也最广,如全部农作物、果树、蔬菜等都是被子植物;许多轻工业、建筑、医药等的原料,也取自被子植物。因此,被子植物是人类衣、食、住、行和现代化建设不可缺少的植物资源,对被子植物的利用已成为国民经济的重要组成部分。

(2) 被子植物的分类　被子植物是目前地球上最占优势的一个类群,约有 25 万种,占植物界的一半以上。被子植物分为两个纲,即双子叶植物纲和单子叶植物纲,两个纲的主要区别如表 4-2 所示。

表 4-2　双子叶植物纲与单子叶植物纲的区别

项目	双子叶植物纲	单子叶植物纲
种子	常具 2 片子叶	仅含 1 片子叶
根	主根发达,多为直根系	主根不发达,多为须根系
茎	维管束常呈环状排列,具形成层	维管束散生,无形成层
叶	常具网状脉	常具平行脉
花	花部常 5 或 4 基数	花部常 3 基数
花粉	常具 3 个萌发孔	常具单个萌发孔

第三节　被子植物的主要分科

一、双子叶植物的主要分科

(一) 木兰科(Magnoliaceae)

$*\ P_{6-15}\ C_{3+3}\ A_{\infty}\ \underline{G}_{(\infty:1)}$

本科有 18 属,约 335 种,多分布于热带和亚热带。我国有 14 属,约 165 种。

形态特征:常绿或落叶,乔木或灌木。单叶互生,全缘(极少分裂);托叶大,脱落后于枝上有环状托叶痕。花两性,稀单性,单生于枝顶(稀腋生,如含笑);花被分化不明显,每 3 片 1 轮,通常 2～4 轮;花托隆起呈圆锥状。果为聚合蓇葖果(稀为翅果状坚果),种子具红色假种皮。

代表属种如下。

1. 木兰属(*Magnolia* L.)

玉兰(*Magnolia denudata* Desr.)　落叶乔木,高可达 15 m。嫩枝及芽外被短绒毛。叶互生,倒卵形,先端短而突尖。花单生枝顶,花被片 9 片,花大,芳香,春季先叶开放,是中国特产的名花。8—10 月果实成熟(图 4-1)。

图 4-1　玉兰

1—花芽枝;2—花;3—雄蕊及雌蕊

2. 含笑属(*Michelia* L.)

含笑[*Michelia figo* (Lour.) Spreng.]　常绿灌木或小乔木,小枝和叶柄上均密被褐色绒毛。叶椭圆形或倒卵状椭圆形,革质。花单生于叶腋,小而直立,乳黄色或乳白色,花瓣 6 片,瓣缘常带紫晕,香味浓郁。

4—6 月开花。9 月果实成熟。

（二）毛茛科(Ranunculaceae)

$♂/♀ \quad * \quad \uparrow K_{3-\infty}C_{3-\infty}A_{\infty}\underline{G}_{\infty:1:1-\infty}$

本科约 50 属，2000 多种，主产于北温带。我国有 42 属，约 720 种。

形态特征：多年生或一年生草本，稀攀缘藤本。叶基生或互生，稀对生，单叶常数分裂或羽状复叶，托叶不发达或无。花两性，少单性，辐射对称或两侧对称；萼片 5 片至多数；花瓣 5 片至多数或退化，有的萼片呈花瓣状，有的花萼和花瓣变为距而成特殊蜜腺；雄蕊多数；心皮多数，离生或一部分合生；子房 1 室，胚珠 1 个至多数。果为瘦果或蓇葖果，少为浆果或蒴果。

代表属种如下。

1. 毛茛属(*Ranunculus*)

毛茛(*Ranunculus japonicus* Thunb.)　多年生草本，有伸展的白色柔毛。叶片五角形，深裂，中间裂片宽菱形或倒卵形，浅裂，侧生裂片不等地 2 裂。花序具数朵花，花黄色；萼片船状椭圆形，外有柔毛；花瓣常 5 片，少数为重瓣；雄蕊和心皮均多数。聚合果近球形，瘦果扁平。花期 3—5 月。

2. 铁线莲属(*Clematis*)

铁线莲(*Clematis florida* Thunb.)　蔓茎瘦长，全体有稀疏短毛。叶对生，单叶或1～2 回三出复叶，叶柄能卷缘他物；小叶卵形或卵状披针形，全缘，或 2～3 缺刻。花单生或圆锥花序，白色；萼片 4～6 片；花瓣缺或由假雄蕊代替。雄蕊多数，暗紫色；雌蕊多数，花柱上有丝状毛或无。一般不结果，只有雄蕊不变态的能结实，瘦果聚集成头状并具有长尾毛。花期 5—6 月(图 4-2)。

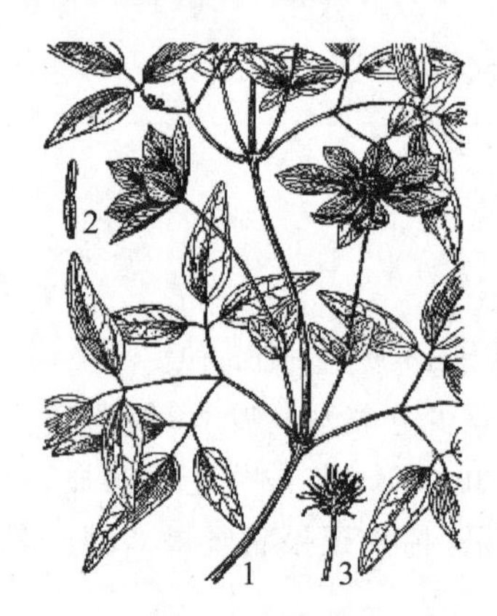

图 4-2　铁线莲

1—花枝；2—雄蕊；3—果枝

（三）桑科(Moraceae)

$♂: * \quad K_{4-6}C_0\,A_{4-6} \qquad ♀: * \quad K_{4-6}\,C_0\,\underline{G}_{(2:1)}$

本科约 53 属，1400 种，主要分布在热带、亚热带，少数分布在温带。我国约 12 属，153 种。

形态特征：木本。常有乳汁，具钟乳体。单叶互生，托叶明显、早落。花小、单性，雌雄同株或异株；聚伞花序，常集成头状、穗状、圆锥状花序或陷于密闭的总花托中而成隐头花序；花单被；雄花萼 4 裂，雄蕊 4 个；雌花萼 4 裂，雌蕊由 2 心皮结合；子房上位，1 室，花柱 1～2 个。坚果或核果，有时被宿存萼所包被，并在花序中集合成聚花果，如桑葚、构果、榕果等。

代表属种如下。

1. 桑属(*Morus*)

桑(*Morus alba*)　落叶乔木。单叶互生，广卵形，有时 3 裂，基出 3 脉，边缘有圆齿状锯齿，脉腋有毛。雌雄异株，柔荑花序；萼片 4 片，交互对生；雌蕊由 2 心皮结合，无花柱，子房 1 室，胚珠 1 个。核果被以肥厚之萼，再集合成紫黑色的聚花果，称为桑葚。原产于我国，各地栽培，桑叶饲蚕；桑葚、根内皮（称为桑白皮）、桑叶、桑枝均药用；茎皮纤维可制桑皮纸。

2. 无花果属（榕属）（*Ficus*）

榕树（*Ficus microcarpa*）　常绿乔木，有气生根。叶革质，椭圆形或卵状椭圆形，全缘或浅波状，单叶互生，叶面深绿色，有光泽，无毛。隐花果腋生，近球形，熟时黄色或淡红色。花期 5—6 月，果熟期 9—10 月（图 4-3）。

图 4-3　榕树

1—果枝；2—雄花；3—雌花

（四）壳斗科（山毛榉科）（Fagaceae）

$♂: * \ K_{(4-8)} C_0 A_{4-20} \quad ♀: * \ K_{(4-8)} C_0 \overline{G}_{(3-6:3-6:1-2)}$

本科有 7 属，约 900 种，主产于北半球温带、亚热带和热带。我国有 7 属，约 320 种；其中落叶树类主产于东北、华北及高山地区；常绿树类产于秦岭和淮河以南，在华南、西南地区最盛，是亚热带常绿阔叶林的主要树种。

形态特征：木本。单叶互生，革质，羽状脉直达叶缘，托叶早落；花单性，雌雄同株，无花瓣，雄花为柔荑花序，雄蕊和萼片同数或为其倍数，雌花单生或 2～3 朵簇生在总苞内，3～6 心皮合生，子房下位，3～6 室，每室 2 个胚珠，仅 1 个胚珠发育。坚果单生或 2～3 个生于总苞内，总苞木质化杯状或囊状，外面具刺或鳞片，种子无胚乳，子叶肥厚。

代表属种如下。

1. 栗属（*Castanea*）

板栗（*Castanea mollissima*）　乔木，高达 20 m，树冠扁球形。树皮灰褐色，交错纵深裂，小枝有灰色绒毛，无顶芽。叶椭圆形至椭圆状披针形，先端渐尖，基部圆形或广楔形，缘齿尖芒状，背面常有灰白色柔毛。雄花序直立，花苞球形，密被长针刺，内含 1～3 个坚果。花期 5—6 月。果期 9—10 月。为著名的木本粮食作物。

2. 栎属（*Quercus*）

栓皮栎（*Quercus variabilis*）　落叶乔木，树皮深灰色，纵深裂。高达 25 m；木栓层发达。叶互生；宽披针形，长 8～15 cm，宽 3～6 cm，顶端渐尖，基部阔楔形；边缘具芒状锯齿；叶背灰白，密生细毛。壳斗碗状，径 2 cm，包坚果 2/3 以上，苞反曲；坚果球形，直径 1.5 cm，顶圆微凹。花期 5 月，翌年 9—10 月果实成熟。由于韧皮发达，老干树皮厚，剥下可用于软木塞、绝热、隔音和绝缘材料。木材坚硬，纹理直，结构粗，为优良木材树种（图 4-4）。

（五）石竹科（Caryophyllaceae）

$* \ K_{4-5,(4-5)} C_{4-5} A_{5-10} \underline{G}_{(5-2:1:\infty)}$

本科约 75 属，2000 种，广布于世界各地。我国有 30 属，约 388 种 8 变型 58 变种，全国各地均有分布。

形态特征：草本，茎节膨大。单叶，全缘，对生，常在基部连成一横线。花辐射对称，两性；花瓣 4～5 片；雄蕊为花瓣的 2 倍；萼片 4～5 片，分离或联合成筒；子房上位，1 室，少 2～5 室；特立中央胎座。果实为蒴果，少为浆果。

图 4-4　栓皮栎

1—果枝;2—坚果;3—星状毛

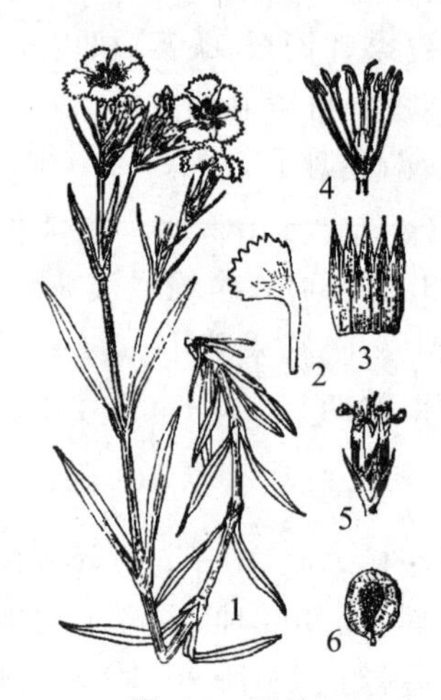

图 4-5　石竹

1—花枝;2—花瓣;3—萼筒展开;4—雄蕊及雌蕊;5—蒴果;6—种子

代表属种如下。

1. 石竹属(*Dianthus*)

石竹(*Dianthus chinensis*)　株高 30～50 cm,茎直立或基部稍呈匍匐状。单叶对生,线状披针形,基部抱茎,花单生或数朵组成聚伞花序;苞片 4～6 片;萼筒上有条纹;花瓣 5 片,先端有锯齿,白色至粉红色,稍有香气。花期 5—9 月(图 4-5)。

2. 繁缕属(*Stellaria*)

繁缕(*Stellaria media*)　一年或两年生草本,高 10～30 cm。匍匐茎纤细平卧,节上生出多数直立枝,枝圆柱形,肉质多汁而脆,折断中空。单叶对生;上部叶无柄,下部叶有柄;叶片卵圆形或卵形,长 1.5～2.5 cm,宽 1～1.5 cm,先端急尖或短尖,基部近截形或浅心形,全缘或呈波状,两面均光滑无毛。花两性;花单生枝腋或呈顶生的聚伞花序,花梗细长,花瓣 5 片,白色,短于萼。果实为蒴果,卵形,先端 6 裂。种子多数,黑褐色;表面密生疣状小突点。南方,花期 2—5 月,果期 5—6 月;北方,花期 7—8 月,果期 8—9 月。

(六) 苋科(Amaranthaceae)

$* \ K_{5-3} C_0 A_{5-1} \underline{G}_{(2-3:1:1)}$

本科约 60 属,850 种,广泛分布在全世界,一般分布在亚热带和热带地区,但也有许多种分布在温带甚至寒温带地区。我国有 13 属,约 39 种,南北均有分布。

形态特征:通常为草本。单叶互生或对生,无托叶。花小,常两性,单生或密集簇生为穗状、头状或圆锥状的聚伞花序;单被花,萼片 3～5 片,干膜质,花下常有 1 枚干膜质苞片和 2 枚小苞片;雄蕊 1～5 个,与萼片对生,花丝基部常联合;子房上位,由 2～3 片心皮组成,1 室,胚珠 1 个。常为胞果,种子有胚乳,胚环形。

代表属种如下。

1. 青葙属(*Celosia*)

鸡冠花(*Celosia cristata* L.)　一年生草本,株高 30～100 cm,茎直立粗壮,叶互生,

长卵形或卵状披针形，肉穗状花序顶生，呈扇形、肾形、扁球形等，自然花期为夏、秋至霜降。花有白、淡黄、金黄、淡红、火红、紫红、棕红、橙红等色。果卵形，种子黑色有光泽。花期8—10月。

2. 苋属(*Amaranthus*)

苋(*Amaranthus tricolor* L.)　一年生草本，茎直立，分枝较少，枝绿色，高 80～150 cm。叶互生；叶柄长 3～10 cm；叶片菱状广卵形或三角状广卵形，长 4～12 cm，宽 3～7 cm，钝头或微凹，基部广楔形，叶有绿色、红色、暗紫色或带紫斑等。花序在下部者呈球形，上部者呈稍断续的穗状花序，花黄绿色，单性，雌雄同株；苞片卵形。胞果椭圆形，萼片宿存，长于果实，熟时环状开裂，上半部呈盖状脱落。种子黑褐色，近似于扁圆形，两面凸，平滑有光泽。花期 5—9 月(图 4-6)。

图 4-6　苋

1—花果枝；2—带苞及花被的雌花；3—带苞及花被的胞果；4—胞果；5—种子

(七) 锦葵科(Malvaceae)

$* \ K_{(5)} C_5 A_{(\infty)} \underline{G}_{(3-\infty:3-\infty:1-\infty)}$

本科约 50 属，约 1000 种，分布于温带和热带。我国有 16 属，81 种 36 变种或变型。

形态特征：草本或木本，常披星状毛或鳞片状毛。单叶互生，有托叶。花两性，辐射对称；萼片 5 片，常有副片(苞片，俗称“三角苞”)；花瓣 5 片，旋转状排列；雄蕊多数，花丝联合成单体雄蕊，花药 1 室纵裂；子房上位，2 至多室。心皮彼此结合，中轴胎座，每室 1 个至多数倒生胚珠。果为蒴果或分果。

代表属种如下。

木槿属(*Hibiscus*)

图 4-7　木槿

木槿(*Hibiscus syriacus* L.)　落叶灌木，高 3～4 m，枝干上有根须或根瘤，小枝密被黄色星状绒毛。单叶互生，叶柄较短，叶菱形至三角状卵形，长 3～10 cm，宽 2～4 cm，具深浅不同的 3 裂或不裂，先端钝，基部楔形，边缘具不整齐齿缺。托叶早落。花单生于枝端叶腋间，花梗长 4～14 mm，被星状短绒毛；小苞片 6～8 片，线形，长 6～15 mm，宽 1～2 mm，密被星状疏绒毛；花萼钟形，长 14～20 mm，密被星状短绒毛，裂片 5 片，三角形；花钟形，淡紫色，直径 5～6 cm，花瓣倒卵形，长 3.5～4.5 cm。蒴果卵圆形，直径约 12 mm，密被黄色星状绒毛；种子肾形，背部被黄白色长柔毛。花期 7—10 月(图 4-7)。

(八) 葫芦科(Cucurbitaceae)

♂：$* \ K_{(5)} C_{(5)} A_{1+(2)+(2)}$　♀：$* \ K_{(5)} C_{(5)} \overline{G}_{(3:1:\infty)}$

本科约 113 属,800 种,大部分产于热带地区。我国有 32 属,154 种 35 变种,南北均有分布。

形态特征:一年生或多年生草质藤本,植株被毛、粗糙,常有卷须。单叶互生,常掌状分裂。单性花,同株或异株;萼片、花瓣各为 5 片,合瓣或离瓣;雄蕊 5 个,常两两联合,一条单独,分为 3 组,或完全联合;花药常折叠弯曲;雌蕊由 3 心皮构成,下位子房。果实为瓠果。

代表属种如下。

1. 黄瓜属(*Cucumis*)

黄瓜(*Cucumis sativus* L.) 一年生蔓生或攀缘草本。茎细长,具纵棱,被粗刚毛,卷须不分枝。瓠果,狭长圆形或圆柱形。嫩时绿色,成熟后黄绿色。花、果期 5—9 月。

2. 南瓜属(*Cucurbita*)

本属和黄瓜属的主要区别是:卷须分枝,雄蕊完全结合成柱状,花冠钟形(图 4-8)。

图 4-8 南瓜

1—雄花枝;2—雄蕊;3—雌花;4—雌蕊;5—果实

(九)杨柳科(Salicaceae)

$♂: * \ K_0C_0A_{2-\infty} \quad ♀: * \ K_0C_0\underline{G}_{(2:1:\infty)}$

本科有 3 属,约 630 种。常见的是杨属和柳属,主产于北温带。我国有 3 属,320 余种。

形态特征:乔木或灌木。单叶互生,有托叶。花单性异株,柔荑花序;每花有一苞片,无花被,有花盘或腺体;雄蕊 2 个;雌蕊 1 个,子房上位,1 室。蒴果,2~4 瓣裂,种子小,多数,基部有长毛。

代表属种如下。

1. 杨属(*Populus*)

毛白杨(*Populus tomentosa* Carr.) 落叶乔木,高达 30 m。树冠卵圆形或卵形。长枝及幼树叶三角状卵形或近圆形;短枝叶三角状卵形或卵圆形,较小,叶缘具不规则波状钝齿;叶柄侧扁。柔荑花序,生于枝端,褐色。蒴果,圆锥或扁卵形。花期 3 月,果期 4—5 月。

2. 柳属(*Salix*)

垂柳(*Salix babylonica*) 落叶乔木,高达 10~20 m。树冠开展,常呈倒卵圆形。树皮灰黑色,不规则开裂。小枝细长,下垂,淡黄绿色、淡褐色或淡褐黄色。叶狭披针形或线状披针形,叶缘有细锯齿。雌雄异株,柔荑花序。种子细小,外披白色柳絮。蒴果,花期 3—4 月,果期 4—5 月(图 4-9)。

图 4-9 垂柳

1—枝叶;2—雄花枝;3—雄花

(十)十字花科(Cruciferae)

$* \ K_4C_4A_{2+4}\underline{G}_{(2:1)}$

本科有 300 属以上,约 3200 种,广布于世界各地,以北温带为多。我国有 95 属,425 种 124 变种和 9 变型。

形态特征:一年生、二年生或多年生草本。单叶互生,基生叶呈莲座状,无托叶;叶全缘或羽状深裂。花两性,辐射对称,排成总状花序；萼片 4 片；花瓣 4 片，呈十字形花冠；雄蕊 6 个，外轮 2 个花丝短，内轮 4 个花丝长，为四强雄蕊；雌蕊由 2 片心皮组成，被假隔膜分为假 2 室，侧膜胎座。果实为角果（有长角果和短角果）。本科有具经济价值的许多蔬菜和油料作物（油菜），少数供药用、观赏和作饲料。

代表属种如下。

1. 芸薹属（*Brassica*）

白菜（*Brassica pekinensis*） 一年生或二年生草本，高 40～70 cm，茎在营养生长期为短缩茎，遇高温或过分密植时也会伸长。短缩茎上着生莲座叶，为主要食用部分。叶圆、卵圆、倒卵圆或椭圆形等，全缘、波状或有锯齿，浅绿、绿或深绿色；叶柄肥厚，横切面呈扁平、半圆或偏圆形，一般无叶翼，白、绿白、浅绿或绿色；单株叶数一般十几片。复总状花序，完全花，花冠黄色，花瓣 4 片，十字形排列；雄蕊 6 个，花丝 4 长 2 短；种子近圆形，红褐或黄褐色。花期 5—6 月，果期 6—7 月。

2. 萝卜属（*Raphanus*）

萝卜（*Raphanus sativus* L.） 一年生或二年生草本。根肉质，长圆形、球形或圆锥形，根皮红色、绿色、白色、粉红色或紫色。茎直立，粗壮，圆柱形，中空，自基部分枝。基生叶及茎下部叶有长柄，通常大头羽状分裂，被粗毛，侧裂片 1～3 对，边缘有锯齿或缺刻；茎中、上部叶长圆形至披针形，向上渐变小，不裂或稍分裂，不抱茎。总状花序，顶生及腋生。花淡粉红色或白色。长角果，不开裂，近圆锥形，直或稍弯，种子间缢缩成串珠状，先端具长喙，喙长 2.5～5 cm，果壁海绵质。种子 1～6 粒，红褐色，圆形，有细网纹。原产于我国，各地均有栽培，品种极多，常见有青萝卜、白萝卜、水萝卜和心里美等。根供食用，为我国主要蔬菜之一，种子含油 42%，可用于制肥皂或作润滑油。种子、鲜根、叶均可入药，能下气消积。

（十一）蔷薇科（Rosaceae）

$* \ K_5 C_5 A_\infty \underline{G}_{\infty-1}, \overline{G}_{(2-5)}$

本科是一个大科，有 4 个亚科，约 124 属，3300 余种，广布于全世界。我国有 51 属，1000 多种。

形态特征：草本、灌木或乔木。单叶或复叶，常有托叶。花两性，辐射对称；花托突起，或下陷成壶状、杯状，或平展为浅盘状，或下陷而与子房相结合；花萼裂片、花瓣常为 5 片；雄蕊常多数，并与花萼、花瓣联合着生于花托边缘，形成蔷薇型花；雌蕊由 1 片至多数心皮组成，分离或联合，上位或下位子房。果实为核果、梨果、瘦果、蓇葖果等。

根据心皮数、花托类型、子房位置和果实特征分为四个亚科（表 4-3）。

表 4-3 蔷薇科各亚科一览表

亚科	托叶	花托或托杯	雄蕊心皮数	子房位置	果实	代表种类
绣线菊亚科	多无	浅托杯	心皮常 5 片，分离	上位	聚合蓇葖果	绣线菊
蔷薇亚科	有	壶状或中央隆起	心皮多数，分离	上位	聚合瘦果、蔷薇果	月季
苹果亚科	有	壶状	心皮 2～5 片，与托杯愈合	下位	梨果	苹果
李亚科	有	杯状	心皮 1 片	上位	核果	桃、梅花

1. 绣线菊亚科(Spiraeoideae)

1)绣线菊属(*Spiraea*)

图 4-10　麻叶绣线菊

1—花枝;2—花纵切面;3—果实

麻叶绣线菊(*Spiraea cantonensis*)　落叶直立灌木,丛生状。小枝密集,皮暗红色,单叶互生,长椭圆形至披针形,中部以上有大锯齿。10～30 朵小花聚集成球形,伞形花序顶生,花密集,白色。花期 6—9 月,果期 8—10 月(图 4-10)。

常见种有:高山绣线菊,叶簇生,全缘;美丽绣线菊,花粉红色;榆叶绣线菊,叶缘锯齿细而尖;中华绣线菊,叶背面有黄色绒毛;粉花绣线菊,复伞形花序,花粉红色等。

2)珍珠梅属(*Sorbaria*)

珍珠梅[*Sorbaria kirilowii* (Reqel) Maxim]　落叶丛生灌木,高 2～3 m。奇数羽状复叶,小叶 13～21 枚,卵状披针形,长 4～7 cm,缘有重锯齿,无毛。花小而白色,蕾时如珍珠,雄蕊 20 个,与花瓣等长或稍短;顶生圆锥花序,分枝近直立。蓇葖果沿腹缝线开裂。花期 6—8 月,果期 9—10 月。

2. 蔷薇亚科(Rosoideae)

1)蔷薇属(*Rosa*)

月季(*Rosa chinensis*)　常绿或落叶灌木,直立,或呈蔓状与攀缘状。茎为棕色,具有钩刺或皮刺,也有几乎无刺的。花较大,单生或簇生,花瓣 5 片或重瓣,有芳香,大多数是完全花,或者是两性花。花色有白、黄、绿、粉红、红、紫等。花期 4—10 月。栽培品种有数千种。开花后,花托膨大,即成为蔷薇果。有“花中皇后”的美称。

2)委陵菜属(*Potentilla*)

委陵菜(*Potentilla chinensis* Ser.)　多年生草本,高 30～60 cm。主根发达,圆柱形。茎直立或斜生,密生白色柔毛。羽状复叶互生,基生叶有 15～31 枚小叶,茎生叶有 3～13 枚小叶;小叶片长圆形至长圆状倒披针形,长 1～6 cm,宽 6～15 mm,边缘缺刻状,羽状深裂,裂片三角形,常反卷,上面被短柔毛,下面密生白色绒毛;托叶和叶柄基部合生。聚伞花序顶生;副萼及萼片各 5 片,宿存,均密生绢毛;花瓣 5 片,黄色,倒卵状圆形;雄蕊多数;雌蕊多数。瘦果有毛,多数,聚生于被有绵毛的花托上,花萼宿存。花期 5—8 月,果期 8—10 月(图 4-11)。

图 4-11　委陵菜

1—花枝;2—去掉花冠的花

3. 苹果亚科(Maloideae)

1)梨属(*Pyrus*)

白梨(*Pyrus bretschneideri* Rehd.)　乔木高达 8 m,树皮呈小方块状开裂。枝、叶、叶柄、花序梗、花梗幼时有绒毛,后渐脱落。叶卵形至卵状椭圆形,长 5～18 cm,基部宽楔形或近圆形,具芒状锯齿;叶柄长 2.5～7 cm,幼叶棕红色。花序有花 7～10 朵,花径 2～3.5 cm;花梗长 1.5～7 cm。花柱 5 个。果倒卵形或近球形,黄绿色或黄白色，径 5～10 cm，萼片脱落。花期 4 月，果期 8—9 月。

2）苹果属（*Malus*）

苹果（*Malus pumila* Mill.） 乔木，高达 15 m；树冠球形或半球形，栽培者主干较短。冬芽有毛；幼枝、幼叶、叶柄、花梗及花萼密被灰白色绒毛。叶卵形、椭圆形至宽椭圆形，幼时两面密被短柔毛，后上面无毛，有圆钝锯齿；叶柄长 1.2～3 cm。花白色带红晕，径 3～4 cm；花萼倒三角形，较萼筒稍长；花柱 5 个。果扁球形，径 5 cm 以上，两端均下凹，萼宿存；形状、大小、色泽、香味、品质等因品种不同而异。花期 4—5 月，果期 7—10 月。

4. 李亚科（Prunoideae）

1）李属（*Prunus*）

李（*Prunus salicina* Lindl.） 乔木高达 12 m。叶多呈倒卵状椭圆形，长 6～10 cm，叶端突渐尖，叶基楔形，叶缘有细钝重锯齿，叶背脉腋有簇毛；叶柄长 1～1.5 cm，近端处有 2～3 个腺体。花白色，径 1.5～2 cm，常 3 朵簇生；花梗长 1～1.5 cm，无毛；萼筒钟状，无毛，裂片有细齿。果卵球形，径 4～7 cm，黄绿色至紫色，无毛，外被蜡粉。花期 3—4 月；果熟期 7 月。

2）桃属（*Amygdalus*）

桃（*Amygdalus persica* L.） 落叶小乔木，高达 8 m。小枝红褐色或褐绿色，无毛；芽密被灰色绒毛。叶椭圆状披针形，长 7～15 cm，先端渐尖，基部阔楔形，缘有细锯齿，两面无毛或背面脉腋有毛；叶柄长 1～1.5 cm，有腺体。花单生，径约 3 cm，粉红色；近无柄，萼外被毛。果近球形，径 5～7 cm，表面密被绒毛。花期 3—4 月，先叶开放；果 6—9 月成熟。

（十二）豆科（Fabaceae）

↑ $K_{(5)}C_5A_{(\infty),(9)+1,10}\underline{G}_{1:1:1-\infty}$

本科有 3 亚科，约 650 属，18000 种，分布于世界各地；我国有 172 属，1485 种 13 亚种 153 变种 16 变型。

形态特征：木本或草本，叶常为羽状或三出复叶，少单叶，互生，有托叶，有叶枕；花两性，5 基数；萼片 5 片，结合；花瓣 5 片，花冠多为蝶形或假蝶形；多两侧对称，少辐射对称；雄蕊多数至定数，常 10 个且为二体雄蕊；雌蕊 1 心皮，1 室，含胚珠 1 个至多数；荚果；种子无胚乳。

依据花的形状、花瓣的排列及雄蕊特点，豆科又分为含羞草亚科、云实亚科及蝶形花亚科（表 4-4）。

表 4-4 豆科各亚科一览表

亚科名	花冠类型	花瓣排列方式	雄蕊特点
含羞草亚科	辐射对称	镊合状排列	雄蕊常多数，合生或分离
云实亚科	假蝶形花冠	上升覆瓦状排列	雄蕊 10 个，分离
蝶形花亚科	蝶形花冠	下降覆瓦状排列	二体雄蕊

代表属种如下。

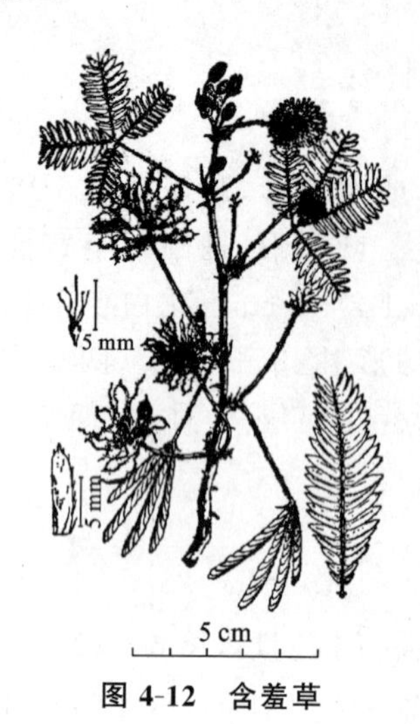

图 4-12 含羞草

含羞草属(*Mimosa*)

含羞草(*Mimosa pudica* L.) 多年生灌木状草本。常作一年生植物栽培。分枝多,匍匐于地面,全株散生倒刺毛和皮刺。叶互生,二回羽状复叶,总柄很长,羽片 2～4 片,掌状排列;小叶 14～48 枚,长圆形,边缘及叶脉有刺毛;茎和叶柄有刺,基部膨大成叶枕。头状花序,长圆形,2～3 个生于叶腋。花似淡红色绒球,有浅黄色的斑点。花萼漏斗状,小而不明显;花冠 4 瓣,下部合生;雄蕊 4 个,显著伸出花外;雌蕊子房无毛。荚果扁平,边缘有刺毛,有 3～4 荚节,每节含种子 1 粒,成熟后节间脱落。种子褐色,种皮坚硬。花期7—8 月,果期 8—9 月(图 4-12)。

(十三) 大戟科(Euphorbiaceae)

♂: $* \ K_{0-5}C_{0-5}A_{1-\infty}$ ♀: $* \ K_{0-5}C_{0-5}\underline{G}_{(3:3:1-2)}$

大戟科有 300 属,5000 种广布于全球,主产于热带和亚热带;我国有 70 多属,约 460 种。

形态特征:乔木、灌木或草本,常含乳汁;单叶,稀复叶,互生,有时对生,具托叶;花单性,形成聚伞花序、杯状花序或总状花序;花双被、单被或无花被;有花盘或腺体;雄蕊 1 个至多数,花丝分离或合生;子房上位,常 3 片心皮合生,3 室,中轴胎座,每室具 1～2 个悬垂胚珠;蒴果,成熟时裂为 3 分果,少数为浆果或核果;种子具胚乳。

代表属种如下。

大戟属(*Euphorbia*)

泽漆(*Euphorbia helioscopia*) 草本,具乳汁。叶倒卵形或匙形,长 1.5～3 cm,叶上半部具齿。茎顶端具 5 片轮生叶状苞;多歧聚伞花序顶生,花期 5 月(图 4-13)。

图 4-13 泽漆

(十四) 葡萄科(Vitaceae)

$* \ K_{5-4}C_{5-4}A_{5-4}\underline{G}_{(2:2:2)}$

本科有 16 属,约 700 种,多分布于热带和温带地区。我国有 9 属,150 余种,南北均产。

形态特征:藤本,常具与叶对生之卷须,稀为直立灌木。叶互生,单叶或复叶,有托叶。花小,两性或单性,通常为聚伞花序或圆锥花序。萼片 4～5 片,分离或基部结合;花瓣与萼片同数,分离或有时帽状黏合而整体脱落;花盘杯状或分裂;雄蕊 4～5 个,与花瓣对生;子房上位,2 至多室,每室有胚珠 2 个。果实为浆果。种子有胚乳。

代表属种如下。

葡萄属(*Vitis*)

葡萄(*Vitis vinifera* L.) 落叶藤本,主蔓可达 20 m。老茎皮紫黑色,细长片状剥落。幼枝有毛或无毛。叶椭圆形或近圆形，长 7～15 cm，分裂至中部附近，基部心形，不规则粗齿或缺裂，两面无毛或背面被柔毛；叶柄长 4～8 cm。果球形或椭圆状球形，熟时黄白色、红色或紫色，被白粉。花期 4—5 月，果期 8—9 月（图 4-14）。

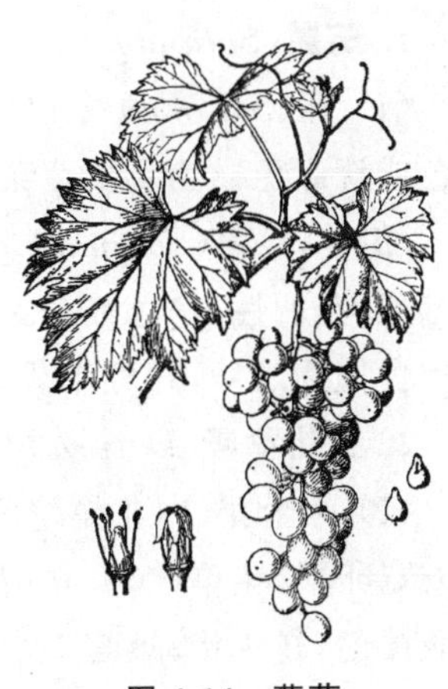

图 4-14　葡萄

（十五）萝藦科（Asclepiadaceae）

$* \ K_{(5)} C_{(5)} A_{(5)} \underline{G}_{(2:1)}$

本科约 180 属，2200 种；我国有 44 属，245 种 33 变种。分布于热带、亚热带，少数分布于温带地区。

形态特征：草本或木本，有乳汁。单叶，对生或轮生，稀互生，全缘。花瓣 5 片，常具副花冠，花粉联合成花粉块，雄蕊互相联合并与雌蕊紧贴成合蕊柱。蓇葖果双生或一个不发育；种子多数，顶端具白色绢质种毛。

代表属种如下。

1. 杠柳属（*Periploca*）

杠柳（*Periploca sepium* Bunge.）　落叶藤木；枝叶内含白色乳汁，光滑。叶对生，披针形，长 4～10 cm，全缘，羽状侧脉在近叶缘处相连，叶面光亮。花暗蓝紫色，径约 2 cm，花冠裂片 5 片，中间加厚，反折，内侧有长柔毛，副花冠杯状，端 5 裂，被柔毛；成腋生聚伞花序；5—6 月开花。蓇葖果双生，细长；种子顶端具长毛；7—9 月果实成熟。

2. 白前属（鹅绒藤属，牛皮消属）（*Cynanchum*）

牛皮消（*Cynanchum auriculatum*）　半木质缠绕藤本，多年生，茎长达 3 m，基部半木质。叶对生，薄纸质，心形，长宽近相等，长 4～15 cm；基出掌脉 5 或 7 条。伞房状聚伞花序腋生，有花多达 30 朵；花冠辐射状，白色，径约 1 cm。蓇葖果双生，圆柱状，长约 8 cm。种子顶端具白色绢质毛。花期 6—9 月，果期 7—11 月（图 4-15）。

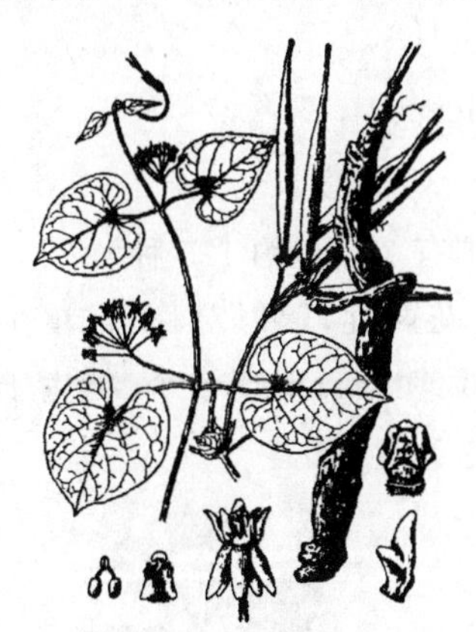

图 4-15　牛皮消

（十六）茄科（Solanaceae）

$* \ K_{(5)} C_{(5)} A_5 \underline{G}_{(2:2:\infty)}$

本科约 30 属，3000 种。主要分布于热带及温带。我国有 24 属，105 种 35 变种，各地均有分布。

形态特征：草本或灌木，稀乔木。单叶互生，无托叶。花两性，常辐射对称，单生、簇生或组成聚伞花序；花萼常 5 裂，果时常增大，宿存；花冠常 5 裂，下部合生成钟状、轮状或漏斗状；雄蕊 5 个，着生在花冠管上，与花冠裂片互生，花药 2 室，纵裂或孔裂；雌蕊由 2 心皮合生，子房上位，2 室或由假隔膜分成多室，中轴胎座，每室含多数胚珠。果实为浆果或蒴果。本科中既有重要的经济植物，又有常见的蔬菜和药用植物。

代表属种如下。

1. 茄属(*Solanum*)

(1) 茄(*Solanum melongena*) 一年生草本,具星状毛。花蓝紫色,浆果中实,紫色、白色或淡绿色。为重要蔬菜之一。原产于印度、泰国。

(2) 马铃薯(*Solanum tuberosum*) 草本,具块茎,叶为不整齐羽状复叶,小叶大小相间排列;花两性,白色或淡紫色,聚伞花序圆锥状;浆果球形,熟时蓝色。块茎富含淀粉。为粮食作物之一,并可作蔬菜。

2. 曼陀罗属(*Datura*)

(1) 洋金花(白花曼陀罗)(*Datura metel*) 一年生草本,全株近无毛。单叶互生,卵形或宽卵形,花单性,直立;花萼筒状,稍有棱纹,顶端5裂,果实宿存;花冠白色,也有紫色或淡黄色,漏斗状;雄蕊5个;蒴果近球形,有稀疏的短粗刺,成熟时4瓣裂。花(洋金花)有麻醉、镇痛、平喘、止咳的功能,且有大毒。其叶和种子亦能入药。

图 4-16 烟草

(2) 曼陀罗(*Datura stramonium*) 叶边缘为齿状或深波状,花大,白色,蒴果直立,4瓣裂开,为马铃薯赤霉病毒的寄主。

3. 烟草属(*Nicotiana*)

烟草(*Nicotiana tabacum*) 一年生草本。全株有腺毛;叶大,披针状长椭圆形,茎生叶基部抱茎,全缘。花淡红色,漏斗状,顶生圆锥花序。果实为蒴果。烟叶为卷纸烟的重要原料,含烟碱(尼古丁),是麻醉性毒剂,稍有兴奋作用,不宜多吸食。茎、叶浸渍液有驱虫作用(图 4-16)。

(十七) 旋花科(Convolvulaceae)

$* \ K_5 C_{(5)} A_5 \underline{G}_{(2:2-4:2)}$

本科约56属,1800种以上,多数产于热带和亚热带。我国有22属,约125种。

形态特征:多为缠绕草本,常具乳汁。叶互生,无托叶。花两性,辐射对称,常单生或数朵集成聚伞花序。萼片5片,常宿存,花冠常漏斗状,大而明显。雄蕊5个,插生于花冠基部。雌蕊多为2个心皮合生,子房上位,2～4室。果实多为蒴果。

代表属种如下。

打碗花属(*Calystegia*)

打碗花 (*Calystegia hederacea* Wall.) 一年生草本。茎蔓性,缠绕或匍匐分枝。叶互生,具长柄;基部的叶全缘,近椭圆形;茎上部的叶三角状戟形,侧裂片开展,通常二裂,中裂片披针形或卵状三角形。花单生叶腋,花梗具棱角;苞片2片,卵圆形,包住花萼,宿存;萼片5片,矩圆形,稍短于苞片;花冠漏斗状,粉红色。蒴果卵圆形,光滑。种子卵圆形,黑褐色。花期5—6月,果期7—8月(图 4-17)。

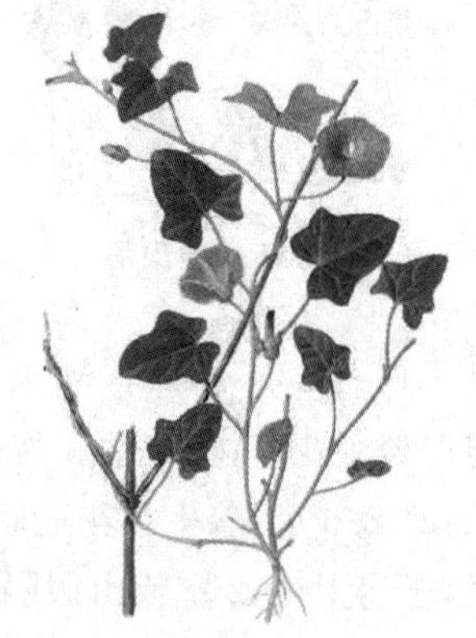
图 4-17 打碗花

(十八) 唇形科(Lamiaceae)

↑ $K_{(5)}C_{(4-5)}A_{4,2}\underline{G}_{(2:4:1)}$

本科有10亚科,约220属,3500余种,分布于世界各地。我国有99属,800余种。

形态特征:草本,稀灌木,茎四棱形,常含有芳香性挥发油。单叶对生或轮生。花轮生于叶腋,形成轮伞花序,常再组成穗状或总状花序。花两性;花萼4～5片或二唇裂,宿存;花冠唇形,上唇2裂,下唇3裂;雄蕊4个,2长2短,称为二强雄蕊,或退化成2个,生于花冠管上;雌蕊由2心皮组成,裂为4室,每室1胚珠,子房上位,花柱1个,插生于分裂子房基部。果实为4枚小坚果。

本科植物几乎都含有芳香油,可提取香精,其中有许多著名的药材和香料。

代表属种如下。

1. 益母草属(*Leonurus*)

益母草(*Leonurus japonicus*) 一年生或二年生草本。茎直立,四棱形,被倒向短柔毛。基生叶近圆形,5～9浅裂;下部成掌状3裂;上部叶为羽状深裂,或分裂渐少至不裂。轮伞花序腋生,多数集生于茎顶,呈穗状,每轮花多数;苞片针刺状;花萼5片,尖齿;花冠唇形,粉红色或紫红色,上唇盔状,全缘,下唇3裂;二强雄蕊;子房上位,深4裂。4枚小坚果,褐色。常见于农田杂草。全草入药。为妇科常用药,有通经活血之功能。种子有利尿、治眼疾之功效。

2. 鼠尾草属(*Salvia*)

鼠尾草(*Salvia japonica* Thunb.) 多年生草本植物,根系发达。地上部多分枝,丛生,茎近似于木质,较矮,一般株高35～40 cm。叶对生,灰绿色,椭圆形,有锯齿,有特别的网格状叶脉和皱纹。叶柄较长,上密被白色绒毛,基部叶片近叶柄端狭窄。花6～7朵,成串轮生于茎顶花序上,花冠淡蓝色,白色或桃红色。花期2—5月(图4-18)。

图4-18 鼠尾草

(十九) 木樨科(Oleaceae)

$K_{(4-15)}C_{(4-12)}A_2\underline{G}_{(2:2:2)}$

本科约27属,400余种,广布于温带和热带地区,亚洲尤为丰富。我国有12属,178种6亚种25变种15变型,南北各地均有分布。本科多为优良用材、绿化、观赏树种,有些可提取芳香油或药用。

形态特征:乔木,直立或藤状灌木。单叶或复叶,对生,无托叶。聚伞花序或聚伞式圆锥花序,稀花单生和簇生;花两性,稀单性,辐射对称;花萼4裂,稀3～12裂或截头;花冠4裂,有时3～12裂或无花冠,多有香味;雄蕊2个,稀4个;2心皮复雌蕊,子房上位,2室,每室胚珠1～3个,多为2个。翅果、蒴果、核果或浆果,种子有或无胚乳。花粉具3沟或孔沟。

代表属种如下。

图 4-19　女贞

女贞属(*Ligustrum*)

女贞(*Ligustrum lucidum* Ait.)　常绿乔木,高达 15 m。全株无毛。叶革质,卵形、宽卵形,长 6～12 cm,宽 3～7 cm,顶端渐尖或锐尖,基部圆形或宽楔形。花两性,聚伞圆锥花序顶生,稀侧生,花序长 10～20 cm,近无梗,花冠裂片与花筒近等长。浆果状核果长圆形,微弯,长约 1 cm,可在树上保留至翌年春季(图 4-19)。

(二十) 玄参科(Scrophulariales)

$K_{(4-5)}C_{(4-5)}A_4\underline{G}_{(2:2:\infty)}$

本科有 200 属,3000 种,分布于热带、亚热带,少数分布于温带。我国有 59 属,634 种,大多分布在西南、华南地区。

形态特征:草本或木本。单叶,对生、互生或轮生。花两性,两侧对称,花被 4 或 5;雄蕊常 4 个,2 强,心皮 2 片,2 室,中轴胎座。蒴果或浆果,种子多数。

代表属种如下。

泡桐属(*Paulownia*)

毛泡桐(*Paulownia tomentosa*)　落叶乔木,高 15 m。树冠呈宽大圆形,干皮呈灰褐色,叶呈阔卵形或卵形,基部呈心形,先端尖,全缘或 3～5 裂,表面被长柔毛,背面密被白色柔毛。顶生圆锥花序,花蕾近圆形,密被黄褐色毛;花冠呈漏斗状钟形,花鲜紫色或蓝紫色。蒴果呈卵圆形。花期 4—5 月,果实成熟期 8—9 月(图 4-20)。

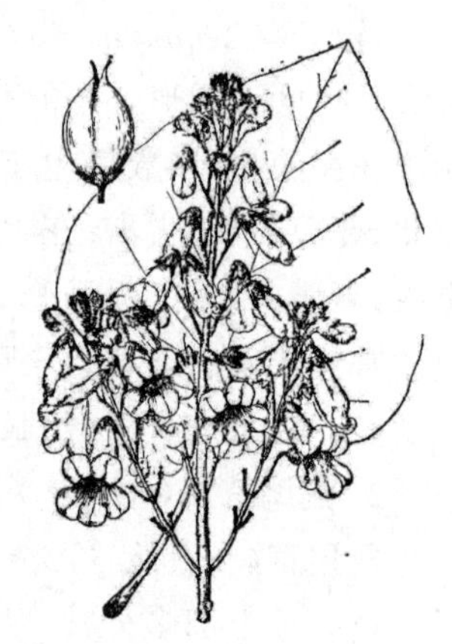

图 4-20　毛泡桐

(二十一) 菊科(Compositae)

$*,\uparrow\ K_{0-\infty}C_{(5)}A_{(5)}\overline{G}_{(2:1:1)}$

菊科是被子植物中最大的一个科,本科有 1000 属,25000～30000 种,广布于世界各地,主产于北温带。我国有 200 余属,2000 多种,分布于全国各地。

形态特征:多数草本,稀灌木或乔木。有的具乳汁或具芳香油。单叶无复叶,互生,稀对生或轮生,全缘、具齿或分裂,无托叶。花两性或单性,少有中性;由管状花或舌状花集成头状或篮状花序,花序外为 1 至多列叶状总苞片围绕;头状花序中,有的全为管状,或全为舌状花,亦有的中央为管状花,外围的边花为舌状花;萼片退化成冠毛或鳞片状;雄蕊 5 个,花药联合成聚药雄蕊,花丝分离;雌蕊由 2 心皮合生,子房下位,1 室,柱头 2 裂。果实为瘦果。种子无胚乳。

根据头状花序中花冠类型的不同及植物体是否含有乳汁,可分为管状花亚科和舌状花亚科。

1. 管状花亚科(Carduoideae)

整个花序全由管状花组成,或盘花为管状花而边花为舌状花。植物体不含乳汁,但常具芳香油。

代表属种如下。

1）蒿属（艾属）(*Artemisia*）

艾（*Artemisia vulgaris* L.） 多年生草本。茎直立，上部分枝，有纵棱，密被灰白色毛或基部无毛。基生叶常为3出羽状深裂或浅裂，于开花时凋谢；中部叶互生，卵状椭圆形，羽状分裂，表面有腺点和稀疏白色软毛，背面密被灰白色绒毛；顶端叶全缘，椭圆形至线形。头状花序排列于枝顶，呈总状式的圆锥花序；花小，淡黄色。瘦果椭圆形，无毛。9—10月开花，10—11月果实成熟(图4-21）。

2）菊属(*Dendranthema*）

菊花[*Dendranthema morifolium* (Ramat.) Tzvel.] 叶卵形至披针形，羽状浅或半裂，裂片顶端圆钝。头状花序直径2.5～20 cm。各地栽培。本种变异极多，园艺品种数以千计。

3）向日葵属(*Helianthus*）

向日葵(*Helianthus annuus* L.） 一年生高大草本，被长刚毛。叶具长柄，广卵形，基出三脉。头状花序盘状，苞片绿色；舌状花黄色，管状花棕色或紫色(图4-22)。

图4-21 艾

图4-22 向日葵

4）蓟属(*Cirsium*）

刺儿菜(*Cirsium serosum*） 雌雄异株。具根状茎。叶长椭圆形，具齿刺。总苞片多层；全为管状花，淡紫色。冠毛羽状。

2. 舌状花亚科(Liguliflorae)

整个头状花序全由舌状花组成，植物体常含乳汁。

代表属种如下。

1）蒲公英属(*Taraxacum*）

蒲公英(*Taraxacum mongolicum*） 多年生草本，全株含白色乳汁。根圆锥形。叶全部基生，形成莲座状；叶柄短，与叶片不分；叶片倒披针形或匙形，大羽状分裂，顶裂片三

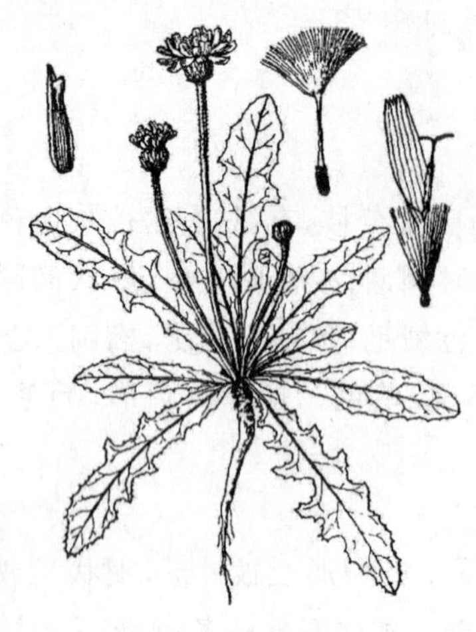
图 4-23　蒲公英

角形。花茎数个,自叶丛基部生出,上部密生白色蛛毛。头状花序顶生,全为黄色的舌状花。瘦果,长圆形褐色,顶端具多数白色冠毛。生于田间、路旁,为常见的杂草。早春可作蔬菜。全草入药,有清热解毒、消肿散结之作用。也是棉红蜘蛛、棉铃虫、甘薯线虫病、烟草红虫根瘤病的寄主(图 4-23)。

2) 莴苣属(*Lactuca*)

莴苣(*Lactuca sativa*)　一年或二年生草本,具乳汁。叶质薄而柔,长椭圆形,边缘皱褶或卷曲,无叶柄,茎生叶抱茎。头状花序小而多,全为两性舌状花,花黄色,顶端 5 齿裂;萼片退化为一层冠毛。瘦果,顶端具长喙。为栽培的蔬菜。

二、单子叶植物的主要分科

(一) 泽泻科(Alismataceae)

$* \ P_{3+3}A_{\infty-6}\underline{G}_{(\infty-6:1:1-\infty)}$

本科有 11 属,约 100 种,我国有 4 属,20 种 1 亚种 1 变种 1 变型。原产于中国,主产于福建、四川、江西,南北各省亦有栽培。国外分布于欧亚大陆温带,包括欧洲温带、亚洲北部温带、俄罗斯远东地区、日本、印度北部。

形态特征:一年生或多年生水生或沼生草本,具球茎或根状茎;叶多基生,基部鞘状,具长柄,叶形的变化较大。花两性或单性,辐射对称,常轮生,排成总状或圆锥花序。萼片和花瓣均 3 片,雄蕊和雌蕊均为 6 至多数,分离,螺旋排列于凸起的花托上或轮状排列于扁平的花托上。果实为瘦果。

代表属种如下。

1. 泽泻属(*Alisma*)

泽泻[*Alisma orientale*(Sam.)Juzep.]　多年生沼生草本,具球茎。叶基生,有长柄,长椭圆形,先端尖。花白色,排列成大型轮状分枝的圆锥花序,在分枝处有 3 个苞叶;雄蕊 6 个;雌蕊心皮多数,离生,果为聚合瘦果。我国各地均有分布,为常见的水田杂草之一。茎、叶可做饲料。球茎入药,有利尿渗湿之功能(图 4-24)。

图 4-24　泽泻

2. 慈姑属(*Sagittaria*)

慈姑(*Sagittaria sagittifolia*)　多年生水生草本,有纤匐枝,枝端膨大成球茎。叶基生,箭形,具长柄,粗而有棱,沉水叶狭带形。花单性,总状花序下部为雌花,上部为雄花;雄蕊和心皮均多数。田间杂草。球茎富含淀粉,可食用或制淀粉。药用有清热解毒之功能。南方各省有栽培。

(二) 棕榈科(Arecaceae)

♂: * $P_{3+3}A_{3+3}$ ♀: * $P_{3+3}\underline{G}_{3,(3)}$ / * $K_3C_3A_{3+3}\underline{G}_{3,(3)}$

棕榈科属于棕榈亚纲,棕榈目。本科约 210 属,2800 种,主产于热带、亚热带地区。我国约 28 属,100 余种,主要分布于云南、广西和台湾。

形态特征:乔木或灌木,稀木质藤本,茎多直立,不分枝,具皮刺;叶常绿,大型,掌状分裂或羽状复叶,多集生于树干顶部,形成棕榈型树冠;叶柄基部扩大成纤维状的鞘;肉穗花序多分枝,形成圆锥状,外为 1 至多个大型的佛焰状总苞;花小,淡黄绿色,两性或单性;花被 6 片,排成 2 轮,分离或合生;雄蕊多为 6 个,2 轮;心皮 3 片,分离或结合;子房上位,1~3 室,每室 1 胚珠,花柱短,柱头 3 个;核果或浆果;种子胚乳丰富。

代表属种如下。

1. 棕榈属(*Trachycarpus*)

棕榈(*Trachycarpus fortunei*) 常绿乔木,叶掌状裂;花常单性,异株,多分枝的圆锥状肉穗花序,佛焰苞显著;果实肾形或球形。

2. 椰子属(*Cocos*)

椰子(*Cocos nucifera*) 常绿乔木;叶羽状全裂或羽状叶;花雌雄同株,肉穗花序具分枝;核果大,近球形(图 4-25)。

图 4-25 椰子

(三) 天南星科(Araceae)

* $P_{0,4-6}A_{2-8}\underline{G}_{(1-\infty)}$

本科有 115 属,2000 多种,主要分布于热带、亚热带地区,温带也有分布。我国有 35 属,205 种。

形态特征:多年生草本,具根茎或块茎,常具乳汁,或少为木质攀缘藤本。叶多基生,单叶或复叶,或为盾状。花序为肉穗花序,有叶状苞;花小,常有恶臭,辐射对称;两性或单性,雌雄同株,雄花位于花序的上部,雌花位于下部,少为雌雄异株;两性花常有花被 4~6 片,或联合成截形杯状;单性花常无花被,雄蕊 2~8 个,雌蕊由 1 片至数片心皮合成,上位子房,1 至多室。果实常为浆果。

代表属种如下。

半夏属(*Pinellia*)

半夏[*Pinellia ternata* (Thunb.)Breit.] 多年生草本,高 30~45 cm。块茎圆球形,茎 1~2 cm,具须根。叶 2~5 片,有时 1 片;叶柄长 15~20 cm,基部具鞘,鞘内、鞘部以上或叶片基部(叶柄顶头)有径 0.3~0.5 cm 的珠芽,珠芽在母株上萌发或落地后萌芽;幼苗

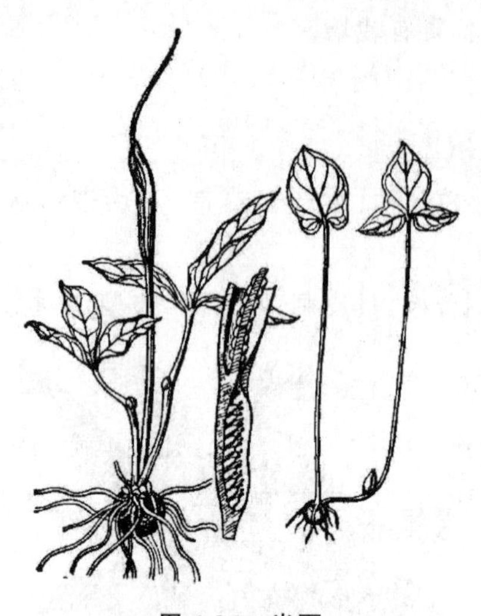

图 4-26　半夏

叶片卵状心形全戟形，为全缘单叶，长 2～3 cm，宽 2～2.5 cm；老株叶片三全裂。花序梗长 25～35 cm，长于叶柄；佛焰苞绿色或绿白色，管部狭圆柱形；肉穗花序下部是雌花部分，雄花部分在上。浆果卵圆形，黄绿色，先端渐狭，为明显的花柱。花期 5—7 月，果期 8 月（图 4-26）。

（四）莎草科（Cyperaceae）

$* \ P_0 A_{1-3} \underline{G}_{(2-3:1:1)}$♂：$P_0 A_{1-3}$♀：$P_0 A_0 \underline{G}_{(2-3:1:1)}$

本科约 80 属，4000 余种，广布于世界各地。我国有 28 属，500 余种。

形态特征：多年生、稀为一年生草本。常具根状茎，少有块茎或球茎。茎常三棱形，少圆柱形，实心，花序以下不分枝。叶常 3 列，狭长，有时退化为仅有叶鞘，叶鞘闭合。花小，两性少有单性；雌雄同株或异株，排列成很小的穗状花序，称为小穗；每朵花具 1 苞片，称为鳞或颖片；花被完全退化，或为鳞片状、刚毛状、毛状，少有花瓣状；有时雌花为囊苞所包被；雄蕊 1～3 个，通常为 3 个；雌蕊 1 个，子房上位，柱头 2～3 裂。果为小坚果。

代表属种如下。

1. 莎草属（*Cyperus*）

异型莎草（*Cyperus difformis* L.）　一年生簇生草本，高 10～65 cm。秆直立，扁三棱状，黄绿色，质地柔软。叶基生，条形，略短于秆；叶鞘淡褐色。苞片 2～3 片，叶状，长于花序。长侧枝聚伞花序，简单或复出，具 2～7 条长短不等的辐射枝；小穗多数密集成球形，含 8～28 朵。小坚果倒卵状椭圆形，有三棱，淡黄色。种子繁殖。开花结实期 7—10 月。喜湿润，常见于稻田及水沟边，是水稻田极常见的杂草（图 4-27）。

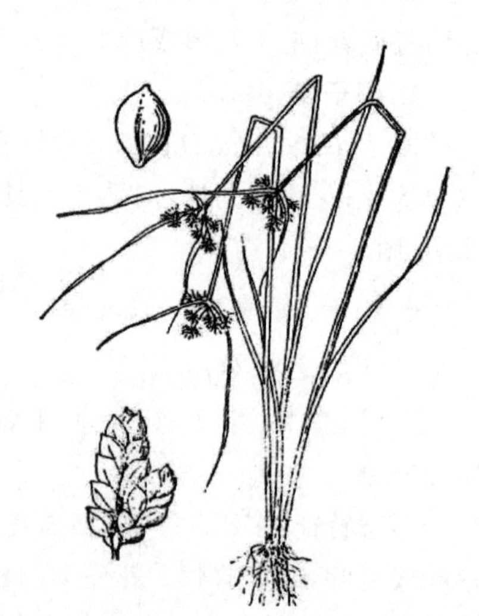

图 4-27　异型莎草

2. 苔草属（*Carex*）

异穗苔草（*Carex heterostachya* Bge.）　又称黑穗草、大羊胡子草。多年生草本植物。具细长根状茎。秆高 15～33 cm，三棱形，基部包有棕色鞘状叶。基生叶线形，长 5～30 cm，宽 2～3 mm，边缘常外卷，具细锯齿。小穗 3～4 个；顶生小穗雄性，线形，鳞片卵状披针形，背部黑褐色（稀为褐黄色）；雌小穗侧生，长圆形或卵球形，花密，长 1～1.5 cm，具短苞；雌花鳞片卵形，锐尖，背部黑色，中脉和两侧具 1 条线形赤褐色条纹，先端锐尖，有时突出成小尖头，边缘微具膜质；果囊卵形或椭圆形，上、下两端渐尖，革质，有光泽，无脉；柱头3个，花柱和柱头密生短柔毛。小坚果长3 mm，基部无柄，不脱落。结实期4—6月。

（五）禾本科（Poaceae）

$* \ P_{2-3}A_{3,6}\underline{G}_{(2:1:1)}$

本科是被子植物中的大科之一（被子植物第四大科，单子叶植物第二大科），约700属，近10000种，遍布于全世界。我国有200余属，1500种以上。

形态特征：除竹子以外，都是一年生、二年生或多年生草本植物，须根系。通常具有根茎，地上茎称为秆，常于基部分枝，节明显，节间常中空。单叶互生，排成2列；叶鞘包围茎秆，边缘常分离而覆盖，少有闭合；叶舌膜质，或退化为一圈毛状物，很少没有；叶耳位于叶片基部的两侧或缺；叶片常狭长，叶脉平行。花两性，稀单性，由1至多朵花组成穗状花序，称为小穗；由许多小穗再排成穗状、总状、圆锥状等花序。小穗由1至数朵小花和两个颖片组成；花两性，少单性；每朵小花基部有外稃与内稃，外稃常有芒，相当于苞片，内稃无芒，相当于小苞片，外稃的内侧有两个退化为半透明的肉质鳞片，称为浆片；雄蕊3个，稀1、2或6个；雌蕊由2心皮组成，子房上位，1室1胚珠，花柱2个，柱头常为羽毛状。果实多为颖果。

根据茎是否木质化，通常分为竹亚科和禾亚科。竹亚科秆一般为木质，多为灌木或乔木；禾亚科秆通常为草质，多为一年生或多年生草本。

代表属种如下。

1. 小麦属（*Triticum*）

小麦（*Triticum aestivum*） 为主要粮食作物之一。一年生或越年生草本。秆直立，丛生，高60～100 cm，具6～7节，径0.5～0.7 cm，基节最短，顶节最长。叶鞘松弛抱茎，下部叶鞘长于节间，上部叶鞘短于节间；叶舌膜质，长约0.1 cm；叶片长披针形。顶生穗状花序直立，长5～10 cm，小穗单独互生于穗轴各节，小穗含3～9朵小花，上部小花不发育；2颖卵圆形，长0.6～0.8 cm，背面具锐脊，于顶端延伸为长约0.1 cm的齿。外稃1，内稃1，等长。花期4—5月，果期6—7月。

2. 大麦属（*Hordeum*）

大麦（*Hordeum vulgare* L.） 越年生植物，高50～100 cm。秆光滑。叶鞘两侧有叶耳，叶片宽0.6～2 cm。穗状花序直立，长3～8 cm。每节生3个结实小穗，颖线形，长0.8～1.4 cm，芒粗糙，长8～13 cm。颖果成熟后与稃体黏着不易脱粒，顶端具毛。大麦是粮食作物，也是制啤酒和麦芽糖的原料（图4-28）。

图4-28 大麦

（六）百合科（Liliaceae）

$* \ P_{3+3}A_{3+3}\underline{G}_{(3:3:\infty)}$

本科约230属，3500种，广布于世界温暖地区，热带尤多。我国有60属，560种，遍及全国。

形态特征:多年生草本,具根茎、鳞茎或块茎。茎直立或攀缘,有时叶退化而茎成为叶状枝。单叶互生、对生、轮生,或退化为鳞片状;花两性,辐射对称,花被片通常 6 片,排列成 2 轮,离生或合生。雄蕊 6 个,与花被片对生,花药 2 室;子房下位,稀半下位,由 3 片心皮构成,中轴胎座。蒴果或浆果。

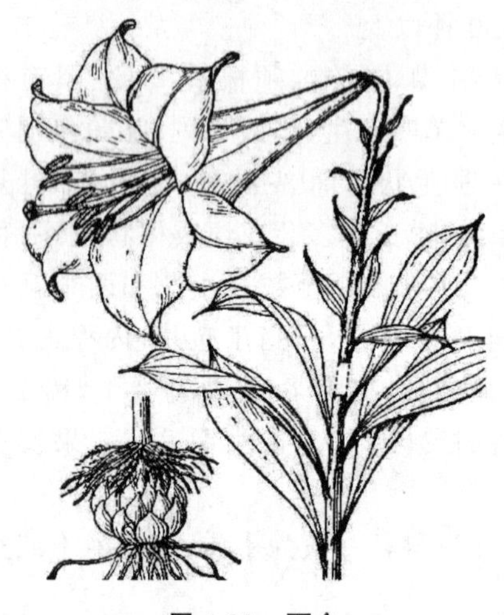
图 4-29 百合

代表属种如下。

1. 百合属(*Lilium*)

(1) 百合(*Lilium brownii*) 鳞茎直径约 5 cm;花白色,长 15 cm;常栽培,供观赏。鳞茎供食用,有润肺止咳、清热、安神和利尿之功效。分布于东南、西南、河南、河北、陕西和甘肃,甘肃百合尤为著名(图 4-29)。

(2) 卷丹(*Lilium lacifolium*) 与百合的区别在于叶腋常有珠芽;花橘红色,有紫黑色斑点。几乎广布于全国。用途与百合相同。

2. 葱属(*Allium*)

(1) 葱(*Allium fistulosum*) 叶管状,中空,被有白粉。花葶粗壮中空,中部膨大。伞形花序,总苞片膜质,白色,开花前破裂。鳞茎棒状。果为蒴果。作蔬菜食用。

(2) 洋葱(*Allium cepa*) 多年生草本,鳞茎很大,呈扁球形,皮红色,有辛辣味。叶圆筒形,中空。花茎粗壮中空,顶端生一伞形花序。花被片 6 片,白色,花瓣状;雄蕊 6 个,花丝基部扩大;雌蕊由 3 片心皮组成,子房上位,3 室。蒴果。

(七) 兰科(Orchidaceae)

$\uparrow\ P_{3+3}A_{2-1}\underline{G}_{(3:1:\infty)}$

兰科是被子植物第二大科,本科约 700 属,20000 种,主要分布于热带和亚热带地区。我国有 171 属,1247 种,主要分布于长江以南各省区。本科有很多著名的观赏植物和药用植物。

形态特征如下。

陆生、附生或腐生草本,稀攀缘藤本。陆生、腐生的常有根状茎或块茎,附生的常具假鳞茎以及有根被的气生根,多数种,特别是陆生兰,种子萌发时与担子菌共生。叶互生,2 列,稀对生或轮生,有时退化为鳞片,叶基部常有关节,多为合生叶鞘包茎。花两性,两侧对称,花被片 6 片,排成 2 轮,均花瓣状,外轮 3 个称为萼片,中萼片(或上萼)直立而与花瓣靠合成兜状,侧萼片歪斜,有时基部与蕊柱足合生成萼囊;内轮两侧的 2 片称为侧瓣,中央的 1 片变成奇特的形状,称为唇瓣,极少 3 片花瓣同形;唇瓣常有艳丽的色彩,上面还有胼胝体、褶片或腺毛等附属物,基部常有矩或囊;雄蕊和花柱、柱头完全合生成柱状体,称为蕊柱;雄蕊 2 或 1 个,2 室,花粉颗粒状,常黏结成 2～4 个花粉块；子房下位，1室，侧膜胎座，稀3室而具中轴胎座，胚珠多数。蒴果，种子多数，细小，近无胚乳，胚也未分化。

代表属种如下。

兰属(*Cymbidium*)

墨兰[*Cymbidium sinense*(Andr.) Willd.] 又称报岁兰、拜岁兰、丰岁兰、人岁兰。假鳞茎椭圆形，根粗壮而长。叶片剑形，丛生于椭圆形的假鳞茎上，上半部向外披散；叶4～5片，叶长60～80 cm、宽2.7～4.2 cm，全缘，深绿色，有光泽。花葶直立，通常高出叶面，在野生状态下高可达80～100 cm，有花7～17朵。苞片小，基部有蜜腺；萼片狭披针形，淡褐色，有5条紫脉，唇瓣较短而宽，向前伸展，在蕊柱之上；唇瓣3裂不明显，端下垂反卷，2条黄色褶片，几乎平行。花期1—3月，少数在秋季开花。分布于我国福建、台湾、广东、广西、云南等省(自治区)，中南半岛、缅甸、印度等地也有分布(图4-30)。

图4-30 墨兰

第四节 植物界进化的一般规律

植物生活在地球上，已有35亿年的历史，开始只有少数原始的植物种，经过漫长的发展过程，有些种已经灭绝，有些种日渐昌盛，还有些新种不断在形成。由原始的少数祖先发展演变为现今的千姿百态的植物界，这就是植物的进化。植物界的历史就是植物的进化史。

达尔文用自然选择学说指出了生物进化的原因。他指出，生物界普遍存在着遗传和变异，遗传使亲代和子代、子代和子代间形成了相似性；变异通过自然选择保存了新类型。种的发展、灭绝以及新种的形成都是自然选择的结果。植物界进化的一般规律如下。

一、在形态构造方面遵循由简单到复杂的发展进程

从原核细胞到真核细胞，从单细胞植物经群体，再到多细胞植物，并逐渐分化出各种组织和器官。如蓝藻和细菌属于单细胞或群体的原核生物，衣藻、小球藻为单细胞的真核生物。单细胞植物可在一个细胞内完成全部生命活动而独立生存，群体是由单细胞植物向多细胞植物过渡的类型，每个细胞仍能独立生活。多细胞的低等植物形成丝状体或叶状体，组织分化仅仅是开始。藓类出现茎、叶和假根。蕨类更具备了真根和维管束。裸子植物已开始形成种子，但没有真正的花。到被子植物，才出现了真正的花，组织和器官分化得最完善。

二、在生态习性方面遵循由水生到陆生的发展进程

低等植物多为水生(大部分菌类和地衣除外),植物体无根、茎、叶的分化,整个植物体都能吸收水分和营养物质。高等植物的苔藓虽然有了茎、叶的分化,但还没有真根和输导组织,因此仍需在阴湿环境中生活,以及在水分充足的情况下受精。蕨类植物有了真根和比较发达的输导组织,但受精时仍离不开水。裸子植物的输导组织有了进一步发展,适应陆生的能力更强了,而且受精再也不受水的限制,同时产生了种子。被子植物的构造已发展到十分完善的地步,根、茎、叶得到进一步发展,而且产生了真正的花,种子有果皮包被,因此它们适应陆地生活的能力达到了高峰,这也是被子植物能在地球上占优势的原因。

三、在繁殖方式方面遵循由低级到高级的发展进程

由营养繁殖到无性的孢子生殖,再到有性的配子生殖;有性生殖方式又由同配生殖到异配生殖,再到卵式生殖,一步一步地由低级向高级发展。例如,细菌和蓝藻只能以分裂方式进行繁殖,衣藻和黑根霉等增加了无性生殖和有性生殖,但配子同型;实球藻等则进行异配生殖;褐藻中的海带已进化到卵式生殖,不过精子囊和卵囊都是单细胞的。高等植物的苔藓和蕨类,精子器和颈卵器则都是多细胞的,并出现了明显的世代交替。种子植物则用种子繁殖,种子内含有胚和丰富的养料,外有种皮保护,更适于陆地上的传播和幼苗的生存;在世代交替中,孢子体越来越发达,而配子体越来越简化。种子植物已达到良好地适应陆地生活的水平,所以从中生代到现在,两三亿年来,始终是陆生植物的主流,而被子植物尤其得到充分的发展,分布最广,种类最多,欣欣向荣,生存在各式各样的生态环境中。

总体来说,植物界进化的规律是:由简单到复杂,由水生到陆生,由低级到高级,并沿着孢子体逐渐占绝对优势,向配子体高度简化的方向发展。

本章小结

植物分类的方法主要有人为分类法和自然分类法。植物分类的各级单位为界、门、纲、目、科、属、种,其中,种是植物分类的基本单位。植物分为低等植物和高等植物两大类,低等植物包括藻类植物、菌类植物和地衣植物,高等植物包括苔藓植物、蕨类植物和种子植物。种子植物可分为裸子植物和被子植物,被子植物又可分为单子叶植物和双子叶植物。单子叶植物和双子叶植物在子叶数目、花基数、茎维管束、叶脉序、根系等方面都有不同,而且各科都有自己的识别要点。在生态习性方面,植物由水生过渡到陆生。在形态结构方面,植物体从原核细胞到真核细胞,从单细胞植物经群体,再到多细胞植物,并逐渐分化出各种组织和器官。在繁殖方式方面,由营养繁殖到无性的孢子生殖,再到有性的配子生殖;有性生殖方式又由同配生殖到异配生殖,再到卵式生殖,一步一步地由低级向高级发展。

阅读材料

中国引进的栽培作物

中国引进的作物共计253种，涉及栽培的作物有304种。引进作物的名称及其物种如下。

粮食作物：稀有种小麦（硬粒小麦、圆锥小麦）、黑麦、燕麦、非洲高粱、玉米、珍珠粟、薏苡、蚕豆、豌豆、普通菜豆、多花菜豆、利马豆、豇豆、黑吉豆、木豆、鹰嘴豆、小扁豆、山黧豆、黄羽扇豆、扁豆、四棱豆、刀豆、甘薯、马铃薯、木薯。

经济作物：芝麻、花生、向日葵、红花、蓖麻、小葵子、油棕、椰子、棉花、红麻、蕉麻、剑麻、甘蔗、甜菜、糖棕（桄榔）、烟草、甘蓝型油菜、咖啡、可拉、可可、橡胶、银胶菊、薰衣草、罗勒、香茅、依兰香、胡椒、蒲草、檀香、安息香、除虫菊、古柯、槟榔、豆蔻、油莎草、西米、椰子。

蔬菜作物：甘蓝、蕹菜、芝麻菜、南瓜、丝瓜、苦瓜、西瓜、黄瓜、甜瓜、佛手瓜、蛇瓜、巴西蘑菇、鸡腿菇、斑玉蕈、凤尾菇、灰树花、羊肚菌、榆离褶伞、芫荽、芹菜、山药、田薯、大蒜、南欧蒜、洋葱、细香葱、韭葱、胡葱、火葱、石刁柏、菠菜、生菜、菊芋、蕉芋、柱状田头菇、双孢蘑菇、平菇（侧耳）、阿魏侧耳、滑菇、番茄（西红柿）、辣椒、豆薯、胡萝卜、茴香、茴芹、香芹、大球盖菇。

果树作物：草莓、葡萄、穗醋栗、菠萝（凤梨）、苹果、西洋梨、芒果、椰子、木菠萝（菠萝蜜）、洋蒲桃、毛柿、尖蜜拉、石榴、甜樱桃、红毛榴莲、文丁果、牛油果、无花果、欧洲红树莓、美国红树莓、越橘、长山核桃、阿月浑子、榅桲、柠檬、阳桃、腰果、鳄梨、番木瓜、毛叶番荔枝、金星果、神秘果、面包果、人心果、红毛丹。

饲用及绿肥作物：紫花苜蓿、三叶草（车轴草）、菽麻、山黧豆、象草、苏丹草、大黍、松香草、无芒雀麦、狗牙根、草地早熟禾、金花菜、箭筈豌豆、多年生黑麦草、百喜草、草木樨、聚合草、大米草、凤眼莲、小糠草、非洲狗尾草、草地看麦娘、地毯草、俯仰臂形草、盖氏虎尾草、鸭茅、偃麦草、苇状羊茅、糖蜜草、虉草、猫尾草、新麦草、美洲合萌、毛蔓豆、距瓣豆、多变小冠花、绿叶山蚂蟥、百脉根、黄花羽扇豆、大翼豆、红豆草、圭亚那柱花草、菊苣、水花生、紫穗槐、巴天酸模。

花卉作物：香石竹、鸢尾、郁金香、金鱼草、风铃草、鸡冠花、大花牵牛、矮牵牛、一串红、瓜叶菊、万寿菊、三色堇、百日草、花烛、耧斗菜、荷兰菊、四季秋海棠、君子兰、倒挂金钟、非洲菊、天竺葵、宿根福禄考、秋水仙、鹤望兰、美人蕉、仙客来、大丽花、唐菖蒲、朱顶红、风信子、水仙、花毛茛、马蹄莲、芦荟、金琥、昙花、瑞红球、长寿花、蟹爪兰、卡特兰、叶子花（三角梅）、一品红、茉莉、紫罗兰、金盏花、石竹。

药用作物：木香、西洋参、穿心莲、白扁豆、肉豆蔻、儿茶、胡椒、红花、西红花（藏红花）、库拉索芦荟、金鸡纳树。

林木作物：柚木、松树、日本落叶松、刺槐、美国山核桃、橡胶树、油棕、槟榔、非洲楝、椰子、轻木、银桦、油橄榄、腰果、菠萝蜜（木菠萝）、木麻黄、南洋楹、象耳豆、铁刀木、桃花心木、桉树。

复习思考题

1. 名词解释:人为分类法、自然分类法。
2. 植物分类的单位有哪些？哪个是基本单位？
3. 植物是如何命名的？书写时应注意什么？
4. 低等植物和高等植物的区别有哪些？
5. 简述裸子植物的主要特征。
6. 简述被子植物的主要特征。
7. 双子叶植物和单子叶植物的主要区别有哪些？
8. 简述木兰科、豆科、蔷薇科、菊科、禾本科、兰科的主要特征。
9. 举例说明植物界进化的一般规律。

第五章 植物的水分代谢

学习内容

水在植物生活中的重要性；植物对水的吸收和运输；植物的蒸腾作用；合理灌溉的生理基础。

学习目标

了解植物细胞吸水、植物根系吸水的原理，蒸腾作用的意义及蒸腾作用的气孔调节；掌握水分在植物体内的运输、传导途径，以及水分运输的动力。

技能目标

观察植物细胞质壁分离现象；能绘出质壁分离和质壁分离复原的细胞图；学会用小液流法测定植物组织的水势。

第一节 水在植物生活中的重要性

从生物进化的观点来看，地球上一切植物都是从水中发生的，因此，水是植物的一个重要的“先天”环境条件，没有水就没有生命。植物的细胞、组织以及整个植株的生命活动都必须在含有一定水分的条件下才能进行，否则，生命活动就不能正常进行，甚至死亡。农谚所说“有收无收在于水”，就是说的水对农作物生产的重要作用。

植物的水分代谢包括植物对水分的吸收、运输、利用和散失的整个过程。植物不断地从环境中吸收水分来满足其生命活动的需求，同时也向环境中散失水分，以维持体内水的平衡。植物水分代谢的基本规律是植物栽培中合理灌溉的理论依据。

一、植物的含水量

不同种类的植物含水量有很大的差异。例如：水生植物（浮萍、满江红、轮藻等）的含水量可达鲜重的90%以上；干旱环境中生长的低等植物（地衣等）含水量仅占6%左右；草本植物的含水量占其鲜重的70%～85%。木本植物的含水量稍低于草本植物。

同一植物的不同组织、器官的含水量也有很大差异。根尖、茎尖、幼苗和肉质果实（番茄、桃）含水量可达60%～90%，树干的含水量为40%～50%，干燥的谷物种子含水量仅为10%～14%，油料植物种子含水量在10%以下。生长旺盛的器官比衰老的器官含水量要高。

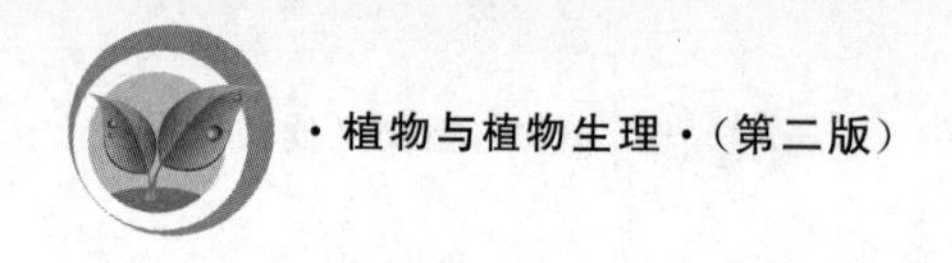

同一植物在不同的环境中生长，水分含量也有很大差异。生长在荫蔽、潮湿环境中的植物含水量比在向阳、干燥环境中的要高一些。

二、水在植物生命活动中的作用

水在植物生命活动过程中有着非常重要的作用，具体表现如下。

1. 水是原生质的主要成分

原生质的含水量一般为70%～90%，含水量高，原生质呈溶胶状态，有利于旺盛的代谢反应正常进行，如根尖、茎尖。在含水量较低的情况下，原生质呈凝胶状态，生命活动就会大大减弱，但抗逆性会有所增强，如休眠的种子。

2. 水是植物代谢过程的反应物质

在光合作用、呼吸作用、有机物质合成和分解的过程中，都有水分子的参与。

3. 水是植物对物质吸收和运输的溶剂

植物不能直接吸收固态的矿质营养，这些物质只有溶解在水中才能被植物吸收。同样，各种物质在植物体内的运输、分解、合成都必须在水中进行，以水作为介质。

4. 水能保持植物固有的姿态

细胞含有大量水分，以维持细胞的紧张度，使植物的枝叶挺立、伸展，便于充分接受光照和进行气体交换。同时，在植物开花时还能使花瓣展开，有利于传粉和受精。

5. 水可以调节植物的体温

水分有较高的汽化热，植物可以通过蒸腾作用散热，保持其适当的体温，避免在烈日下灼伤。

三、植物体内水分的存在状态

水在植物生命活动中的作用，不但与含量有关，还和其存在状态有着一定的关系。植物细胞的原生质、膜系统和细胞壁，主要由蛋白质、核酸和纤维素等大分子组成，它们有大量的亲水基团(如$-NH_2$、$-COOH$、$-OH$等)，这些亲水基团对水分子有很大的亲和力，容易引起水合作用。凡是被植物细胞的胶体颗粒或渗透物质吸附、不能自由移动的水分称为束缚水，干燥的种子中含的水分就是束缚水。而不被胶体颗粒或渗透物质所吸引，或吸引力很小、可以自由移动的水分称为自由水。实际上，这两种状态水分的划分也不是绝对的，它们之间并没有明显的界限。

植物细胞内的水分存在状态经常处在动态变化之中，随着代谢的变化，自由水与束缚水两者含量的比值也相应发生变化。自由水可直接参与植物的生理代谢过程。自由水与束缚水两者含量的比值高时，植物代谢旺盛，生长速度快，但抗逆性差。反之，代谢和生长速度缓慢，则抗逆性强。

第二节 植物对水分的吸收和运输

一、植物细胞的吸水

植物的生命活动以细胞为基础，一切生命活动都是在细胞内进行的，植物对水分的吸收也不例外。细胞对水分的吸收有以下两种方式：①渗透吸水（有液泡的细胞以渗透性吸水为主）；②吸胀吸水（干燥的种子在形成液泡之前的吸水方式）。在两种吸水方式中，渗透吸水是细胞吸水的主要方式。根系是植物吸水的主要器官，根系吸水的方式包括被动吸水和主动吸水两种。

（一）细胞的渗透吸水

1. 自由能和水势

根据热力学原理，系统中物质的总能量可分为束缚能和自由能两部分。束缚能是不能转化为用于做功的能量，而自由能是在温度恒定的条件下用于做功的能量。在等温等压条件下，1 mol 物质，不论是纯的还是存在于任何体系中的，所具有的自由能，称为该物质的化学势。水势是指每偏摩尔体积水溶液的化学势与纯水的化学势之差。通常用符号 ψ_w 表示，单位为帕斯卡，简称帕（Pa），一般用兆帕（MPa，$1\ MPa=10^6\ Pa$）来表示。

水的化学势与其他热力学量一样，绝对值是无法测定的，只能用相对值来表示。因此，人为规定，在标准状态下，纯水的水势值为零，其他任何体系的水势都是和纯水相比而言的，都是相对值。溶液的水势全是负值，溶液浓度越高，自由能越少，水势也就越低，其负值也就越大。例如在 25 ℃下，纯水的水势为 0 MPa，荷格伦特培养液的水势为 −0.05 MPa，1 mol/L 蔗糖溶液的水势为 −2.50 MPa。一般正常生长的叶片的水势为 −0.80～−0.20 MPa。

和其他物质一样，水分的移动也需要能量，所以水分的移动总是沿着自由能减小的方向进行的，即水分总是由水势高的区域移向水势低的区域。

2. 植物细胞的水势

虽然可以把植物细胞当成一个渗透系统，但它不同于简单的渗透装置。植物细胞外有细胞壁，对原生质有压力，内有大液泡，液泡中有溶质，细胞中还有多种亲水胶体，都会对细胞水势高低产生影响。因此，植物细胞水势比单一溶液的水势要复杂得多。至少要受到三个因素的影响，即溶质势（ψ_s）、压力势（ψ_p）、衬质势（ψ_m），因而植物细胞的水势由上述 3 个部分组成，即 $\psi_w=\psi_s+\psi_p+\psi_m$。

（1）溶质势（ψ_s） 溶质势亦称渗透势，溶质势是由于溶质颗粒的存在，降低了水的自由能，因而使水势低于纯水的水势，是负值。植物细胞的溶质势值因环境条件不同而异。一般来说，温带生长的大多数作物叶组织的溶质势在 −2～−1 MPa，而旱生植物叶片的溶质势很低，达到 −10 MPa。溶质势的日变化和季节变化也很大，凡是影响植物细胞液浓度的外界因素，都会改变其溶质势。

（2）压力势（ψ_p） 压力势是指细胞的原生质体吸水膨胀，对细胞壁产生一种作用力,于是引起富有弹性的细胞壁产生一种限制原生质体膨胀的反作用力。压力势是由于细胞壁压力的存在而增加的水势,因此一般情况下是正值。草本植物的细胞压力势,在温暖的午后为0.3~0.5 MPa,晚上细胞吸水达到饱和时为1.5 MPa,在质壁分离的情况下为零。

(3) 衬质势(ψ_m) 细胞的衬质势是指细胞胶体物质(蛋白质、淀粉和纤维素等)对自由水的吸附而引起的水势降低的值,以负值表示。未形成液泡的细胞具有一定的衬质势,干燥的种子衬质势可达-100 MPa左右。但已形成液泡的细胞含水量很高,衬质势趋于0,或占整个水势的微小部分,通常省略不计。因此,有液泡的细胞水势的组成公式可简化为$\psi_w=\psi_s+\psi_p$。

3. 植物细胞的渗透作用

水分是怎么进出细胞的呢?为了弄清楚水分进出细胞的基本过程,我们先做一个试验:用种子的种皮或猪膀胱等(半透膜)紧缚在漏斗上,注入蔗糖溶液,然后把整个装置浸入盛有清水的烧杯中,最初,漏斗内、外液面相等。由于种皮是半透膜(水分子能通过而蔗糖分子不能透过),因此整个装置就成为一个渗透系统。在一个渗透系统中,水的移动方向取决于半透膜两侧溶液的水势高低。水从水势高的溶液流向水势低的溶液。实质上,半透膜两侧的水分子是可以自由通过的,可是清水的水势高,蔗糖溶液的水势低,从清水到蔗糖溶液的水分子比从蔗糖溶液到清水的水分子多,所以在外观上,烧杯中的水流入漏斗内,漏斗玻璃管内的液面上升,静水压也开始升高。随着水分逐渐进入玻璃管内,液面逐渐上升,静水压越大,压迫水分从玻璃管内向烧杯移动的速度就越快,膜内、外水分进、出速度越来越接近。最后,液面不再上升,停滞不动,实质是水分进出的速度相等,呈动态平衡(图5-1)。

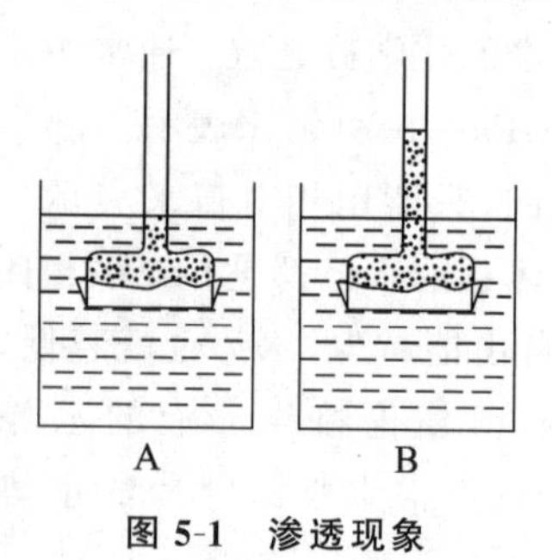

图5-1 渗透现象

A—试验开始时;B—经过一段时间后

系统中,水分从水势高的一方通过半透膜向水势低的一方移动的现象,称为渗透作用。

植物的质膜和液泡膜都接近于半透膜,因此一个具有液泡的细胞,与周围溶液一起,构成一个渗透系统。当与外界溶液接触时,细胞能否吸水,取决于原生质层内、外溶液的水势差,当外界溶液的水势大于植物细胞的水势时,细胞正常吸水;当外界溶液的水势小于植物细胞的水势时,植物细胞失水;当植物细胞和外界溶液的水势相等时,植物细胞不吸水也不失水,暂时达到动态平衡。

当外界溶液的浓度很大,水势远小于细胞的水势时,细胞严重失水,液泡体积变小,原生质和细胞壁跟着收缩,但由于细胞壁的伸缩性有限,当原生质继续收缩时细胞壁已停止收缩,原生质便慢慢脱离细胞壁,这种现象称为质壁分离(图5-2)。把发生质壁分离的细胞放在水势较高的清水中,外面的水分便进入细胞,液泡变大,使整个原生质慢慢恢复原来的状态,这种现象称为质壁分离复原。

4. 细胞间的水分移动

植物相邻细胞间水分移动的方向取决于细胞之间的水势差异,水总是从水势高的细胞流向水势低的细胞。如图 5-3 所示，细胞 A 的水势高于细胞 B，所以水从细胞 A 流向细胞 B。当多个细胞连在一起时，如果一端的细胞水势较高，依次逐渐降低，则形成一个水势梯度，水便从水势高的一端移向水势低的一端。水势高低不同不仅影响水分移动的方向，而且也影响水分移动的速度。两细胞间水势差异越大，水分移动越快。植物叶片由于蒸腾作用不断散失水分，所以水势较低，根部细胞因不断吸水，水势较高，因此，植物体内的水分总是沿着水势梯度从根输送到叶。

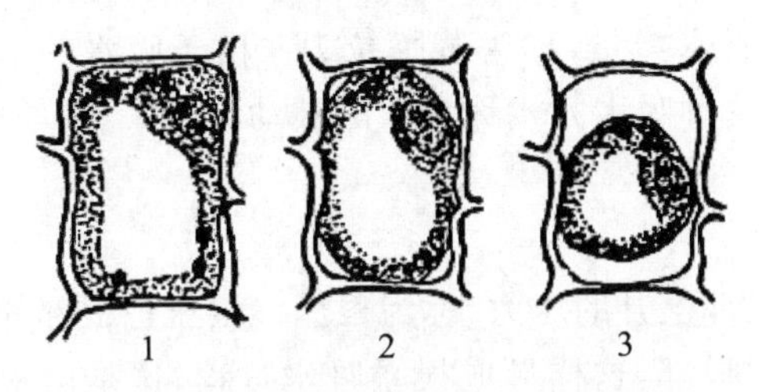

图 5-2　植物细胞的质壁分离现象

1—正常细胞；2—初始质壁分离；3—原生质与壁完全分离

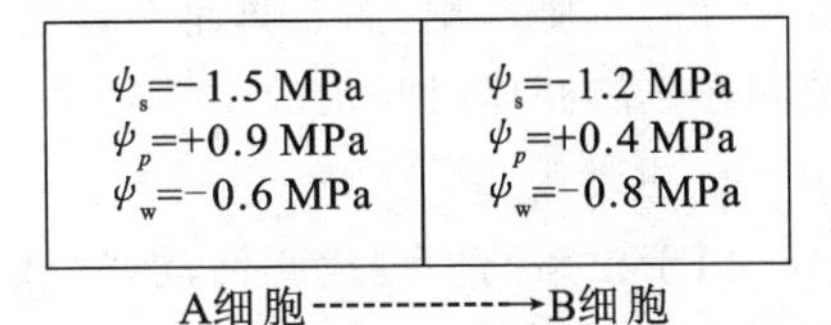

图 5-3　相邻两细胞之间水分移动图解

（二）细胞的吸胀吸水

植物细胞的吸胀吸水就是指通过吸胀作用来吸收水分，主要发生于无液泡的细胞。所谓吸胀作用，是指细胞原生质及细胞壁的亲水胶体物质吸水膨胀的现象。这是因为细胞内的纤维素、淀粉、蛋白质等亲水胶体含有许多亲水基团，特别是在干燥种子的细胞中，细胞壁的主要成分纤维素和原生质的主要成分蛋白质等生物大分子都是亲水性的，它们对水分的吸引力很强，蛋白质亲水性最大，淀粉次之，纤维素较小。因此，大豆及其他富含蛋白质的豆类种子的吸胀现象比禾谷类淀粉质种子要显著。

吸胀吸水是未形成液泡的植物细胞吸水的主要方式。果实和种子形成过程中的吸水、干燥种子在细胞形成中央液泡之前的吸水、刚分裂完的幼小细胞的吸水等，都属于吸胀吸水。这些细胞吸胀吸水能力的大小，实质上就是由衬质势的高低决定的，一般干燥种子衬质势常低于－100 MPa，远低于外界溶液（或水）的水势，因此吸胀吸水很容易发生。

二、植物根系对水分的吸收

植物根系吸水是陆生植物吸水的主要途径。根系在地下形成一个庞大的网络结构，在土壤中分布范围比较广，因此，根系在土壤中吸收能力相当强。

（一）根系吸水的区域

根系是植物吸水的主要器官，根系吸水主要在根尖进行。在根尖中，根毛区的吸收能力最强，根冠、分生区和伸长区的吸收能力较弱。这 3 个区域之所以吸水少，主要是由于这 3 个区域细胞原生质浓，输导组织还没分化完全，对水分移动阻力大。根毛区有密集的根毛，增加了吸收面积；根毛细胞壁的外部由果胶质组成，黏性强，亲水性强，有利于与土壤颗粒黏着和吸水；根毛区分化的输导组织发达，对水分的移动阻力小，所以根毛区是根系吸水的主要区域。在移栽植物幼苗时要注意保护好细根，避免过度损伤根尖，导致植物吸水困难。

（二）根系吸水的方式和动力

植物根系吸水主要有两种方式，即被动吸水和主动吸水。

1. 被动吸水

当植物进行蒸腾作用时，水分便从叶的气孔和表皮细胞表面蒸腾到大气中去，其 ψ_w 降低，失水的细胞便从邻近水势较高的叶肉细胞吸水，接近叶脉导管的叶肉细胞向叶脉导管、茎的导管、根的导管和根部吸水，这样便形成了一个水势由低到高的梯度，最后根系再从土壤中吸水。这种因蒸腾作用而产生的吸水力量，称为蒸腾拉力。由于吸水的动力来源于叶的蒸腾作用，而蒸腾是被动的，故把这种吸水方式称为根的被动吸水。蒸腾拉力是植物在蒸腾旺盛时吸水的主要动力。

2. 主动吸水

由于根系的生理代谢活动，使液流从根部上升的压力，称为根压。根压把根部的水分压到地上部分，土壤中的水分便不断补充到根部，这样形成根系吸水过程，这是由根部形成力量引起的主动过程。以根压为动力引起的根系吸水过程，称为主动吸水。

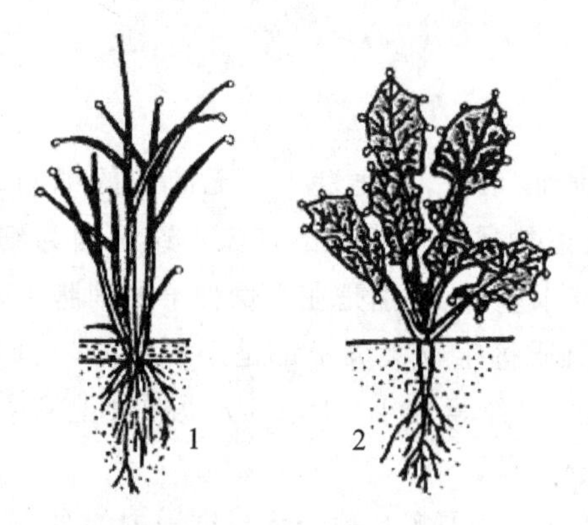

图 5-4　水稻、油菜的吐水现象

1—水稻；2—油菜

根的主动吸水可由“伤流”和“吐水”现象来说明。水稻、油菜等植物在土壤水分充足，土壤温度较高，空气湿度大的早晨，从叶尖或叶缘水孔溢出水珠，出现“吐水”现象(图 5-4)。这种从未受伤的叶片尖端或边缘向外溢出液滴的现象，称为吐水。在晴朗夏天的早晨，经常看到植物叶尖和叶缘有吐水现象，吐水的多少可作为鉴定植物苗期是否健壮的标志。葡萄在发芽前有伤流期，表现为有大量的溶液从伤口流出(修剪时留下的剪、锯口或枝蔓受伤处)，这种从受伤或剪断的植物组织茎基部伤口溢出液体的现象，称为伤流，流出的汁液称为伤流液。若在切口处连接一个压力计，可测出一定的压力，这是由根部代谢活动引起的，与地上部分无关。葡萄及葫芦科植物伤流液较多，稻、麦等植物较少。同一种植物，根系生理活动的强弱、根系有效吸收面积的大小都直接影响根压和伤流量。因此，根系的伤流量和成分是反映植物根系生理活性强弱的生理指标。

植物根系吸水的主要动力就是引起被动吸水的蒸腾拉力和引起主动吸水的根压。这两者所占的比重，对于生长在不同地域及不同季节的植物而言并不相同。热带雨林区的乔木能长成参天大树，高度在 50 m 以上，在蒸腾作用比较旺盛时根压很小，所以水分上升的动力不是靠根压。只在早春树木刚发芽，叶子尚未展开时，根压对水分上升才起主导作用。

（三）影响根系吸水的因素

影响根系吸水的因素主要包括两个方面：自身因素和土壤因素。

1. 自身因素

根系吸水的有效性取决于根系密度及根表面的透性。根系密度(cm/cm^3)通常指每立方厘米土壤内的根长。根系密度越大，占土壤体积越大，吸收的水分就越多。根系的透性也影响到根系对水分的吸收。一般初生根的尖端透水能力强，而次生根失去了表皮和皮层，被一层栓化组织包围，透水能力差。土壤干旱时，根系透性降低，供水后根系透性逐渐恢复。

2. 土壤因素

(1) 土壤水分状况　土壤中的水分并不是都能被植物利用的。根部有吸水的能力，而土壤也有保水的能力，假如前者大于后者，植物则吸水，否则植物则失水。植物从土壤中吸水，实质上是植物和土壤争夺水分的问题。植物只能利用土壤中可用的水分。土壤中可用水分的多少与土粒粗细以及土壤胶体数量关系密切，粗砂、细砂、砂壤、壤土和黏土的可用水分数量依次递减。

(2) 土壤通气状况　在通气良好的土壤中，根系吸水性很强，若土壤透气性差，则吸水受抑制。试验证明，用 CO_2 处理根部，可降低吸水量，小麦、玉米和水稻幼苗的吸水量降低 14%～15%，尤以水稻最为显著；如通以空气，则吸水量增大。一旦土壤通气不良，可导致细胞呼吸减弱，影响根压，继而阻碍吸水，时间长了还会形成无氧呼吸，产生和积累乙醇，导致根部中毒，吸水量减少。

(3) 土壤温度　土壤温度过低或过高，对根系吸水均不利。低温能降低吸水速率，这是因为：水分本身的黏度增大，扩散速度降低；细胞质黏度增大，水分不易通过细胞质；呼吸作用减弱，影响根压；根系生长缓慢，阻碍吸水表面的增大。土壤温度过高，会加速根的老化，使根木质化部位几乎到达根尖，吸收面积减少，吸收速率下降；温度过高使酶钝化，影响根系主动吸水。

(4) 土壤溶液浓度　土壤溶液浓度过高，其水势降低。若土壤溶液水势低于根系水势，植物不能吸水，反而造成水分外渗。一般情况下，土壤溶液浓度较低，水势较高；盐碱地土壤溶液浓度过高，造成植物吸水困难，导致生理干旱。如果水的含盐量超过 0.2%，就不能用于灌溉植物。施化肥时，不宜过量，特别是在沙质土上，以免根系吸水困难，产生"烧苗"现象。

三、植物体内水分的运输

陆生植物的根系从土壤中吸收的水分，必须运送到茎、叶和其他器官，供植物生理活动的需要或者蒸腾到体外。

(一) 植物体内水分运输的途径

水分从被植物吸收到蒸腾到体外，一般需要经过以下途径：首先水分从土壤溶液进入根部，通过皮层薄壁细胞，进入木质部的导管或管胞中；然后水分沿着木质部向上运输到茎和叶的木质部(叶脉)；接着，水分从叶的木质部末端细胞进入气孔下腔附近的叶肉细胞壁的蒸发部位，到达气孔下腔；最后水蒸气就通过气孔蒸腾出去(图 5-5)。由此可见，土壤、植物、空气三者之间的水分是具有连续性的。

水分在植物体内的运输有以下两种途径。

1. 经过死细胞运输

导管和管胞都是中空无原生质体的长形死细胞，细胞和细胞之间都有孔，特别是导管

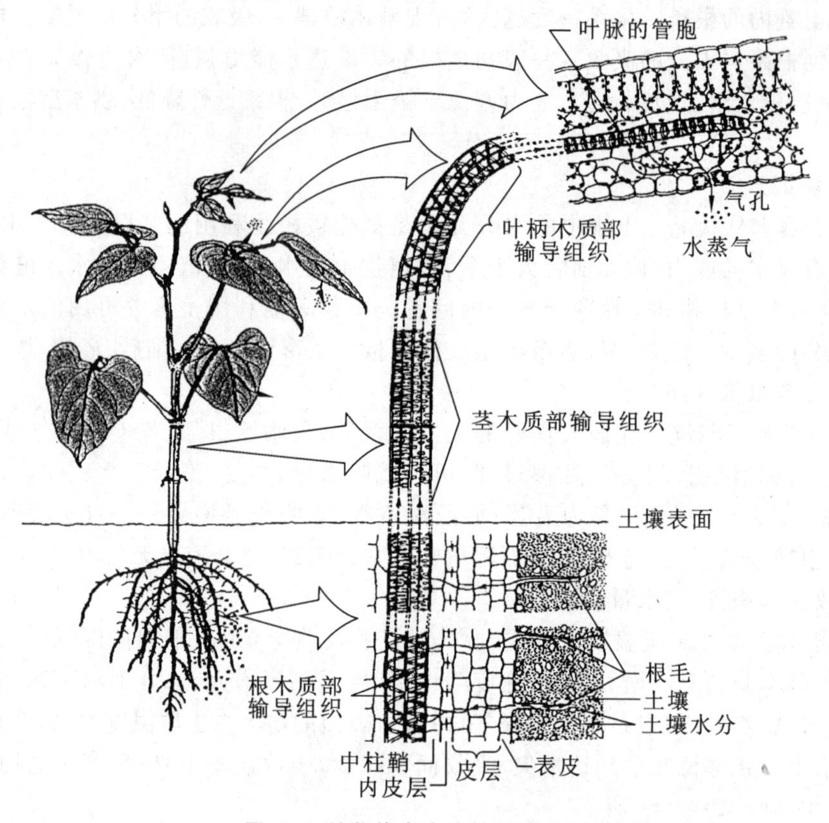

图 5-5 植物体内水分的运输途径

细胞的横壁几乎消失殆尽,对水分运输的阻力很小,适于长距离的运输。裸子植物的水分运输经过管胞,被子植物主要经过导管,管胞和导管的水分运输距离依植株高度而定,由几厘米到上百米。

2. 经过活细胞运输

水分由叶脉到气孔下腔附近的叶肉细胞,都是经过活细胞。这部分在植物体内的间距不过几毫米,距离很短,因为细胞内有原生质体,以渗透方式运输,所以阻力很大,不适于长距离运输。

因此,没有真正输导系统的植物(如苔藓和地衣),生长不高。在进化过程中出现了管胞(蕨类植物和裸子植物)和导管(被子植物),才有可能出现高达几米甚至上百米的植物。

(二) 植物体内水分运输的速度

水分通过活细胞的运输主要靠渗透作用,运输速度慢,一般只有 10^{-3} cm/h。水分通过维管束中的死细胞(导管)和细胞间隙进行的长距离运输,运输速度快,一般为 3~45 m/h。水分通过管胞运输时,由于两管胞分子相连的细胞壁未打通,水分要经过纹孔才能在管胞间移动,所以运输阻力较大,运输速度一般不到 0.6 m/h,比导管慢得多。水分在木质部导管或管胞中的运输占水分运输全部途径的 99.5%以上。

第三节 蒸腾作用

陆生植物吸收的水分除一部分用于植物代谢之外，绝大部分水分通过蒸腾作用而散失掉。水分从植物体散失到外界有两种形式：一是以液体形式散失到体外，如吐水现象；二是以气态形式散失掉，即蒸腾作用，后者是植物水分散失的主要形式。

蒸腾作用是指水分以气体状态通过植物体表面（主要是叶子），从体内散失到大气中的过程。蒸腾作用虽然基本上是一个蒸发的过程，但和物理学的蒸发有着本质的区别，这是因为蒸腾作用受植物代谢和气孔行为的调节。

一、蒸腾作用的部位和方式

幼小的植物体地上部分都能进行蒸腾。木本植物长成以后，其茎干与枝条表面发生栓质化，只有茎枝上的皮孔可以蒸腾，称为皮孔蒸腾，其量很小，仅占全部蒸腾的0.1%，因此，植物的蒸腾作用主要是通过叶片进行的。叶片蒸腾作用有两种方式：一是通过角质层的蒸腾，称为角质蒸腾；另一种是通过气孔的蒸腾，称为气孔蒸腾。这两种蒸腾方式在蒸腾中所占的比重，与植物种类、生长环境、叶片年龄有关。如生长在潮湿环境中的植物，其角质蒸腾往往超过气孔蒸腾，幼嫩叶子的角质蒸腾可占总蒸腾量的1/3～1/2。但一般植物的功能叶片，角质蒸腾量很小，只占总蒸腾量的5%～10%，因此，气孔蒸腾是蒸腾作用的主要方式。

二、蒸腾作用的生理意义

蒸腾作用尽管是散失水分的过程，但它对植物正常的生命活动具有积极意义。

1. 蒸腾作用是植物吸水和水分运输的主要动力

特别是对于高大植物，如果没有蒸腾作用产生的拉力，植物较高部位就得不到水分的供应。

2. 蒸腾作用能降低叶片的温度

阳光照射到叶片上时，大部分能量转变成热能，特别在夏天阳光直射时，若没有蒸腾作用，叶面温度可高达50～60 ℃，但由于水的汽化热比较高，在蒸腾过程中把大量的热量带走，从而降低了叶面的温度，使植物免受高温灼伤。

3. 蒸腾作用有助于矿质盐类和有机物的吸收和在体内运转

蒸腾作用是植物水分吸收和流动的主要动力，矿物质也随水分的吸收和流动而被吸入和运输到植物体各部分中去。植物对有机物的吸收和运输也是如此。所以蒸腾作用对吸收矿物质和有机物，以及其在植物体的运输有帮助作用。

4. 蒸腾作用时气孔张开，有利于气体交换

气孔张开，有利于光合原料二氧化碳的进入和呼吸作用对氧的吸收等生理活动的进行。

三、蒸腾作用的指标

常用的蒸腾作用指标有以下3种。

1. 蒸腾速率

植物在单位时间内,单位叶面积上散失的水量称为蒸腾速率,又称为蒸腾强度,常用 $g/(dm^2 \cdot h)$来表示。大多数植物通常白天的蒸腾速率是 0.5～2.5 $g/(dm^2 \cdot h)$,晚上是在 0.1 $g/(dm^2 \cdot h)$以下。

2. 蒸腾效率

蒸腾效率指植物消耗 1 kg 水所形成干物质的质量(g)。野生植物的蒸腾效率是 1～8 g/kg,而大部分作物的蒸腾效率是 2～10 g/kg。

3. 蒸腾系数

植物制造 1 g 干物质所消耗的水量(g)称为蒸腾系数(或需水量)。一般野生植物的蒸腾系数是 125～1000 g/g,而大部分作物的蒸腾系数是 100～500 g/g,不同作物的蒸腾系数也存在着一定差异(表 5-1)。

表 5-1　几种主要农作物的蒸腾系数

作　物	蒸腾系数/(g/g)	作　物	蒸腾系数/(g/g)
水　稻	211～300	油　菜	277
小　麦	257～774	大　豆	307～368
大　麦	217～755	蚕　豆	230
玉　米	174～406	马铃薯	167～659
高　粱	204～298	甘　薯	248～264

四、气孔蒸腾

(一) 气孔的大小、数目及分布

气孔是植物叶表皮上由保卫细胞所围成的小孔,它是植物叶片与外界进行气体交换的通道,直接影响着光合、呼吸、蒸腾作用等生理过程。不同植物气孔的大小、数目和分布有明显差异(表 5-2)。气孔一般长 7～30 μm、宽 1～6 μm,每平方毫米叶面可分布 100～300 个气孔,有时可达上千个。大部分植物的叶上、下表面都有气孔,但不同植物的叶上、下表面气孔数量不同,不同的生态环境气孔的分布也有明显差异。如浮水植物气孔仅分布在叶上表面;禾本科植物叶上、下表面气孔数目较为接近;双子叶植物棉花、蚕豆、番茄等,下表面比上表面气孔多。

表 5-2　不同植物气孔的数目、大小和分布

植物种类	1 mm^2 叶面气孔数		下表皮气孔大小 (长/μm)×(宽/μm)
	上表皮	下表皮	
小　麦	33	14	38×7
野燕麦	25	23	38×8
玉　米	52	68	19×5
向日葵	58	156	22×8
番　茄	12	130	13×6
苹　果	0	400	14×12

（二）气孔蒸腾过程

气孔蒸腾分两步进行：第一步是水分在叶肉细胞壁表面进行蒸发，水汽扩散到细胞间隙和气室中；第二步是这些水汽从细胞间隙、气室经气孔扩散到大气中。

叶片上气孔的数目虽然很多，但是所占面积比较小，一般只占叶面积的1%～2%。但蒸腾量比同面积的自由水面高出50倍。因为气孔的孔隙很小，当完全张开时，长度也只有7～30 μm，宽只有1～6 μm，但水分子的直径只有0.000454 μm，比它还小。根据小孔扩散原理，即气体通过小孔扩散的速度不与小孔的面积成正比，而与孔的周长成正比，这就是所谓的小孔扩散规律，孔越小越多，其相对周长越长，水分子扩散速度越快。这是因为在小孔周缘处扩散出去的水分子相互碰撞的机会少，所以扩散速度比小孔中央水分子扩散的速度快，这种现象称为边缘效应（图5-6）。

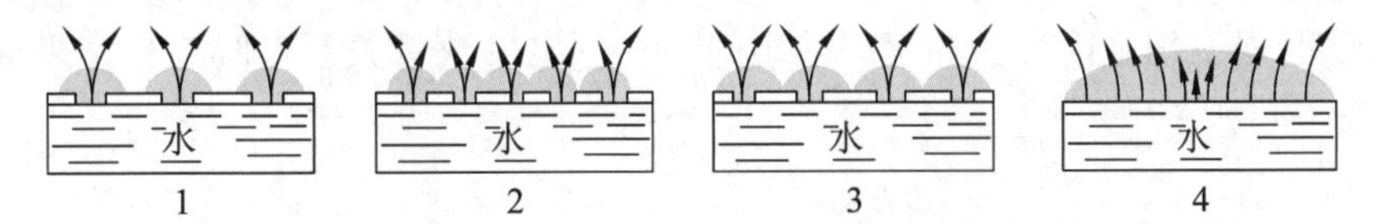

图5-6 水分通过多孔的表面和自由水面比较

1—小孔分布很稀；2—小孔分布很密；3—小孔分布适当；4—自由水面

另外，小孔间的距离对扩散的影响也很重要，小孔分布太密，边缘扩散出去的水分子彼此碰撞，发生干扰，边缘效应不能充分发挥。据测定，小孔间距离约为小孔直径的10倍，才能充分发挥边缘效应。

（三）气孔开闭的机理

关于气孔开闭的机理主要有以下三种学说。

1. 淀粉-糖转化学说

在光照下，光合作用消耗了CO_2，于是保卫细胞细胞质pH值增高到7，淀粉磷酸化酶催化正向反应，使淀粉水解为糖，引起保卫细胞水势下降，从周围细胞吸取水分，导致保卫细胞膨大，因而气孔张开。在黑暗中，保卫细胞光合作用停止，而呼吸作用仍进行，产生的CO_2积累使保卫细胞pH值下降，淀粉磷酸化酶催化逆向反应，使糖转化成淀粉，溶质颗粒数目减少，细胞水势亦升高，细胞失去膨压，导致气孔关闭。

这一学说可以解释光和CO_2的影响，也符合观察到的淀粉白天消失、晚上出现的现象。然而，近几年来的研究发现，在一部分植物保卫细胞中并未检测到糖的累积。有些植物的气孔运动不依赖光合作用，与CO_2可能无关，这些研究表明，用这个学说解释气孔运动还有一定的局限性。

2. K^+积累学说

在20世纪60年代末，人们观察到当气孔保卫细胞内含有大量的K^+时，气孔张开，气孔关闭后K^+消失。K^+积累学说认为，在光照下保卫细胞的叶绿体通过光合磷酸化作用合成ATP，活化了质膜H^+-ATP酶，把K^+吸收到保卫细胞中，K^+浓度增高，水势降低，促进保卫细胞吸水，气孔张开。相反，在黑暗条件下，K^+从保卫细胞中扩散出去，细胞水势提高，水分流出细胞，气孔关闭。

3. 苹果酸代谢学说

20世纪70年代初，人们发现苹果酸在气孔开闭中起着某种作用，提出了苹果酸代谢学说。在光照下，保卫细胞内的部分CO_2被利用时，pH值就上升到8.0～8.5，从而活化了PEP羧化酶(磷酸烯醇式丙酮酸羧化酶)，它可催化由淀粉降解产生的PEP与HCO_3^-结合形成草酰乙酸。草酰乙酸进一步被苹果酸还原酶还原为苹果酸。

$$\text{PEP}+HCO_3^- \xrightarrow{\text{PEP羧化酶}} \text{草酰乙酸}+\text{磷酸}$$

$$\text{草酰乙酸}+\text{NADPH(或 NADH)} \xrightarrow{\text{苹果酸还原酶}} \text{苹果酸}+\text{NADP(或 NAD)}$$

苹果酸解离的2个H^+与K^+交换，保卫细胞内K^+浓度增加，水势降低；苹果酸根进入液泡中和Cl^-、K^+一起保持保卫细胞的电中性。同时，苹果酸也可作为渗透物质降低水势，促使保卫细胞吸水，气孔张开(图5-7)，当叶片由光下转入暗处时该过程逆转。近期研究证明，保卫细胞内淀粉和苹果酸之间存在一定的数量关系，即淀粉、苹果酸与气孔开闭有关。

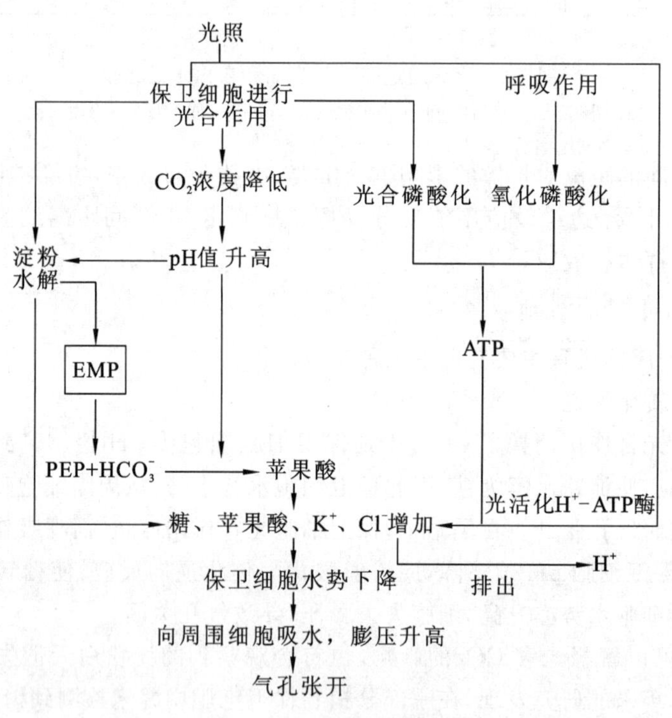

图5-7 气孔运动机制图解

五、影响蒸腾作用的因素

(一) 影响蒸腾作用的外界因素

1. 温度

在一定范围内，温度升高，蒸腾加快，因为在较温暖的环境中，水分子汽化及扩散加快。

2. 大气湿度

大气湿度对蒸腾的强弱影响极大。大气湿度越小，叶内、外蒸汽压差越大，叶内水分子很容易扩散到大气中去，蒸腾加快。反之，大气湿度大，叶内、外蒸汽压差小，蒸腾受抑制。

3. 光照

光照加强，蒸腾加快，因为光可促进气孔的开放，并提高大气与叶面的温度，加速水分的扩散。

4. 风

风对蒸腾的影响比较复杂，微风能把叶面附近的水汽吹散，并摇动枝叶，加快叶内水分子向外扩散，从而促进蒸腾作用，但强风会使气孔关闭和降低叶温，减少蒸腾。

5. 土壤条件

植物地上部分的蒸腾与根系吸水有密切关系，因此，各种影响根系吸水的土壤条件，如土壤温度、土壤通气、土壤溶液的浓度等，均可间接地影响蒸腾作用。

总之，影响蒸腾作用的环境因素是多方面的，且各因素之间还相互制约和相互影响。如光影响温度，温度影响着湿度。但在一般自然条件下，光是影响蒸腾作用的主导因子。

（二）影响蒸腾作用的内部因素

内部阻力是影响蒸腾作用的内在因素，凡是能减少内部阻力的因素，都会促进蒸腾速率。气孔和气孔下腔直接影响内部阻力。在叶子长成后，气孔频率、气孔大小和气孔下腔大小都固定不变而气孔开度仍有变化，因此，叶片长成后的内部阻力主要取决于气孔开度。

叶片内部面积的大小也影响蒸腾速率，因为叶片内部面积增大，细胞表面的水分蒸发面积就增大，细胞间隙充满水蒸气，叶内、外蒸汽压差大，有利于蒸腾。

第四节　植物的抗旱性和抗涝性

植物根系从土壤中不断地吸收水分，叶片通过气孔蒸腾失水，这样就在植物生命活动中形成了吸水与失水的连续运动过程。一般把植物吸水、用水、失水三者之间的和谐动态关系称为水分平衡。在植物生产中，根据不同植物的需水规律合理灌溉，能保持植物体内的水分平衡，达到植物高产、稳产的目的。

一、植物的抗旱性

土壤水分缺乏或大气相对湿度过低对植物造成的伤害，称为旱害或干旱。旱害可分为大气干旱和土壤干旱两种。大气干旱的特点是土壤水分不缺，但由于温度高而相对湿度过低（20%以下），常伴随高温，叶片蒸腾量超过吸水量，破坏了植物体内的水分平衡，植物体表现出暂时萎蔫，甚至叶枝干枯等危害。大气干旱常表现为“干热风”，在我国西北、华北地区时有发生。如果长期存在大气干旱，便会引起土壤干旱。土壤干旱是指土壤中可利用的水分缺乏或不足，植物根系吸水量补偿不了叶片蒸腾失水量，植物组织处于缺水状态，不能维持生理活动，受到伤害，严重缺水引起植物干枯死亡。

（一）干旱对植物的危害

1. 暂时萎蔫和永久萎蔫

植物在水分亏缺严重时，细胞失水，叶片和茎的幼嫩部分即下垂，这种现象称为萎蔫。萎蔫分为暂时萎蔫和永久萎蔫两种。在夏季炎热的中午，蒸腾强烈，水分暂时供应不上，叶片与嫩茎萎蔫，到了夜晚蒸腾减弱，根系又继续供水，萎蔫消失，植物恢复挺立状态，这称为暂时萎蔫。当土壤已无可供植物利用的水分，引起植物整体缺水，根毛死亡，即使经过夜晚，萎蔫也不会恢复，这称为永久萎蔫。永久萎蔫持续过久，会导致植物死亡。

2. 干旱时植物的生理变化

(1) 各部位间水分重新分配　水分不足时，植物各器官不同组织间的水分按各部位的水势大小重新分配。当干旱造成水分缺失时，植物水势低的部位会从水势高的部位夺水，加速器官的衰老进程。干旱时一般受害较大的部位是幼嫩的胚胎组织以及幼小器官。禾谷类植物幼穗分化时遇到干旱，小穗和小花数量减少；灌浆时缺水，籽粒不饱满，影响产量。

(2) 各种生理过程的改变　水分不足时，植物气孔关闭；叶绿体受伤，光合作用显著下降，最后则完全停止；光合产物从同化组织运输出去的速度也受限。一般认为，缺水可增强呼吸，但植物的 P 与 O 的含量的比值下降，氧化磷酸化解偶联。

（二）植物的抗旱性

植物对干旱的适应能力称为抗旱性。一般抗旱性较强的植物，在形态特征上表现为根系发达，根冠比较大，能有效地利用土壤水分，特别是土壤深处的水分。叶片的细胞体积小，可以减少细胞膨胀时产生的细胞损伤。叶片上的气孔多，蒸腾的加强有利于吸水，叶脉较密，即输导组织发达，茸毛多，角质化程度高或蜡质厚，这样的结构有利于对水分的贮藏和供应。从生理上来看，抗旱性强的植物干旱时细胞内会迅速积累脯氨酸等渗透调解物质，使细胞液的渗透势降低，保持细胞的亲水能力，防止细胞严重脱水；另外，植物体内的水解酶如 RNA 酶、蛋白酶等活性稳定，减少了生物大分子物质的降解，这样既保持了质膜结构不受破坏，又可使原生质有较大的弹性与黏性，提高细胞的保水能力和抗机械损伤的能力，使细胞代谢稳定。

（三）提高植物抗旱性的措施

1. 抗旱锻炼

创造不同程度的干旱条件，提高植物对干旱的适应能力。如播种前对萌动种子给予干旱锻炼，可以提高抗旱能力。其方法是使吸水 24 h 的种子在 20 ℃条件下萌动，刚刚露出胚根时放在阴处风干，然后再吸水，再风干，如此反复进行三次后播种，抗旱能力明显增强。经过干旱锻炼的植株，原生质的亲水性、黏性及弹性均有提高，在干旱时能保持较高的合成水平，抗旱性增强。在幼苗期减少水分供应，使之经受适当缺水的锻炼，也可以增加对干旱的抵抗能力。例如“蹲苗”就是使作物在一定时期内，处于比较干旱的条件下，经过这样锻炼的作物，往往根系较发达，体内干物质积累较多，叶片保水力强，从而增加了抗旱能力。但是“蹲苗”要适度，不能过分缺水，以免营养器官生长受到过分的限制。

2. 合理施肥

施加氮肥过多，枝叶徒长，蒸腾过强，抗旱能力弱；氮肥少，植株生长瘦弱，根系吸水慢，抗旱能力同样弱，因此氮肥施用要适量。磷、钾肥均能提高植物抗旱性，因为磷能促进蛋白质的合成，提高原生质胶体的水合程度，增强抗旱能力。钾能改善糖类代谢和增加原生质的束缚水含量，还能增加气孔保卫细胞的紧张度，使气孔张开，有利于光合作用。此外，硼和铜也有助于植物抗旱力的提高。

3. 化学药剂

利用矮壮素适当抑制地上部分的生长，增大根冠比，以减少蒸腾量，有利于植物抗旱。此外，还可利用蒸腾抑制剂来减少蒸腾失水，从而增加作物的抗旱能力。

除了上述提高抗旱性的途径以外，通过系统选育、杂交、诱导等方法，选育新的抗旱品种是提高植物抗旱性的根本途径。

二、植物的抗涝性

土壤积水或土壤过湿对植物的伤害称为涝害。水分过多对植物之所以有害，并不在于水分本身，而是由于水分过多导致缺氧，从而引起一系列的危害。如果排除了这些间接的原因，植物即使在水溶液中培养也能正常生长。

（一）水涝对植物的危害

1. 湿害

土壤含水量超过田间最大持水量，根系完全生长在沼泽化的泥浆中，这种涝害称为湿害。湿害常常使植物生长发育不良，根系生长受抑，甚至腐烂死亡；地上部分叶片萎蔫，严重时整个植株死亡。其原因：一是土壤全部空隙充满水分，土壤缺乏氧气，根部呼吸困难，导致吸水和吸肥都受到阻碍；二是由于土壤缺乏氧气，土壤中的好气性细菌（如氨化细菌、硝化细菌和硫细菌等）的正常活动受阻，影响矿质元素的供应；另一方面，嫌气性细菌（如丁酸细菌等）特别活跃，增大土壤溶液酸度，影响植物对矿质元素的吸收，与此同时，还产生一些有毒的还原产物（如硫化氢和氨等），直接毒害植物根部。

2. 涝害

陆地植物的地上部分如果全部或局部被水淹没，即发生涝害。涝害使植物生长发育不良，甚至导致死亡。其主要原因是：由于淹水而缺氧，抑制有氧呼吸，致使无氧呼吸代替有氧呼吸，使贮藏物质大量消耗，并同时积累乙醇使植物中毒；无氧呼吸使根系缺乏能量，从而降低根系对水分和矿质元素的吸收，使正常代谢不能进行。此时，地上部分光合作用下降或停止，使分解量大于合成量，使植物的生长受到抑制，发育不良，轻者导致产量下降，重者引起植株死亡，颗粒无收。

生产上借鉴上述原理进行“淹水杀稗”，因为稗籽的胚乳营养很少（约为稻的1/5），在幼苗二叶末期就消耗殆尽，此时不定根正处于始发期，抗涝能力最弱，故为淹死稗草的最好时期。而二叶期的水稻幼苗，胚乳养料只消耗一半左右，此时淹水，胚乳还可继续供给养分，不定根仍可继续发生，抗涝能力较强，所以淹水杀稗不伤稻秧。

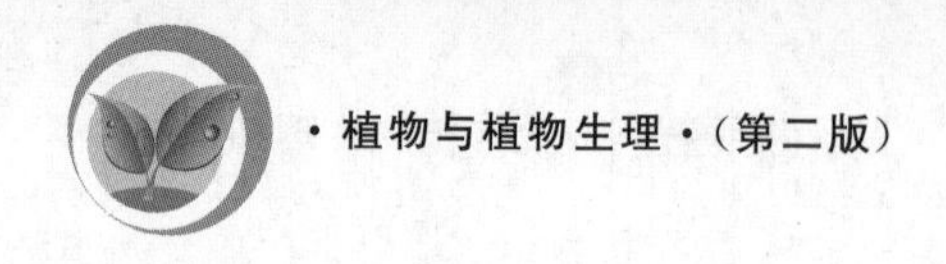

(二) 植物的抗涝性及抗涝措施

1. 植物的抗涝性

植物对过多水分的适应能力或抵抗能力称为抗涝性。不同植物忍受涝害的程度不同,如油菜比番茄、马铃薯耐涝,柳树比杨树耐涝。植物在不同的发育时期抗涝能力不同,如水稻在孕穗期遇涝灾受害严重,拔节抽穗期次之,分蘖期和乳熟期受害较轻。另外,涝害与环境条件有关,静水受害大,流动水受害小;污水受害大,清水受害小;高温受害大,低温受害小。

不同植物耐涝程度之所以不同,一方面在于各种植物忍受缺氧的能力不同,另一方面在于地上部对地下部输送氧气的能力大小与植物的耐涝性关系很大。例如,水稻耐涝性之所以较强,是由于地上部所吸收的氧气,有相当大的一部分能输送到根系,在二叶期和三叶期的幼苗,其叶鞘、茎和叶所吸收的氧气有50%以上往下运输到处于淹在水中的根系,最多可达70%。而小麦在同样生育期向根运氧只有30%。由此可见,水稻比小麦耐涝。

植物地上部向地下部运送氧气的通道,主要是皮层中的细胞间隙系统,皮层的活细胞及维管束几乎不起作用。这种通气组织从叶片一直连贯到根。

水稻与小麦的根,在通气结构上差别很大。水稻幼根的皮层细胞间隙要比小麦的大得多,且成长以后根皮层细胞内细胞大多崩溃,形成特殊的通气组织,而小麦根在结构上没有变化。水稻通过通气组织能把氧气顺利地运输到根部。

有些生长在非常潮湿土壤中的植物,能够在体内逐渐出现通气组织,以保证根部得到充足的氧气供应,如大豆。从生理特点上看,抗涝植物在淹水时,不发生无氧呼吸,而是通过其他呼吸途径,如形成苹果酸、莽草酸,从而避免根细胞中毒。

2. 抗涝措施

防治涝害的根本措施,是搞好水利建设。一旦涝害发生后,应及时排涝。排涝结合洗苗,除去堵塞气孔、粘贴在叶面上的泥沙,以加强呼吸作用和光合作用。此时,还应适时施用速效肥料(如喷施叶面肥),使植物迅速恢复生机。

三、合理灌溉的指标及灌溉方法

(一) 植物的需水规律

1. 不同植物对水分的需要量不同

植物的蒸腾系数就是需水量,植物种类不同,需水量有很大差异。如小麦和大豆需水量较大,高粱和玉米需水量较小。以生产等量的干物质而言,需水量小的植物比需水量大的植物所需水分少,因此在水分较少的情况下,需水量小的植物能制造较多的干物质,因而受干旱影响比较小。生产上常以植物的生物产量乘以蒸腾系数为理论最低需水量。但植物实际需要的灌溉量要比理论值大得多,因为土壤保水能力、降雨及生态需水的多少等都会对植物的吸水造成影响。

2. 同一植物不同生育期对水分的需求量不同

植物在整个生育期中对水分的需求有一定的规律,一般在苗期需水较少,在开花前的旺盛生长期需水量大,开花结果后需水量逐渐减小。例如早稻在苗期,由于蒸腾面积较小,水分消耗量不大;进入分蘖期后,蒸腾面积扩大,气温也逐渐转高,水分消耗量也明显加大;到孕穗开花期,耗水量达最大值;进入成熟期后,叶片逐渐衰老脱落,耗水量又逐渐减小。

3. 植物的水分临界期

植物一生中对缺乏水分最敏感、最易受害的时期,称为水分临界期。一般而言,植物水分临界期处于花粉母细胞四分体形成期。这个时期如缺水,就会使性器官发育不正常。禾谷类作物一生中有两个临界期:一是拔节到抽穗期,如缺水可使性器官形成受阻,降低产量;二是灌浆到乳熟末期,这时缺水,会阻碍有机物质的运输,导致籽粒糠秕,粒重下降。植物水分临界期的生理特点是原生质的黏性和弹性都显著降低,因此,忍受和抵抗干旱的能力减弱,此时,原生质必须有充足的水分,代谢才能顺利进行。因此,在植物生产上必须采取有效措施,满足作物水分临界期对水分的需求,这是取得高产的关键。

(二)合理灌溉的生理指标

1. 土壤含水量指标

植物灌水一般是根据土壤含水量来进行灌溉,即根据土壤墒情决定是否需要灌水。一般作物生长较好的土壤含水量为田间持水量的60%~80%,如果低于此含水量,就应及时进行灌溉。但这个值不固定,常随许多因素的改变而变化。此值在农业生产中有一定的参考意义。

2. 植物形态指标

植物缺水时,其形态表现为:幼嫩的茎叶在中午发生暂时萎蔫,导致生长速度下降,茎、叶变暗、发红,这是因为干旱时生长缓慢,叶绿素浓度相对增大,使叶色变深,在干旱时糖的分解量大于合成量,细胞中积累较多的可溶性糖并转化成花青素,花青素在弱酸条件下呈红色,因此茎叶变红。形态指标易于观察,当植物在形态上表现受旱或缺水症状时,其体内的生理生化过程早已受到水分亏缺的危害,这些形态症状不过是生理生化过程改变的结果。因此,更为可靠的灌溉指标是生理指标。

3. 生理指标

1)叶片水势

叶片水势是一个灵敏反映植物水分状况的生理指标。当植物缺水时,水势下降。当水势下降到一定程度时,就应及时灌溉。对不同作物,发生干旱危害的叶片水势临界值不同,表5-3列出了几种作物光合速率开始下降时的叶片水势值。

表5-3 光合速率开始下降时的叶片水势

作物	引起光合速率下降的叶片水势值/MPa	气孔开始关闭的叶片水势值/MPa
小麦	−1.25	
高粱	−1.40	
玉米	−0.80	−0.480
豇豆	−0.40	−0.40
早稻	−1.40	−1.20
棉花	−0.80	−1.20

2）植物细胞汁液的浓度

干旱情况下植物细胞汁液浓度比水分供应正常情况下高。当细胞汁液浓度超过一定值时，就应灌溉，否则会阻碍植株生长。

3）气孔开度

水分充足时气孔开度较大，随着水分的减少，气孔开度逐渐缩小；当土壤可利用水耗尽时，气孔完全关闭。因此，气孔开度缩小到一定程度时就要灌溉。

4）叶温-气温差

缺水时叶温-气温差加大，可以用红外测温仪测定作物群体温度，计算叶温-气温差，确定灌溉指标。目前已利用红外遥感技术测定作物群体温度，指导大面积作物灌溉。

植物灌溉的生理指标因栽培地区、时间、植物种类、植物生育期的不同而异，甚至同一植株不同部位的叶片也有差异。因此，在实际运用时，应结合当地的情况，测出不同植物的生理指标阈值，以指导合理灌溉。在灌溉时尤其要注意看天、看地、看作物苗情，进行综合判断。

（三）合理灌溉增产的原因

合理灌溉对植物的生长发育和生理生化过程有着重要影响，合理灌溉增产的生理原因主要是改善了植物的光合性能。光合性能包括光合面积和光合速率、光合时间、光合产物的消耗和分配利用等几个方面。下面从四个方面说明合理灌溉增产的原因。

1. 增大了光合面积和光合速率

合理灌水能显著促进作物生长，尤其是扩大了光合面积。光合面积主要是指叶面积，在生产实际中作物的实际光合面积要比叶面积大一些，作物（如黄瓜、豆角等）的幼茎、果实能进行光合作用，棉花的苞叶、玉米的苞叶、小麦的穗和穗下节间也能进行光合作用。在一定的范围内，作物的叶面积和光合速率呈正相关。在接近水分饱和状态下，叶片能充分接受光能，气孔张开，有利于 CO_2 的吸收，促进光合作用。

2. 延长光合时间

合理灌水能延长叶片的功能期，延缓衰老，从而延长光合时间。小麦在灌浆期保证水分供应十分重要，合理灌水可以降低呼吸强度，减少午休现象，提高千粒重，同时也为下茬作物的播种奠定了基础。

3. 促进有机物质运输

合理灌水有利于有机物质的运输，光合作用合成的有机物质都是在水溶状态下运输的，尤其是在作物后期灌水，能显著促进有机物运向结实器官，提高作物产量和经济系数。

4.改善生态环境

合理灌水不但能满足作物各生育期对水分的需求，而且能满足作物需要的农田土壤条件和气候条件，如降低作物株间气温，提高相对湿度等。合理灌水可以改善农田小气候，对作物的生长发育十分有利，在盐碱地合理灌水还有洗盐压碱作用。

本章小结

植物的水分代谢包括植物对水分的吸收、运输、利用和散失的过程。没有水，就没有生命，水在植物生命活动中起着十分重要的作用。植物细胞吸水的方式有渗透吸水和吸胀吸水。植物细胞可以看成一个渗透系统。细胞之间水分移动的方向取决于相邻细胞间水势的高低，水分从水势高处流向水势低处。

根是植物的主要吸水器官，根部吸水的动力有根压和蒸腾拉力。根压与根系生理活动有关，蒸腾拉力与叶片蒸腾有关，所以影响根系活动和蒸腾速率的内、外条件，都影响根系的吸水。植物不但吸水而且也在不断失水，维持水分平衡是植物正常活动的关键。植物失水方式有吐水和蒸腾。吐水现象是植物生理活动正常的表现。蒸腾作用在植物生活中具有非常重要的作用。气孔是植物与外界进行气体交换的通道，也是蒸腾作用的主要通道。一切影响保卫细胞水势下降的因素，都促使气孔张开。气孔蒸腾的速率受到内、外因素共同的影响。外部因素主要是光照，内部因素主要是气孔调节。

水分在植物体内的运输途径有死细胞（导管和管胞）和活细胞两种。前者对水分移动的阻力小，适合长距离运输；后者的距离虽短，但阻力大。水分子之所以能沿导管或管胞上升，是因为下有根压，上有蒸腾拉力，以蒸腾拉力为主。

植物需水量依种类不同而不同，同种作物不同生育期对水分的需要也不同，以生殖器官形成期和灌浆期最敏感。灌溉的生理指标可以客观和灵敏地反映植物的水分状况，有助于人们确定合理的灌溉时间。

阅读材料

气孔的运动

保卫细胞具有非常敏感地感受外界信号变化的能力，它对光合、蒸腾等生理过程具有十分重要的调控作用，又关系着植物对抗逆的适应。气孔运动的机理一直是植物生命活动研究中的热点。

光对气孔运动有影响，长期以来把它与光合作用联系起来分析，但气孔开放的作用光谱和光合作用的作用光谱有很大的差异，并且蓝光、红光可以直接刺激保卫细胞质膜上的受体，引起质膜 H^+-ATP 酶的活化，使气孔张开。

淀粉与糖的转化假说受到了质疑，这是因为保卫细胞内淀粉与糖的转化相当缓慢，并且淀粉水解反应前后的渗透势没有实质的变化，有些植物的保卫细胞里也没有叶绿体。有些实验则表明气孔的开放与苹果酸的产生有关，苹果酸在适宜的条件下可解离成苹果酸根离子，从质膜上的阴离子通道送出，通道有慢速、快速阴离子通道两种类型。

钾离子逆着浓度梯度进入保卫细胞内部与质膜上的被光活化的 H^+-ATP 酶有关。近年来，还发现质膜上存在 K^+ 通道。光照时，质膜超极化，K^+ 内流通道激活，K^+ 进入保卫细胞。黑暗时，质膜去极化，K^+ 外流通道激活，K^+ 沿着电子梯度外流。

植物激素如ABA可作用于保卫细胞质膜的外侧,引起H^+-ATP酶磷酸化或直接抑制K^+内流通道(先)、活化K^+外流通道(后)。也有人认为与第二信使(Ca^{2+}、IP_3)的变化有关。生长激素也可以作用于阴离子通道和质膜上的H^+-ATP酶。

微管、微丝参与气孔的运动已有确实的实验证据,它们也许是通过影响马达蛋白ATP酶的活性而调节气孔的运动,也许是独立地作用于原生质。在气孔运动中,原生质的运动应该受到重视,这是因为细胞骨架像网络构架一样,会把特定的受体(CAM、ATP)酶等固定在特定的区域,它们必然限制保卫细胞的运动;而K^+进、出保卫细胞所造成的超极化和去极化,也很可能和在运动细胞里一样,通过某些信号转导机制去诱导运动蛋白的运动,促使气孔的启闭。

复习思考题

1. 简述水对植物的生理作用。
2. 植物体内的水分存在状态有哪两种形式?不同水分的存在状态对植物代谢有何影响?
3. 质壁分离及质壁分离复原现象在农业生产上有何指导意义?
4. 根系吸水和细胞吸水的方式有哪些?解释吐水、伤流产生的原因。
5. 蒸腾指标有哪三种?简述水分在植物体内运输的途径和水分沿导管上升的动力。
6. 合理灌溉的生理指标有哪些?
7. 何为水分临界期?水分临界期在农业生产上有何意义?

第六章 植物的矿质营养

学习内容

植物体内的必需矿质元素;植物对矿质元素的吸收;矿质元素在植物体内的运输与利用;合理施肥的生理基础;植物的抗盐性。

学习目标

识记植物矿质元素种类、生理作用及营养失调症状;理解植物对矿质元素的吸收、利用、运转、分配规律及特点,植物的需肥规律;了解合理施肥的基本原理及基础知识;了解植物的抗盐方式及抗盐机理。

技能目标

掌握植物必需矿质元素的判断方法;识别植物常见缺素症的表观特征;学会植物营养诊断技术;掌握提高植物肥料利用效率的技术途径;学会提高植物抗盐性的技术。

第一节 植物体内的必需矿质元素

要了解植物正常生长发育需要什么养分,首先要知道植物体的养分组成。一般新鲜植物中含水分75%～95%,干物质5%～25%;在干物质中,灰分元素占1%～5%,碳占45%左右,氧占45%左右,氢占6%左右,氮占1.5%左右。新鲜植物经烘烤后,可获得干物质,在干物质中含有无机和有机两类物质;干物质燃烧时,有机物在燃烧过程中氧化而挥发,余下的部分就是灰分元素。在灰分中含有钾、钙、镁、铝、锌、铁等金属元素,亦含有磷、硫、硅、硼、硒、氯等非金属元素。

一、植物必需矿质元素的确定

人们早就认识到,植物不仅能吸收它所必需的营养元素,同时也会吸收一些它并不需要甚至可能有毒的元素。如何确定哪些是植物所需要的元素呢?可靠的方法是利用人工配制的可控制成分的营养液培养植物(溶液培养)(图6-1),以观察植物的反应,根据植物的反应对照必需元素的三条标准来确定。

国际植物营养学会规定的植物必需元素的三条标准如下。

① 这种化学元素对所有植物的生长发育是不可缺少的。缺少这种元素就不能完成其生命周期。

② 缺乏这种元素后,植物会表现出特有的症状,而且其他任何一种元素均不能代替其作用,只有补充这种元素后症状才能减轻或消失。

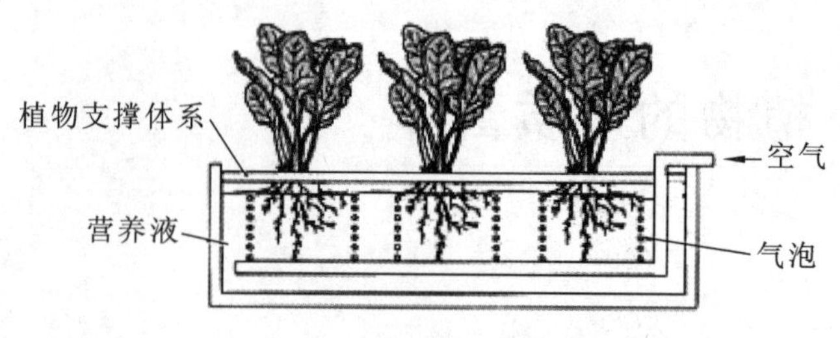

图 6-1　溶液培养

③ 这种元素必须是直接参与植物的新陈代谢,对植物起直接的营养作用,而不是改善环境的间接作用。

由于溶液培养法不受水土和季节限制,而且易于调控,因此这种方法不仅用于植物对矿质元素必需性的研究,而且已广泛用于花卉、蔬菜、苗木等植物材料的培养和无土栽培生产中。

二、植物必需矿质元素的种类

采用溶液培养法,根据前述必需元素的三条标准,目前已确定植物必需的元素共有17种。其中碳(C)、氢(H)、氧(O)、氮(N)、磷(P)、钾(K)、钙(Ca)、镁(Mg)、硫(S)等9种元素植物需要量相对较大,在植物体内含量相对较高(占干重的0.01%～10%),称为大量元素;铁(Fe)、锰(Mn)、铜(Cu)、锌(Zn)、硼(B)、钼(Mo)、氯(Cl)、镍(Ni)等8种元素植物需要量极微,在植物体内含量非常低,称为微量元素。除C、H、O外,其余的14种元素称为植物必需的矿质元素。矿质元素中,N、P、K三种元素,由于需要量比较多,而土壤中可提供的有效量相对比较少,常常须通过施肥才能满足生长的需要,故也称为"营养三要素"或者"肥料三要素"。

除17种必需营养元素外,还有一类营养元素,对某些植物的生长发育有利,或为某些植物在特定条件下所必需,如钠(Na)对喜盐植物、铝(Al)对茶树、硅(Si)对水稻等生长发育有利或必需,这类元素称为有益元素。

三、植物必需矿质元素的生理作用及缺素症

(一) 大量元素的生理作用及缺素症

1. 氮

植物吸收的氮主要是无机态氮,即铵态氮和硝态氮,也可以吸收利用有机态氮,如尿素等。氮是体内许多重要有机化合物的组分,例如蛋白质、核酸、叶绿素、酶、维生素、生物碱和一些激素等都含有氮。氮也是遗传物质的基础。在所有生物体内,蛋白质最为重要,它常处于代谢活动的中心地位。蛋白质的重要性还在于它是生物体生命存在的形式。如果没有氮,就没有蛋白质,也就没有了生命,所以氮被称为"生命元素"。总之,氮对植物生命活动以及产量和品质均有极其重要的作用。合理施用氮肥是获得高产、优质植物的有效措施。

缺氮时,植物生长矮小,分枝、分蘖很少,叶片小而薄,花果少且易脱落;缺氮还会使叶

绿体结构遭到破坏,叶绿素合成减少,使枝叶变黄,叶片早衰甚至干枯,从而导致产量降低。缺氮时叶片发黄,由下部叶片开始逐渐向上,这是缺氮症状的显著特点。

氮过多时,叶片大而深绿,柔软披散,植株徒长。另外,氮过多时,植株体内含糖量相对不足,茎秆中的机械组织不发达,易造成倒伏和被病虫害侵害。

2. 磷

植物通常以正磷酸盐(HPO_4^{2-} 或 $H_2PO_4^-$)形式吸收磷。磷是植物体内许多重要有机化合物的组分,例如核酸、核蛋白和磷脂等都含有磷。同时磷又以多种方式参与植物体内各种代谢过程,例如:磷是许多辅酶如 NAD^+、$NADP^+$ 等的成分,它们参与了光合和呼吸过程;磷参与了碳水化合物的代谢和运输;磷对氮代谢也有重要作用,如硝酸还原中有 NAD 和 FAD 的参与;磷与脂肪转化也有关系,脂肪代谢需要 NADPH、ATP 和 $NADH^+$ 的参与。可见,磷对高产及保持品种的优良特性有明显作用。

缺磷时,植株生长延缓,植株矮小,分枝或分蘖减少,根系不发达;在缺磷初期,叶片常呈暗绿色,缺乏光泽,某些植物枝叶呈现紫红色,严重缺磷时叶片枯死脱落,以上这些症状一般老叶先开始,因磷在植物体中可以再利用;花芽开放和发育慢而弱,产量降低,质量也差。

磷过多时,植物无效分蘖和瘪籽增加;叶片肥厚而密集,叶色浓绿;植株矮小,节间缩短;出现生长明显受抑制的症状。磷过多还表现为植株地上部分与根系生长比例失调,茎叶生长受抑制,根系非常发达,根量极多而粗短。

3. 钾

钾是以钾离子的形式被植物吸收利用的。钾在细胞内可作为 60 多种酶的活化剂,与酶促反应关系密切,在碳水化合物代谢、呼吸作用及蛋白质代谢中起重要作用。钾有高速透过生物膜的特点,所以钾不仅在生物物理和生物化学方面有重要作用,而且对体内同化产物的运输和能量转变也有促进作用。钾对提高农产品产量和改善农产品品质均有明显的作用,而且还能提高植物适应外界不良环境的能力,因此它有"品质元素"和"抗逆元素"之称。

缺钾时,植株茎秆柔弱,易倒伏,抗旱、抗寒性降低,叶片失水,蛋白质、叶绿素被破坏,叶色变黄而逐渐坏死。缺钾病症首先出现在下部老叶。缺钾有时也会出现叶缘焦枯、生长缓慢的现象,由于叶中部生长仍较快,因此整个叶子会形成杯状弯曲或发生皱缩。

4. 钙

植物从土壤中吸收 $CaCl_2$、$CaSO_4$ 等盐类中的钙离子。钙在植物生理活动中,既起着结构成分的作用,也具有酶的辅助因素功能,它能维持细胞壁、细胞膜的稳定性,钙对植物体内许多酶起活化功能,并对细胞代谢起调节作用,参与细胞内各种生长发育的调控作用。

缺钙时,首先幼嫩器官受到影响,一般表现为生长点受损,严重时生长点坏死。幼根畸形,根系萎缩,根尖坏死,根毛畸变,有的呈鳞片状,根量少。幼叶失绿、变形,常出现弯钩状,叶片皱缩,叶尖扭曲,叶缘卷曲、黄化。严重时新叶抽出困难,甚至互相粘连,或叶缘呈不规则齿状开裂,并出现坏死斑点。

5. 镁

镁以离子状态进入植物体,它在体内一部分形成有机化合物,另一部分仍以离子状态存在。镁是叶绿素的成分,缺镁时合成叶绿素受阻;镁是糖的代谢过程中许多酶的活化剂;镁能促进磷酸盐在体内的运转;镁参与脂肪代谢并促进维生素 A 和维生素 C 的合成。

缺镁时,最明显的症状是叶片失绿。病症首先出现在老叶上。缺镁时,植株矮小,生长缓慢,叶片脉间失绿,这是与缺氮病症的主要区别;严重缺镁时,整个叶片出现坏死现象。

6. 硫

硫主要以 SO_4^{2-} 形式被植物吸收。SO_4^{2-} 进入植物体后,一部分仍保持不变,而大部分则被还原成 S,进而同化为含硫氨基酸,如胱氨酸、半胱氨酸和蛋氨酸。可见,硫是蛋白质的成分,缺硫时蛋白质形成受阻;在一些酶中含有硫,如脂肪酶、脲酶都是含硫的酶;硫能提高豆科植物的固氮效率;硫参与体内的氧化还原过程;硫对叶绿素的形成也有一定影响。

缺硫时,外观症状与缺氮时很相似,但发生部位有所不同。缺硫症状往往先出现于幼叶,而缺氮症状则先出现于老叶。缺硫时幼芽先变黄,新叶失绿黄化,叶尖往往向下卷缩,叶片上有突起的泡点,茎细弱,根细长而不分枝,开花结实推迟,果实减少。

(二)微量元素的生理作用及缺素症

1. 铁

铁是合成叶绿素所必需的,因而与光合作用有密切的关系。铁通过化合价的变化参与植物细胞内的氧化还原反应和电子传递,铁与有机物螯合生成的细胞色素、豆血红蛋白、铁氧化还原蛋白等对植物体内硝酸还原和豆科固氮都很重要。铁是一些与呼吸作用有关的酶(如细胞色素氧化酶、过氧化氢酶、过氧化物酶)的成分。因此,铁也参与了呼吸作用。

缺铁时,植株矮小,黄化,失绿症状首先表现在顶端幼嫩部分,新出叶叶肉部分开始失绿,逐渐黄化,严重时叶片枯黄或脱落,茎、根生长受抑制。果树长期缺铁,顶部新梢死亡,果实小。

2. 硼

硼具有增强输导组织的作用,能增加豆科植物根瘤菌固氮能力,促进碳水化合物的正常运转,参与半纤维素及有关细胞壁物质的合成,促进细胞伸长和细胞分裂,促进生殖器官的建成和发育,调节酸的代谢和木质化作用。此外,硼还能促进核酸和蛋白质的合成及生长素的运输,在提高植物抗旱性方面也有一定的作用。

缺硼时,茎尖生长点生长受抑制,严重时枯萎,直至死亡。老叶叶片变厚、变脆、卷曲、皱缩、畸形,叶柄及茎开裂,粗糙、脆硬易折。枝条节间短,出现木栓化现象。根的生长发育明显受到抑制,根短粗兼有褐色。花、果实发育受阻,结实率低,果实小,畸形,种子和果实减产。

3. 锰

锰是各种酶的成分,又是酶的活化剂。锰在植物体内的作用主要是通过酶活性的影响来实现的。锰在叶绿体中直接参与光合作用中的氧化还原过程，促进水的光解。植物体内其他还原系统也受到锰的控制，还可提高氮的利用率。

缺锰时，幼嫩叶片首先是叶肉发黄，但叶脉保持绿色，这也是与缺铁的主要区别。严重缺锰时，叶面出现黑褐色小斑点。

4. 铜

铜是体内许多氧化酶的成分，还是某些酶的活化剂，参与许多氧化还原反应。铜与有机物结合构成铜蛋白并参与光合作用。铜对叶绿素有稳定作用，避免叶绿素过早受到破坏，有利于延长光合作用的时间。铜是超氧化物歧化酶(SOD)的重要组分，铜参与氮代谢，影响固氮作用，铜还促进器官的发育。

缺铜时，植株生长瘦弱，新生叶失绿发黄，呈凋萎干枯状，叶尖发白卷曲，叶缘呈黄灰色，叶片上出现坏死的斑点，分蘖或侧芽多，呈丛生状，繁殖器官的发育受阻。

5. 锌

锌是多种酶的组分或活化剂，锌通过酶的作用对植物碳、氮代谢产生广泛的影响，催化 CO_2 和 H_2CO_3 的相互转化。锌参与生长素的合成，也参与光合作用中的 CO_2 的水合作用。锌还可促进蛋白质代谢，促进生殖器官发育和提高抗逆性等。

缺锌时，叶片叶脉间失绿发黄或白化，叶片小而畸形，丛生呈簇状。枝条节间生长严重受阻，茎间缩短，树体生长速度减慢，形成矮化苗。开花期和成熟期推迟，开花不正常，落花、落果严重，果实发育受阻，产量大幅降低，甚至绝收。

6. 钼

钼是固氮酶和硝酸还原酶的成分，参与包括氮在内的氧化还原反应，促进根瘤菌的固氮作用。钼对呼吸作用有一定的影响，还能促进光合作用。钼可促使硝态氮由不能被利用状态变为可利用状态，还可提高对磷的吸收，消除过量铁、锰、铜等金属离子对植物的毒害作用。

缺钼时，植株矮小，生长缓慢，叶片失绿，且出现大小不一的黄色或橙黄色斑点，严重时叶缘萎蔫，叶片扭曲呈杯状，老叶变厚，焦枯死亡。缺钼一般始于中位和较老的叶片，以后逐渐向幼叶发展。

7. 氯

氯参与光合作用，在水的光解过程中起作用。氯在植物体内起着调节细胞液渗透压和维持生理平衡的作用，对于气孔的开闭也起着调节作用。此外，适量的氯有利于碳水化合物的合成和转化，施用含氯的肥料还可抑制某些病害发生。

缺氯时，轻者生长不良，重者叶片失绿、凋萎。但由于可从土壤、雨水、灌溉水、大气中吸收氯，因此农业生产中很少出现缺氯症状。

8. 镍

镍是脲酶的金属成分，脲酶的作用是催化尿素水解成 CO_2 和 NH_4^+。镍也是氢化酶的成分之一，它在生物固氮中产生作用。研究表明，低浓度的镍能刺激许多植物的种子发芽和幼苗生长；镍可降低 IAA 氧化酶活性而提高多酚氧化酶活性，间接影响酚类合成，并提高其抗病性。

缺镍时,叶尖积累较多的脲,出现坏死现象。过量的镍对植物也是有毒害的,而且症状多变,表现为:生长迟缓,叶片失绿和变形,有斑点、条纹;果实变小,着色早等。

第二节 植物对矿质元素的吸收

所谓吸收,是指营养物质由介质进入植物体内的过程。养分只有被植物吸收后,才能营养植物,制造有机物。植物吸收矿质元素的器官主要是根系,其次是叶片。

一、植物根系对矿质元素的吸收

(一)根系吸收矿质元素的部位

根部可以从土壤溶液中吸收矿质元素,也可以吸收被土粒吸附的矿质元素。根部吸收矿质元素的部位和吸收水分的一样,是根尖的根毛区,因为该区域具有根毛,吸收面积大,更重要的是其内部已分化出输导组织。根毛的存在使根部与土壤环境的接触面积大大增加。

(二)根系吸收矿质元素的过程

植物根系对矿质元素的吸收是一个很复杂的过程,是通过从根外介质到根表的迁移,从根表进入根内的移动以及养分在植物体内共质体间的运输这三个途径来进行的。

1. 从根外介质到根表的迁移

从根外介质到根表的迁移有三个途径:截获、质流和扩散(图 6-2)。

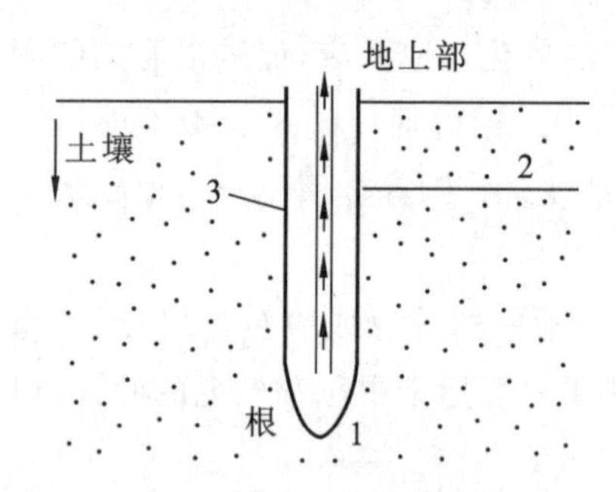

图 6-2 植物根获取土壤养分的模式图

1—截获;2—质流;3—扩散

(1) 截获 生长在介质中的根系与介质颗粒紧密接触时,根表面所吸附的 H^+ 与介质吸附的阳离子的水膜重叠,就能够产生离子的交换作用,这样介质表面的离子就可以迁移到根系的表面,这一过程称为截获。

(2) 质流 当生长在介质中的植物根系吸收水分时,靠近根表附近的水就会减少,而远离根表的水分就会向着根表迁移,在这个水流动的过程中,水中的离子就会随着这个水流迁移到根表,这一过程称为质流。

(3) 扩散 当根系对离子的吸收速率大于离子由质流迁移到根表的速率时,根表附近就会出现离子浓度较低的区域,而远离根表的离子浓度则较高。这时根表与介质的溶液之间就会产生浓度梯度,根表外高浓度区域的离子就会顺着化学势梯度向低浓度的根表迁移,这个过程称为扩散。

2. 植物对根表离子态养分的吸收

养分到达根系表面后进入根内,又可分为三种情况,即主动吸收、被动吸收和胞饮作用。其中主动吸收是植物细胞吸收矿质元素的主要方式。主动吸收是养分离子穿过质膜进入细胞的过程。这一过程具有选择性，可以逆浓度梯度进入细胞。因此，这是一个耗能过程。主动吸收的机理有多种解释，目前比较公认的是载体假说(图 6-3)和离子泵假说(图 6-4)。被动吸收是土壤溶液中的养分，通过细胞间的空隙，顺着浓度梯度扩散进入根系的过程。这一过程不需要消耗代谢能，没有选择性。胞饮作用是细胞将吸附在质膜上的矿物质通过膜的内折而转移到细胞内的过程。胞饮作用是非选择性吸收，大分子物质甚至病毒通过胞饮作用进入细胞内。胞饮作用在植物细胞中不是很普遍。

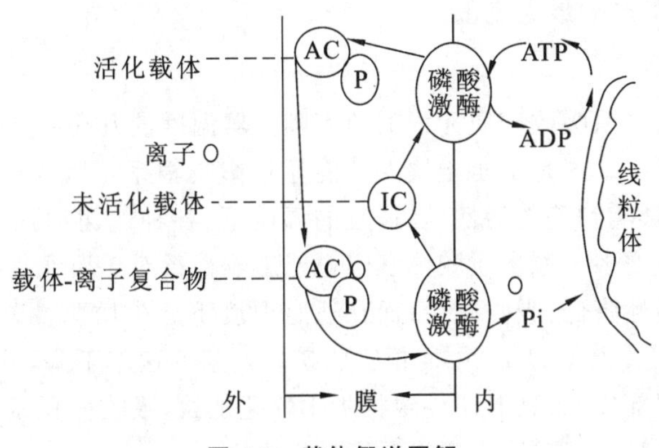

图 6-3　载体假说图解

3. 离子进入根部导管

离子从根表面进入根部导管的途径有质外体途径和共质体途径(图 6-5)两种。

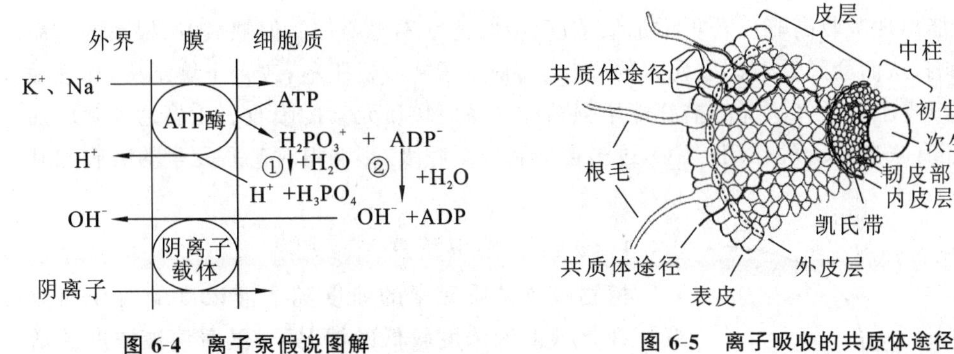

图 6-4　离子泵假说图解

图 6-5　离子吸收的共质体途径

(1) 质外体途径　根部有一个与外界溶液保持扩散平衡、自由出入的外部区域，称为质外体，又称自由空间。各种离子通过扩散作用进入根部自由空间，但是因为内皮层细胞上有凯氏带，离子和水分都不能通过，因此自由空间运输只限于根的内皮层以外，而不能通过中柱鞘。离子和水只有转入共质体后才能进入维管束组织。在根的幼嫩部分，其内皮层细胞尚未形成凯氏带前，离子和水分可经过质外体到达导管。另外，在内皮层中有个别细胞(通道细胞)的胞壁不加厚，也可作为离子和水分的通道。

(2) 共质体途径　离子通过自由空间到达原生质表面后，可通过主动吸收或被动吸收的方式进入原生质。在细胞内离子可以通过内质网及胞间连丝从表皮细胞进入木质部薄壁细胞，然后再从木质部薄壁细胞释放到导管中。释放的机理可以是被动的，也可以是

主动的,并具有选择性。离子进入导管后,主要靠水的集流而运送到地上器官,其动力为蒸腾拉力和根压。

二、影响根系对矿质元素吸收的因素

植物主要通过根系从土壤中吸收矿质元素。因此土壤和其他环境因子对养分的吸收以及向地上部分的运移都有显著的影响。其中以土壤温度、土壤通气状况、土壤溶液浓度和土壤的 pH 值等的影响最为显著。

(一) 土壤温度

在一定范围内,根系吸收矿质元素的速率随土壤温度的升高而加快,当超过一定温度时,吸收速率反而下降。这是由于土壤温度能通过影响根系呼吸而影响根对矿质元素的主动吸收。温度也影响到酶的活性,在适宜的温度下,各种代谢加强,需要矿质元素的量增加,根吸收也相应增多。原生质胶体状况也能影响根系对矿质元素的吸收,低温下原生质胶体黏性增加,透性降低,吸收减少;而在适宜温度下原生质黏性降低,透性增加,对离子的吸收加快。高温(40 ℃以上)可使根吸收矿质元素的速率下降,其原因可能是高温使酶钝化,从而影响根部代谢;高温还导致根尖木栓化加快,吸收面积减小;高温还能引起原生质透性增加,使被吸收的矿质元素渗漏到环境中去。

(二) 土壤通气状况

土壤通气状况直接影响到根系的呼吸作用,通气良好时,根系吸收矿质元素速率快。根据离体根的试验,水稻在含氧量达 3%时吸收钾的速度最快,而番茄必须达到 5%~10%时才能出现吸收高峰。若再增加氧浓度,吸收速率不再增加。但缺氧时,根系的生命活动受影响,从而会降低对矿质元素的吸收。因此,增施有机肥料,改善土壤结构,加强中耕松土等改善土壤通气状况的措施能增强植物根系对矿质元素的吸收。土壤通气除增加氧气外,还有减少 CO_2 的作用。CO_2 过多会抑制根系呼吸,影响根对矿质元素的吸收和其他生命活动。

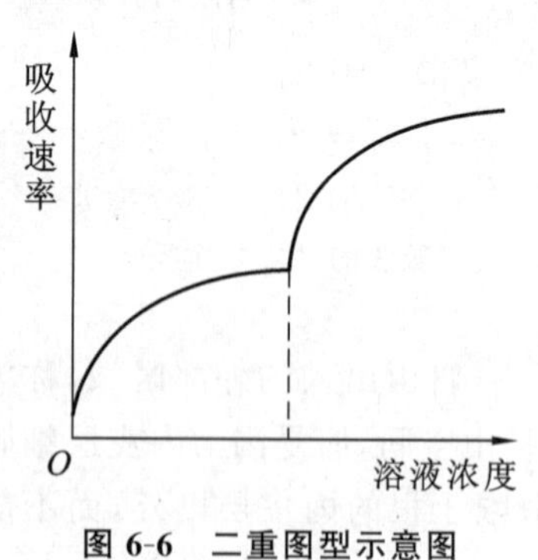

图 6-6 二重图型示意图

(三) 土壤溶液浓度

植物吸收矿质元素的速度随溶液浓度的改变而改变。在外界溶液浓度较低的情况下,随着溶液浓度的增加,根部吸收离子的速率起初随浓度的提高而迅速增加,接着缓慢增加,然后稳定在某一数值;如果再继续提高养分浓度,养分吸收速率又会出现迅速增加、缓慢增加、趋于稳定的现象。这种现象可用离子吸收的二重图型(图 6-6)表示。

(四) 土壤的 pH 值

土壤的 pH 值对矿质元素吸收的影响因离子性质不同而异。在酸性条件下,植物吸收阴离子的数量多于阳离子;在碱性条件下,植物吸收阳离子的数量多于阴离子。此外,土壤的 pH 值还会影响土壤养分的转化及有效性,进而影响到植物根系对养分的吸收。

一般而言，中性或微酸、微碱性条件，有益于土壤微生物活动，多数养分的有效性也比较高。

（五）光照

光照对根系吸收矿质元素一般没有直接的影响，但可通过影响植物叶片的光合强度而对某些酶的活性、气孔的开闭和蒸腾强度等产生间接影响，最终影响根系对矿质元素的吸收能力。光照直接影响光合产物的数量，而植物的光合产物（如碳水化合物）被运送到根部，能为矿质元素的吸收提供必需的能量。光与气孔的开闭关系密切，而气孔的开闭与蒸腾强度又紧密相关。在光照条件下，植物蒸腾强度大，养分随蒸腾流的运输速度快，光照促进水分和养分的吸收。

三、植物地上部分对矿质元素的吸收

（一）根外营养的概念

植物除根系以外，地上部分（茎叶）也能吸收矿质元素。生产上常把速效性肥料直接喷施在叶面上以供植物吸收，这种施肥方法称为根外施肥。叶部营养（或根外营养）是植物通过叶部或非根系部分吸收养分来营养自己的现象。

（二）根外对矿质养分的吸收

叶部吸收矿质元素的形态和机制与根部类似，吸收矿质元素是从叶片角质层和气孔进入，最后通过质膜进入细胞内。

水生植物与陆生植物叶片对矿质元素的吸收能力大不相同。水生植物的叶片是吸收矿质元素的部位，而陆生植物因叶表皮细胞的外壁上覆盖有蜡质及角质层，所以对矿质元素的吸收明显受阻。角质层有微细孔道，也称为外质连丝，它从表皮细胞的内表面延伸到表皮细胞的质膜，是表皮细胞细胞壁的通道，是叶片吸收养分的通道。另外，蜡质类化合物的分子间隙也可让外部溶液中的溶质通过。当溶液经过角质层孔道到达表皮细胞的细胞壁，进一步经过细胞壁中的外质连丝到达表皮细胞的质膜后，通过主动吸收或被动吸收进入细胞内部。

（三）影响根外营养的因素

植物叶片吸收矿质元素的效果，不仅取决于植物本身的代谢活动、叶片类型等内在因素，而且还与环境因素，如温度、矿质养分浓度、离子价数等关系密切。

1. 矿质养分的种类

植物叶片对不同种类矿质养分的吸收速率是不同的。叶片对钾的吸收速率大小顺序为氯化钾＞硝酸钾＞磷酸氢二钾，对氮的吸收速率大小顺序为尿素＞硝酸盐＞铵盐。此外，在喷施时，适当地加入少量尿素可提高其吸收速率，并有防止叶片黄化的作用。

2. 矿质养分的浓度

一般认为，在一定的浓度范围内，矿质养分进入叶片的速率和数量随浓度的提高而增加。但如果浓度过高，使叶片组织中养分失去平衡，叶片受到损伤，就会出现灼伤症状。特别是高浓度的铵态氮肥对叶片的损伤尤为严重，如能添加少量蔗糖，可以抑制这种损伤作用。

3. 叶片对养分的吸附能力

叶片对养分的吸附量和吸附能力与溶液在叶片上附着的时间长短有关。特别是有些植物的叶片角质层较厚,很难吸附溶液;还有些植物虽然能够吸附溶液,但吸附得很不均匀,也会影响叶片对养分的吸收效果。试验证明,溶液在叶片上的保持时间为30～60 min,叶片对养分的吸收数量就多。因此,一般以下午施肥效果较好。如能加入表面活性物质的湿润剂,以降低表面张力,增大叶面对养分的吸附力,可明显提高肥效。

4. 植物的叶片类型

双子叶植物叶面积大,叶片角质层较薄,溶液中的养分易被吸收;而单子叶植物如水稻、谷子、麦类等植物,叶面积小,角质层厚,溶液中养分不易被吸收。因此,对单子叶植物应适当加大浓度或增加喷施次数,以保证溶液能很好地被吸附在叶面上,可提高叶片对养分的吸收效率。

5. 温度

温度对营养元素进入叶片有间接影响。采用^{32}P进行的试验证明,温度在30 ℃以下时,叶片吸收^{32}P的相对速率为100%;而20 ℃及10 ℃时叶片吸收^{32}P的相对速率则为53%和26%。温度下降,叶片吸收养分的速率即减慢。由于叶片只能吸收液体,温度较高时,液体易蒸发,这也会影响叶片对矿质养分的吸收。

(四) 根外营养的特点与应用

与根部营养相比,根外营养是一种见效快、效率高的施肥方式,如生长期间缺乏某种元素,可进行叶面喷施,以弥补根系吸收的不足。这种方式可防止养分在土壤中被固定,特别是锌、铜、铁、锰等微量元素,还可减少大量土壤施肥对地下水的污染。此外,还有一些生物活性物质(如赤霉素等)可与肥料同时进行叶面喷施。

植物的根外营养虽然有上述特点,但也有其局限性。例如:叶面施肥虽然见效快,但往往效果短暂;每次喷施的养分总量比较有限,需多次喷施,费工费时;肥料易从疏水表面流失或被雨水淋洗;此外,有些养分元素(如钙)从叶片的吸收部位向植物的其他部位转移相当困难,喷施的效果不一定很好。这些都说明植物的根外营养不能完全代替根部营养,仅是一种辅助的施肥方式。

因此,根外追肥只能用于解决一些特殊的植物营养问题,并且要根据土壤环境条件、植物的生育时期及其根系活力等合理地加以应用。

第三节　矿质元素在植物体内的运输与利用

植物根吸收的矿质养分,一部分在根内被同化和利用,大部分则通过木质部输送到植物地上部分,供应地上部分生长发育需要。同时,输送到植物地上部分的矿质养分或叶片吸收的部分矿质养分则可通过韧皮部系统运输到根部,构成植物体内的物质循环系统,调节着养分在体内的分配。

一、矿质元素在植物体内的运输

（一）运输形式

根部吸收的无机氮化物，大部分在根内转变为有机氮化物，所以氮的运输形式主要是氨基酸和酰胺等有机物，还有少量以硝态氮等形式向上运输。磷主要以正磷酸形式运输，但有少数磷在根部先转变为有机磷化物，然后才向上运输。硫的运输形式主要是硫酸根离子，但有少数硫是以蛋氨酸及谷胱甘肽之类的形式运输的。金属离子则以离子状态运输。

（二）运输途径和方向

1. 木质部运输

木质部中养分移动的驱动力是根压和蒸腾作用。它们在养分运输中所起作用的大小取决于诸多因素。一般在蒸腾作用强的条件下，蒸腾起主导作用，由于根压力量较小，因此作用微弱；而在蒸腾作用微弱的条件下，根压则上升为主导作用。由于根压和蒸腾作用只能使木质部汁液向上运动，而不可能向相反方向运动，因此，木质部中养分的移动是单向的，即自根部向地上部分运输。

2. 韧皮部运输

韧皮部运输的特点是养分在活细胞内进行，而且具有两个方向运输的功能。一般来说，韧皮部运输养分以下行为主，养分在韧皮部中的运输受蒸腾作用的影响很小。

3. 木质部与韧皮部之间养分的转移

木质部与韧皮部两者之间相距很近，只隔几个细胞的距离。就养分的浓度来说，一般韧皮部高于木质部，因而养分从韧皮部向木质部的转移为顺浓度梯度，可以通过筛管原生质膜的渗漏作用来实现。相反，养分从木质部向韧皮部的转移是逆浓度梯度、需要能量的主动运输过程，这种转移主要由转移细胞完成。木质部首先把养分运送到转移细胞中，然后由转移细胞运送到韧皮部（图 6-7）。养分在韧皮部中既可以继续向上运输到需要养分的器官或部位，也可以向下再回到根部，这就形成了植物体内部分养分的循环。木质部向韧皮部养分的转移对调节植物体内养分分配，满足各部位的矿质营养起着重要的作用。

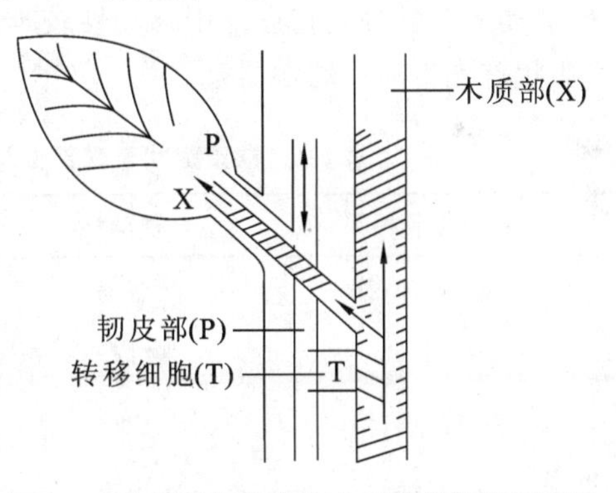

图 6-7　木质部与韧皮部之间养分转移示意图

二、矿质元素在植物体内的再利用

（一）养分再利用的过程

植物某一器官或部位中的矿质养分可通过韧皮部运往其他器官或部位，而被再度利用，这种现象称为矿质养分的再利用。

养分从原来所在部位转移到被再度利用的新部位，其间要经历很多步骤。

第一步,养分的激活。养分离子在细胞中被转化为可运输的形态。这一过程是由来自需要养分的新器官(或部位)发出的“养分饥饿”信号引起的,该信号传递到老器官(或部位)后,激活该器官(部位)细胞中的某种运输系统,该运输系统将细胞内的养分转移到细胞外,准备进行长距离运输。

第二步,进入韧皮部。被激活的养分转移到细胞外的质外体后,再通过原生质膜的主动运输进入韧皮部筛管中。装入筛管中的养分根据植物的需要而进行韧皮部的长距离运输。运输到茎部后的养分可以通过转移细胞进入木质部向上运输。

第三步,进入新器官。养分通过韧皮部或木质部先运送至靠近新器官的部位,再经过跨质膜的主动运输过程卸入需要养分的新器官细胞内。

养分再利用的过程是漫长的,需经过共质体(老器官细胞内激活)、质外体(装入韧皮部之前)、共质体(韧皮部)、质外体(卸入新器官之前)、共质体(新器官细胞内)等。因此,只有移动能力强的养分元素才能被再度利用。

(二) 养分再利用与缺素部位

在植物的营养生长阶段,生长介质的养分供应常出现持久性或暂时性的不足,造成植物营养不良。为维持植物的生长,养分从老器官向新器官的转移是十分必要的。表6-1总结了不同营养元素缺素症部位与再利用程度的关系。氮、磷、钾和镁4种养分在体内的移动性大,因而再利用程度高,当这些养分供应不足时,可从植株基部或老叶中迅速及时地转移到新器官,以保证幼嫩器官的正常生长。缺素症状首先在老叶中表现出来。铁、锰、铜和锌等养分是韧皮部中移动性较难的营养元素,再利用程度一般较低。因此,其缺素症状首先出现在幼嫩器官。

表6-1 缺素症状表现部位与养分再利用程度之间的特征性差异

矿质养分种类	移动性	缺素症状出现的主要部位	再利用程度
氮、磷、钾、镁	容易	老叶	高
硫	较容易	新叶	较低
铁、锌、铜、钼	难	新叶	低
硼、钙	很难	新叶顶端分生组织	很低

(三) 养分再利用与生殖生长

植物生长进入生殖生长阶段后,同化产物主要供应生殖器官发育所需,因此运输到根部同化产物的数量急剧下降,从而根的活力减弱,养分吸收功能衰退。这时植物体内养分总量往往增加不多,各器官中养分含量主要靠体内再分配进行调节。营养器官将养分不断地运往生殖器官,随着时间的延长,营养器官中的养分所占比例逐渐减少。对于禾谷类植物来说,营养器官中的矿质养分到成熟期时,其总量中的50%可转移到籽粒中。在农业生产中养分的再利用程度是影响经济产量和养分利用效率的重要因素,通过各种措施提高植物体内养分的再利用效率,就能使有限的养分物质发挥更大的增产作用。

第四节　合理施肥的生理基础

合理施肥，就是根据植物需肥特性、气候条件、土壤状况、肥料性质及耕作制度等所采取的正确的施肥措施。随着科学研究的深入发展，以及施肥实践的科学总结，施肥的基本规律逐步被揭示出来，为合理施肥提供了理论依据。

一、植物的需肥规律

施肥的目的是满足植物对矿质元素的需要，肥料要施得及时而合理，就要了解需肥规律，方能达到预期效果。

（一）不同植物的需肥不同

一般来说，叶菜类植物需氮肥较多，要多施氮肥，使叶片肥大，质地柔嫩；禾谷类植物需氮肥多，也需要一定的磷、钾肥，如小麦、水稻、玉米等需要氮肥较多，同时又要供给足够的 P、K 以使后期籽粒饱满。根茎类则可多施钾肥，以促进地下根茎积累碳水化合物。豆科植物与根瘤菌共生，能固定空气中的氮素，如大豆、豌豆、花生等能固定空气中的氮素，故需 K、P 较多，但在根瘤尚未形成的幼苗期也可施少量氮肥。棉花、油菜等油料作物对 N、P、K 的需要量都很大，要充分供给。另外，同一植物因栽培目的不同，施肥的情况也有所不同。如食用大麦应在灌浆前后多施氮肥，使种子中的蛋白质含量增高；酿造啤酒的大麦则应减少后期施氮，否则，蛋白质含量高会影响啤酒品质。

（二）同一植物不同发育时期需肥不同

一般情况下，植物对矿质营养的需要量与它们的生长量有密切关系。萌发期间，因种子内贮藏有丰富的养料，所以一般不吸收矿质元素；幼苗可吸收一部分矿质元素，但需要量少，随着幼苗的长大，吸收矿质元素的量会逐渐增加；开花结实期，对矿质元素吸收达到高峰；以后，随着生长的减弱，吸收量逐渐下降，至成熟期则停止吸收；衰老时，甚至还会从根系倒流一些溶质到土壤中。

植物生育过程中，常有一个时期，对某种养分的要求在绝对数量上虽不多，但很敏感，需要迫切，此时如缺乏这种养分，对植物生育的影响极其明显，并且由此而造成的损失即使以后补施该种养分也很难纠正和补充，这一时期就称为植物营养临界期。如大多数植物的磷素营养临界期都在幼苗期，氮素营养临界期则常比磷的稍向后移，通常在营养生长转向生殖生长的时期。植物生长发育过程中，还有一个时期，植物需要养分的绝对数量最多，吸收速率最快，所吸收的养分能最大限度地发挥其生产潜能，增产效率最高，这就是植物营养最大效率期。此期往往在植物的生殖生长期，此时生长旺盛，从外部形态上看，生长迅速，对施肥的反应最为明显。

营养临界期和最大效率期是营养和施肥的两个关键时期。在这两个阶段内，必须根据本身的营养特点，满足养分状况的要求，同时还必须注意吸收养分的连续性，这样才能合理地满足植物的营养要求。

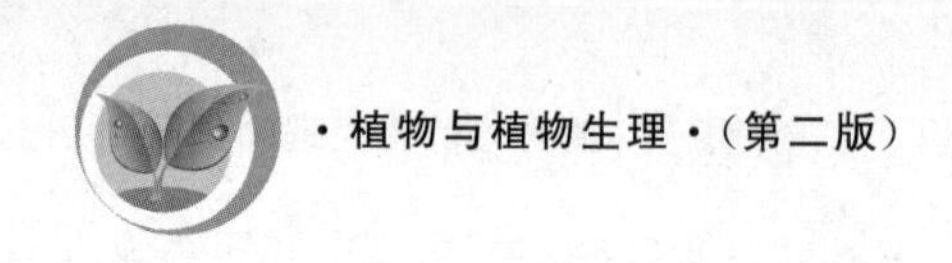

二、合理施肥的指标

要合理施肥,就要全面掌握土壤肥力和植物营养状况。有了这两方面的资料,方能根据土壤肥力,配施适量基肥;依据各生长阶段的营养状况,及时追肥。

(一) 形态指标

植物的形态可作为施肥的指标。形态包括颜色、长势、长相、株型、开花状态、开花整齐度、叶片形状等。叶片颜色的浓淡常常反映出氮素水平的高低。根据植株的长势、长相也可知道肥料过多或过少,科技工作者和农民凭借经验都知道什么时期有什么样的长相才是正常的、高产的。

(二) 生理指标

植物缺肥与否,也可以根据内部的生理状况去判断。要了解植物需肥情况的生理变化,最常用的方法就是叶分析,以功能叶片为对象,在实验室测定出叶片中各种营养元素的含量,用以指导施肥。近年来,除了叶分析之外,还可以分析叶绿素含量、天冬酰胺、淀粉和某些酶的活性等。

(三) 土壤指标

土壤养分包括 N、P、K、Ca、Mg、S 等 13 种元素和有机质含量。土壤养分主要来源于土壤,其次是大气降水、地下水等。土壤养分的丰缺直接关系着植物的生长状况,恰当的土壤养分含量可以提高农作物的产量并适当缩短农作物的生长周期。通过土壤养分测试结果和田间肥效试验结果,利用土地养分测定值和植物吸收养分之间存在的相关性,建立不同植物、不同区域的土壤养分丰缺指标,制成养分丰缺及施肥数量检索表,以后只要取得土壤测定值,就可以对照检索表按级确定肥料施用量。

三、发挥肥效的主要措施

施肥的目的是用来调节植物与土壤之间的养分供需矛盾,并为农业生产提供良好的营养环境,以取得高产优质的农产品,提高经济效益。科学合理施肥,提高肥力并最大化地发挥肥效的措施有以下几个方面。

(一) 肥水配合,以水控肥,以肥济水

水分不但是吸收矿质营养的重要溶剂,而且也是矿质营养在植物体内运输的主要媒介,同时还能强烈影响生长,从而间接影响对矿质元素的吸收与利用。所以土壤干旱时,施肥效果很弱,如果肥水配合,肥效便会大大提高。反过来,肥也可以补济水的不足,肥料充足合理时,对水分的利用较经济,而且也较抗旱保墒。

(二) 适当深耕,增施有机质,改善土壤条件

适当深耕,增施有机质和生物菌肥,控制化学肥料用量。这样既可以促进团粒结构形成,增加土壤保水保肥能力,大大提高肥料利用率,而且可以改善根系生长环境,使根系迅速生长,扩大对水肥的吸收面积,同时也有利于根系对矿质元素的主动吸收,增加对矿质元素的吸收速率,保证较高的产量。这也是施肥的有机、无机相结合的大原则。

（三）改善光照条件，充分发挥肥水的增产作用

施肥增产的主要原因是肥料能改善光合性能。改善光照条件，提高光合效率，是充分发挥肥料效益的关键因素。合理密植，通风透光，改善光合性能，增加光合产物，再结合良好的肥水供应，增产效果必然更加显著。反之，密度过大，株间光照不足，影响光合作用，此时虽有充足的肥水，不但起不到增产的作用，还会造成徒长、倒伏，最后导致减产。

（四）控制微生物的有害转化

土壤中相当大一部分氮素，通过硝化作用和反硝化作用而白白地损失了。硝化作用是指土壤中所存在的氨或其他氮化物，由硝化细菌氧化成亚硝酸或硝酸的过程。反硝化作用是指土壤中的硝酸盐、亚硝酸盐或铵盐通过微生物的作用转化为 N_2 的过程。硝化作用和反硝化作用是氮肥流失或损失的主要原因。研究和实践证明，硝化抑制剂（3,4-二甲基吡唑磷酸盐，简写成 DMPP）可减少硝态氮淋失，减少反硝化损失，提高肥料利用率，延长肥效，同时铵态氮和硝态氮的协同营养可进一步改善植物生长，起到增产的作用。

（五）改善施肥方法，促进植物吸收

施肥方法就是将肥料施于土壤中的途径与方式。科学施肥方法的基本要求是：尽量施于根系易于吸收的土层，提高对化肥的利用率；选择适当的位置与方式，以减少肥料的固定、挥发和淋失。施肥方法因不同植物、不同施肥时期与肥料的性质而选定。最常用的施肥方法有撒施、条施、穴施、环施、放射状施肥和根外追肥等。此外，还有浸种、拌种、蘸秧根、灌溉施肥等方法。

第五节 植物的抗盐性

一般在气候干燥、地势低洼、地下水位高的地区，随着地下水分蒸发把盐分带到土壤表层（耕作层），易造成土壤盐分过多。若土壤中盐类以碳酸钠（Na_2CO_3）和碳酸氢钠（$NaHCO_3$）为主，此土壤称为碱土；若以氯化钠（NaCl）和硫酸钠（Na_2SO_4）等为主，则称其为盐土。因盐土和碱土常混合在一起，盐土中常有一定量的碱土，故习惯上把这种土壤称为盐碱土。全世界约有 9.6 亿公顷盐碱土。我国的盐碱土有约 2700 万公顷，其中约有 700 万公顷是农田，每年造成的损失难以估计。如果能提高抗盐性，并改良盐碱土，那么将对农业生产的发展产生极大的推动力。

一、盐过多对植物的危害

土壤中可溶性盐过多对植物的不利影响称为盐害。植物对盐分过多的适应能力称为抗盐性。如果土壤中的盐分浓度过高，如含有高浓度的 Na^+、Mg^{2+}、SO_4^{2-}、Cl^-、HCO_3^- 等，它们就可通过不同的方式影响植物的生长。

（一）渗透胁迫

高浓度的盐分降低了土壤水势，使植物不能吸水，甚至体内水分有外渗的危险。因而

盐害的通常表现实际上是引起植物的生理干旱。一般植物在土壤含盐量达0.2%～0.25%时,吸水困难;含盐量高于0.4%时就易外渗脱水,生长矮小,叶色暗绿,叶面积也小。在大气相对湿度较低的情况下,随着蒸腾的加强,盐害更为严重。

(二)离子失调与单盐毒害

盐碱土中Na^+、Cl^-、Mg^{2+}、SO_4^{2-}等含量过高,会引起K^+、HPO_4^{2-}或NO_3^-等的缺乏。Na^+浓度过高时,植物对K^+的吸收减少,同时也易发生磷和Ca^{2+}的缺乏症。植物对离子的不平衡吸收,不仅使植物发生营养失调,抑制了生长,而且还会产生单盐毒害作用。所谓单盐毒害作用,是指溶液中只含有一种金属离子而对植物起毒害作用。

(三)破坏膜结构,生理代谢紊乱

盐(尤其是钠盐)浓度增高,会破坏根细胞原生质膜的结构,引起细胞内养分的大量外溢,造成植物养分缺乏。膜透性的改变,还会导致植物代谢过程受到多方面的损伤。例如:光合作用受到抑制;呼吸作用改变,低盐时促进呼吸,高盐时抑制呼吸;蛋白质合成速率降低,分解速率增加;有毒物质积累。

(四)破坏土壤结构,阻碍根系生长

高钠的盐土,其土粒的分散度高,易堵塞土壤孔隙,导致气体交换不畅,根系呼吸微弱,代谢作用受阻,养分吸收能力下降,造成营养缺乏。在干旱地区,因结构遭破坏,土壤易板结,根系生长的机械阻力增强,造成植物扎根困难。

二、植物的抗盐性

根据植物对盐分的反应不同,可将其分为两大类型:一类是盐生植物;另一类是淡生植物或淡土植物,这是植物在长期进化过程中形成的。盐生植物一般具有较完善的抗盐或耐盐调节系统,而淡生植物则没有上述调节系统,因而易受盐害。植物耐盐的机理大体有以下几种,简要介绍如下。

(一)拒盐作用

一些植物借助生物膜对离子吸收的选择性以及根部形成的双层或三层皮层结构,对某些盐离子的透性很小,在一定浓度的盐分范围内,根本不吸收或很少吸收盐分,以阻止过量有害盐分进入体内。也有些植物拒盐只发生在局部组织,如根吸收的盐类只积累在根细胞的液泡内,不向地上部分运转,地上部分"拒绝"吸收。这一机理属于植物的拒盐作用,在植物中普遍存在。

(二)排盐作用

某些植物本身并不能阻止对盐分的吸收,为了避免过量盐分在体内积累,长期适应的结果形成了排盐系统,以减少体内盐分的累积。例如有些高度适应于盐土的盐生植物,其排盐机制主要靠盐腺。盐腺是在叶表皮形成的一种特殊结构,它一直深入叶肉细胞内部,成为具有代谢活性的离子泵,这些离子泵(钠泵)依靠代谢能量将盐分逆电化学势梯度排至体外。此外,有些植物将吸收的盐分转移到老叶、维管束外层细胞等对生命活动影响较小的器官中积累，以此来阻止盐分对生理生化活性部位的毒害作用，从而使植物能在盐渍环境中较好地生存。

（三）稀释作用

有些植物既不能阻止过量盐分吸收，也不具备有效的排盐系统，而是借助于旺盛生长，吸收大量水分，以稀释体内盐分浓度。这些植物是靠快速生长和大量吸收水分，来防止盐浓度的进一步增加。借助于旺盛生长，植物大量吸收水分以达到稀释作用，使植株含盐量维持在较低范围内。

（四）渗透调节

渗透调节是指植物在盐分胁迫条件下，在细胞内合成并积累有机和无机溶质，以平衡外部介质或液泡内渗透压的机能。渗透调节的实质是细胞内渗透物质的积累。渗透物质包括有机物和无机离子两大类，其中有机物质的积累更为重要。试验表明，在许多植物中，脯氨酸和甘氨酸甜菜碱是重要的有机渗透物质。一些无机离子虽然也可以作为渗透物质，但它们的积累量不能太多，否则会产生毒害作用。通常只有一些典型的盐生植物能利用无机离子作为渗透物质而不受毒害。

（五）避盐作用

有些植物由于它们特定的生物学特性，可以避开盐分积聚阶段，以达到在高盐环境中顺利完成其生长发育的目的。例如生命周期缩短，提早或延迟发育和成熟等。一些盐生植物在种子萌发阶段不耐盐或耐盐能力弱。当种子成熟后一直休眠到雨季到来时，表土盐分被淋溶到下层土壤，种子这时萌发，从而避开了土壤高盐阶段，使幼苗顺利成活。正常生长的红树是典型的避盐植物。另外，有些植物通过增加扎根深度，在剖面层次上避开高浓度盐分的上层土壤，下扎到盐分含量低的深层土壤中吸收水分。例如滨藜，根系可下扎 5 m，骆驼刺的根入土深度可达 20 m 以上，从而有效地躲避盐分的危害。

（六）耐盐作用

某些植物本身不具备上述避盐机理，而原生质内含有高浓度盐分时，也不构成危害。原因是它们具有耐盐能力。例如盐角草和碱蓬等盐生植物，在其细胞内都含有高浓度的盐分。它们或是依赖盐分生存，或是在高盐环境下其生长发育得以改善，或是能够忍耐高浓度盐分。耐盐的特性使其生长发育不受影响。

三、提高植物抗盐性的措施

通过育种手段或转基因技术培育耐盐新品种是提高植物抗盐能力的有效手段。此外，植物还可以通过耐盐锻炼、使用生长调节剂和改造盐碱土等措施来提高植物的耐盐性。

（一）耐盐锻炼

将种子放在一定浓度的盐溶液中吸水膨胀，然后再播种萌发，可提高植物生育期间的耐盐能力。如棉花和玉米种子用 3% NaCl 溶液预浸 1 h，可增强其耐盐能力。

(二)使用植物激素

一些天然植物激素与植物的抗盐性有一定的关系。如用IAA处理小麦种子,可以抵消Na_2SO_4抑制小麦根系生长的作用;IAA能降低玉米根系对Na^+的吸收能力;用低浓度的ABA处理细胞,能改善细胞对盐的适应能力,减少蒸腾作用和盐的被动吸收,提高细胞的抗盐能力。

(三)选育抗盐性品种

利用杂交育种和分子育种方法,选育抗盐品种,利用离体组织和细胞培养技术筛选鉴定耐盐种子。

此外,改良盐碱土、洗盐灌溉等都是从农业生产的角度抵抗盐害的重要措施。

本章小结

通过溶液培养法,根据必需营养元素的3条判断标准,现已确定碳、氧、氢、氮、磷、钾、钙、镁、硫、铁、锰、硼、锌、铜、钼、氯、镍这17种元素为植物的必需元素。除必需元素外,还有一些元素为有益元素。植物必需的矿质元素在植物体内功能各异,相互间一般不能代替;当缺乏某种必需元素时,植物会表现出特定的缺素症。

植物细胞对矿质元素的吸收有三种方式:被动吸收、主动吸收和胞饮作用。其中以主动吸收为主。根系是植物体吸收矿质元素的主要器官。根尖的根毛区是吸收离子最活跃的部位。根系对矿质元素的吸收受土壤条件(温度、通气状况等)等的影响。

矿质元素运输的途径是木质部和韧皮部。根据矿质元素在植物体内的循环情况将其分为可再利用元素(如氮、磷等)和不可再利用元素(如钙、铁、锰等)。可再利用元素的缺素症首先出现在较老器官上,而不可再利用元素的缺素症则首先出现在幼嫩器官上。

不同的植物需肥量不同,需肥特点也有差异。合理施肥就是根据植物的需肥规律适时、适量地供肥。合理施肥增产的效果是间接的,是通过改善光合性能而实现的。

土壤中盐分过多对植物生长发育产生的危害称为盐害。植物对盐分过多的适应性称为抗盐性。植物的抗盐机制主要有拒盐、排盐、稀盐、耐盐等6种方式。通过育种手段或转基因技术可有效提高植物抗盐能力。

阅读材料

“不毛之地”种庄稼——李比希发明无机化肥的故事

在古老的东方大地上,农民们给庄稼施用人畜粪便,以增加土壤的肥力,获得丰产。现代化的农业生产中,给庄稼施用无机化肥,如氮、磷、钾肥等使农业生产高产稳产,颇受农民的欢迎。

不过,你知道这些无机肥料是谁发明的吗?它们是怎样诞生的呢?

无机化肥的发明者是德国化学家李比希。为了感谢他对农业的贡献,人们称他为“无机化肥之父”。李比希诞生于1803年，1824年获得化学博士学位回到德国，开始以自己那无与伦比的才华跻身于世界一流化学家的行列。

在黑森公国首都市郊，有一大片农田。细心的李比希注意到，市郊的庄稼在逐年减产，农民脸上愁云密布、眉头紧锁。这一天，李比希来到城郊的庄稼地里，弯下腰仔细察看庄稼和土壤。正在田间劳作的农民奇怪地打量着这位书生模样的城里人，问道：“先生，您也懂得庄稼？”“嗯，知之不多，正想学学。”李比希回答。他接着问：“您看今年庄稼收成会好吗？”这不经意的一问恰好触动了农民的心事，“年复一年地种植庄稼，土地越来越贫瘠了，哪能指望好收成呢？这块地眼看就要废弃了。”“要是能给土地添加些营养，庄稼不就会丰收了吗？”李比希自言自语道，又似乎是在对农民说。“先生，您这就不懂了。我们庄稼汉祖祖辈辈都是这么种地的。您的话说出去会闹笑话的。”农民有些好笑地说。

李比希可不在乎会不会闹笑话。说干就干的他开始翻阅大量的书籍报刊，发现东方古老的国度中国、印度等地的农民为使庄稼丰收，不断地给土地施用人畜粪便。李比希清楚地知道，这一定是由于粪便中含有使土壤肥沃的成分，能促使庄稼吸收到生长所需要的物质。但是，这种方法不可能引进到欧洲来，因为人们在观念上无法接受。

“耕地到底缺乏什么？庄稼的生长又需要什么？”李比希问自己，“我一定要弄明白！”为了找到答案，李比希开始了大量的实验。在实验中，他发现氮、氢、氧这3种元素是植物生长不可缺少的物质。而且，钾、苏打、石灰、磷等物质对植物的生长发育起一定的作用。“接下来的工作是研制出含有这些无机盐和矿物质的化学肥料。”李比希对助手们说。

1840年的一天，李比希的化学实验室里诞生了世界上第一批钾肥和磷肥。李比希把这些洁白晶莹的无机化肥小心地撒施在试验田里，密切注意着庄稼的变化。可是没过几天，一场大雨不期而至。助手们发现那些化肥晶体被雨水一泡后，很快变成液体渗入土壤的深层，而庄稼的根部却大多分布在土壤的浅层。果然，收获的季节到了，实验田里的庄稼并没有显著增产。“这么说，我们还得再深入一步，把它们变成难溶于水的物质。”李比希说道，“大家别灰心，我们已经接近成功了！”于是，他们又开始了新的探索。这一回，李比希把钾、磷酸晶体合成难溶于水的盐类，并且加入少量的氨，使这种盐类成为含有氮、磷、钾3种元素的白色晶体。

最后，在一块贫瘠的土地上，李比希和助手们把这些白色晶体和黏土、岩盐搅拌在一起，施在土里，然后种上了庄稼。过了一段时间，农民们惊奇地发现那块被废弃的“不毛之地”竟然奇迹般地长出了绿油油的一片庄稼，而且越长越茁壮。转眼，又迎来了收获季节。“不毛之地”获得大丰收，胜过农民在良田里种下的庄稼。消息就像插上了翅膀一样迅速传开了，李比希成为德国农民们最敬仰的人物，“李比希化肥”也被广泛运用于农业生产中，造福人类。

复习思考题

1. 植物进行正常生命活动必需哪些矿质元素?用什么方法、根据什么标准来确定?

2. 试述氮、磷、钾的生理功能及其缺素症。

3. 植物缺素症有的出现在顶端细嫩枝叶上,有的出现在下部老叶上,为什么?举例加以说明。

4. 与根部营养相比,叶部营养有哪些特点?

5. 植物吸收养分为哪两个关键时期?它们对施肥有什么指导意义?

6. 如何提高肥料利用率?

7. 为什么有些植物可以在盐碱土上生长发育?

第七章 植物的光合作用

学习内容

光合作用的概念;叶绿体及光合色素;光合作用的过程及光呼吸;影响光合作用的因素;有机物的运输与分配;光合作用与作物产量。

学习目标

掌握光合作用的概念、反应过程、影响因素,以及光合作用产物的种类,运输的形式、途径、速度和分配规律等相关知识。利用光合作用的理论指导农业生产。

技能目标

学会叶绿体色素的提取、分离及定量测定技术;能使用改良半叶法进行植物光合速率的测定。

绿色植物吸收太阳光的能量,同化二氧化碳和水,制造有机物质并释放氧气的过程,称为光合作用。光合作用所产生的有机物质主要是糖类,贮藏着能量。其过程可用下列方程式来表示:

$$CO_2 + H_2O \xrightarrow[\text{绿色细胞}]{\text{光能}} (CH_2O) + O_2$$

植物通过光合作用合成有机物,把太阳光能转换为化学能,贮藏在有机物中,同时维持大气里面的二氧化碳和氧气的平衡。每年植物通过光合作用合成 5.0×10^{11} t 有机物,蓄积的太阳能约为全球能量消耗总量的 10 倍,释放 5.35×10^{11} t 氧气。可见,植物的光合作用在维持大气氧气和二氧化碳的平衡中起着至关重要的作用。植物的光合作用为人类提供了食物、能源和资源,人类的衣、食、住、行都离不开光合作用,光合作用是地球上一切生物生存、繁荣和发展的根本源泉。

第一节 叶绿体及光合色素

植物进行光合作用的器官主要是叶片,叶片中的叶肉细胞里含有光合作用的细胞器——叶绿体。叶绿体具有特殊的结构,并含有多种色素。

一、叶绿体的形态与结构

(一) 叶绿体的形态

高等植物的叶绿体大多呈扁平椭圆形,每个细胞中叶绿体的大小与数目依据植物种类、组织类型以及发育阶段不同而异。一个叶肉细胞中有 10 至数百个叶绿体,其长 3~

10 μm，厚 2～3 μm。

（二）叶绿体的基本结构

叶绿体由叶绿体被膜、基质和类囊体组成。

1. 叶绿体被膜

叶绿体被膜由两层单位膜组成，被膜上无叶绿素，它的主要功能是控制物质的进出，维持光合作用的微环境。外膜为非选择性膜，相对分子质量小于 10000 的物质如蔗糖、核酸、无机盐等能自由通过。内膜为选择透性膜，CO_2、O_2、H_2O 可自由通过，P、磷酸丙糖、双羧酸、甘氨酸等需经膜上的转运器才能通过。

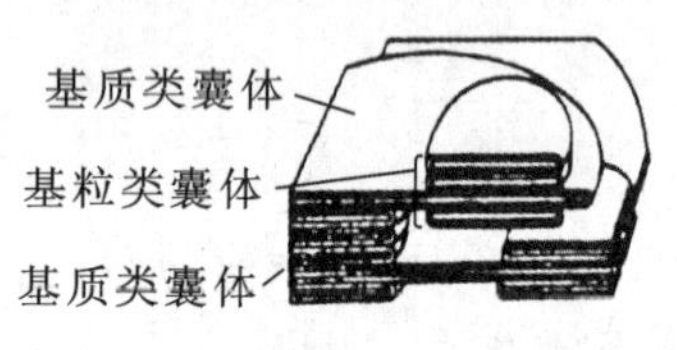

图 7-1　类囊体片层堆叠模式

2. 基质

被膜以内的基础物质称为基质。基质以水为主体，内含多种离子、低分子的有机物，以及多种可溶性蛋白质等。基质是进行碳同化的场所，它含有还原 CO_2 与合成淀粉的全部酶系，其中 1,5-二磷酸核酮糖羧化酶/加氧酶占基质总蛋白的一半以上。此外，基质中含有氨基酸、蛋白质，DNA、RNA、脂类等物质及其合成和降解的酶类，还含有还原亚硝酸盐和硫酸盐的酶类以及参与这些反应的底物与产物，因而在基质中能进行多种多样复杂的生化反应。

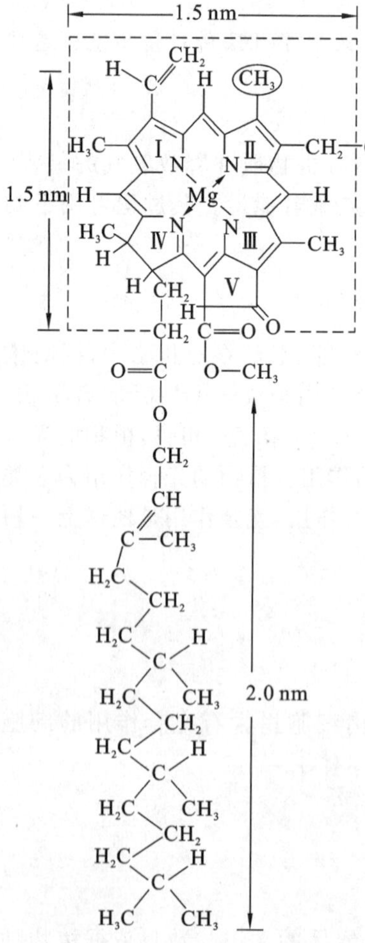

3. 类囊体

类囊体是由单位膜形成的扁平小囊，是叶绿体的基本结构单位，内含光合色素，是进行光能吸收和转化的场所。类囊体膜的形成大大地增加了膜片层的总面积，利于有效地收集光能，增加光反应界面。高等植物的类囊体有两种：一种较大且彼此不重叠，贯穿在基质中，称基质类囊体，或称基质片层、基粒间类囊体；另一种较小，可自身或与基质类囊体重叠组成基粒，称基粒类囊体（图 7-1）。

图 7-2　叶绿素分子结构

二、光合色素的种类

在光合作用的反应中，吸收光能的色素称为光合色素。高等植物叶绿体中含有两类光合色素，即叶绿素和类胡萝卜素。叶绿素包括叶绿素 a 和叶绿素 b。叶绿素 a 呈蓝绿色，叶绿素 b 呈黄绿色。叶绿素分子主要结构部分是卟啉环，它是由 4 个吡咯环经 4 个甲烯基连接而成的大环，Mg 原子位于卟啉环的中央，4 个 N 原子围绕在周围。另有一个含羧基和羰基的副环，羧基以酯键和甲醇结合，叶绿醇则以酯键与在第Ⅳ吡咯环侧链上的丙酸相结合（图 7-2）。叶绿素分子中含有双键，因而具有吸光性。由于叶绿素对绿光吸收最少，因此叶绿素溶液呈现绿色，叶片呈现绿色亦是这个道理。类胡萝卜素包括胡萝卜素和叶黄素，前者呈橙黄色，后者呈黄色。胡萝卜素能够吸收光能，也能对叶绿素起保护作用。秋天，叶绿素被破坏，叶黄素显露出来，这是叶子变黄的主要原因。

三、光合色素的光学性质

叶绿素的光学性质中，最主要的是它有选择地吸收光能和具有荧光与磷光现象。

（一）吸收光谱

太阳光不是单一的光，到达地表的光波长从 300 nm（紫外光）到 2600 nm（红外光），其中只有波长在 390～770 nm 的光是可见光。当光束通过三棱镜后，白光分为红、橙、黄、绿、青、蓝、紫 7 色连续光谱，这就是太阳光的连续光谱（图 7-3）。

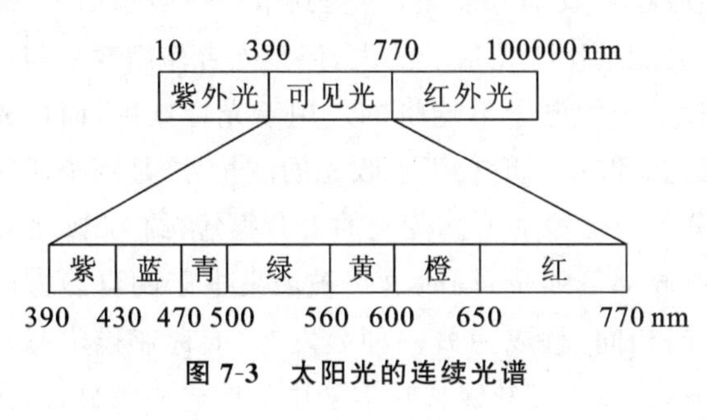

图 7-3　太阳光的连续光谱

叶绿素吸收光的能力极强。如果把叶绿素溶液放在光源和分光镜的中间，就可以看到光谱中有些波长的光被吸收了，因此，在光谱上出现黑线或暗带，这种光谱称为吸收光谱。叶绿素吸收光谱的最强吸收区有两个：一个在波长为 640～660 nm 的红光部分；另一个在波长为 430～450 nm 的蓝紫光部分。在光谱的橙光、黄光和绿光部分只有不明显的吸收带，其中尤以对绿光的吸收最少。由于叶绿素对绿光吸收最少，因此叶绿素的溶液呈绿色。叶绿素 a 和叶绿素 b 的吸收光谱很相似，但叶绿素 a 在红光部分的吸收高峰偏向长光波方面，在蓝紫光部分则偏向短光波方面。胡萝卜素和叶黄素的吸收光谱表明，它们只吸收蓝紫光，而且在蓝紫光部分吸收的范围比叶绿素宽一些（图 7-4）。故光合色素的颜色是由它的吸收光谱决定的，表现为其透过光的颜色，即叶绿素 a 蓝绿色、叶绿素 b 黄绿色、胡萝卜素橙黄色和叶黄素黄色。

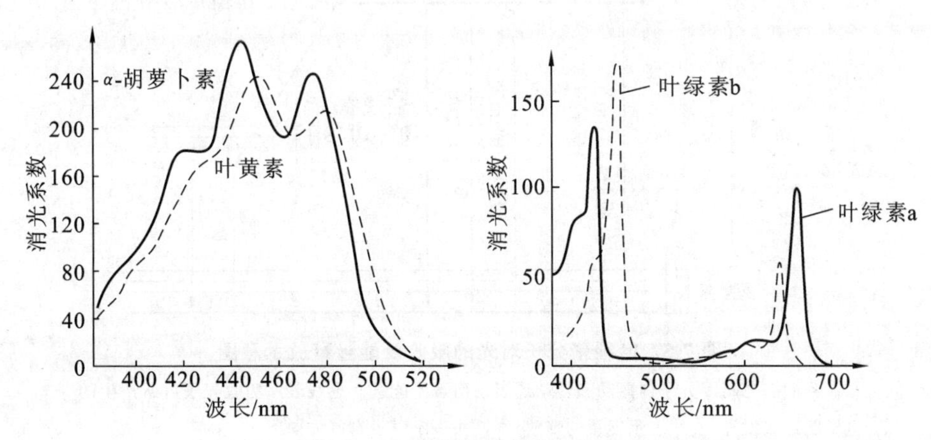

图 7-4　主要光合色素的吸收光谱

（二）荧光现象和磷光现象

叶绿素溶液在透射光下呈绿色，而在反射光下呈红色，这种现象称为叶绿素荧光现象。荧光的寿命很短，只有 10^{-10}～10^{-8} s。当去掉光源后，叶绿素还能继续辐射出极微弱的红光(用精密仪器测知)，这种光称为磷光。磷光的寿命较长(1×10^{-2} s)。

荧光现象说明叶绿素能被光所激发，有可能引起光化学反应，类胡萝卜素则没有荧光现象。叶绿素分子吸收光能后，由最稳定的、最低能态的基态变为高能的但极不稳定的激发态(图 7-5)。叶绿素分子吸收不同波长的光，可以被激发到不同能态的激发态。吸收蓝光，叶绿素分子上的电子被激发到第二单线态；吸收红光，被激发到第一单线态。第二单线态上的电子所含的能量虽然比第一单线态上的高，但多余的能量并不能用于光合作用，处于第二单线态的叶绿素分子的电子通过释放部分能量，转变到第一单线态后，才能参与光合作用。因此，尽管一个蓝光量子的能量比红光量子的大，但其光合作用效果与红光量子相同。当处于第一单线态的叶绿素分子的电子不能将能量用于光合作用，而以光的形式释放回到基态时，则产生荧光。荧光的波长一般长于吸收光的波长，这是因为所吸收的能量有一部分被消耗在电子移动和分子内部振动上。荧光的寿命很短，约为 10^{-9} s。如果第一单线态上的电子又以热能形式释放部分能量，同时这个被激发电子的自旋方向发生倒转，与刚刚被激发的电子的自旋方向相同，就成为另一种激发态(或称亚稳定态)，即三线态。三线态回到基态所释放的光，称为磷光。叶绿素在溶液中的荧光较明显，但在叶片中很微弱，这可能是由于激发态的叶绿素分子的电子降能态时所释放的能量，用于推动电子运动或转化成热量，产生荧光的机会很少。

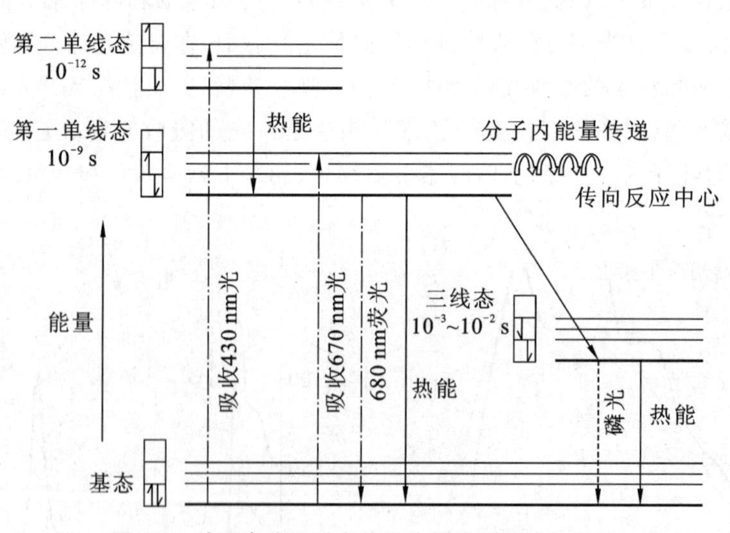

图 7-5　叶绿素分子对光的吸收及能量释放示意图

各能态之间因分子内振动和转动还表现出若干能级。虚线表示吸收光子后所产生的电子跃迁或发光，实线表示能量的释放，半箭头表示电子自旋方向。

四、叶绿素的形成

(一) 叶绿素的形成条件

叶绿素也和植物体内其他有机物质一样,经常地不断更新。据测定,燕麦幼苗在72 h后,叶绿素几乎全部被更新,而且受环境条件影响很大。

1. 叶绿素的生物合成

叶绿素的生物合成是比较复杂的,其合成过程大致可分为两个阶段。第一阶段是合成叶绿素的前身物质原叶绿素酸酯,该过程与光无关,为酶促反应过程。第二阶段是原叶绿素酸酯在叶绿体中与蛋白质结合,通过吸收光能被还原成叶绿素酸酯a,再与叶绿醇结合生成叶绿素a。叶绿素b是由叶绿素a转化而成的。因此,第二阶段是光还原阶段,需要光的催化。

2. 叶绿素的形成条件及叶色

植物叶子呈现的颜色是叶子各种色素的综合表现。一般来说,正常叶子的叶绿素和类胡萝卜素的分子比例约为3∶1,叶绿素a和叶绿素b的也约为3∶1,叶黄素和胡萝卜素的约为2∶1。由于绿色的叶绿素比黄色的类胡萝卜素多,占优势,因此正常的叶子总是呈现绿色。秋天、条件不正常或叶片衰老时,叶绿素较易被破坏或降解,数量减少,而类胡萝卜素较稳定,所以叶片呈现黄色。

(二) 影响叶绿素形成的主要因素

影响叶绿素形成的环境因素主要有光照、温度、营养元素和水分。

1. 光照

光是影响叶绿素形成的主要因素。缺光时原叶绿素酸酯不能转变成叶绿素酸酯,故不能合成叶绿素。这种因缺乏某些条件而影响叶绿素形成,使叶子发黄的现象,称为"黄化"现象。

2. 温度

叶绿素的形成是一个酶促反应过程,温度主要影响酶的活性,叶绿素合成的最低温度为2～4 ℃,最适温度为30 ℃,最高温度为40 ℃。温度不适宜会抑制酶的活性,也就抑制了叶绿素的合成。

3. 营养元素

N、Mg是叶绿素分子的重要成分,缺乏时影响叶绿素形成而呈现出缺绿症状。Fe、Cu、Zn、Mn对叶绿素合成具有催化作用,缺乏时会引起缺绿症状。

4. 水及氧气

叶片缺水,不仅叶绿素的形成受阻,而且会加速分解,所以当干旱时叶子会变黄。氧含量不足时,不能合成叶绿素。但一般情况下,地上部分不会由于缺氧而影响叶绿素的合成。

第二节 光合作用的过程及光呼吸

一、光合作用的过程

光合作用分为需光的光反应和不需光的暗反应两个阶段。光反应是必须在光下才能进行的,由光所引起的光化学反应;暗反应是在暗处(也可在光下)进行的,由若干酶催化的化学反应。光反应是在类囊体(光合膜)上进行的,而暗反应是在叶绿体的基质中进行的。光合作用的实质是将光能转变成化学能。根据能量转变的性质,可将光合作用划分为三个阶段:①原初反应(光能的吸收、传递和转换过程);②电子传递和光合磷酸化(电能转变为活跃化学能的过程);③碳同化(活跃的化学能转变为稳定化学能的过程)。

(一) 光反应

1. 原初反应

原初反应是指光合色素分子被光激发到引起第一个光化学反应为止的过程,它包括光能的吸收、传递和转换为电能的过程。

根据功能来区分,叶绿体类囊体上的色素可分为两类。①反应中心色素,又称作用中心色素,少数特殊状态的叶绿素 a 分子属于此类,它具有光化学活性,既是光能的“捕捉器”,又是光能的“转换器”(把光能转换为电能)。②聚光色素,又称天线色素,它没有光化学活性,只有收集光能的作用,像漏斗一样把光能聚集起来,传到反应中心色素,绝大多数色素(包括大部分的叶绿素 a 和全部的叶绿素 b、胡萝卜素、叶黄素)都属于聚光色素。

光合反应中心是指在类囊体中进行光合作用原初反应的最基本的色素蛋白复合体,它至少包括 1 个反应中心色素分子(P)、1 个原初电子受体(A)和 1 个原初电子供体(D)。

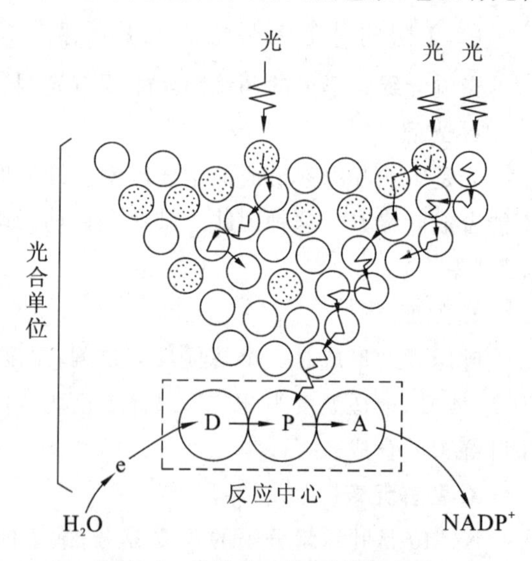

图 7-6 光能的吸收、传递与转换

空心圆圈代表聚光叶绿素分子;有黑点圆圈代表类胡萝卜素等辅助色素分子;P 代表反应中心色素分子;D 代表原初电子供体;A 代表原初电子受体;e 代表电子

当光照射到绿色植物时,聚光色素分子就吸收光子而被激发,光子在色素分子之间传递,最后传递到反应中心色素分子。反应中心色素分子(P)被聚光色素传递的光能激发后,立即放出电子而成为氧化态(P^+);原初电子受体(A)接受电子而被还原;反应中心色素分子(P)又从原初电子供体(D)夺得电子而复原,这样就产生了电子的流动(图 7-6)。上述过程可用下式表示:

$$D \cdot P \cdot A \longrightarrow D \cdot P^* \cdot A \longrightarrow D \cdot P^+ \cdot A^- \longrightarrow D^+ \cdot P \cdot A$$

2. 电子的传递和光合磷酸化

激发了的反应中心色素分子把电子传递给原初电子受体，将光能转变为电能，电子再经过一系列电子传递体的传递，引起水的光解放氧和 $NADP^+$（辅酶Ⅱ）还原，并通过光合磷酸化形成 ATP，把电能转化为活跃的化学能。

1）光系统

在光合作用中，存在两个原初反应，也就是有两套光能传递和转换系统，分别称为光系统Ⅰ（PSⅠ）和光系统Ⅱ（PSⅡ）。每个光系统中有各自的聚光色素、反应中心色素、原初电子供体和原初电子受体。由于近代研究技术的进展，可直接从叶绿体分离出两个光系统。

PSⅠ的反应中心色素分子最大吸收高峰值在 700 nm，称为 P_{700}。其主要特征是 $NADP^+$ 的还原，当 PSⅠ的 P_{700} 被光激发后，把电子供给铁氧还蛋白（Fd），然后传递给 $NADP^+$ 而将其还原为 NADPH 和 H^+。PSⅠ的颗粒较小，直径为 11 nm，分布在类囊体膜的外侧。PSⅠ的光反应是长光波反应。

PSⅡ的反应中心色素分子最大吸收高峰值在 680 nm，称为 P_{680}。其主要特征是水的光解和氧气的释放，并将电子传递给 PSⅠ。PSⅡ的颗粒较大，直径为 17.5 nm，分布在类囊体膜的内侧。PSⅡ的光反应是短光波反应。

当受光时，两个光系统的反应中心色素分子（P_{700}、P_{680}）均被激发，引起各自的原初反应。同时通过电子传递，将两个光系统串联起来。

2）电子传递链

由光系统Ⅰ的 P_{700} 激发出来的高能电子，被电子受体接受后，有两个去路：一个是通过一些电子传递体的传递后，电子又回到 P_{700}，形成一种循环的电子传递途径，称为环式电子传递途径；另一个是通过另一些电子传递体的传递后，电子不回到 P_{700}，而传给最后的一个电子受体——$NADP^+$，这时 P_{700} 由于失去电子便造成电子空缺，研究证明，此空缺正是由光系统Ⅱ的反应中心色素分子 P_{680} 激发出来的电子，经过一系列传递来补充的，也就是光系统Ⅱ激发出来的电子，通过电子传递体传给了光系统Ⅰ。通过这种电子传递，光系统Ⅰ和光系统Ⅱ便连接起来。那么，光系统Ⅱ中 P_{680} 的电子空缺，又是从哪里来补充的呢？已经证明，它是从水中夺取电子经过传递来补充的。这样，电子便由水传递到光系统Ⅱ，再传递到光系统Ⅰ，最终传递给 $NADP^+$。这一电子传递途径称为非环式电子传递途径。

上述由水至 $NADP^+$ 的电子传递是由两个光系统（PSⅠ和 PSⅡ）和若干电子传递体共同完成的，这条定位在光合膜上，由多个电子传递体组成的电子传递轨道称为光合电子传递链，即光合链，它的形成像一个横写的英文字母“Z”，因此也称为“Z”链（图 7-7）。

3）水的光解和氧的释放

水的光解是希尔于 1937 年发现的。他将离体的叶绿体加入有适宜的氢受体（A）的水溶液中，光照后即有氧气放出，这就是水的光解，也称为希尔反应。

$$2H_2O+2A \xrightarrow[\text{叶绿体}]{\text{光}} 2AH_2+O_2$$

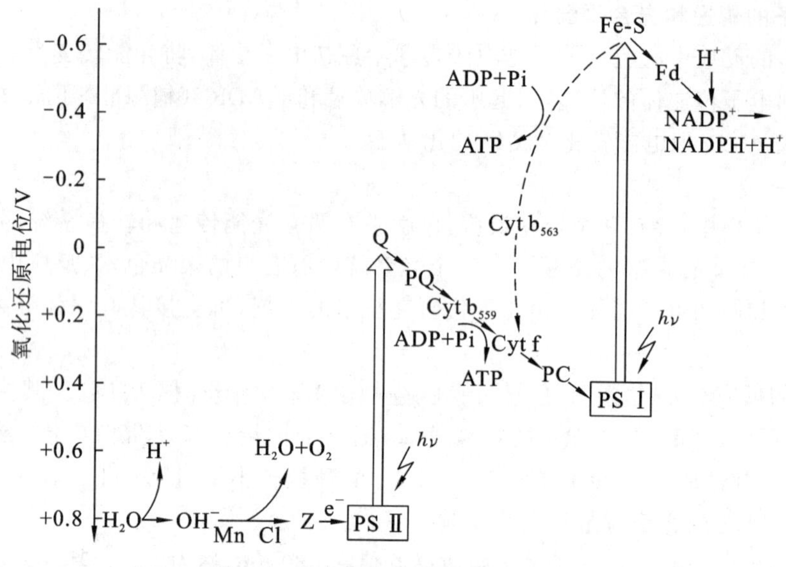

图 7-7 光合电子传递及光合磷酸化

水的光解放氧是水在光照下经过PSⅡ的作用，释放氧气，产生电子，释放质子到类囊体腔内，整个反应如下：

$$2H_2O \longrightarrow O_2 + 4H^+ + 4e^-$$

这里放出的氧就是光合作用所释放的 O_2 的来源，它是光合作用的副产物，因为光合作用需要的是水分子中的电子和 H^+，余下的 O_2 便放到空气中去。

4) 光合磷酸化

在叶绿体类囊体膜上光合电子传递的同时，偶联 ADP 和无机磷酸合成 ATP 的过程，称为光合磷酸化。光合磷酸化有两种类型，即非环式光合磷酸化和环式光合磷酸化。

(1) 非环式光合磷酸化　与非环式电子传递途径相偶联的磷酸化，称为非环式光合磷酸化。这个过程既伴随着水的光解，也伴随着 O_2 的释放。通常以下式表示：

$$2ADP + 2Pi + 2NADP^+ + 2H_2O \xrightarrow{光} 2ATP + 2NADPH + 2H^+ + O_2$$

在这个过程中，释放氧气，电子传递是一个开放的通路，非环式光合磷酸化在基粒片层中进行，它在光合磷酸化中占主要地位。

(2) 环式光合磷酸化　与环式电子传递体途径相偶联的磷酸化，称为环式光合磷酸化。环式光合磷酸化只产生 ATP，而不伴随水的光解，也伴随着 O_2 的释放，因此也不产生 NADPH，它的反应式如下：

$$ADP + Pi \xrightarrow{光} ATP$$

综上所述，光合作用的光反应就是叶绿体色素所吸收的光能，经过一系列电子传递和光合磷酸化作用，转换为活跃的化学能，贮存在 ATP 和 NADPH 中的过程。两种物质含有很高的能量，属高能化合物，NADPH 还具有很强的还原能力，两者用于暗反应中 CO_2 的固定和还原形成碳水化合物。因此，人们把叶绿体在光合作用中形成的 ATP 和 NADPH 合称为“同化力”。

（二）暗反应（碳同化）

植物利用光反应中形成的同化力（ATP 和 NADPH），把二氧化碳还原、转化成为稳定的碳水化合物的过程，称为二氧化碳同化或碳同化。

高等植物同化二氧化碳有三条途径，即 C_3 途径（卡尔文循环）、C_4 途径和景天科酸代谢途径（CAM 途径），其中以 C_3 途径为最基本的途径，包括 CO_2 固定、还原，最后生成碳水化合物的完整过程。C_4 途径和景天科酸代谢途径只是某些高等植物固定 CO_2 的方式，不能将固定的 CO_2 还原为碳水化合物，这些被固定的 CO_2 参与卡尔文循环，才能合成光合产物。因此，C_3 途径是绿色植物碳同化的共同途径。

1. C_3 途径及 C_3 植物

这个途径的二氧化碳固定最初产物是一种三碳化合物（3-磷酸甘油酸），故称为 C_3 途径。沿着 C_3 途径同化 CO_2 的植物如水稻、小麦、棉花、大豆等大多数植物，称为 C_3 植物。

C_3 途径大致可分为 3 个阶段，即羧化阶段、还原阶段和再生阶段。

（1）羧化阶段　CO_2 必须经过羧化阶段，固定成羧酸，然后才被还原。1,5-二磷酸核酮糖（RuBP）是 CO_2 的接受体，在 1,5-二磷酸核酮糖羧化酶/加氧酶（Rubisco）作用下，和 CO_2 作用形成两分子的 3-磷酸甘油酸（3-PGA），这是 C_3 途径第一个稳定的中间产物。反应式如下：

$$\begin{array}{c} CH_2O\text{Ⓟ} \\ | \\ C{=}O \\ | \\ HCOH \\ | \\ HCOH \\ | \\ CH_2O\text{Ⓟ} \end{array} + CO_2 + H_2O \xrightarrow[Mg^{2+}]{Rubisco} 2\ \begin{array}{c} COOH \\ | \\ HCOH \\ | \\ CH_2O\text{Ⓟ} \end{array}$$

1,5-二磷酸核酮糖　　　　3-磷酸甘油酸

RuBP　　　　3-PGA

（2）还原阶段　3-磷酸甘油酸（3-PGA）被 ATP 磷酸化，在 3-磷酸甘油酸激酶（PGA 激酶）催化下，形成 1,3-二磷酸甘油酸（DPGA），然后在 3-磷酸甘油醛脱氢酶作用下被 NADPH 还原，形成 3-磷酸甘油醛（GAP），这就是糖类。反应式如下：

$$\underset{\text{3-PGA}}{\begin{array}{c} COOH \\ | \\ HCOH \\ | \\ CH_2O\text{Ⓟ} \end{array}} \xrightarrow[\text{PGA激酶}]{ATP \quad ADP} \underset{\text{DPGA}}{\begin{array}{c} COO\text{Ⓟ} \\ | \\ HCOH \\ | \\ CH_2O\text{Ⓟ} \end{array}} \xrightarrow[\text{NADP-GAP脱氢酶}]{NADPH \quad NADP^+} \underset{\text{GAP}}{\begin{array}{c} CHO \\ | \\ HCOH \\ | \\ CH_2O\text{Ⓟ} \end{array}} + Pi$$

当 CO_2 被还原为 GAP 时，光合作用的贮能过程即告完成。GAP 被运到细胞质中去合成蔗糖，也可以在叶绿体的基质中合成淀粉，暂时积累。

（3）再生阶段　由 GAP 经过一系列转变，重新形成 CO_2 受体 RuBP 的过程。

C_3 途径具体过程如图 7-8 所示。

C_3 途径的总反应式可写成：

$$3CO_2 + 5H_2O + 9ATP + 6NADPH \longrightarrow GAP + 9ADP + 8Pi + 6NADP^+ + 3H^+$$

由此可见，要产生 1 个 GAP 分子，需要 3 个 CO_2 分子，6 个 NADPH 分子和 9 个 ATP 分子作为能量来源。

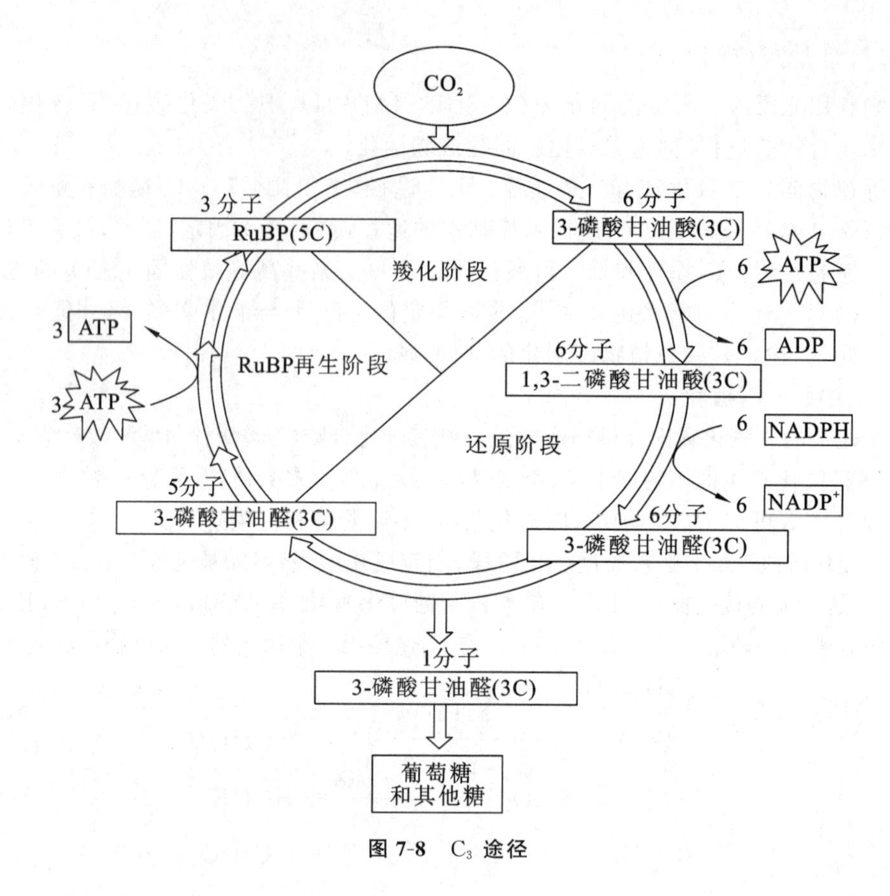

图 7-8　C_3 途径

2. C_4途径及C_4植物

在某些植物中,CO_2被固定后形成的最初产物为草酰乙酸(OAA)等含有四个碳原子的化合物,因此将这种固定CO_2的途径称为C_4途径。具有这种固定CO_2途径的植物,称为C_4植物,这类植物大多数起源于热带或亚热带,主要集中于禾本科、莎草科、菊科、苋科、藜科等20多个科的1300多种植物中,其中禾本科占75%,但农作物中不多,只有玉米、高粱、甘蔗、黍与粟等数种适合在高温、强光与干旱条件下生长。

C_4途径包括4个步骤:①羧化,叶肉细胞的细胞质中的磷酸烯醇式丙酮酸(PEP)羧化,把CO_2固定为草酰乙酸(OAA),后转变为C_4酸(苹果酸或天冬氨酸);②转移,C_4酸转移到维管束鞘细胞;③脱羧与还原,维管束鞘细胞中的C_4酸脱羧产生CO_2,CO_2通过C_3途径被还原为糖类;④再生,C_4酸脱羧形成的C_3酸(丙酮酸或丙氨酸)再运回叶肉细胞生成PEP(图7-9)。

3. CAM途径及CAM植物

许多起源于热带的植物,在对高温干旱环境的适应过程中,叶片退化或形成很厚的角质层,有些形成肉质茎,而且气孔在白天关闭以减少蒸腾,傍晚后气孔开放以吸收CO_2。因而这类植物在光合碳同化上也演化出一条独特途径:在夜间气孔开放时,吸进CO_2,在PEP羧化酶作用下,与PEP结合,形成草酰乙酸(OAA),进一步还原为苹果酸,积累于液泡中。白天气孔关闭后,液泡中的苹果酸便转移到细胞质中脱羧,放出CO_2,进入C_3途径形成淀粉等。这种代谢现象最早是在景天科植物中观察到的,所以人们把这种特殊的碳

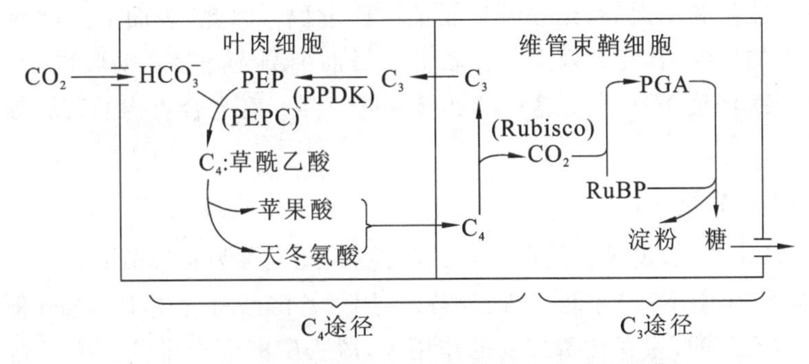

图 7-9 C_4 途径基本反应在各部分进行的示意图

PPDK—磷酸丙酮酸双激酶；PEPC—磷酸烯醇式丙酮酸羧化酶

固定代谢途径称为景天科酸代谢途径，简称 CAM 途径(图 7-10)。具有 CAM 途径的植物称为 CAM 植物。CAM 植物主要包括景天科、仙人掌科、凤梨科及兰科等 19 科 230 多种植物。其中，经济植物有菠萝、剑麻，观赏植物有兰花、景天、仙人掌、百合等。

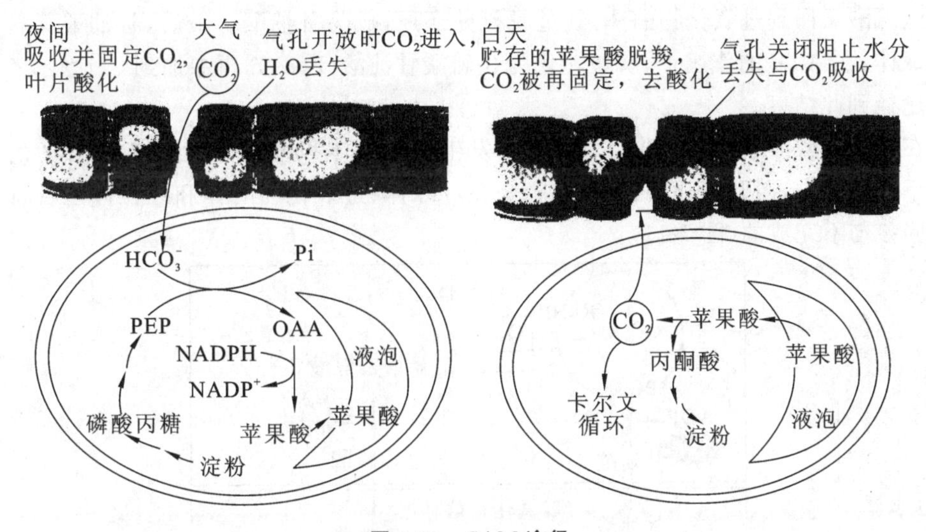

图 7-10 CAM 途径

综上所述，植物的光合碳同化途径具有多样性，这也反映了植物对生态环境多样化的适应，但 C_3 途径是植物同化 CO_2 的最基本、最普遍的途径。C_4 途径和 CAM 途径只不过起 CO_2 的固定和转运作用。

二、光呼吸

植物的绿色细胞在光下吸收氧气，放出二氧化碳的过程称为光呼吸。这种呼吸仅在光下发生，且与光合作用密切相关。一般活细胞的呼吸在光照和黑暗中都可以进行，对光照没有特殊要求，称为暗呼吸。

(一) 光呼吸的意义

光呼吸是消耗光合中间产物的过程，将光合固定的 CO_2 部分地释放掉，使有机物质

的积累减少;从能量利用上看,光呼吸是能量消耗过程。因此,表面上光呼吸显然是一种浪费,光呼吸强的植物,其光合效率往往较低。目前推测光呼吸在回收碳素、消除乙醇酸毒害、维持低CO_2浓度条件下C_3途径的运转和防止强光对光合机构的破坏等方面有着重要的生理意义。

(二)光呼吸的过程

光呼吸是氧化过程,被氧化的底物是乙醇酸,因此又称为乙醇酸氧化途径。植物的绿色组织在光照下(黑暗不行)才能形成乙醇酸。因为乙醇酸首先由 Rubisco 催化 RuBP 产生 PGA 和磷酸乙醇酸,后者在磷酸酶的作用下,脱去磷酸而产生乙醇酸。这些过程是在叶绿体内进行的。

乙醇酸形成后就转移到过氧化物酶体。所有高等植物的光合细胞中均有过氧化物酶体。在过氧化物酶体内,乙醇酸被游离氧氧化为乙醛酸,乙醛酸再氨基化为甘氨酸。甘氨酸在线粒体中进行进一步转化。两个分子的甘氨酸转变为丝氨酸并释放CO_2。这就是光呼吸中放出CO_2的过程。

丝氨酸又回到过氧化物酶体,经过脱氨并还原,成为甘油酸。最后,甘油酸又转移回到叶绿体,在 ATP 的作用下,磷酸转化为3-磷酸甘油酸(PGA),再参加到C_3途径,乙醇酸氧化途径到此结束。

在整个乙醇酸氧化途径中,O_2的吸收发生在叶绿体和过氧化物酶体中,CO_2的放出发生于线粒体中,因此,乙醇酸氧化途径是在叶绿体、过氧化物酶体和线粒体三种细胞器的协同参与下完成的(图7-11)。

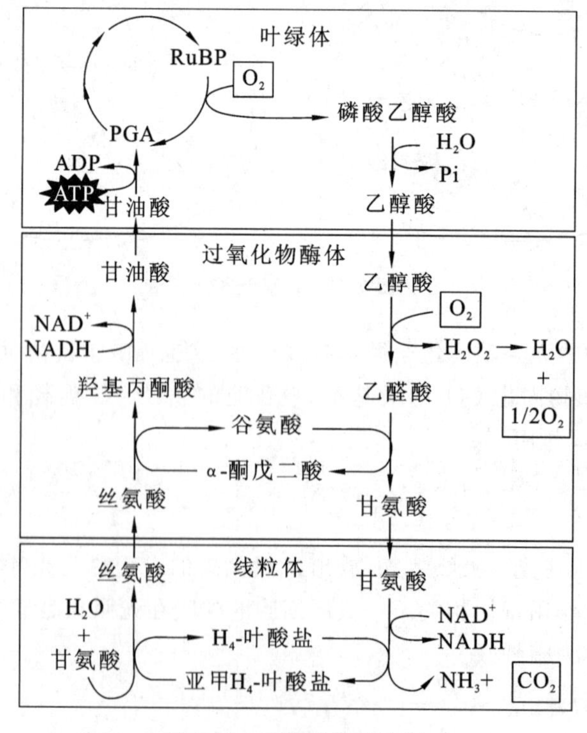

图7-11 光呼吸代谢途径

第三节 光合作用的指标及影响因素

一、光合作用的指标

1. 光合速率

光合速率亦称光合强度，是指单位时间单位叶面积吸收 CO_2 的量或释放 O_2 的量，或者是指单位时间单位叶面积积累干物质的量。其单位是 $\mu mol(CO_2)/(m^2 \cdot s)$ 或 g(DW)/(m^2·h)。通常，在测定光合速率时没有把呼吸作用考虑进去，测定的结果实际上是净光合速率或表观光合速率，即真正光合速率与呼吸速率的差值。即

$$真正光合速率=净光合速率+呼吸速率$$

2. 光合生产率

光合生产率又称净同化率，指每天每平方米叶面积实际积累的干物质质量(g)，其单位是 g(DW)/(m^2·d)。光合生产率是测定田间作物光合速率的常用指标。

二、影响光合作用的因素

（一）影响光合作用的内部因素

1. 植物种类

植物内部因素对光合速率有明显的影响，首先表现在植物种间的光合速率有很大差异，如 C_4 植物的光合速率比 C_3 植物高。树木种间的光合速率差异也较为明显，在木本植物中甚至同一属的种间光合速率也常有显著变化。如蓝桉的光合速率比窿缘桉高得多。树木种类之间的光合速率变化主要取决于树种的遗传特性。

2. 叶龄

新形成的嫩叶光合速率很低。其主要原因有：①叶组织发育未健全，气孔尚未完全形成或开度小，细胞间隙小，叶肉细胞与外界气体交换速率低；②叶绿体小，片层结构不发达，光合色素含量低，捕光能力弱；③光合酶，尤其是 Rubisco 的含量与活性低；④幼叶的呼吸作用旺盛，因而使表观光合速率降低。

3. 叶片

叶的结构如叶的厚度、栅栏组织与海绵组织的比例、叶绿体和类囊体的数目等都对光合速率有影响。叶的结构一方面受遗传因素控制，另一方面还受环境的影响。

C_4 植物光合速率比 C_3 植物高，与其叶片解剖结构密切相关(花环结构、栅栏组织与海面组织的结构、叶绿素含量与光合作用有密切的关系)；在相同的光照强度下，叶腹面的光合速率要高于叶背面。

（二）影响光合作用的外界因素

1. 光照

光是光合作用的能源，所以光是光合作用必需的。光的影响包括光质(光谱成分)及光照强度。自然界中太阳光的光质完全可以满足光合作用的需要。而光照强度则常常是

限制光合速率的因素之一(图 7-12)。

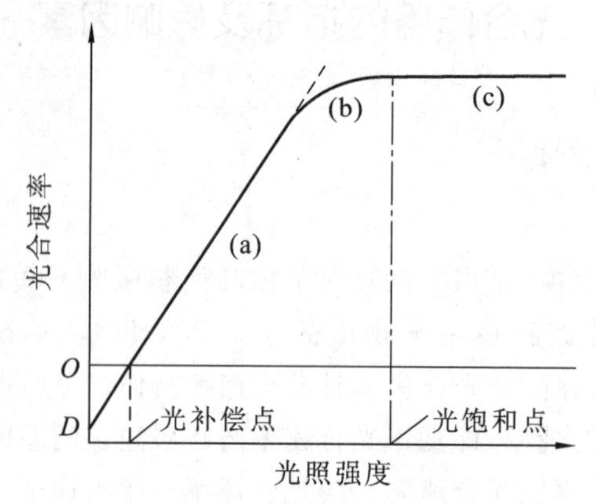

图 7-12　光照强度-光合速率曲线模式图

(a)比例阶段;(b)过渡阶段;(c)饱和阶段

在黑暗时,光合作用停止,而呼吸作用不断释放 CO_2,呼吸速率大于光合速率。随着光照增强,光合速率逐渐增加,逐渐接近呼吸速率,最后光合速率与呼吸速率达到动态平衡。同一叶子在同一时间内,光合过程中吸收的 CO_2 和光呼吸与呼吸过程放出的 CO_2 等量时的光照强度,称为光补偿点。植物在光补偿点时,有机物的形成量和消耗量相等,不能积累干物质,而夜间还要消耗干物质,因此从全天来看,植物所需的最低光照强度必须高于光补偿点,才能使植物正常生长。一般来说,阳生植物的光补偿点为 9～18 μmol/(m^2·s),而阴生植物的则小于 9 μmol/(m^2·s)。

当光照强度在光补偿点以上继续增加时,光合速率就成正比例增加,但超过一定范围之后,光合速率的增加转慢,当达到某一光照强度时,光合速率就不再增加,这种现象称为光饱和现象,刚出现光饱和现象时的光照强度称为光饱和点。此时的光合速率达到最大值。

多数植物的光饱和点为 500～1000 μmol/(m^2·s),但不同植物的光饱和点也有很大差异。一般阳生植物的光饱和点高于阴生植物,C_4 植物的光饱和点高于 C_3 植物。在一般光照下,C_4 植物没有明显的光饱和现象,这是由于植物同化 CO_2 消耗更多的同化力,而且可充分利用较低浓度的 CO_2;而 C_3 植物的光饱和点仅为全光照强度的 1/4～1/2。所以在高温高光照强度下,C_3 植物光合速率到一定程度不再增加,出现光饱和现象,而 C_4 植物仍保持较高的光合速率,在利用日光能方面优于 C_3 植物。

掌握植物光补偿点和光饱和点的特性,在生产实践中有指导作用。例如,间作与套种时作物种类的搭配,林带树种的选择,合理密植的程度,树木修剪、采伐、定植等,都要根据植物光合作用对光照强度的要求来进行。冬季或早春的光照强度低,在温室管理上避免高温,则可以降低光补偿点,并且减少夜间呼吸消耗。在大田作物的生长后期,下层叶片的光照强度往往处于光补偿点以下。生产上除了强调合理密植和调节水肥管理外,整枝、去老叶等措施都能改善下层叶片的通风透光条件。去掉部分处于光补偿点以下的枝叶,则有利于积累光合产物。

2. CO_2浓度

CO_2是光合作用的原料，对光合速率的影响很大。陆生植物光合作用所需的CO_2主要来源于空气。CO_2通过叶表面的气孔进入叶内，经过细胞间隙到达叶肉细胞的叶绿体。

CO_2浓度与光合速率的关系，类似于光照强度与光合速率的关系，既有CO_2的补偿点，也有CO_2的饱和点。由图7-13可以看出，在光下CO_2浓度等于零时，光合作用器官只有呼吸作用释放CO_2（图中的A点）。随着CO_2浓度的增加，光合速率增加，当光合作用吸收的CO_2量等于呼吸作用放出的CO_2量时，即光合速率与呼吸速率相等时，外界的CO_2浓度称为CO_2的补偿点。各种植物的CO_2的补偿点不同。据测定，玉米、高粱、甘蔗等C_4植物的CO_2的补偿点很低，为0～10 μL/L。小麦、大豆等C_3植物的CO_2的补偿点较高，约为50 μL/L。植物必须在高于CO_2的补偿点的条件下，才有同化物的积累，才会生长。

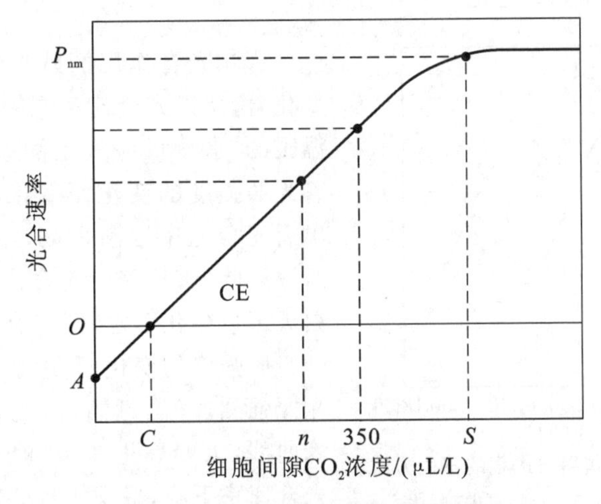

图7-13　CO_2光合作用曲线模式图

当空气中CO_2浓度超过植物CO_2的补偿点后，随着空气中CO_2浓度升高，光合速率呈直线增加。但是随着CO_2浓度的进一步增加，光合速率变慢，当CO_2浓度达到某一范围时，光合速率达到最大值（P_{nm}），光合速率达到最大值时的CO_2浓度称为CO_2的饱和点（图中S点）。不同植物CO_2的饱和点相差很大，C_3植物的CO_2的饱和点较C_4植物的高。超过饱和点时再增加CO_2浓度，光合作用便受到抑制。

最适CO_2浓度也随着光照强度、温度、水分等条件的配合情况而变化。如光照强度加强，植物就能吸收和利用较高浓度的CO_2，CO_2饱和点提高，光合作用加快。

大气中CO_2约为350 μL/L（即1 L空气中含0.69 mgCO_2），一般不能满足植物对CO_2的需要。在中午前后光合速率较高时，株间CO_2浓度更低，可能降低至200 μL/L，甚至100 μL/L。因此，必须有对流性空气，让新鲜空气不断通过叶片，才能满足光合作用对CO_2的需求。在平静无风的情况下，或在密植的田块，空气流动受阻，中午或下午常会出现CO_2的暂时亏缺。因此，植物栽培管理中要求田间通风良好，原因之一就是为了保证CO_2的供应。在温室栽培中，加强通风，增施CO_2可防止出现CO_2"饥饿"；在大田生产中，增施有机肥，经土壤微生物分解释放CO_2，能有效地提高植物的光合速率。

3. 温度

光合作用的暗反应是由酶催化的化学反应，而温度直接影响酶的活性，因此，温度对光合作用的影响也很大。除了少数的例子以外，一般植物可在10～35 ℃下正常地进行光合作用，其中以25～30 ℃最适宜，在35 ℃以上时光合作用就开始下降，40～50 ℃时即完全停止。植物的光合作用温度的三基点因植物种类的不同而不同。一般而言，耐寒植物光合作用的最低温度和最适温度低于喜温植物，而最高温度相似。

光照强度不同，温度对光合作用的影响有两种情况，在强光条件下，光合作用受酶促反应限制，温度成为主要影响因素。但是，在弱光条件下，光合作用受光照强度限制，提高温度无明显效果，甚至促进呼吸而减少有机物积累。如温室栽培管理上，应在夜间或阴雨天气时适当降温，以提高净光合速率。

三、光合作用的日变化

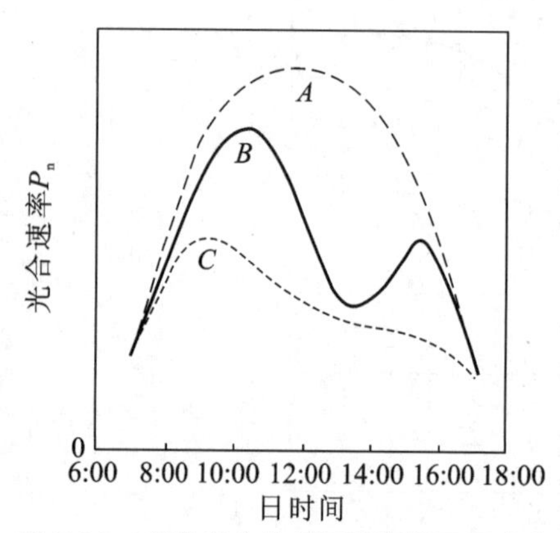

图7-14　植物光合作用日进程的不同方式

A—单峰日进程；*B*—双峰日进程；*C*—特殊的单峰日进程(严重干旱条件下，下午的峰消失)

影响光合作用的外界条件时时刻刻都在变化着，所以光合速率在一天中也有变化。在温暖的、水分供应充足的条件下，光合速率随着光照强度的变化而变化，呈单峰曲线，即日出后光合速率逐渐提高，中午前达到高峰，以后逐渐降低，日落后光合速率趋于负值。如果白天云量变化不定，则光合速率随着到达地面的光照强度的变化而变化，呈不规则曲线。当光照强烈，气温过高时，光合速率日变化呈双峰曲线，大峰在上午，小峰在下午，中午前后，光合速率下降，呈现“午休”现象(图7-14)。

由于光合作用“午休”造成的损失可达光合作用生产的30%，因此在生产上应适时灌溉，选用抗旱品种等，增强光合能力，避免或减轻光合作用“午休”现象，提高作物产量。

第四节　植物体内有机物的运输与分配

高等植物由多种器官组成，这些器官有较明确的分工，如叶片是进行光合作用合成同化产物的主要场所，植株各器官、组织所需要的有机物主要是由叶片供应的。在植物的生命周期中，器官之间不断进行着频繁的物质交流，以满足植物正常生长发育的需要。因此，掌握植物体内有机物运输和分配的规律，可以有目的地调节、控制植物的生长发育，满足栽培需要。

一、植物体内有机物的运输

高等植物体内有机物的运输有短距离运输和长距离运输之分。两者虽然都是物质在空间上的移动，但在运输的形式和机理上有许多不同。

(一) 运输途径

植物体内有机同化物的运输通过体内纵横交错的运输系统共质体和质外体两条途径来实现。为了讨论的方便,这里按同化物运输的距离长短分为短距离运输和长距离运输。

1. 短距离运输

短距离运输主要是指胞内与胞间运输,距离只有几微米,主要靠扩散和原生质的吸收与分泌来完成。

(1) 胞内运输　胞内运输主要是指通过扩散和原生质流动等形式在细胞内和细胞器间进行的物质交换。例如,光呼吸途径中磷酸乙醇酸、甘氨酸、丝氨酸及甘油酸分别进出叶绿体、过氧化体和线粒体,叶绿体中的磷酸丙糖经过磷酸丙糖转运器从叶绿体转移到细胞质,细胞质中的蔗糖进入液泡等。

(2) 胞间运输　胞间运输是指细胞之间短距离的质外体运输、共质体运输及共质体与质外体之间的替代运输。

① 质外体运输　质外体运输主要通过细胞壁、细胞间隙、导管等部位。有机物质在质外体的运输基本上靠溶质扩散进行,所以是物理学过程,受到的阻力小,物质运输快。

② 共质体运输　共质体运输主要是通过胞间连丝实现的。在植物组织内,凡是有机物质运输频繁的状态,胞间连丝都显得粗而多。与质外体运输相比,共质体中原生质的黏度大,运输阻力大。

③ 共质体与质外体之间的替代运输　这就是物质通过质膜的运输,包括 3 种形式:第一,顺浓度梯度的被动转运,包括自由扩散和通过通道或载体的协助扩散;第二,逆浓度梯度的主动转运,包括一种物质伴随另一种物质进出质膜的伴随运输;第三,以小囊泡方式进出质膜的膜动转运,包括内吞、外排和出胞等。

2. 长距离运输

近代采用示踪原子法,进一步证明同化物是靠韧皮部进行长距离运输的。用$^{14}CO_2$饲喂叶片,进行光合作用后,就发现在叶柄或茎内含^{14}C的光合产物主要积累在韧皮部。

为研究植物同化物的运输途径,意大利的马尔比基(Malpighi)曾用树木枝条做了环割实验。将柳树枝环割,把树皮(韧皮部)剥去,几周后发现位于环割区上方的树皮逐渐膨大,形成树瘤,仍可长期继续生长(图 7-15)。这表明叶子同化的物质是经韧皮部运输的。当韧皮部通路被环割切断时,叶子的同化物下运受阻,停滞在环割切口上端,引起树皮膨大。环割未破坏木质部的连续性,因而根系吸收的水和矿物质则通过木质部上运至环割枝条的上端而维持其生长。如果环割不宽,切口能重新愈合,恢复同化物向下运输的能力。如果环割较宽,环割下方又没有枝条,时间一长,下方树皮和根系就会死亡。“树怕剥皮”就是这个道理。环割试验用事实证明,韧皮部是植物进行长距离向下运输同化物的主要途径。

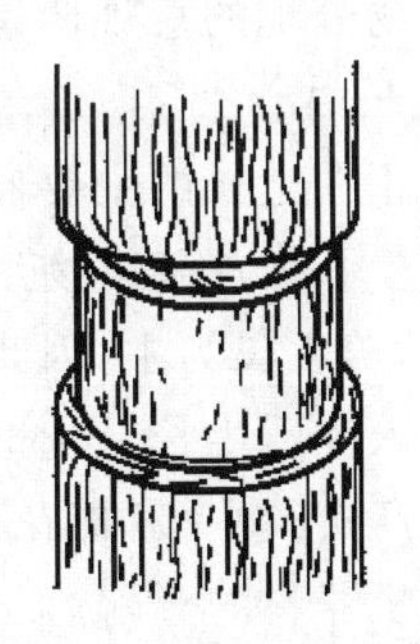
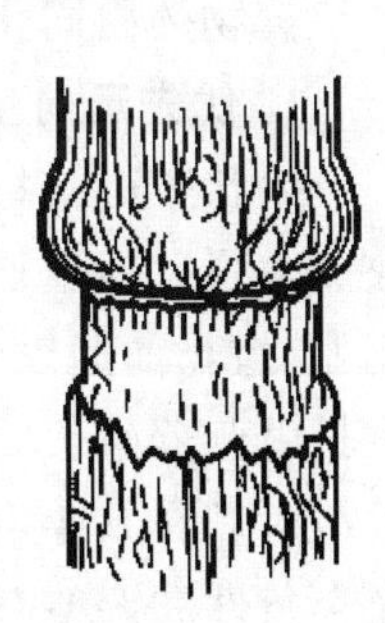

图 7-15　木本枝条的环割

(二) 运输形式与速率

采用蚜虫吻针法抽取糖槭树或豆科植物的筛管汁液进行研究。发现汁液的成分有水、糖、氨基酸、酰胺、有机酸、蛋白质、酶、无机离子、维生素等。筛管汁液中的干物质含量很高,可达10%~25%;而干物质中糖分的含量很高,糖分占干重的90%左右。后来进一步证明,许多植物筛管汁液中的糖分主要为蔗糖。在少数植物(南瓜、榆树)筛管汁液中,除蔗糖外,还有相当数量的棉籽糖、水苏糖和毛蕊花糖。

有机物在韧皮部中的运输速度随植物的种类而异,一般为30~50 cm/h。用放射性同位素示踪法测得:玉米为15~660 cm/h,向日葵为30~240 cm/h,甘薯为30~72 cm/h,榆树为10~120 cm/h,松树为6~48 cm/h。

二、有机物的分配与利用

(一) 源与库及其关系

1. 代谢源

代谢源是指能够制造并输出有机物的植物组织、器官或部位。如绿色植物的功能叶。

2. 代谢库

代谢库是指消耗或贮藏有机物的植物组织、器官或部位。如植物的幼叶、茎、根以及花、果、种子等。

在同一株植物,源与库是相对的。在某一生育期,某些器官以制造、输出有机物为主,另一些则以接纳为主。前者为代谢源,后者为代谢库。随着生育期的改变,源、库的地位有时会发生变化。如一个叶片,当幼叶不到全展叶的30%时,只有同化物的输入,为代谢库;长到全展叶的30%~50%时,同化物既有输出又有输入;随着叶片继续长大,而只有输出,转变为代谢源。

(二) 有机物的分配规律

植物体内同化物分配的总规律是由源到库,归结起来具有以下的特点。

1. 优先运向生长中心

生长中心是指正在生长的主要器官或部位,其特点是代谢旺盛,生长快,对养分的吸收能力强。但生长中心往往随植物生育期的不同而变化,因此同化物的分配也相应转移。比如,植物前期以营养生长为主,因此根、茎、叶是生长中心;随着生殖器官的出现,植物的生长由营养生长转入生殖生长,这时生殖器官就成为生长中心,因而也成为分配中心。

人们在农业生产实践中,对棉花、番茄及果树进行摘心、整枝、修剪等,就是为了改善光合条件和调整有机养料的分配,促进同化物的积累以提高坐果率和果实产量。

2. 就近供应

叶片所形成的光合产物主要是运至邻近的生长部位。一般来说,植物茎上部叶片的光合产物主要供应茎端及其上部嫩叶的生长;而下部叶片则主要供应根和分蘖的生长;处于中间的叶片,它的光合产物则上、下部都供应。当形成果实时,所需的养分主要靠和它最邻近的叶片供应。例如,大豆的叶腋出现豆荚后,这个叶片的光合产物,主要供应这个豆荚,当这个叶片受到损伤,或者光合作用受阻时,这个豆荚由于得不到养料就会发生脱落。

3. 纵向同侧运输

用放射性同位素^{14}C供给向日葵叶子，发现只有与这叶片处于同一方向的子实里才有放射性^{14}C，这是输导组织纵向分布所致。在纵向运输畅通的情况下，往往只运给同侧的花序或根系；而水和无机盐也是由同一方位的根系供给相同方位的叶片和花序。

总之，同化物分配规律虽很复杂，但其基本原则是：①“源”本身制造养料的能力要超过其自身的消耗量，有多余才能输出；②分配到哪里和分配多少，取决于接收器官之间的竞争能力，也就是哪个器官生长势强，以及部位靠近哪个器官就分配得多。因此，在生产管理上，尤其在生殖器官形成时期，改善田间光照条件和水肥措施，既要保证功能叶片高效的光合能力，又要促进接收养料器官的生长优势。近年来，用激素类物质如萘乙酸、赤霉素等处理生殖器官，发现不但可以促进其生长，而且能增强其争夺养料的能力。

三、有机物分配规律的主要应用

在农业生产中，作物经济产量主要有三个来源：一是经济器官生长期间由功能叶片输入的物质；二是经济器官形成之前在其他营养器官暂存，以后经济器官膨大时再输入的物质；三是某些经济器官（如小麦的穗与芒）自身合成的物质。其中，功能叶制造的光合产物是构成经济产量的最主要来源。

要想提高经济产量，必须使光合产物更多地输入经济器官，这需要考虑如下三个因素。

首先，输出器官的推力，这是指源对光合产物的输出能力。研究发现，功能叶片的光合速率与光合产物输出速率之间存在着显著的正相关，灌浆期间水稻剑叶的光合速率最高，光合产物的输出速率也最高。从时间上看，光合作用的日变化决定着光合产物运输的日变化。如水稻，上午 6:00—11:00，光合作用弱，输出也少；以后光合作用逐渐加强，运输速率亦提高；下午 2:00—6:00 的输出量最多；随后逐渐减少直至第二天早晨。

其次，输入器官的拉力，这是指库对光合产物吸取的能力。沈允纲的试验表明，在不去穗的正常情况下，有 71.4%～84.5%的^{14}C光合产物运入稻穗；然而去穗后虽然叶鞘与茎内的^{14}C明显增多，但 57.4%～91.0%的^{14}C滞留于叶片。由此可见，穗是灌浆期间吸取有机物质能力最强的输入器官，绝非其他器官可以替代。

最后，输导组织的运输能力，这是指源库间输导系统的联系程度。一般说来，同化物的分配，源与库的输导系统直接联系的比间接联系的多（如给小麦第二次分蘖饲喂^{14}C，滞留分蘖最多，分配到第一分蘖的较少，而主茎更少），输导系统畅通的同化物分配数量最多（由于水稻第二次或第三次枝梗上颖花的花梗维管束比第一次枝梗的体积小且数量少，因此分配的同化物减少），输导系统的距离也制约着同化物分配的方向与数量（就近供应，近多远少）。

第五节　光合作用与作物产量

高等植物一切有机物的形成最初都源于光合作用，光合作用制造的有机物占植物总干重的 90%～95%。植物产量的形成主要靠叶片的光合作用，因此，如何提高光能利用率,制造更多的光合产物,是农业生产的一个根本问题。

一、作物产量的构成

作物一生中由光合作用所合成的有机物的数量,取决于光合面积、光合速率和光合时间这三个因素。植物的光合产物量减去呼吸消耗量和脱落量(统称为有机物消耗),剩下的干重(包括根、茎、叶、果实、种子等器官)称为生物产量。

生物产量=光合面积×光合速率×光合时间-有机物消耗

在生物产量中,直接作为收获物的、经济价值较高的这部分产量,如水稻的籽粒、马铃薯的块茎、果树的果实、林木的木材等,称为经济产量。经济产量与生物产量的比值,称为经济系数。它们的关系如下:

经济产量=生物产量×经济系数

或　　经济产量=(光合面积×光合速率×光合时间-有机物消耗)×经济系数

可见,构成作物产量的因素有5个,即光合面积、光合速率、光合时间、有机物消耗和经济系数。通常把这5个因素合称为光合性能。一切农业生产措施,归根到底,主要是通过协调和改善这5个因素而起作用的。

二、作物的光能利用率

(一)光能利用率的概念

光能利用率是指单位面积植物光合作用形成的有机物中所贮存的化学能与照射到该地面上的太阳能之比,可用下列公式计算:

$$光能利用率=\frac{单位面积作物总干物质重折算为热能}{同面积入射太阳总辐射能}\times 100\%$$

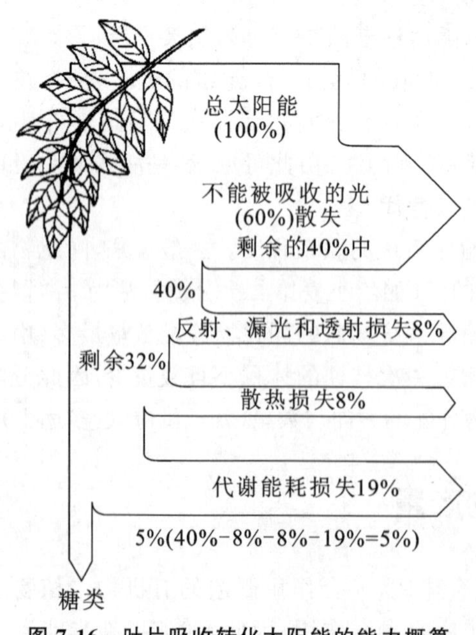

图7-16　叶片吸收转化太阳能的能力概算

在太阳总辐射中,波长为390～770 nm的可见光为光合有效辐射(PAR),约占40%。然而,作物对PAR也并不能全部利用,因为只有被叶绿体色素吸收的光能,在光合作用中才能转化为化学能。即使是一个非常茂密的作物群体,也不能将照射在它上面的光全部吸收,至少包括两方面的损失,一是叶片的反射,二是群体漏光和透射的损失,约占总辐射8%。此外,热散失占8%,其他代谢能耗损失约占19%,最终只有约5%的光能被光合作用转化贮存在糖类中(图7-16)。

生产中作物光能利用率远低于此值,一般不到1%。世界上单产较高的国家如日本(水稻)、丹麦(小麦),光能利用率也只有2%～2.5%。说明目前作物生产水平仍然比较低,农业生产还有较大的增产潜力。

(二) 光能利用率低的原因

1. 漏光损失

作物生长初期植株较小，生长缓慢，叶面积小，日光的大部分直接照射到地面上而损失。据估计，一般稻、麦田间平均漏光损失达50%以上，这是光能利用率低的一个重要原因。

2. 反射及透射损失

照射至叶面上的太阳能并未全部被吸收，其中一部分被反射并散失到空间，另一部分透过叶片。这部分能量损失因植物种类、品种、叶片厚薄等不同而有很大的差异。

3. 蒸腾损失

被叶片吸收的太阳光能，部分以热能形式消耗于蒸腾过程。

4. 环境条件不适

① 光照强度的限制。在弱光下虽然其他条件适合，光合速率也很低，因为受到光照强度的限制，当光照强度增加到光饱和点以上时，超过光饱和点的光又不能用于光合作用，甚至直接或间接地使植物受到损伤。

② 温度过高或过低影响酶的活性。

③ CO_2供应不足，使光合速率受到限制。

④ 肥料不足或施用不当，影响光合作用的进行或使叶片早衰等。

三、提高作物产量的主要措施

要提高光能利用率，主要是通过延长光合时间、增加光合面积和提高光合速率等途径。

(一) 延长光合时间

延长光合时间就是最大限度地利用光照时间，提高光能利用率。延长光合时间的措施如下。

1. 延长生育期

大田作物可根据当地气象条件选用生育期较长的中晚熟品种，适时早播，采用地膜覆盖等办法，蔬菜或瓜类作物可采用温室育苗，适时早栽或者利用塑料大棚。在田间管理过程中，尤其要防止生长后期叶片早衰，最大限度地延长生育期。

2. 提高复种指数

复种指数就是全年内农作物的收获面积与耕地面积之比。提高复种指数就是增加收获面积，延长单位土地面积上作物的光合时间。主要措施是通过轮种、间种和套种等栽培技术，在一年内巧妙地搭配各种作物，从时间上和空间上更好地利用光能，缩短田地空闲时间，减少漏光损失。

3. 补充人工光照

对于小面积的温室或塑料棚栽培，当阳光不足或日照时间过短时，可用人工光照补充。日光灯的光谱成分与日光近似，而且发热微弱，是较理想的人工光源。但人工光源耗电太多，增加成本。

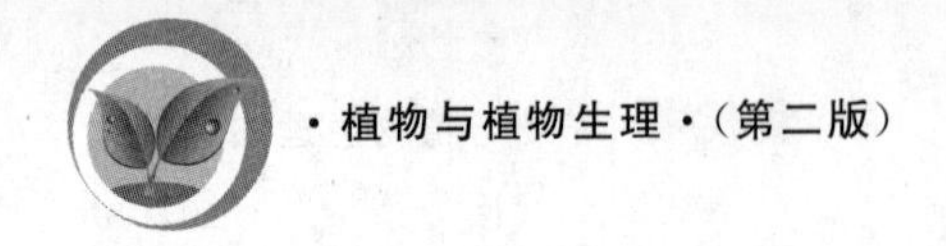

(二) 增加光合面积

光合面积即植物的绿色面积，主要是叶面积。它是影响产量最大的一个方面，同时又是最容易控制的一个方面。但叶面积过大，又会影响群体中的通风透光而引起一系列矛盾，所以光合面积要适当。

1. 合理密植

合理密植是指使作物群体得到合理发展、群体具有最适的光合面积和最高的光能利用率，并获得高产的种植密度。因此，合理密植是提高植物光能利用率的主要措施之一。

2. 改变株型

比较优良的高产新品种(如水稻、小麦和玉米等)，其株型都具有共同的特征，即秆矮，叶直而小、厚，分蘖密集。株型改善，能增加密植程度，改善群体结构，增大光合面积，耐肥不倒伏，充分利用光能，提高光能利用率。

(三) 提高光合速率

选育光能利用率高的品种，调控好栽培作物的光照、温度、水、肥料和二氧化碳等条件都可以提高光合速率。

1. 选育光能利用率高的品种

光能利用率高的品种应具有的特征是：生育期比较短、矮秆抗倒伏、叶片分布合理、叶片较短较直立、耐阴性较强、适合密植。

2. 调整栽培环境

植物光合作用的CO_2最适浓度为1000 μL/L(即0.1%)左右，远远超过大气中的正常含量。据报道，在温室中把CO_2浓度提高到900～1800 μL/L时，黄瓜可增产36.5%～69%，菜豆可增产17%～82%。

3. 加强田间管理

加强田间管理可给作物创造一个适宜的环境条件，如合理施肥、合理灌溉、及时中耕除草、防治病虫害等，能提高光合作用，减少呼吸消耗和脱落，并能使更多的光合产物运到产品器官内；整枝、修剪可改善通风、透光条件，减少有机物的消耗，调节光合产物的运输，这些措施都有良好的增产效果。

本章小结

光合作用是绿色植物利用光能同化CO_2，生成有机物的过程。光合作用对于有机物合成、太阳能利用和环境保护等方面有重要的意义。叶绿体是进行光合作用的细胞器，基粒片层是光反应的场所，基质是暗反应的场所。高等植物叶绿体色素有两大类：叶绿素(叶绿素a和叶绿素b)和类胡萝卜素(胡萝卜素和叶黄素)。光照、温度、矿质等影响叶绿素的合成。

根据能量转变性质将光合作用分为三个阶段：①光能的吸收、传递和转换，由原初反应完成；②电能转变为活跃的化学能，由电子传递和光合磷酸化完成；③活跃的化学能转变为稳定的化学能，由碳同化完成。

聚光色素吸收的光能，通过诱导共振方式传递到反应中心色素分子，光能激发反应中心色素分子使之发生氧化还原反应，电荷分离，将光能转变为电能，送给原初电子受体。电能经过一系列电子传递体传递，通过水光解和光合磷酸化，最后形成 ATP 和 $NADPH^+$，电能转变成活跃的化学能贮存在这两种物质中。碳同化的生化途径有三个：卡尔文循环、C_4途径和 CAM(景天科酸代谢)途径。卡尔文循环是碳同化的主要途径，C_4途径和 CAM 途径只不过是 CO_2固定方式不同，最后都是在体内再次把 CO_2释放出来参与卡尔文循环，合成有机物质。光呼吸是二磷酸核酮糖加氧形成乙醇酸，进一步分解，释放 CO_2和耗能的过程。

光合作用的进行受内、外因素的影响，如叶结构、叶龄、光照、CO_2浓度等，内、外因素对光合作用的影响不是独立的，而是相互联系、相互制约的。

有机物运输有短距离系统和长距离系统，主要是在韧皮部中进行。有机物在体内的分配受供应能力和竞争能力的综合影响，亦取决于源和库之间的代谢强度。同化物分配与产量关系很大，提高产量的一个重要方面就是在一定生物产量基础上使同化物更多地分配到经济器官中，即提高经济系数，达到提高产量的目的。

植物利用光能的效率很低，一般仅为 1%，亩产千斤的水稻也只有 2%。从理论上说，水稻的光能利用率可达 4%。可见农业增产潜力很大。提高光能利用率主要是增加光合面积、延长光合时间和提高光合效率。

阅读材料

有趣的植物

1. 日轮花

在南美洲亚马孙河流域那茂密的原始森林和广袤的沼泽地带里，生长着一种令人畏惧的吃人植物——日轮花。日轮花长得十分娇艳，其形状酷似齿轮，故而得名。日轮花有“吃人魔王”之称。日轮花的叶子一般有 1 m 长左右，花就散在一片片的叶子上面。

日轮花能发出诱人的兰花般芳香，很远就可闻到。人们要是不小心碰上它或去摘它，那些细长的叶子便马上从四周像鸟爪一样地伸卷过来，紧紧地把人拉住，拖倒在潮湿的草地上，直到使人动弹不得。

2. 热唇草

热唇草一般生长在特立尼达和多巴哥以及哥斯达黎加的热带丛林中，有意思的是，这种奇异植物的花朵一般会盛开长在两片“嘴唇”之间。一场丛林急雨过后，鲜润的“嘴唇”中间含着一朵小巧的花，使它更显妖娆。

3. 会走路的树

南美洲生长着一种既有趣又奇特的植物，名叫卷柏。每当气候干旱，严重缺水的时候，它会自己把根从土壤里拔出来，摇身一变，让整个身体蜷缩成一个圆球状，变得又轻又圆，只要稍有一点儿风，它就能随风在地面上滚动。一旦滚到水分充足的地方，圆球就迅速地打开，恢复“庐山真面目”。根重新钻到土壤里，暂时安居下来。

4. 笑树

非洲卢旺达首都有一家植物园,人们在那儿游览,遇到刮风的时候就会听到“哈、哈……”的笑声。不知缘由的游人左顾右盼,也休想找到那个发笑的人。当地人便会手指一棵大树,自豪地来帮助解开疑团:“这是一种会发笑的树,它以笑声表示对人的欢迎。”

5. 伪装的“生石花”

生石花生活在非洲南部的沙漠地区,它的颜色、形状与卵石惟妙惟肖,叶肥厚多汁,裹成卵石状,能贮存水分。生石花开金黄色的花,非常好看,而且一株只开一朵花,不过只开一天就凋谢。石头花的叶绿素藏在变了形的肥厚的叶内部。叶顶部有特殊的专为透光用的“窗户”,阳光只能从这里照进叶子内部。为了减少太阳直射的强度,“窗户”上还带有颜色或具有花纹。

复习思考题

1. 高等植物含有的光合色素有哪些?分别表现为何种颜色?

2. 植物叶片为什么是绿色的?秋天树叶为什么会呈现黄色或红色?

3. 高等植物的碳同化途径有几条?哪条途径才具备合成淀粉等光合产物的能力?

4. 为什么说光呼吸与光合作用是相伴发生的?光呼吸有何生理意义?

5. 试述光照、温度、水、大气对光合作用的影响。

6. 产生光合“午休”现象的可能原因有哪些?如何缓和“午休”程度?

7. “植物的光合速率高,产量就一定高”,这种观点是否正确?为什么?

8. 试述同化物运输与分配的特点和规律。

9. 如何证明高等植物的同化物的长距离运输的通道是韧皮部?

10. 解释下列现象或说明下列措施的生理依据:

①阴天温室应适当降低温度;②对棉花、果树、番茄等进行摘心、整枝、修剪;③生产上要注意保护果位叶;④打老叶;⑤生产上要保证通风透光。

11. 作物光能利用率较低的原因有哪些?怎样提高作物群体的光能利用率?

12. 冬季在温室内栽培蔬菜,采取哪些农业措施可提高植物的光合效率?

第八章 植物的呼吸作用

学习内容

呼吸作用的概念和生理意义；呼吸代谢途径；电子传递和氧化磷酸化；呼吸作用的指标及影响因素；呼吸作用与生产实践。

学习目标

了解呼吸作用的概念和生理意义；掌握呼吸作用的基本过程及影响因素。

技能目标

掌握植物呼吸作用指标的测定技术；能运用呼吸作用知识指导生产实践活动。

第一节 呼吸作用的概念和生理意义

一、呼吸作用的概念

呼吸作用是植物重要的生理活动之一，是指一切活细胞内的有机物，在一系列酶的参与下，逐步氧化分解成简单物质并释放能量的过程。从广义上说，呼吸作用包括有氧呼吸和无氧呼吸两大类型。

（一）有氧呼吸

有氧呼吸是指活细胞在氧气的参与下，把某些有机物质彻底氧化分解，放出二氧化碳和水，同时释放能量的过程。一般来说，葡萄糖、果糖、蔗糖和淀粉是植物细胞呼吸的底物，而葡萄糖又是最常利用的物质，因此，呼吸作用过程简单表示如下：

$$C_6H_{12}O_6 + 6O_2 \longrightarrow 6CO_2 + 6H_2O + 能量 \quad (\Delta G^{\ominus} = -2870\ kJ/mol)$$

有氧呼吸是高等植物进行呼吸的主要形式。从狭义上说，通常所说的呼吸作用就是指有氧呼吸，甚至把呼吸看成有氧呼吸的同义词。

（二）无氧呼吸

无氧呼吸一般指在无氧条件下，细胞把某些有机物分解成不彻底的氧化产物，同时释放能量的过程。这个过程应用于高等植物时，习惯上称为无氧呼吸，应用于微生物时，则惯称为发酵。高等植物的无氧呼吸可产生乙醇，其过程与乙醇发酵是相同的，反应如下：

$$C_6H_{12}O_6 \longrightarrow 2C_2H_5OH + 2CO_2 + 能量 \quad (\Delta G^{\ominus} = -226\ kJ/mol)$$

除了乙醇以外，高等植物的无氧呼吸也可以产生乳酸，反应如下：

$$C_6H_{12}O_6 \longrightarrow 2CH_3CHOHCOOH + 能量 \quad (\Delta G^{\ominus} = -197\ kJ/mol)$$

二、呼吸作用的生理意义

呼吸作用在植物生命活动中具有很重要的生理意义，主要表现在下列三个方面。

（一）为生命活动提供能量

呼吸作用释放能量的速度较慢，而且逐步释放，适合于细胞利用。释放出来的能量，一部分转变为热能而散失掉，另一部分以 ATP 等形式贮存着。以后当 ATP 等分解时，就把贮存的能量释放出来，供植物生理活动使用。如植株对矿质营养的吸收和运输、有机物的运输和合成、细胞的分裂和伸长、植株的生长和发育等过程都需要能量。

（二）为重要有机物的合成提供原料

呼吸过程产生一系列的中间产物，这些中间产物很不稳定，成为进一步合成植物体内各种重要化合物（如蛋白质、核酸、脂类、萜类、酚类和生物碱等）的生物合成原料，在植物体内有机物转变方面起着枢纽作用。

（三）增强植物的抗病能力

当植物受到机械伤害时，细胞的呼吸作用增强，利于伤口愈合，使伤口迅速木质化，减少病菌的感染。当病原微生物侵害植株时，呼吸作用也在增强，呼吸代谢过程的中间产物会形成某些酚类物质，如原儿茶酸、绿原酸，可以氧化分解微生物分泌的毒素，以消除毒害。原儿茶酸可以抑制洋葱的黑斑病，绿原酸可以防止马铃薯和苹果的疮痂病。

第二节　呼吸代谢途径

植物呼吸代谢途径主要有 3 条，即糖酵解途径、磷酸戊糖途径和三羧酸循环，它们分别在胞质溶胶和线粒体内进行，它们之间的相互联系如图 8-1 所示。

一、糖酵解途径

细胞质中的已糖在无氧或有氧状态下均能分解成丙酮酸的过程，称为糖酵解，糖酵解途径亦称为 EMP 途径。

（一）糖酵解的化学历程

糖酵解的化学反应如图 8-2 所示，可分为 3 个阶段。

1. 蔗糖和淀粉转变为磷酸已糖

这一阶段首先是蔗糖转变为葡萄糖和果糖，淀粉转变为 1-磷酸葡萄酸。接着葡萄糖和果糖在已糖激酶和磷酸果糖激酶作用下，通过 ATP 的活化，转变为 1,6-二磷酸果糖。1-磷酸葡萄糖也转变为 1,6-二磷酸果糖。

2. 磷酸已糖裂解为三碳糖

这个阶段包括磷酸已糖裂解为 2 分子磷酸丙糖，即 3-磷酸甘油醛和磷酸二羟丙酮，它们两者之间可以相互转化。

3. 磷酸丙糖转变为丙酮酸和生成 ATP

这个阶段的 3-磷酸甘油醛氧化释放能量，经过磷酸甘油酸、磷酸烯醇式丙酮酸，形成

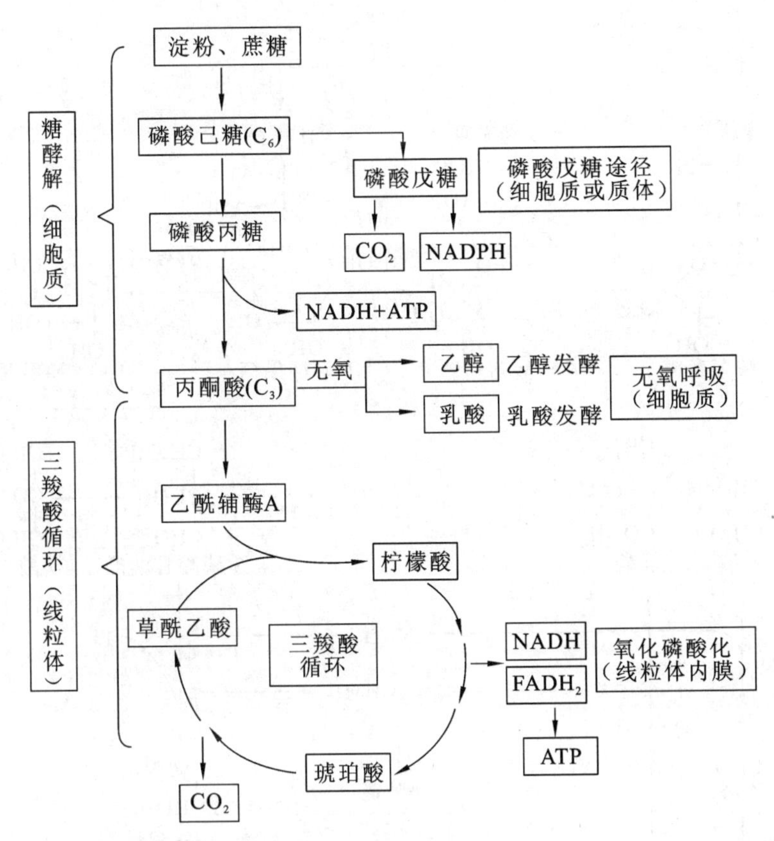

图 8-1 呼吸作用的概貌

ATP 和 $NADH+H^+$，最终生成丙酮酸。

根据上列反应，糖酵解的反应可归纳为

$$葡萄糖+2NAD^+ +2ADP+2Pi \longrightarrow 2\ 丙酮酸+2NADH+H^+ +2ATP+2H_2O$$

（二）糖酵解的生理意义

① 糖酵解普遍存在于动物、植物和微生物中，是有氧呼吸和无氧呼吸的共同途径。

② 糖酵解的一些中间产物如磷酸己糖、磷酸丙糖和最终产物丙酮酸，化学性质十分活跃，是转变为核酸、脂肪等的重要物质。

③ 糖酵解释放一些能量，供生物体需要，尤其是对厌氧生物。

二、无氧呼吸途径

糖酵解形成丙酮酸后，在缺氧条件下，会产生乙醇或乳酸。

（一）乙醇发酵

丙酮酸在丙酮酸脱羧酶作用下，脱羧生成乙醛，进一步在乙醛脱氢酶作用下，被 NADH 还原为乙醇，反应式如下：

$$CH_3COCOOH \longrightarrow CO_2+CH_3CHO$$

$$CH_3CHO+NADH+H^+ \longrightarrow CH_3CH_2OH+NAD^+$$

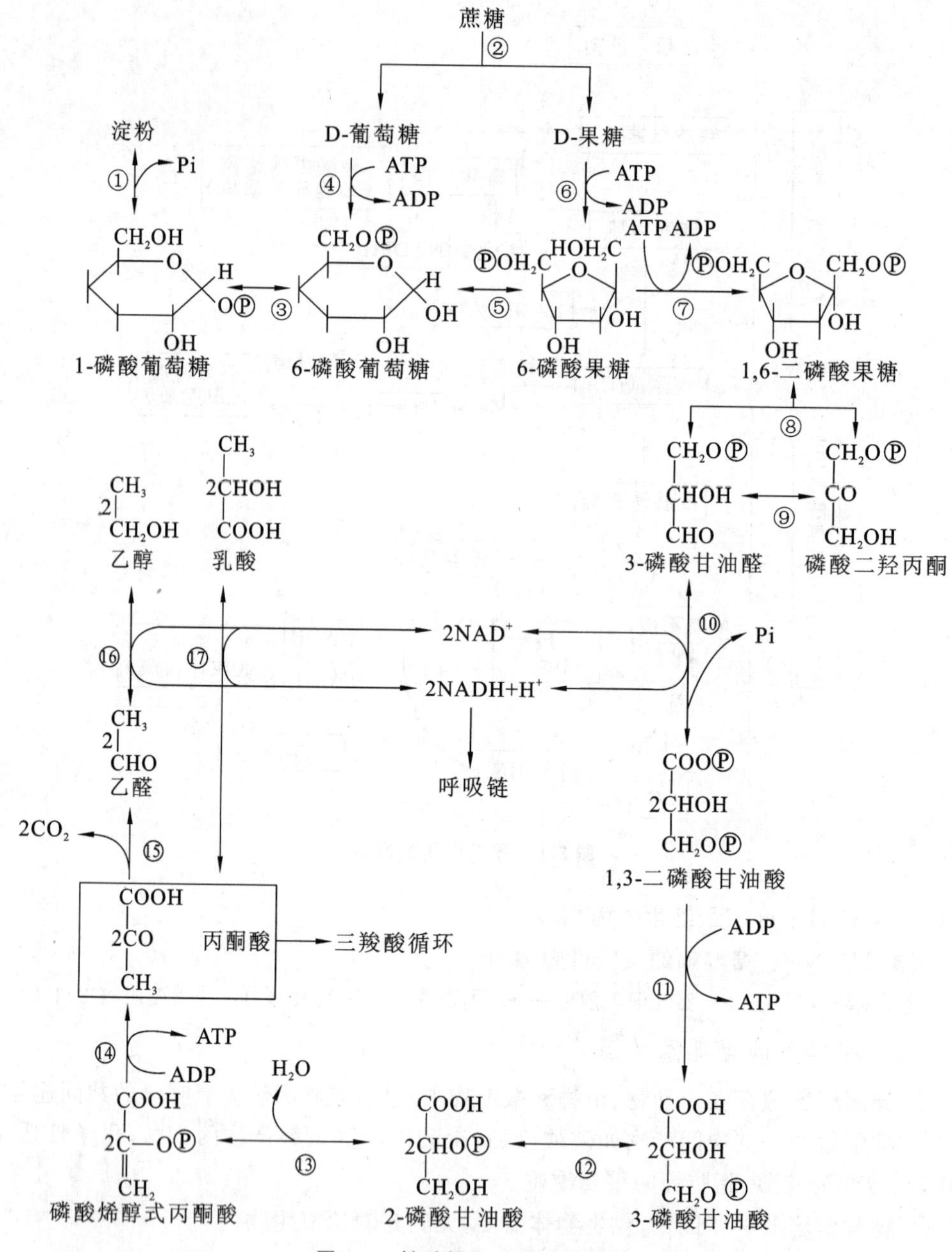

图 8-2　糖酵解和无氧呼吸途径

①淀粉磷酸化酶;②转化酶;③磷酸葡萄糖变位酶;④己糖激酶;⑤磷酸葡萄糖异构酶;⑥果糖激酶;⑦磷酸果糖激酶;⑧醛缩酶;⑨磷酸丙糖异构酶;⑩磷酸甘油醛脱氢酶;⑪磷酸甘油激酶;⑫磷酸甘油酸变位酶;⑬烯醇酶;⑭丙酮酸激酶;⑮丙酮酸脱羧酶;⑯乙醇脱氢酶;⑰乳酸脱氢酶

(二)乳酸发酵

在缺少丙酮酸脱羧酶而含有乳酸脱氢酶的组织里,丙酮酸会被NADH还原为乳酸。乳酸发酵的反应式如下:

$$CH_3COCOOH + NADH + H^+ \longrightarrow CH_3CHOHCOOH + NAD^+$$

（三）无氧呼吸的作用及危害

乙醇发酵主要在酵母菌作用下进行。高等植物在氧气不足的条件下，也会进行乙醇发酵，即无氧呼吸。例如，甘薯、梨、苹果、香蕉等贮藏过久，稻谷催芽时在箩筐里堆积过多而又不及时翻动，便会有酒味。种子萌发初期，在种皮还没有破裂之前，也会进行短时间的无氧呼吸，也会有酒味，这说明发生了乙醇发酵。

乳酸发酵多发生于乳酸菌，但高等植物在低氧或缺氧条件下，也会发生乳酸发酵，例如马铃薯块茎、甜菜块根等体积大的延存器官，贮藏久了，会有乳酸发酵，产生乳酸味。

发酵过程形成的能量较少，有机物消耗大，所以高等植物不可能长时间地依赖发酵作用维持生命活动。乙醇发酵产生的乙醇，过多时会伤害细胞。乳酸发酵产生的乳酸，累积在细胞内，使胞质溶胶酸化，影响酶的活性。虽然如此，高等植物依然存在着无氧呼吸方式，以适应缺氧的环境。

三、三羧酸循环

糖酵解进行到丙酮酸后，在有氧的条件下，通过一个包括三羧酸和二羧酸的循环而逐步氧化分解，直到形成水和二氧化碳，故称这个过程为三羧酸循环（简写为 TCA 循环），这个循环是英国生物化学家 H. Krebs 首先发现的，所以又名克雷布斯循环（Krebs Cycle），这是生物化学领域中一项经典性成就，1953 年 H. Krebs 因此被授予诺贝尔生理学或医学奖。由于三羧酸循环中形成的第一种物质是柠檬酸，且柠檬酸是此循环中的重要中间产物，所以又称柠檬酸循环。三羧酸循环是在线粒体的基质中进行的，线粒体具有三羧酸循环各反应的酶。

（一）丙酮酸的氧化脱羧

在有氧条件下，丙酮酸进入线粒体，通过氧化脱羧生成乙酰 CoA（$CH_3CO \sim SCoA$），然后进入三羧酸循环。丙酮酸在丙酮酸脱氢酶复合体催化下氧化脱羧生成乙酰 CoA 和 NADH，反应式如下：

$$CH_3COCOOH + HS{-}CoA + NAD^+ \longrightarrow CH_3CO \sim SCoA + CO_2 + NADH + H^+$$

乙酰 CoA 是细胞代谢中重要的中间物质，如丙酮酸氧化脱羧、脂肪酸的 β-氧化、氨基酸的降解等均可生成乙酰 CoA；另一方面，乙酰 CoA 又可参加多种代谢，如三羧酸循环和脂肪酸、类胡萝卜素、萜类、赤霉素等的合成均需乙酰 CoA 作为原料。

（二）三羧酸循环的化学历程

三羧酸循环是在线粒体的基质中进行的，可分为 3 个阶段。

1. 柠檬酸生成阶段

由丙酮酸氧化脱羧生成的乙酰 CoA 在柠檬酸合酶催化下与草酰乙酸结合，形成柠檬酰 CoA，然后加水生成柠檬酸。

2. 氧化脱羧阶段

柠檬酸在顺乌头酸酶作用下形成异柠檬酸，接着异柠檬酸氧化脱羧，α-酮戊二酸氧化脱羧后生成琥珀酸，这个阶段释放出CO_2并合成$NADH+H^+$和ATP。

3. 草酰乙酸的再生阶段

琥珀酸氧化脱氢形成延胡索酸和$FADH_2$，然后延胡索酸转变为苹果酸，最后苹果酸氧化脱氢形成草酰乙酸和$NADH+H^+$，草酰乙酸又重新与乙酰CoA结合，开始新一轮的循环。

三羧酸循环的化学历程总结如图8-3所示。

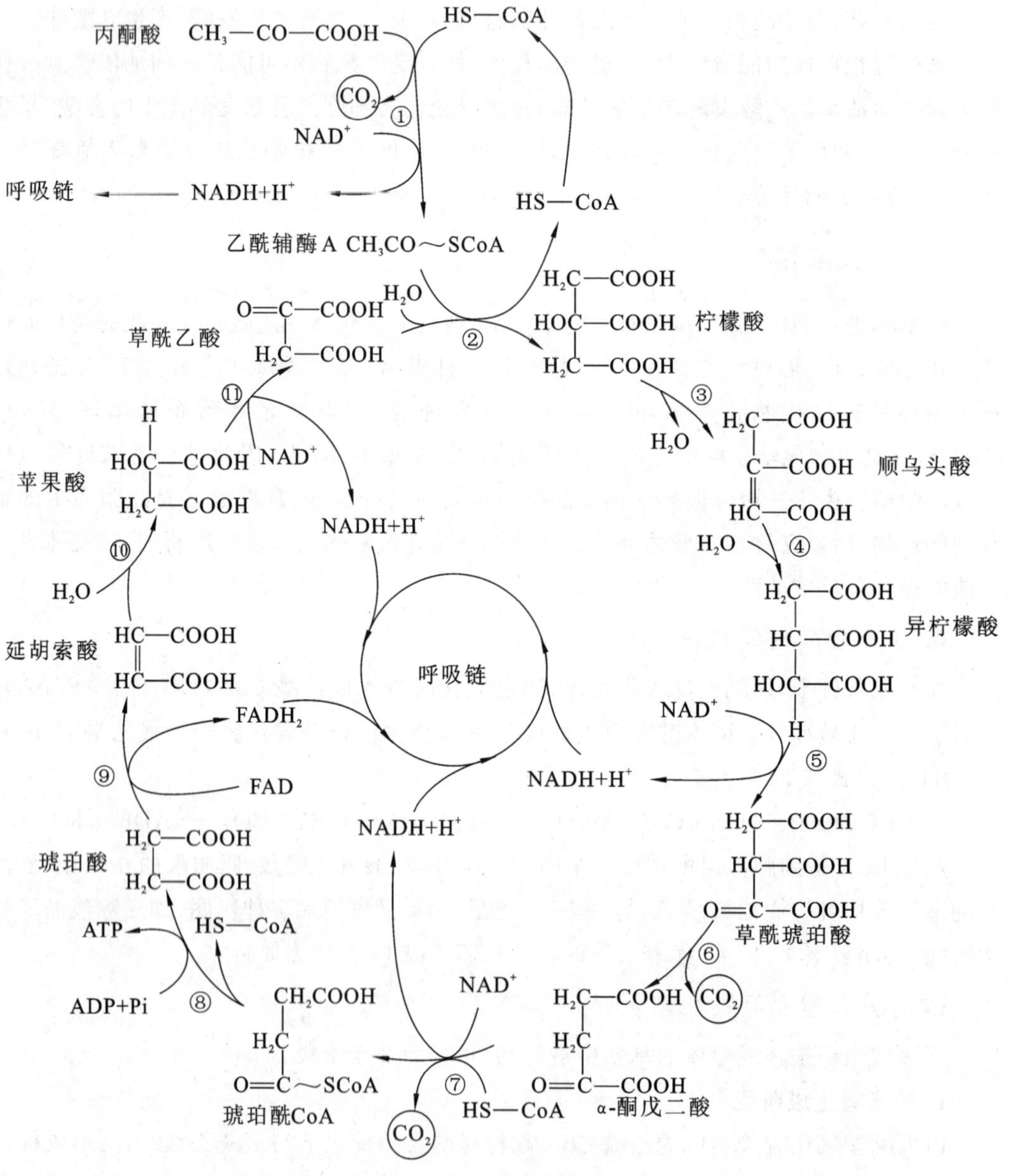

图8-3　三羧酸循环

①丙酮酸脱氢酶（多酶复合体）；②柠檬酸合酶（缩合酶）；③④顺乌头酸酶；⑤异柠檬酸脱氢酶；⑥脱羧酶；⑦α-酮戊二酸脱氢酶；⑧琥珀酸硫激酶；⑨琥珀酸脱氢酶；⑩延胡索酸酶；⑪苹果酸脱氢酶

由于糖酵解中1分子葡萄糖产生2分子丙酮酸，因此三羧酸循环反应式可写成：

$2CH_3COCOOH+8NAD^+ +2FAD+2ADP+2Pi+4H_2O \longrightarrow 6CO_2+8(NADH+H^+)+2FADH_2+2ATP$

（三）三羧酸循环的生理意义

① 三羧酸循环是生命活动所需能量的主要来源。每个葡萄糖分子通过三羧酸循环产生的ATP数量较多。因此，三羧酸循环是有机体获得能量的最主要的途径。

② 三羧酸循环是物质代谢的枢纽。三羧酸循环既是糖、脂肪和氨基酸等彻底分解的共同途径，其中间产物又是合成糖、脂肪和氨基酸等重要物质的原料。因此，三羧酸循环具有将各种有机物代谢联系起来，成为物质代谢枢纽的作用。

四、磷酸戊糖途径

在高等植物中，除了糖酵解之外，还发现了另外一条糖的代谢途径，就是葡萄糖在细胞质和质体中直接氧化脱羧，生成5碳糖即5-磷酸核酮糖，称为磷酸戊糖途径（PPP），又称磷酸己糖支路（HMP）。

（一）磷酸戊糖途径的化学历程

磷酸戊糖途径是指葡萄糖在胞质溶胶和质体中，直接被酶氧化，产生NADPH和一些磷酸果糖的过程。该途径可分为两个阶段（图8-4）。

1. 氧化阶段

6-磷酸葡萄糖经两次脱氢氧化和一次脱羧生成1分子5-磷酸核酮糖和2分子NADPH并释放CO_2。

2. 非氧化阶段

以5-磷酸核酮糖为起点，经过一系列反应，又重新形成糖酵解的中间产物6-磷酸果糖和3-磷酸甘油醛。

磷酸戊糖途径总的反应式：

$$6G6P+12NADP^+ +7H_2O \longrightarrow 5G6P+6CO_2+Pi+12NADPH+H^+$$

（二）磷酸戊糖途径的生理意义

① 该途径产生的NADPH为细胞各种合成反应提供主要的还原力。NADPH是蛋白质、脂肪酸等的生物合成，细胞中的硝酸盐、亚硝酸盐的还原，以及氨的同化等过程所必需的物质。

② 该途径的中间产物为许多重要化合物合成提供原料。如5-磷酸核酮糖是合成核苷酸的原料，也是NAD、FAD、NADP等辅酶的组分。4-磷酸赤藓糖与糖酵解的PEP可合成莽草酸，进一步合成芳香族氨基酸和生长素、木质素、绿原酸、咖啡酸等。这条途径有影响植物生长和抗病的功能。

③ 该途径形成的一系列中间产物，与光合作用中卡尔文循环的大多数中间产物相同。因此，磷酸戊糖途径与光合作用联系密切。

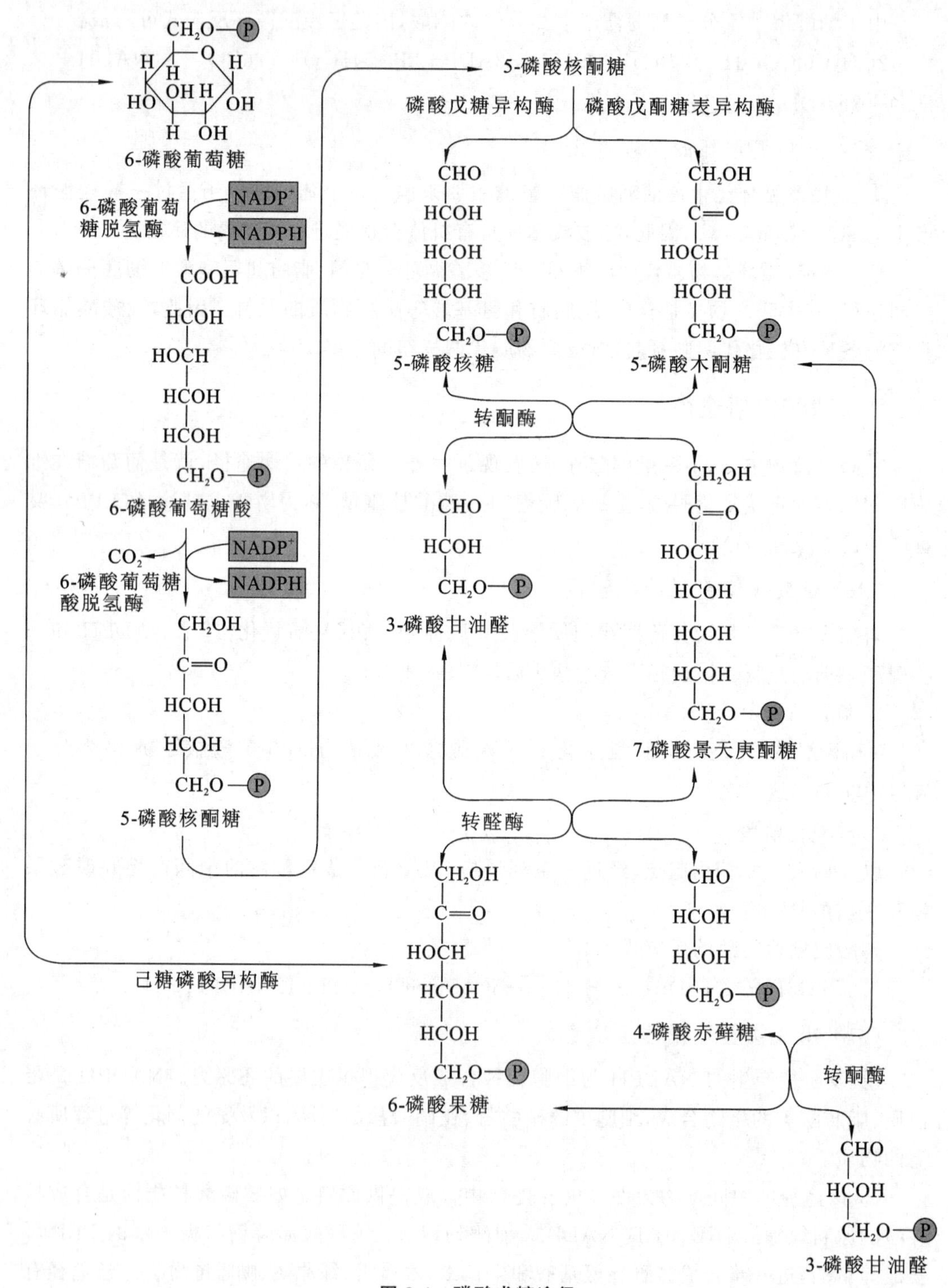
6-磷酸葡萄糖
6-磷酸葡萄糖脱氢酶
NADP+
NADPH
6-磷酸葡萄糖酸
CO2
6-磷酸葡萄糖酸脱氢酶
NADP+
NADPH
5-磷酸核酮糖
5-磷酸核酮糖
磷酸戊糖异构酶
磷酸戊酮糖表异构酶
5-磷酸核糖
5-磷酸木酮糖
转酮酶
3-磷酸甘油醛
7-磷酸景天庚酮糖
转醛酶
6-磷酸果糖
4-磷酸赤藓糖
转酮酶
3-磷酸甘油醛
己糖磷酸异构酶

图 8-4 磷酸戊糖途径

第三节 电子传递与氧化磷酸化

细胞中的有机物质氧化分解，生成二氧化碳、水和释放能量的过程，称为生物氧化。生物氧化是在活细胞内，在常温、常压、接近中性的酸碱度和有水的环境下，在一系列酶、辅酶和中间传递体的共同作用下逐步完成的。

一、电子传递链

糖酵解和三羧酸循环中所产生的 $NADH+H^+$ 和 $FADH_2$，不能直接与游离的氧分子结合，需要经过电子传递链传递后，才能与氧结合。电子传递链亦称呼吸链，是呼吸代谢中间产物的电子和质子，沿着一系列由电子传递体组成的电子传递链，最后传递到分子氧的总过程。组成电子传递链的传递体可分为氢传递体和电子传递体。

氢传递体传递氢（包括质子和电子，以 $2H^+ + 2e^-$ 表示），既传递质子，又传递电子。它们作为脱氢酶的辅助因子，有下列几种：NAD（辅酶Ⅰ）、NADP（辅酶Ⅱ）、黄素单核苷酸（FMN）、黄素腺嘌呤二核苷酸（FAD）和泛醌（UQ 或 Q），它们都能进行氧化还原反应。

电子传递体是指细胞色素体系和铁硫蛋白（Fe-S），它们只传递电子。细胞色素是一类以铁卟啉为辅基的结合蛋白质，根据吸收光谱的不同分为 a、b 和 c 三类，每类又再分为若干种。细胞色素传递电子的作用，主要是通过铁卟啉辅基中的铁离子完成的，Fe^{3+} 在接受电子后还原为 Fe^{2+}，Fe^{2+} 传出电子后又氧化为 Fe^{3+}。

植物线粒体的电子传递链位于线粒体的内膜，由 4 种复合体组成（图 8-5）。

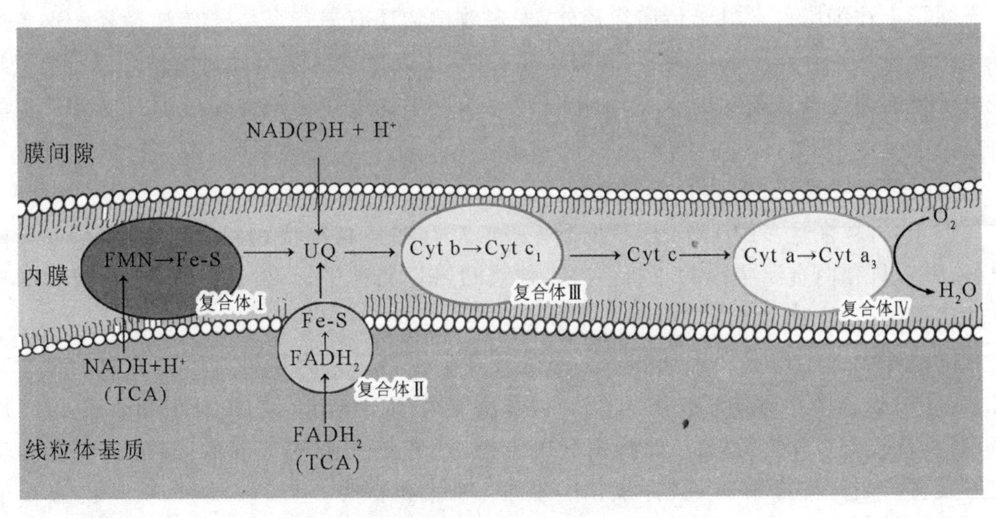

图 8-5 植物线粒体内膜上的电子传递链

1. 复合体Ⅰ

复合体Ⅰ又称为 NADH 脱氢酶，由结合紧密的辅助因子 FMN 和几个 Fe-S 中心组成，其作用是将电子转移给泛醌，同时将基质中的 4 个质子泵到膜间隙。

2. 复合体Ⅱ

复合体Ⅱ又称为琥珀酸脱氢酶,由 FAD 和 3 个 Fe-S 中心组成。其作用是催化琥珀酸氧化为延胡索酸,并把 H^+ 转移到 FAD 生成 $FADH_2$,然后把电子和 H^+ 转移到 UQ 生成还原态泛醌(UQH_2)。此复合体不泵出质子。

3. 复合体Ⅲ

复合体Ⅲ又称为细胞色素 bc_1 复合体,由细胞色素 b 和细胞色素 c_1 组成,还有 1 个 Fe-S 中心和 2 个 b 型细胞色素。其作用是将还原态泛醌的 1 对电子传递到细胞色素 c,并泵出 4 个质子到膜间隙。

Cyt c 是一个与内膜外表面结合松散的小蛋白,作为在复合体Ⅲ与复合体Ⅳ之间移动的电子传递体。

4. 复合体Ⅳ

复合体Ⅳ又称为细胞色素 c 氧化酶,含铜、Cyt a 和 Cyt a_3。复合体Ⅳ是末端氧化酶,把 Cyt c 的电子传给 O_2,激发 O_2 并与基质中的 H^+ 结合形成 H_2O(大约 4 个电子还原 1 分子氧气,生成 2 分子水)。

植物线粒体内膜上电子传递链主路(细胞色素途径)可用下列简单式子表示:

$$\mathrm{NADH \rightarrow FMN \rightarrow Fe\text{-}S \rightarrow \underset{\overset{\uparrow}{FADH_2}}{UQ} \rightarrow Cyt\ b \rightarrow Cyt\ c_1 \rightarrow Cyt\ c \rightarrow Cyt\ a \rightarrow Cyt\ a_3 \rightarrow O_2}$$

二、电子传递链支路——交替途径

除了上述细胞色素电子传递途径外,大多数植物还有另一条电子传递途径。这条途径是指在氰化物存在下,某些植物呼吸不受抑制,所以把这种呼吸称为抗氰呼吸。抗氰呼吸电子传递途径是从正常的 NADH 电子传递途径中的电子传递体 UQ 通过交替氧化酶直接把电子传给 O_2,UQ 的电子不经过细胞色素 b、c、a、a_3 传递系统,因此抗氰呼吸途径又称为交替呼吸途径,简称为交替途径。

近年来,越来越多的工作表明,抗氰呼吸广泛存在于高等植物和微生物中,例如天南星科、睡莲科和白星海芋科的花粉,玉米、豌豆和绿豆的种子,马铃薯的块茎,木薯和胡萝卜的块根等。

抗氰呼吸的生理意义表现如下。一是有利于授粉。天南星科海芋属植物早春开花时,花序呼吸速率迅速升高,比一般植物呼吸速率高 100 倍以上,组织温度亦随之提高,高出环境温度 25 ℃左右,此种情况可维持 7 h 左右。此时气温低,温度升高有利于花序发育。当产热爆发时,会挥发出一些胺、吲哚和萜类,呈腐败气味,引诱昆虫帮助授粉。二是交替途径可以通过发热,耗去过多碳的累积。三是可以增强抗逆性。交替途径是植物对各种逆境(缺磷、冷害、渗透调节等)的反应,这些逆境大部分会抑制线粒体呼吸。

此外,植物的呼吸代谢还有其他的电子传递途径,这充分说明植物在长期进化过程中是在不断地适应环境变化的。

三、氧化磷酸化

在生物氧化中，电子经过线粒体内膜上的电子传递链传递到氧，伴随ATP合酶催化，使ADP和磷酸合成ATP的过程，称为氧化磷酸化作用。

（一）ATP合酶

ATP合酶是一个跨线粒体内膜的多亚基复合体，由F_0和F_1两个主要部分组成，所以亦称为F_0F_1-ATP合酶，它能催化ADP和Pi转变为ATP。F_0复合体含有8～9种多肽，是内膜的质子通道。F_1复合体（$\alpha_3\beta_3\gamma\delta\varepsilon$）含有5种多肽，从α到ε，它的功能是催化ATP的合成（图8-6）。

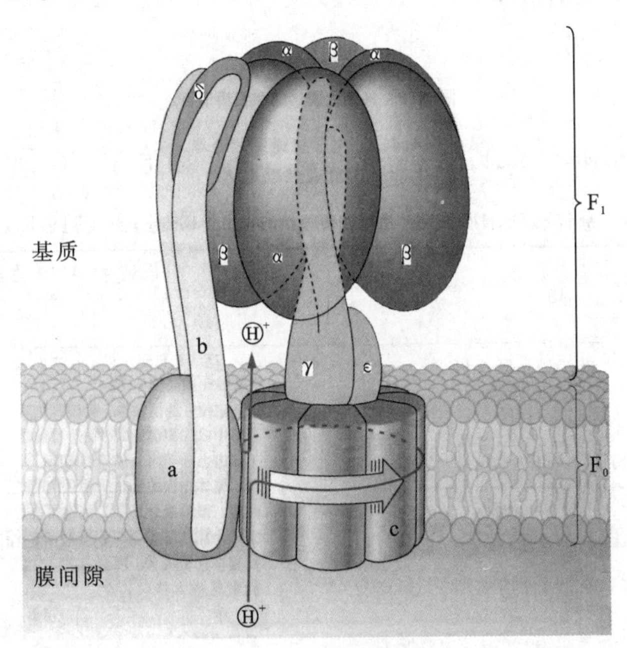

图8-6　ATP合酶图解

（二）氧化磷酸化的机理

关于氧化和磷酸化的偶联机理，和前面谈过的光合磷酸化相类似，目前被人们普遍接受的是P.Mitchell提出的化学渗透假说。线粒体基质的NADH在线粒体内膜上传递一对电子给O_2的同时，也分3次把线粒体基质中的10个H^+转移到内膜与外膜之间的间隙。由于内膜不让泵出的H^+自由地返回到线粒体基质，因此膜外侧$[H^+]$高于膜内侧而形成跨膜pH值梯度（ΔpH），同时也产生跨膜电位梯度（ΔE），这两种梯度便建立起跨膜质子的电化学势梯度（$\Delta\mu_{H^+}$），于是使膜间隙中的H^+通过并激活内膜上的ATP合酶，驱动ADP和Pi结合形成ATP。ATP合酶从膜间隙每泵入3个H^+到线粒体基质便合成1分子ATP，如图8-7所示。

氧化磷酸化的活力指标为P/O比（磷/氧比），是指每对电子经呼吸链传至O_2所产生的ATP分子数。根据离体测定，从糖酵解和三羧酸循环途径产生的$NADH+H^+$和

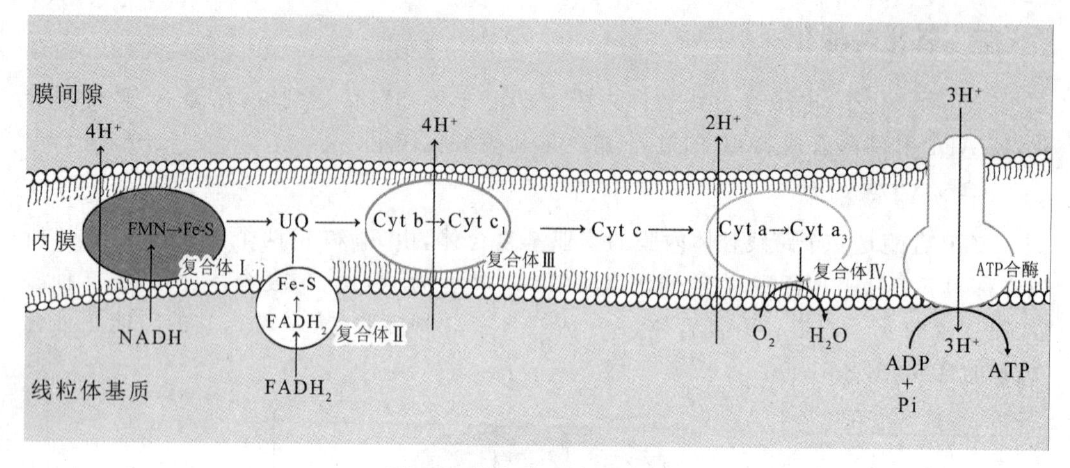

图 8-7　氧化磷酸化机理图解

$FADH_2$经呼吸链传递到 O_2时，合成的 ATP 数量如表 8-1 所示。

表 8-1　离体植物细胞线粒体中 P/O 比（形成 ATP 数）的实验值和理论值

底　　物	形成的 ATP 数量	
	实验值	理论值
EMP 途径产生的 NADH＋H^+	1.6～1.8	1.5
TCA 途径产生的 NADH＋H^+	2.4～2.7	2.5
TCA 途径产生的 $FADH_2$	1.6～1.7	1.5

糖酵解、三羧酸循环、电子传递和氧化磷酸化之间的关系以及在细胞中的位置如图 8-8 所示。

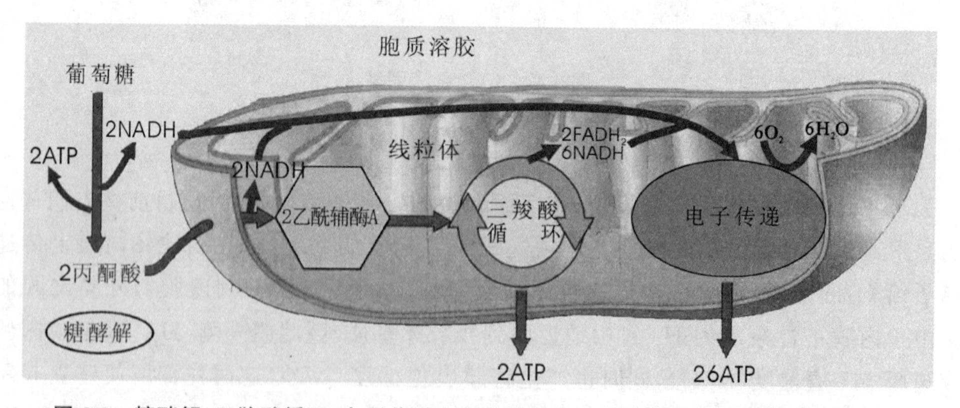

图 8-8　糖酵解、三羧酸循环、电子传递和氧化磷酸化之间的关系以及在细胞中的位置

（三）氧化磷酸化的抑制

2,4-二硝基苯酚等药剂会阻碍磷酸化而不影响氧化，使偶联反应遭到破坏，这类物质称为解偶联剂。干旱、寒害或缺钾等都会影响到磷酸化过程，不能形成高能磷酸键，而氧

化过程照样进行，呼吸旺盛，白白浪费能量，成为“徒劳”的呼吸。

有些化合物会阻断呼吸链中某一部位的电子传递，破坏氧化磷酸化。例如，鱼藤酮、安米妥等阻断电子由 NADH 向 UQ 传递；丙二酸阻断电子由琥珀酸传至 FAD；抗霉素 A 抑制电子从 Cyt bc_1 传递到 Cyt bc；氰化物、叠氮化物和 CO 阻止电子由 Cyt a_3 传递给氧。

四、呼吸过程中能量的贮存和利用

呼吸作用既是一个放能的过程，又是一个贮存能量的过程。

（一）贮存能量

呼吸作用放出的能量，一部分以热的形式散失于环境中，其余部分则以高能键的形式贮存起来。植物体内的高能键主要是高能磷酸键，其次是硫酯键。

高能磷酸键中以三磷酸腺苷（ATP）中的高能磷酸键最为重要。生成 ATP 的方式有两种：一是氧化磷酸化，占大部分；二是底物水平磷酸化作用，仅占一小部分。氧化磷酸化在线粒体内膜上的呼吸链中进行，需要 O_2 参加；底物水平磷酸化是在胞质溶胶和线粒体基质中进行的，没有 O_2 参加。

一个六碳糖通过糖酵解、三羧酸循环和电子传递链被氧化为 CO_2 和 H_2O 的过程中，在不同阶段产生能量。在糖酵解过程中产生 2 个 ATP 和 2 个 NADH。在三羧酸循环中，产生 2 个 ATP、8 个 NADH 和 2 个 $FADH_2$。经氧化磷酸化，1 个 NADH 和 1 个 $FADH_2$ 可分别形成 2.5 个 ATP 和 1.5 个 ATP。这样 1 个六碳糖被彻底氧化分解后，最终形成 30 个 ATP。

1 mol 葡萄糖彻底氧化成 CO_2 和 H_2O 所释放的自由能是 2870 kJ，而 1 mol ATP 水解时释放的自由能是 32 kJ。这样，植物体中的葡萄糖完全氧化时，能量利用效率约为 $960/2870\times100\%=33\%$，余下的能量以热的形式散发掉。

（二）利用能量

ATP 释放的能量中，约有 33%的能量用于各种生理过程，例如矿质营养的吸收和运输、有机物的吸收和运输、细胞分裂和分化，生长、运动、开花、受精和结实等。

综上所述，植物的叶绿体通过光合作用把太阳光能转变为化学能，贮存于光合产物中，这是一个贮能过程。而线粒体通过呼吸作用把有机物氧化而释放能量，同时，把能量贮存于 ATP 中，供生命活动用，这既是一个放能过程，也是一个贮能过程。

五、光合作用和呼吸作用的关系

植物的光合作用和呼吸作用存在着密切的关系。光合作用是利用光能把简单的无机物 CO_2 和 H_2O 合成有机物，产生氧气，是一个贮藏能量的过程；呼吸作用是把有机物分解为无机物，表现为吸收 O_2 和产生 CO_2，是放能过程。因此，没有光合作用形成有机物，就不可能有呼吸作用；如果没有呼吸作用，光合过程也无法完成。两者相互独立又相互依存，推动了体内物质和能量代谢的不断进行。

光合作用和呼吸作用的主要区别和联系见表 8-2。

表 8-2　光合作用和呼吸作用的主要区别和联系

项目		光合作用	呼吸作用
区别	原料	二氧化碳、水	葡萄糖等有机物、氧
	产物	有机物(主要为碳水化合物)、氧	二氧化碳、水
	能量变化	把太阳光能转变为化学能,是贮能的过程	把化学能转变为 ATP、热能,是放能过程
	磷酸化形式	光合磷酸化	氧化磷酸化和底物水平磷酸化
	代谢类型	有机物合成作用	有机物降解作用
	反应类型	水被光解,二氧化碳被还原	呼吸底物被氧化,生成水
	进行部位	绿色细胞的叶绿体、细胞质	活细胞的细胞质和线粒体中
	需要条件	光照下	光照下或黑暗中均可
联系		光合作用为呼吸作用提供原料,呼吸作用释放的能量可供绿色细胞使用; 光合作用释放的氧气可供呼吸作用利用,呼吸作用释放的二氧化碳也可作为光合作用的原料; 两者有许多共同的中间产物可以交替使用,因而使两个过程有一定联系	

第四节　呼吸作用的指标及影响因素

一、呼吸作用的指标

呼吸作用的高低通常用呼吸速率和呼吸商表示。

(一) 呼吸速率

呼吸速率是最常用的生理指标。呼吸速率是指在一定的温度下,植物材料的单位质量(鲜重、干重、原生质),在单位时间内(如 1 h),进行呼吸作用所吸收的氧气或放出的二氧化碳的量。常用的单位是 μmol/(g·h)或 μL/(g·h)。

(二) 呼吸商

呼吸商(RQ)是表示呼吸底物的性质和氧气供应状态的一种指标。植物组织在一定时间(如 1 h)内,通过呼吸作用放出二氧化碳的物质的量与吸收氧气的物质的量的比率称为呼吸商。

$$RQ=\frac{\text{放出的二氧化碳的物质的量}}{\text{吸收的氧气的物质的量}}$$

当呼吸底物是糖类(如葡萄糖)而又完全氧化时,呼吸商是 1。

$$C_6H_{12}O_6+6O_2\longrightarrow 6CO_2+6H_2O \quad RQ=6/6=1.0$$

当呼吸底物是脂肪(脂肪酸,如棕榈酸)、蛋白质等富含氢即还原程度较高的物质时,呼吸商小于 1。

$$C_{16}H_{32}O_2+11O_2 \longrightarrow C_{12}H_{22}O_{11}+4CO_2+5H_2O \quad RQ=4/11=0.36$$

当呼吸底物是有机酸（如柠檬酸）等富含氧即氧化程度较高的物质时，呼吸商大于1。

$$C_6H_8O_7+4.5O_2 \longrightarrow 6CO_2+4H_2O \quad RQ=6/4.5=1.3$$

以上各例是指只有某一类物质而言，事实上植物体内的呼吸底物是多种多样的，糖类、蛋白质、脂肪或有机酸等都可以被呼吸利用。一般来说，植物呼吸通常先利用糖类，其他物质较后才被利用。

二、内部因素对呼吸速率的影响

不同的植物组织类型具有不同的呼吸速率。一般来说，代谢不太活跃的组织的呼吸速率较低，如块茎、干种子、体积大的果实、老根和老叶（表8-3）。

表8-3　不同植物（组织、器官）的呼吸速率

植物组织	呼吸速率（干重）/[$\mu L(O_2)/(g \cdot h)$]	植物组织	呼吸速率（鲜重）/[$\mu L(CO_2)/(g \cdot h)$]
豌豆种子	0.005	马铃薯块茎	3～6
大麦幼苗	70	玉米叶	540～680
番茄根尖	300	南瓜雌蕊	290～480
甜菜切片	50	苹果果实	20～50
向日葵植株	60		
海芋佛焰花序	2000		

同一植株的不同器官，呼吸速率不同。大麦干燥种子的呼吸速率很低，萌发着的种子呼吸速率较高，大麦的幼根呼吸速率比叶片高（表8-4）。

表8-4　同一植物不同器官的呼吸速率

植物材料	呼吸速率（干重）/[$\mu L(O_2)/(g \cdot h)$]
大麦（干谷粒）	0.06
大麦（正在萌发）	108
大麦（根）	1220
大麦（叶）	266

同一器官的不同生长期，呼吸速率亦有很大的变化。以叶片来说，幼嫩时呼吸较快，成长后就下降；到衰老的时候，呼吸又有所上升；到衰老后期，呼吸则非常微弱（图8-9）。果实（如苹果、香蕉、芒果）的呼吸速率在不同的年龄中，也有同样的变化。嫩果呼吸最强，后随年龄增加而降低，但在后期会突然增高。

三、外界条件对呼吸速率的影响

外界对呼吸速率的影响因素主要有温度、氧气、二氧化碳和机械损伤等。

（一）温度

温度能影响呼吸酶的活性。呼吸作用的温度有其最低点、最适点和最高点。在最低

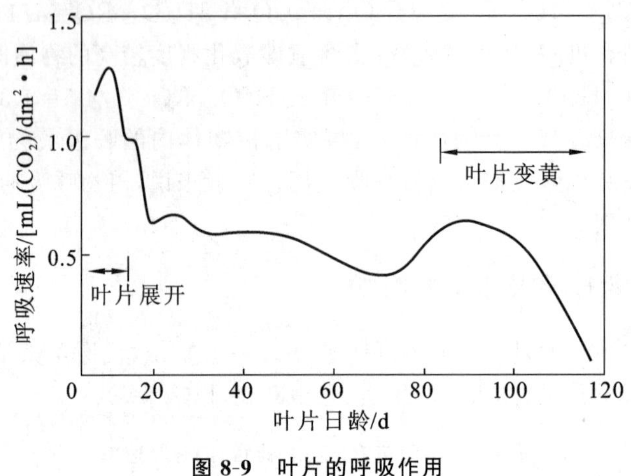

图 8-9　叶片的呼吸作用

点与最适点之间，呼吸速率总是随温度的增高而增加。超过最适点，呼吸速率则会随着温度的增高而下降。

通常接近 0 ℃时，呼吸速率进行得很低；呼吸作用的最适温度是 25～35 ℃，最高温度是 35～45 ℃。最低温度和最高温度，与植物种类和生理状态有关。例如，在冬天，一些植物的越冬器官（如芽和针叶）在 －25 ℃仍未停止呼吸，但是在夏季，温度降低到 －5～－4 ℃，针叶呼吸便完全停止。

在某种情况下，当温度增高 10 ℃时，呼吸作用增加到 2～2.5 倍。这类由于温度升高 10 ℃而引起的反应速率的增加，通常称为温度系数，用 Q_{10} 表示。

$$Q_{10}=\frac{(t+10)\ ℃\text{时的速率}}{t\ ℃\text{时的速率}}$$

（二）氧气

氧气是植物正常呼吸的重要因子。若氧气不足，将直接影响呼吸速率和呼吸性质。在氧气浓度下降时，有氧呼吸降低，而无氧呼吸则增高。短时期的无氧呼吸对植物的伤害不大，但无氧呼吸时间过长，植物就会受到伤害，其原因有 3 个方面：①无氧呼吸产生乙醇，乙醇使细胞质的蛋白质变性；②无氧呼吸利用葡萄糖产生的能量很少，植物要维持正常的生理活动，就要消耗更多的有机物；③没有丙酮酸氧化过程，许多由这个过程的中间产物形成的物质就无法继续合成。如果在缺氧条件下逐渐增加氧的浓度，无氧呼吸随之减弱，直至消失，而有氧呼吸就增强。正常条件下，大气中氧气浓度的差异很小，不足以影响到茎、叶的呼吸作用。只是在水淹和土壤板结的状况下，某些植物可能出现缺氧现象。

（三）二氧化碳

二氧化碳是呼吸作用的最终产物，当外界环境中的二氧化碳浓度增加时，呼吸速率便会降低，说明二氧化碳对呼吸有抑制作用。实验证明，在二氧化碳的体积分数升高到 1% 以上时，呼吸作用明显被抑制。

（四）机械损伤

机械损伤会显著增高组织的呼吸速率，可能有 3 个原因：①机械损伤使原来氧化酶与其底物的间隔受到破坏，酚类化合物会迅速被氧化；②机械损伤使某些细胞转变为分生组织状态，形成愈伤组织去修补伤处，这些生长旺盛的细胞的呼吸速率会比原来休眠或成熟组织的呼吸速率要高得多；③机械损伤增加了呼吸酶与其底物的接触机会，使糖酵解和氧化分解代谢过程加快。因此，在采收、包装、运输和贮藏多汁果实、蔬菜和花卉时，应尽量防止机械损伤。

第五节　呼吸作用与生产实践

呼吸作用是植物生命活动的代谢过程，与生产实践有着密切的联系。作物栽培上设法增强植物的呼吸作用，提高植物的吸水、吸肥能力，以促进植物的生长发育；粮食和果蔬贮藏时又要设法减弱呼吸作用，以减少细胞内有机物的消耗。合理调控植物的呼吸作用，能更好地为生产服务。

一、呼吸作用与作物栽培

呼吸作用与作物栽培的关系非常密切，它不仅影响到作物对无机养料的吸收、运输和利用，也影响着有机物质的合成，最后导致新细胞和器官的形成，植物长大。因此，采取很多栽培措施都是为了保证作物呼吸作用的正常进行。例如，早稻浸种催芽时，用温水淋种和时常翻种，目的就是控制温度和通气，使呼吸顺利进行；水稻育秧通常采用湿润育秧，以使根系得到充分氧气；水稻的露田、晒田，作物的中耕松土，黏土的掺沙，都可以改善土壤通气条件；湖洋田、低洼地的开沟排水，是为了降低地下水位，以增加土壤中的氧气；作物栽培控制密度、适宜的行距和株距，保证通风透气，也是为了有利于正常的呼吸作用进行。

作物栽培中出现的许多生理障碍，也是与呼吸直接相关的。涝害淹死植株，是因为无氧呼吸进行过久，累积乙醇而引起中毒；干旱和缺钾能使作物的氧化磷酸化解偶联，导致生长不良甚至死亡；水田中还原性有毒物质（如硫化氢等）过多，会破坏呼吸过程中的细胞色素氧化酶和多酚氧化酶的活性，抑制呼吸作用；低温导致烂秧，原因是低温破坏线粒体的结构，呼吸“空转”，缺乏能量，引起代谢紊乱。

二、呼吸作用与粮食贮藏

种子的呼吸作用与粮食贮藏有密切关系。干种子的含水量，油料种子一般在 9％以下，淀粉种子在 12％～14％时，种子的呼吸作用很微弱，可以安全贮藏。但如果种子含水量升高，呼吸速率会增加，引起有机物的大量消耗；呼吸放出的水分又会使粮堆湿度增大，粮食“出汗”，呼吸加强；呼吸放出的热量又使粮温增高，反过来又促使呼吸增强，最后导致发热霉变，使粮食变坏。因此，在粮食贮藏过程中，首先必须晒干种子，保持低的呼吸速率，确保贮粮安全。南方高温多湿，在粮食贮藏过程中更要保持干燥。

三、呼吸作用与果蔬贮藏

一般来说,果蔬的新鲜度与水分含量密切相关,新鲜的果蔬若失去水分,则会降低它的新鲜度。但某些果蔬如柑橘、白菜、菠菜等贮藏前可轻度干燥,以减弱呼吸作用。果蔬贮藏也可以通过调节气体成分,如降低氧浓度或升高二氧化碳浓度,以及通过调节温度来降低呼吸。番茄装箱罩以塑料薄膜,抽去空气,补充氮气,把氧的体积分数调节至3%~6%,使番茄可贮藏1个月以上;苹果、梨、柑橘等果实在0~1℃贮藏几个月都不坏;荔枝不耐贮藏,但在0~1℃时也可以贮存10~20 d;香蕉贮藏的最适温度是11~14℃等。

本章小结

呼吸作用是植物生命活动的基本过程,呼吸作用包括有氧呼吸和无氧呼吸两大类型。呼吸的底物主要有葡萄糖、果糖、蔗糖和淀粉。有氧呼吸是高等植物的主要呼吸方式。呼吸作用的主要生理意义是为生命活动提供能量,为重要有机物的合成提供原料,以及增强植物的抗病能力。

植物呼吸代谢途径主要有3条,即糖酵解途径、磷酸戊糖途径和三羧酸循环,它们分别在胞质溶胶和线粒体内进行。糖酵解途径是指细胞质中的己糖在无氧或有氧状态下分解成丙酮酸的过程;三羧酸循环是指丙酮酸在有氧的条件下进入线粒体内,通过一个包括三羧酸和二羧酸的循环逐步氧化分解,直到形成水和二氧化碳的过程;磷酸戊糖途径是指葡萄糖在胞质溶胶和质体中,直接被酶氧化,产生NADPH和磷酸果糖的过程。

组成呼吸链的传递体可分为氢传递体和电子传递体。糖酵解和三羧酸循环中所产生的NADH和$FADH_2$,需要经过电子传递链(呼吸链),最终把电子传递给氧形成水。植物线粒体的电子传递链位于线粒体的内膜,由复合体Ⅰ、复合体Ⅱ、复合体Ⅲ和复合体Ⅳ等4种复合体组成。植物细胞线粒体内膜上电子传递链的主路是:NADH→FMN→Fe-S→UQ→Cyt b→Cyt c_1→Cyt c→Cyt a→Cyt a_3→O_2。氧化磷酸化作用是指呼吸链上的电子经过电子传递链传递给氧并伴随着ATP合成的过程。

呼吸作用既是一个放能的过程,又是一个贮存能量的过程。1 mol六碳糖被彻底氧化成CO_2和H_2O时,可形成30 mol ATP。植物呼吸作用和光合作用的关系密切,呼吸作用利用光合作用合成的糖类和O_2氧化分解释放能量和放出CO_2,而呼吸放出的CO_2又供给光合作用利用。

呼吸作用的高低通常用呼吸速率和呼吸商表示。不同植物组织类型具有不同的呼吸速率;同一植株的不同器官,呼吸速率不同;同一器官的不同生长期,呼吸速率也会不同。影响呼吸速率的外界条件主要有温度、氧气、二氧化碳和机械损伤。呼吸作用与农业生产密切相关,在农业生产上要设法调控植物的呼吸作用,使之更好地为农业生产服务。

阅读材料

巴斯德效应

巴斯德(Louis Pasteur)于1822年12月27日生于法国汝拉省的多尔,他的父亲是拿破仑军队的一名退伍军人,是个以制革为业的皮匠。1854年9月,巴斯德被法国教育部委任为里尔工学院院长兼化学系主任,他对酒精工业产生了兴趣,而制作酒精的一道重要工序就是发酵。当时里尔一家酒精制造工厂遇到技术问题,请求巴斯德帮助研究发酵过程,巴斯德深入工厂考察,把各种甜菜根汁和发酵中的液体带回实验室观察。经过多次实验,他发现,发酵液里有一种比酵母菌小得多的球状小体,它长大后就是酵母菌。过了不久,在菌体上长出芽体,芽体长大后脱落,又成为新的球状小体,在这循环不断的过程中,甜菜根汁就“发酵”了。巴斯德继续研究,弄清发酵时所产生的酒精和二氧化碳气体都是酵母使糖分解得来的。这个过程即使在没有氧的条件下也能发生,他认为发酵就是酵母的无氧呼吸并须控制它们的生活条件,这是酿酒的关键环节。巴斯德弄清了发酵的奥秘,成为一位伟大的微生物学家,成了微生物学的奠基人。当时,法国的啤酒业在欧洲是很有名的,但啤酒常常会变酸,整桶芳香可口的啤酒,变成了酸得让人咧嘴的黏液,只得倒掉,这使酒商叫苦不迭,有的甚至因此而破产。1865年,里尔一家酿酒厂厂主请求巴斯德帮忙,看看能否加进一种化学药品来阻止啤酒变酸。他在显微镜下观察,发现未变质的陈年葡萄酒和啤酒,其液体中有一种圆球状的酵母细胞,当葡萄酒和啤酒变酸后,酒液里有一根根细棍似的乳酸杆菌,就是这种“坏蛋”在营养丰富的啤酒里繁殖,使啤酒“生病”。他把封闭的酒瓶放在铁丝篮子里,泡在水里加热到不同的温度,试图既杀死乳酸杆菌,而又不把啤酒煮坏,经过反复多次的试验,他终于找到了一种简便有效的方法:只要把酒放在五六十摄氏度的环境里,保持半小时,就可杀死酒里的乳酸杆菌。这就是著名的“巴氏消毒法”,这个方法至今仍在使用,市场上出售的消毒牛奶就是用这种办法消毒的。当时,啤酒厂厂主不相信巴斯德的这种办法,巴斯德不急不恼,他对一些样品加热,另一些不加热,告诉厂主耐心地待上几个月,结果呢,经过加热的样品打开后酒味醇正,而没有加热的已经变酸了。

复习思考题

1. 糖酵解途径、三羧酸循环、磷酸戊糖途径和氧化磷酸化过程发生在细胞的哪些部位？这些过程相互之间有什么联系？

2. 线粒体内膜的复合体Ⅰ、复合体Ⅱ、复合体Ⅲ和复合体Ⅳ各有什么结构及功能特点？

3. 试比较 1 mol 蔗糖在有氧和无氧条件下生成的 ATP 数量有什么不同。
4. 植物细胞的呼吸作用是一个耗氧的过程,而氧是怎样被利用的?
5. 为什么呼吸作用既是一个放能的过程,又是一个贮能的过程?
6. 植物的光合作用与呼吸作用有什么关系?
7. 光合电子传递链和线粒体呼吸链有什么不同?
8. 光合磷酸化和氧化磷酸化有什么异同?
9. 小麦、水稻、玉米、高粱等粮食贮藏之前为什么要晒干?
10. 在低温条件下贮藏果实为什么能起保鲜作用?
11. 栽培花生、玉米、小麦的田地为什么不能长时间积水?

第九章 植物生长物质

学习内容

植物激素；植物生长调节剂。

学习目标

了解植物激素、植物生长调节剂的基本概念、种类和性质；理解植物激素的发现过程；掌握常见植物生长调节剂的主要生理效应。

技能目标

掌握植物生长物质在农业生产中应用的技术要点及注意事项。

植物生长物质是指可以调节植物生长发育的物质，包括植物激素和植物生长调节剂两大类。植物激素是指植物体内代谢产生的微量生理活性物质，它产生于植物的一定部位，并能从这些部位转移到其他部位起作用，在极低的浓度下就有明显的生理效应（一般低于 1.0 μmol/L），调节植物的生长和发育。植物生长调节剂是指人工合成的或从微生物中提取的具有类似植物激素生理活性的物质。植物生长调节剂已经广泛应用于促进种子萌发、促进插条生根、促进开花、疏花疏果、促进果实成熟、延缓植物衰老和防除杂草等方面，发挥了巨大的作用。

第一节 植物激素

到目前为止，有五大类植物激素得到大家公认，即生长素类、赤霉素类、细胞分裂素类、脱落酸和乙烯。

一、生长素

（一）生长素的种类

吲哚乙酸（IAA）是最早发现的生长素，普遍存在于植物中，习惯上把吲哚乙酸以及具有和吲哚乙酸同样生理作用的化合物称为生长素类物质。除 IAA 外，在大麦、番茄、烟草及玉米等植物中先后发现苯乙酸（PAA）、4-氯吲哚乙酸（4-Cl-IAA）及吲哚丁酸（IBA）等天然化合物，它们都不同程度具有类似于生长素的生理活性。

（二）生长素的分布和运输

1. 生长素的分布

植物体内生长素的含量很低，一般为 10～100 ng/g（鲜重）。各种器官中都有生长素的分布,但较集中在生长旺盛的部位,如正在生长的茎尖和根尖、正在展开的叶片、胚、幼嫩的果实和种子、禾谷类的居间分生组织等,衰老的组织或器官中生长素的含量较少。寄生和共生的微生物也可产生生长素,并影响寄主的生长。如豆科植物根瘤的形成就与根瘤菌产生的生长素有关,其他一些植物肿瘤的形成也与能产生生长素的病原菌的入侵有关。

生长素在植物组织内呈现不同的化学状态,人们把易于从各种溶剂中提取的生长素称为自由生长素或者游离生长素,把通过酶解、水解或者自溶作用从束缚状态释放出来的那部分生长素称为束缚生长素或者结合生长素。自由生长素具有活性,而束缚生长素则没有活性。在一定条件下,两者之间可以互相转变。束缚生长素在植物体内具有贮存生长素、促进生长素运输、调节生长素含量以及解除过量生长素对植物的危害等多种作用。

2. 生长素的运输

在高等植物体内,生长素的运输存在两种方式:一种是通过韧皮部运输,运输方向取决于两端有机物浓度差;另一种是仅局限于胚芽鞘、幼根、幼芽的薄壁细胞之间的短距离单方向的极性运输。生长素的极性运输是指生长素只能从植物体的形态学上端向下端运输。如图 9-1 所示,把含有生长素的琼脂小块放在一段切头去尾的燕麦胚芽鞘的形态学上端,把另一块不含生长素的琼脂小块放在下端,一段时间后,下端的琼脂中即含有生长素。但是,如果把这一段胚芽鞘颠倒过来,把形态学的下端向上,做同样的实验,生长素就不向形态学上端运输。

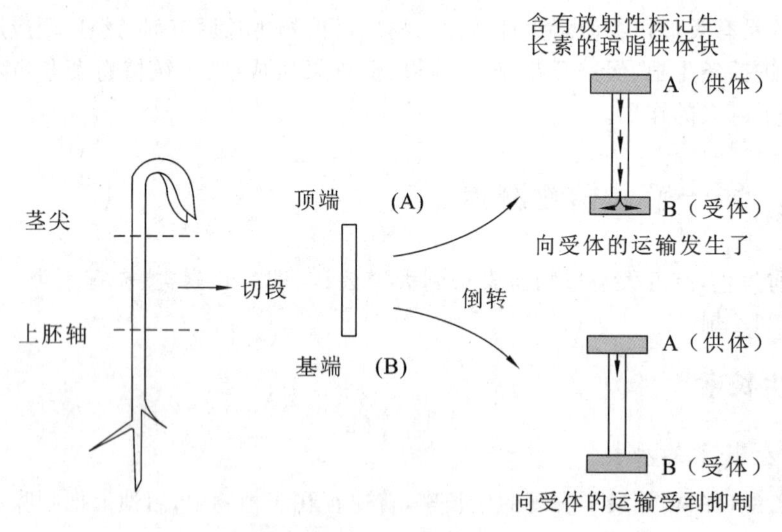

图 9-1 生长素的极性运输

生长素的极性运输是一种可以逆浓度梯度的主动运输过程,其运输速度比物理的扩散速度约大 10 倍。凡影响呼吸代谢的因子均影响极性运输的速度,如 ATP 合成抑制物质存在以及缺氧条件会严重地阻碍生长素的运输,一些化合物如 2,3,5-三碘苯甲酸(TIBA)和萘基邻氨甲酰苯甲酸(NPA)能抑制生长素的极性运输。

（三）生长素的生理作用

1. 促进生长

生长素对生长的作用有三个特点。①双重作用。生长素在较低浓度下可促进生长，而高浓度时则抑制生长。②不同器官对生长素的最适浓度不同，茎端最高，芽次之，根最低。不同年龄的细胞对生长素的反应也不同，幼嫩细胞对生长素反应灵敏，而老的细胞敏感性则下降。高度木质化和其他分化程度很高的细胞对生长素都不敏感。③对离体器官和整株植物效应有别，生长素对离体器官的生长具有明显的促进作用，而对整株植物往往效果不太明显。

2. 促进插条不定根的形成

生长素可以有效促进插条不定根的形成，这主要是刺激了插条基部切口处细胞的分裂与分化，诱导了根原基的形成。用生长素类物质促进插条形成不定根的方法已在苗木的无性繁殖上广泛应用。

3. 对养分的调运作用

生长素具有很强的吸引与调运养分的效应。从天竺葵叶片进行的试验中（图 9-2）可以看出，原来滴加^{14}C葡萄糖的部位已被切除，以免放射自显影时模糊，^{14}C标记的葡萄糖向着 IAA 浓度高的地方移动。利用这一特性，用 IAA 处理，可促使子房及其周围组织膨大而获得无籽果实。

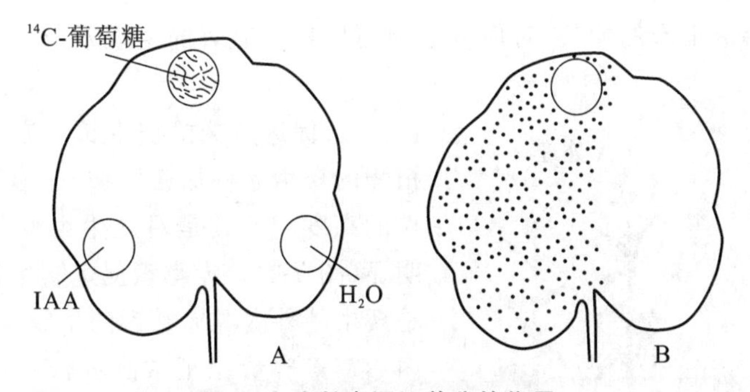

图 9-2　生长素调运养分的作用

A—在天竺葵的叶片不同部位洒上 IAA、H_2O 和^{14}C葡萄糖；B—48 h 后同一叶片的放射性自显影

4. 生长素的其他效应

生长素还广泛参与许多其他生理过程。如促进菠萝开花、引起顶端优势（顶芽对侧芽生长的抑制）、诱导雌花分化（但效果不及乙烯）、促进形成层细胞向木质部细胞分化，促进光合产物的运输、叶片的扩大和气孔的开放等。此外，生长素还可抑制花果脱落、叶片老化和块根形成等。

二、赤霉素

（一）赤霉素的种类

赤霉素（GA）最早是由日本植物病理学家研究水稻恶苗病（即水稻患的一种疯长病）时发现的，它是具有赤霉烷骨架，并能刺激细胞分裂和伸长的一类化合物的总称。赤霉素的种类很多，广泛分布于植物界，在被子植物、裸子植物、蕨类植物、褐藻、绿藻、真菌和细菌中都发现有赤霉素的存在。到目前为止，从植物、真菌和细菌中发现的赤霉素类物质超过 140 种，其中绝大部分存在于高等植物中，GA_3是生物活性最高的一种。

（二）赤霉素的分布和运输

1. 赤霉素的分布

赤霉素较多存在于生长旺盛的部分，如茎端、嫩叶、根尖和果实种子。高等植物的赤霉素含量一般是 1～1000 ng/g(鲜重)，果实和未成熟的种子的赤霉素含量比营养器官多两个数量级。每个器官或者组织都含有两种以上的赤霉素，而且赤霉素的种类、数量和状态都因植物发育时期不同而异。

赤霉素在高等植物中生物合成的位置主要是发育着的种子(果实)、伸长着的茎端和根部。赤霉素在细胞中的合成部位是质体、内质网和细胞质溶胶等处。

2. 赤霉素的运输

赤霉素在植物体内的运输没有极性，可以双向运输。根尖合成的赤霉素通过木质部向上运输，而叶原基产生的赤霉素则是通过韧皮部向下运输，其运输速度与光合产物相同，为50～100 cm/h，不同植物间运输速度的差异很大。

（三）赤霉素的生理作用

1. 促进茎的伸长生长

赤霉素能促进细胞的伸长，对促进植物的生长有显著的生理效应。它促进生长具有以下特点。

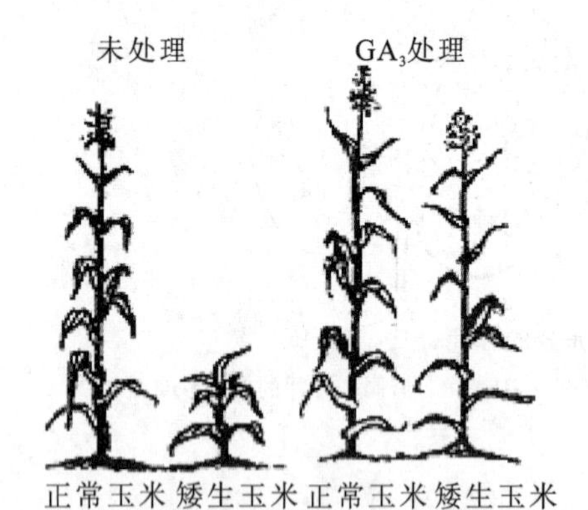

图 9-3　GA_3 对矮玉米的影响

① 促进整株植物生长。赤霉素能促进某些植物的矮生品种加速生长，在形态上达到正常植株的高度。尤其是对矮生突变品种的效果特别明显(图 9-3)。赤霉素促进矮生植株伸长的原因是矮生品种内源赤霉素的生物合成受阻，使得体内赤霉素含量比正常品种低。许多试验表明赤霉素对离体器官的伸长生长无明显作用，这与生长素不同。

② 赤霉素一般促进节间的伸长而不是促进节数的增加。

③ 赤霉素对生长的促进作用不存在超最适浓度的抑制作用，即使浓度很高，仍可表现出最大的促进效应，这与生长素促进植物生长具有最适浓度的情况显著不同。

2. 诱导开花

某些高等植物花芽的分化是受温度和日照长度影响的。例如，对这些未经春化作用的作物施用赤霉素，则不经低温处理也能诱导开花，且效果很明显。而对二年生作物，需要一定日数的低温处理(即春化作用)才能开花，否则不能抽薹开花。赤霉素还能代替长日照诱导某些长日照植物开花，但赤霉素对短日照植物的花芽分化无促进作用，对于花芽已经分化的植物,赤霉素对其花的开放具有显著的促进效应。如赤霉素能促进甜叶菊、铁树的开花,对柏科、杉科植物的开花也有一定的效果。

3. 促进萌发

将刚收获的处于休眠状态的马铃薯块茎用 0.5～1.0 mg/L 赤霉素处理可促进萌发,在一年内进行两季栽培。对于需光和需低温才能萌发的种子,如莴苣、烟草、紫苏、李和苹果等的种子,赤霉素可代替光照和低温打破休眠,这是因为赤霉素可诱导 α-淀粉酶、蛋白酶和其他水解酶的合成,催化种子内贮藏物质的降解,以供胚的生长发育所需。在啤酒制造业中,用赤霉素处理萌动而未发芽的大麦种子,可诱导 α-淀粉酶的产生,加速酿造时的糖化过程,并降低萌芽的呼吸消耗,从而降低成本。

4. 促进雄花分化

用赤霉素处理雌雄异花同株的植物,雄花的比例增加;用赤霉素处理雌雄异株植物的雌株,也会开出雄花。赤霉素在这方面的效应与生长素和乙烯相反。

5. 其他生理效应

赤霉素还能加强 IAA 对养分的动员效应,促进某些植物坐果、单性结实和延缓叶片衰老等。赤霉素也可促进细胞的分裂和分化,赤霉素促进细胞分裂是由于缩短了 G_1 期和 S 期。但赤霉素对不定根的形成起抑制作用,这与生长素又有所不同。

三、细胞分裂素

(一)细胞分裂素的种类

细胞分裂素(CTK)是一类促进细胞分裂的植物激素。天然细胞分裂素可分为两类:一类为游离态细胞分裂素,除最早发现的玉米素外,还有玉米素核苷、二氢玉米素、异戊烯基腺嘌呤(iP)等;另一类为结合态细胞分裂素,有异戊烯基腺苷(iPA)、甲硫基异戊烯基腺苷、甲硫基玉米素等,它们结合在 tRNA 上,构成 tRNA 的成分。

(二)细胞分裂素的分布和运输

1. 细胞分裂素的分布

细胞分裂素广泛存在于高等植物的根、茎、叶、果实和种子中,在伤流液或木质部液汁中均检测出细胞分裂素,在进行细胞分裂的部位(如根尖、茎尖、正在发育与萌发的种子和生长着的果实),细胞分裂素含量较高。一般而言,细胞分裂素的含量为 1～1000 ng/g(植物干重)。从高等植物中发现的细胞分裂素,大多数是玉米素或玉米素核苷。

2. 细胞分裂素的运输

根系中合成的细胞分裂素,通过木质部向上运输。细胞分裂素主要以玉米素和玉米素核苷的形式运输。在韧皮部中只含有少量的细胞分裂素,叶片几乎不向外输送细胞分裂素。

(三)细胞分裂素的生理作用

1. 促进细胞分裂

细胞分裂素的主要生理功能就是促进细胞的分裂。细胞分裂包括核分裂和细胞质分裂两个过程,生长素只促进核的分裂,与细胞质的分裂无关。细胞分裂素主要是对细胞质的分裂起作用,其效应只有在生长素存在的前提下才能表现出来。赤霉素促进细胞分裂主要是缩短了细胞周期中的 G_1 期(DNA 合成准备期)和 S 期(DNA 合成期),从而加速了细胞的分裂。三者的促进有明显差异。

2. 促进芽的分化

促进芽的分化是细胞分裂素最重要的生理效应之一。1957 年,斯库格和米勒在进行烟草的组织培养时发现,细胞分裂素(激动素)和生长素的相互作用控制着愈伤组织根、芽的形成。当培养基中[细胞分裂素]/[生长素]的值高时,愈伤组织分化形成芽;当[细胞分裂素]/[生长素]的值低时,愈伤组织分化形成根;如两者浓度的比值处于高、低值之间,则愈伤组织保持生长而不分化。因此,通过调整两者浓度的比值,可诱导愈伤组织形成完整的植株。

3. 促进细胞扩大

细胞分裂素可促进一些双子叶植物(如菜豆、萝卜)的子叶或叶圆片扩大,这种扩大主要是因为促进了细胞的横向增粗。因为生长素只促进细胞的纵向伸长,赤霉素对子叶的扩大没有显著效应,所以细胞分裂素这种对子叶扩大的效应已作为细胞分裂素的一种生物测定方法(图 9-4)。

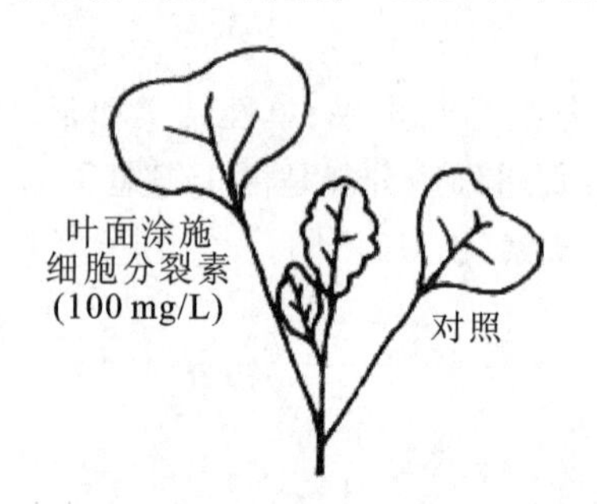

图 9-4 细胞分裂素对萝卜子叶膨大的作用

4. 促进侧芽发育,消除顶端优势

细胞分裂素能解除由生长素所引起的顶端优势,促进侧芽生长发育。如豌豆苗第一真叶叶腋内的侧芽,一般处于潜伏状态,但若以细胞分裂素溶液滴加于叶腋部分,则腋芽可生长发育。

5. 延缓叶片衰老

在离体叶片上局部涂以细胞分裂素,当叶片的其余部位变黄衰老时,涂抹细胞分裂素的部位仍保持鲜绿。这说明细胞分裂素有延缓叶片衰老的作用,也说明了细胞分裂素在一般组织中不易移动。由于细胞分裂素有保绿及延缓衰老等作用,故可用来处理水果和鲜花等以保鲜、保绿,防止落果。如用 400 mg/L 6-BA 水溶液处理柑橘幼果,可显著防止第一次生理脱落,对照的坐果率为 21%,而处理的可达 91%,且处理的果实果梗加粗,果实浓绿,果实也比对照的显著加大。

6. 打破种子休眠

需光种子,如莴苣和烟草等在黑暗中不能萌发,用细胞分裂素则可代替光照,打破这类种子的休眠,促进其萌发。

四、脱落酸

(一) 脱落酸的分布和运输

脱落酸(ABA)存在于全部维管植物中,包括被子植物、裸子植物和蕨类植物。苔类和藻类植物中含有一种化学性质与脱落酸相近的生长抑制剂,称为半月苔酸。此外,在某些苔藓和藻类中也发现存在脱落酸。

高等植物各器官和组织中都有脱落酸，其中以将要脱落或进入休眠的器官和组织中较多，在逆境条件下脱落酸含量会迅速增多。水生植物的脱落酸含量很低，一般为 3～5 μg/kg；陆生植物含量高些，温带谷类作物含量通常为 50～500 μg/kg，鳄梨的中果皮与团花种子含量分别高达 10 mg/kg 与 11.7 mg/kg。

脱落酸运输不具有极性。在菜豆叶柄切段中，^{14}C-脱落酸向基运输速率是向顶运输速率的 2～3 倍。脱落酸主要以游离型的形式运输，也有部分以脱落酸糖苷的形式运输。脱落酸在植物体的运输很快，在茎或叶柄中的运输速率大约是 20 mm/h。

（二）脱落酸的生理作用

1. 促进休眠

外用脱落酸时，可使旺盛生长的枝条停止生长而进入休眠，这是它被称为“休眠素”的原因。在秋天的短日照条件下，叶中合成赤霉素的量减少，而合成脱落酸的量不断增加，使芽进入休眠状态以便越冬。种子休眠与种子中存在脱落酸有关，如桃、蔷薇的休眠种子的外种皮中存在脱落酸，只有通过层积处理，脱落酸水平降低后，种子才能正常发芽。

2. 促进气孔关闭

将极低浓度的脱落酸施于叶片时，气孔就关闭，降低蒸腾作用，这是脱落酸最重要的生理效应之一（图 9-5）。科尼什（K.Cornish，1986）发现水分胁迫下叶片保卫细胞中的脱落酸含量是正常水分条件下含量的 18 倍。脱落酸促使气孔关闭的原因是它使保卫细胞中的 K^+ 外渗，从而使保卫细胞的水势高于周围细胞的水势而失水。脱落酸还能促进根系的吸水与溢泌速率，增加其向地上部的供水量，因此脱落酸是植物体内调节蒸腾的激素，也可作为抗蒸腾剂使用。

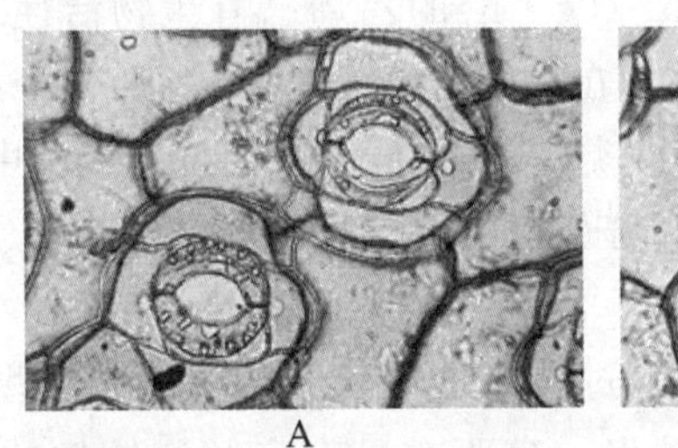

A

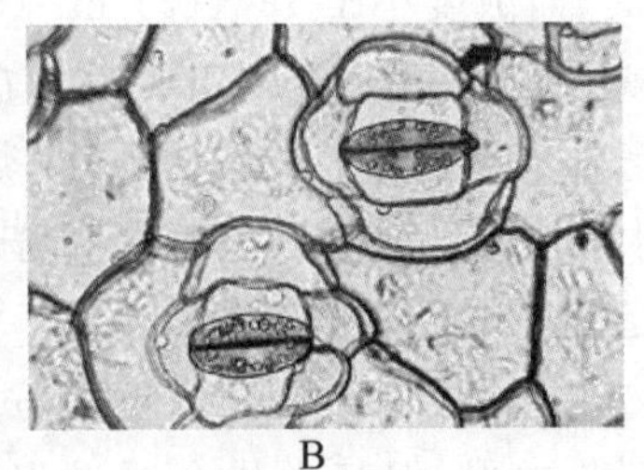

B

图 9-5 脱落酸促进气孔的关闭

A—培养在缓冲液中的蚕豆表皮；B—缓冲液中加入脱落酸后几分钟内气孔就关闭

3. 抑制生长

脱落酸能抑制整株植物或离体器官的生长，也能抑制种子的萌发。脱落酸的抑制效应比植物体内的另一类天然抑制剂——酚要高千倍。酚类物质是通过毒害发挥其抑制效应的，是不可逆的，而脱落酸的抑制效应则是可逆的，一旦去除脱落酸，枝条的生长或种子的萌发又会立即开始。

4. 促进脱落

脱落酸是在研究棉花幼铃脱落时发现的。脱落酸促进器官脱落主要是促进了离层的形成。将脱落酸涂抹于去除叶片的棉花叶柄（外植体）切口上，几天后叶柄就开始脱落（图 9-6），此效应十分明显，已被用于脱落酸的生物检定。

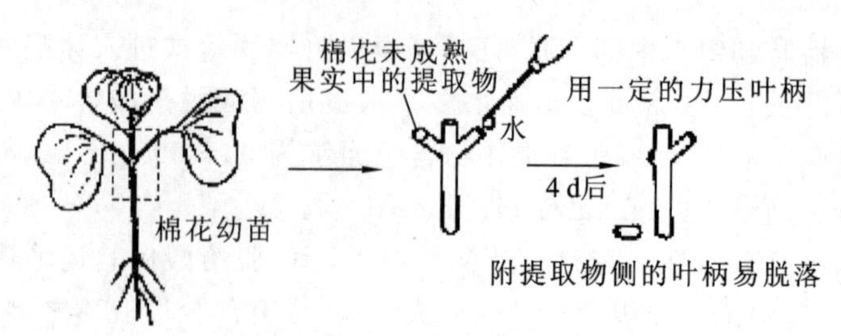

图 9-6 促进落叶物质的检定法

5. 提高抗逆性

植物在干旱、寒冷、高温、盐渍和水涝等逆境条件下,体内的脱落酸迅速增加,同时抗逆性增强。如脱落酸可显著降低高温对叶绿体超微结构的破坏,增加叶绿体的热稳定性;脱落酸可诱导某些酶的重新合成而增加植物的抗冷性、抗涝性和抗盐性。因此,脱落酸也被称为应激激素或胁迫激素。

五、乙烯

(一) 乙烯的形成、分布和运输

1. 乙烯的形成与分布

目前知道,几乎高等植物的所有器官均能合成乙烯。幼叶能比老叶产生更多的乙烯,例如菜豆幼叶产生的乙烯为 0.4 mL/(g·h),而老叶仅为其十分之一。乙烯产生最多的植物组织是衰老的组织和成熟的果实[大于 1.0 mL/(g·h)],成熟苹果内部可达 2.5×10^{-3} mL/(g·h),而浓度小于 1×10^{-6} mL/(g·h)的乙烯已有生物活性。此外,在植物组织受伤或机械损害时,非衰老的组织也可在 20~30 min 内使乙烯含量成数倍地增加,以后逐渐恢复正常水平。除高等植物外,蕨类、苔藓也能产生乙烯。土壤中的乙烯还来自真菌和细菌的生物合成。一些大肠杆菌和酵母也由蛋氨酸生物合成乙烯。

2. 乙烯的运输

乙烯在植物体内易于移动,乙烯还可穿过被电击致死了的茎段。这些都证明乙烯的运输是被动的扩散过程,但其生物合成过程一定要在具有完整膜结构的活细胞中才能进行。

一般情况下,乙烯就在合成部位起作用。乙烯的前体 ACC 可溶于水溶液,因而推测 ACC 可能是乙烯在植物体内远距离运输的形式。

(二) 乙烯的生理作用

1. 改变生长习性

乙烯对植物生长的典型效应是抑制茎的伸长生长、促进茎或根的横向增粗及茎的横向生长(即使茎失去负向重力性),这就是乙烯所特有的“三重反应”(图 9-7A)。乙烯促使茎横向生长是由它引起偏上生长所造成的。所谓偏上生长,是指器官的上部生长速度快于下部的现象。乙烯对茎与叶柄都有偏上生长的作用,从而造成了茎横生和叶下垂(图 9-7B)。

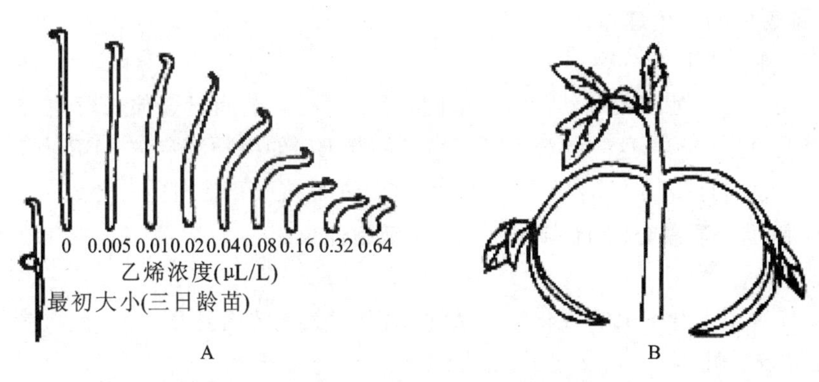

图 9-7 乙烯的"三重反应"(A)**和偏上生长**(B)

A—不同乙烯浓度下黄化豌豆幼苗生长的状态；

B—用乙烯处理后番茄苗的形态，由于叶柄上侧的细胞伸长大于下侧，使叶片下垂

2. 促进成熟

催熟是乙烯最主要和最显著的效应，因此乙烯也称为催熟激素。乙烯对果实成熟、棉铃开裂、水稻的灌浆与成熟都有显著的效果。

3. 促进脱落

乙烯是控制叶片脱落的主要激素。这是因为乙烯能促进细胞壁降解酶——纤维素酶的合成，并且控制纤维素酶由原生质体释放到细胞壁中，从而促进细胞衰老和细胞壁的分解，引起离区近茎侧的细胞膨胀，从而迫使叶片、花或果实机械地脱离。

4. 促进开花和雌花分化

乙烯可促进菠萝和其他一些植物开花，还可改变花的性别，促进黄瓜雌花分化，并使雌、雄异花同株的雌花着生节位下降。乙烯在这方面的效应与 IAA 相似，而与赤霉素相反，现在知道 IAA 增加雌花分化就是由于 IAA 诱导产生乙烯。

六、其他植物生长物质

(一) 油菜素内酯

1970 年，美国的 Mitchell 等从油菜的花粉中分离提取到一种具有强生理活性的物质，称为油菜素，它能显著促进菜豆幼苗的生长。1979 年，Grove 等从油菜花粉中提纯分离出一种油菜甾体物质，这是一种甾醇内酯化合物，他们定名为油菜素内酯(简称 BR)。

目前，BR 以及多种类似化合物已被人工合成，用于生理生化及田间试验，这一类化合物的生物活性可用水稻叶片倾斜以及菜豆幼苗第二节间生长等生物测定法来鉴定。

1. 油菜素内酯的分布

BR 在植物界中普遍存在。油菜花粉是 BR_1 的丰富来源，但其含量极低，只有 100～200 μg/kg，BR_1 也存在于其他植物中。BR_2 在植物中分布最广。

BR 虽然在植物体内各部分都有分布，但不同组织中的含量不同。通常 BR 的含量是：花粉和种子 1～1000 ng/kg，枝条 1～100 ng/kg，果实和叶片 1～10 ng/kg。某些植物的虫瘿中 BR 的含量显著高于正常植物组织。

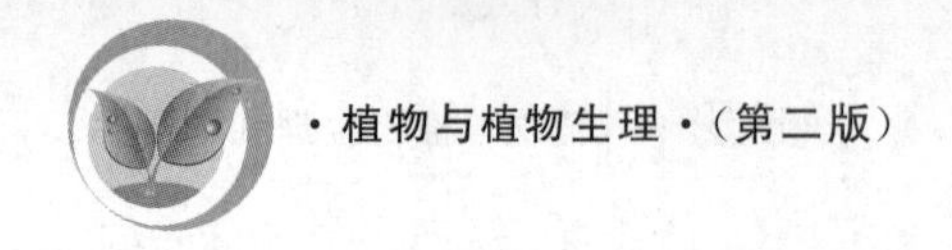

2. 油菜素内酯的生理作用

1) 促进细胞伸长和分裂

用 10 ng/L BR 处理菜豆幼苗第二节间,便可引起该节间显著伸长弯曲,细胞分裂加快,节间膨大,甚至开裂,这一综合生长反应被用作 BR 的生物测定法。BR_1 促进细胞的分裂和伸长,其原因是增强了 RNA 聚合酶活性,促进了核酸和蛋白质的合成;BR_1 还可增强 ATP 酶活性,促进质膜分泌 H^+ 到细胞壁,使细胞伸长。

2) 促进光合作用

BR 可促进小麦叶 RuBP 羧化酶的活性,因此可提高光合速率。

3) 提高抗逆性

水稻幼苗在低温阴雨条件下生长,若用 1.0×10^{-4} mg/L BR_1 溶液浸根 24 h,则株高、叶数、叶面积、分蘖数、根数都比对照高,且幼苗成活率高,地上部干重显著增多。此外,BR_1 也可使水稻、茄子、黄瓜幼苗等抗低温能力增强。

除此之外,BR 还能通过对细胞膜的作用,增强植物对干旱、病害、盐害、除草剂、药害等逆境的抵抗力,因此有人将其称为逆境缓和激素。

BR 主要用于增加农作物产量,减轻环境胁迫,有些也可用于插枝生根和花卉保鲜。随着对 BR 研究的深入和更有效而成本更低的人工合成类似物的出现,BR 在农业生产上的应用必将越来越广泛,一些科学家已提议将油菜素甾醇类列为植物的第六类激素。

(二) 多胺

1. 多胺的分布

多胺(PA)广泛分布于原核生物和真核生物中,甚至在植物的 RNA 病毒和植物肿瘤中也有发现。在高等植物中,多胺主要以游离形式存在,其分布具有组织和器官特异性。植物细胞分裂最旺盛的地方多胺生物合成也最为活跃,不同类型多胺的分布具有差异。对玉米的研究发现,精胺主要分布于玉米根部的分生组织区,腐胺主要分布在玉米芽鞘基部(以细胞伸长生长为主),越向上含量越少,亚精胺则均匀分布。植物细胞发育阶段不同,多胺在细胞器中的分布也有差异。年幼细胞中,大部分多胺位于原生质体内,而较老细胞中多胺主要结合在细胞壁上。

2. 多胺的生理作用

多胺的生理作用如下:促进细胞分裂,因而促进植物生长;促进果实的发育;刺激不定根的产生;延迟衰老;提高植物的抗逆性等。

(三) 茉莉酸

茉莉酸(JA)及其甲酯在种子植物中广泛存在,在果实中含量较多。它们的生理作用是抑制植物的生长,抑制花芽分化,抑制种子萌发,促进植物的衰老,促进乙烯产生,诱导气孔关闭和提高植物抗逆性等。茉莉酸及其甲酯的生理作用与 ABA 的类似,但有不同之处,例如茉莉酸不抑制 IAA 诱导燕麦胚芽鞘的伸长弯曲,不抑制含羞草叶片的蒸腾等。

由于茉莉酸类物质具有抑制生长和促进衰老的作用,有人称它们为"死亡激素"。Engvild(1989)提出死亡激素学说,认为一次结实植物的果实或种子产生的衰老因子被运输到营养器官,使营养器官生长停止,细胞器降解以及营养物质向正在发育的种子中运输和积累，最终导致植物的衰老和死亡。

（四）水杨酸

水杨酸(SA)的化学名称为 2-羟苯甲酸。它是阿司匹林(乙酰水杨酸)的有效成分。水杨酸能溶于水，易溶于极性的有机溶剂。在植物组织中，非结合态水杨酸能在韧皮部中运输。水杨酸在植物体中的分布一般以产热植物的花序较多，如天南星科的一种植物花序，含量达 3 μg/g(鲜重)，西番莲花为 1.24 μg/g(鲜重)。水杨酸可被 UDP-葡萄糖:水杨酸葡萄糖转移酶催化转变为 β-O-D-葡萄糖水杨酸，这个反应可防止植物体内因水杨酸含量过高而产生不利影响。

水杨酸对植物的许多生理反应具有重要的作用，百合属植物的花朵会产生热和芳香味，是由于雄蕊的花原基产生的水杨酸运输到花的各部分而引起的。因为水杨酸可促进抗氰呼吸，而抗氰呼吸导致热的产生以及散发能吸引昆虫传粉的芳香化合物。水杨酸的另一生理作用是促进抵抗某些植物病原体(包括烟草花叶病毒、烟草枯斑病毒和真菌病原体)。将这些病毒或真菌病原体接种到叶，会引起叶的水杨酸浓度的增加。水杨酸能引起一种或多种蛋白质的产生。这些蛋白质能增强感染叶或邻近叶对病害的抵抗力。水杨酸还具有抑制植物生长的作用。

第二节 植物生长调节剂

根据植物生长调节剂对植物生长的作用，可将其分为植物生长促进剂、植物生长延缓剂和植物生长抑制剂三大类。

一、植物生长促进剂

这类生长调节剂可以促进细胞分裂、分化和伸长生长，也可促进植物营养器官的生长和生殖器官的发育，主要包括生长素类、赤霉素类、细胞分裂素类等，如吲哚丙酸(IPA)、萘乙酸(NAA)、2,4-D、细胞分裂素、6-苄基腺嘌呤(6-BA)、二苯基脲(DPU)等。植物生长促进剂在生产上的应用主要有以下方面。

（一）插枝生根

人们很早就知道，如果在插枝上保留正在生长的芽或幼叶，插枝基部便容易产生愈伤组织和根。这是因为芽和叶中产生的生长素，通过极性运输积累在插枝基部，使之得到足量的生长素，而生长素类可使一些不易生根的植物插枝生根。当处理插枝基部后，那里的薄壁细胞恢复分裂的机能，产生愈伤组织，然后长出不定根。促使插枝生根常用的人工合成的生长素有吲哚丁酸(IBA)、NAA、2,4-D 等。IBA 作用强烈，作用时间长，诱发根多而长；NAA 诱发根少而粗，最好两者混合使用。

（二）防止器官脱落

将锦紫苏属的叶片去掉，留下的叶柄也会很快脱落。但如果将含有生长素的羊毛脂膏涂在叶柄的断口，就会延迟叶柄脱落，这说明叶片中产生的生长素有抑制其脱落的作用。在生产上施用 10 g/L NAA 或者 1 mg/L 2,4-D 能使棉花保蕾保铃，就是因为其提高了蕾、铃内生长素的浓度而防止离层的形成。2,4-D也可防止花椰菜贮藏期间的落叶。

（三）促进结实

雌蕊受精后能产生大量生长素，从而吸引营养器官的养分运到子房，形成果实，所以生长素有促进果实生长的作用。用10 mg/L 2,4-D溶液喷洒番茄花簇，即可坐果，促进结实，且可形成无籽果实。

（四）促进菠萝开花

研究证明，凡是达到14个月营养生长期的菠萝植株，在1年内任何月份，用5～10 mg/L NAA或2,4-D处理，2个月后就能开花。因此，用生长素处理菠萝植株可使植株结果和成熟期一致，有利于管理和采收，也可使1年内各月都有菠萝成熟，终年均衡供应市场。

（五）促进黄瓜雌花发育

用10 mg/L NAA或500 mg/L 吲哚乙酸喷洒黄瓜幼苗，能提高黄瓜雌花的数量，增加黄瓜产量。

（六）其他

用较高浓度的生长素可抑制窖藏马铃薯的发芽；可疏花疏果，代替人工和节省劳力，并能纠正水果的大小年现象，平衡年产量；可杀除杂草。但是，在施用中要注意防止高浓度生长素残留所带来的副作用。

二、植物生长延缓剂

植物生长延缓剂对亚顶端分生组织具有暂时的抑制作用，延缓细胞的分裂和伸长生长，过一段时间后，植物即可恢复生长，而且其效应可以被赤霉素逆转。代表品种有矮壮素（CCC）、多效唑（PP333）、缩节胺（Pix）、比久（B_9）等。

（一）矮壮素

矮壮素(CCC)的化学名称是2-氯乙基三甲基铵氯化物，纯品为白色结晶，熔点为239～243 ℃。易吸潮，在20 ℃水中溶解（74%），溶于低级醇，难溶于乙醚以及烃类有机溶剂，遇碱分解，对金属有腐蚀作用。本品属于低毒药物。

矮壮素是赤霉素的拮抗剂，可经叶片、幼枝、芽、根系和种子进入植物体内。其作用原理是抑制植株体内赤霉素的生物合成，它的生理功能是控制植株的徒长，促进生殖生长，使植株节间缩短而矮壮，根系发达，抗倒伏。同时叶色加深，叶片增厚，叶绿素含量增多，光合作用增强，提高植物的抗逆性。矮壮素常用于防止水稻、棉花、小麦和花生等作物的徒长而引起的倒伏。

（二）多效唑

多效唑（PP333）纯品为白色固体，熔点为165～166 ℃。在水中的溶解度为100 mg/L，溶于甲醇、丙酮等有机溶剂。不可燃，不爆炸。50 ℃以下贮存，稳定期为6个月。多效唑属于低毒药物。

多效唑是三唑类植物生长调节剂，是内源赤霉素合成的抑制剂，可以明显减弱顶端优势，促进侧芽滋生，茎变粗，植株矮化紧凑；能增加叶绿素、蛋白质和核酸的含量；可降低植株体内赤霉素类物质的含量，还可降低吲哚乙酸的含量和增加乙烯的释放量。多效唑主要通过根系吸收而起作用。

（三）缩节胺

缩节胺（Pix）的化学名称是1,1-二甲基哌啶氯化物。缩节胺能促进植物发育、提前开花、防止脱落、增加产量，能增强叶绿素合成，抑制主茎和果枝伸长。根据用量和植物不同生长期喷洒，可调节植物生长，使植株坚实抗倒伏，改进色泽，增加产量。缩节胺常用于棉花。

三、植物生长抑制剂

抑制植物茎顶端分生组织生长的生长调节剂属于植物生长抑制剂，即对植物顶芽或分生组织都有破坏作用，并且破坏作用是长期的，不为赤霉素所逆转，即使在浓度很低的情况下，对植物也没有促进生长的作用。施用于植物后，植物生长停止或生长缓慢。

（一）青鲜素

青鲜素（简称MH）的化学名称为顺丁烯酰肼，又名马来酰肼。青鲜素的纯品为无色结晶，难溶于水，易溶于冰醋酸，其钠盐和钾盐易溶于水。国产的青鲜素一般为25%的水剂。青鲜素的作用与生长素的相反，能抑制顶端分生组织的细胞分裂，破坏植物的顶端优势，抑制生长，抑制发芽。生产上常用于抑制马铃薯、洋葱、大蒜等在贮藏期间发芽以及抑制烟草的侧芽生长。

（二）三碘苯甲酸

三碘苯甲酸（简称TIBA）产品为结晶体，微溶于水，溶于乙醇、丙酮和乙醚等有机溶剂。它是一种阻碍生长素运输的物质，因而具有与生长素相反的作用，能抑制顶端分生组织细胞分裂，消除顶端优势，促进侧芽萌发。生产上主要用于大豆，使大豆植株变矮，增加分枝，增加结荚数，防止倒伏，从而提高产量。

（三）整形素

整形素，又名形态素，是9-羟基芴-9-羧酸的衍生物，可溶于乙醇。它具有抑制IAA运输和拮抗赤霉素的作用，因而抑制植物生长，使植物变矮小，这可用于园林的造型艺术上；抑制种子发芽；抑制甘蓝、莴苣的抽薹，促进结球等。

（四）乙烯类

由于乙烯在常温下呈气态，因此，即使在温室内，使用起来也十分不便。为此，科学家们研制出各种乙烯发生剂，这些乙烯发生剂被植物吸收后，能在植物体内释放出乙烯。其中乙烯利的生物活性较高，被应用得最广。乙烯利是一种水溶性的强酸性液体，其化学名称为2-氯乙基膦酸（CEPA），在pH值小于4的条件下稳定，当pH值大于4时，可以分解放出乙烯，pH值越高，产生的乙烯越多。

乙烯利易被茎、叶或果实吸收。由于植物细胞的 pH 值一般大于 5,因此,乙烯利进入组织后可水解放出乙烯(不需要酶的参加),对生长发育起调节作用。乙烯利在生产上主要用于以下几个方面。

1. 催熟果实

对于外运的水果或蔬菜,一般是在成熟前就已收获,以便运输,然后在售前 1 周左右用 500～5000 μL/L(随果实不同而异)乙烯利浸蘸,就能达到催熟和着色的目的,这已广泛用于柑橘、葡萄、梨、桃、香蕉、柿子、芒果、番茄、辣椒、西瓜和甜瓜等作物上。此外,用 700 μL/L 乙烯利喷施烟草,可促进烟叶变黄,提高质量。

2. 促进开花

菠萝是应用生长调节剂促进开花最成功的植物,每公顷用 2000 L 120～180 μL/L 乙烯利喷施菠萝,可促进菠萝开花,如再加入 5%尿素和 0.5%硼酸钠溶液,能增加乙烯利的吸收,并提高其药效。由于菠萝复果的大小取决于花芽分化前的叶数,因此,在不同时期用乙烯利处理,可以控制果实的大小,以适于罐藏。乙烯利也能诱导苹果、梨、芒果和番石榴等的花芽分化。

3. 促进雌花分化

用 100～200 μL/L 乙烯利喷洒 1～4 叶的南瓜和黄瓜等瓜类幼苗,可使雌花的着生节位降低,雌花数增多;用 100～300 μL/L 乙烯利喷洒 2 叶阶段的番木瓜,15～30 d 后再重复喷洒,如此 3 次以上,可使雌花达 90%,而对照却只有 30%的雌花。

4. 促进脱落

乙烯是促进脱落的激素,所以可用乙烯利来疏花疏果,使一些生长弱的果实脱落,并消除大小年现象。用乙烯利处理茶树,可促进花蕾掉落以提高茶叶产量。

乙烯利还可促进果柄松动,便于机械采收。葡萄采前 6～7 d 用 500～800 μL/L 乙烯利喷洒,柑橘用 200～250 μL/L 乙烯利、枣用 200～300 μL/L 乙烯利在采前 7～8 d 喷洒,都能收到很好的效果,从而节省大量的人力,避免采摘对枝条的伤害,还可增进果实的着色。

5. 促进次生物质分泌

将乙烯利水溶液或油剂涂抹于橡胶树干割线下的部位,可延长流胶时间,且其药效能维持 2 个月,从而使排胶量成倍增长。乙烯利对乳胶增产的机理,可能是由于排除了排胶的阻碍,而不是促进了胶的合成。因此,用乙烯利处理后,树势会受到一定的影响,要加强树体管理,追施肥料,否则会造成树体早衰。此外,乙烯利可促进漆树、松树等次生物质的分泌。

四、植物生长调节剂的合理使用

植物生长调节剂在生产实践中应用成功的例子很多,但失败的教训也时有发生,这主要是对植物生长调节剂的特性认识不够和使用不当所造成的。应用植物生长调节剂时应注意以下四个方面。

① 首先要明确植物生长调节剂不是营养物质,也不是万灵药,更不能代替其他农业措施。只有配合水、肥等管理措施施用,方能发挥其效果。

② 要根据不同对象(植物或器官)和不同的目的选择合适的药剂。如促进插枝生根宜用NAA和IBA,促进长芽则要用KT或6-BA;促进茎、叶的生长用GA;提高作物抗逆性用BR;打破休眠、诱导萌发用GA;抑制生长时,草本植物宜用CCC,木本植物则最好用B_9;葡萄、柑橘的保花保果用GA,鸭梨、苹果的疏花疏果则要用NAA。研究发现,两种或两种以上植物生长调节剂混合使用或先后使用,往往会产生比单独施用更佳的效果,这样就可以取长补短,更好地发挥其调节作用。此外,植物生长调节剂施用的时期也很重要,应注意把握。

③ 掌握药剂的浓度和剂量。植物生长调节剂的使用浓度范围极大,为0.1～5000 μg/L,这就要视药剂种类和使用目的而异。剂量是指单株或单位面积上的施药量,而实践中常发生只注意浓度而忽略了剂量的偏向。正确的方法应该是先确定剂量,再定浓度。浓度不能过大,否则易产生药害,但也不可过小,过小又无药效。药剂的剂型,有水剂、粉剂、油剂等,施用方法有喷洒、点滴、浸泡、涂抹、灌注等,不同的剂型配合合理的施用方法,才能收到满意的效果,此外,还要注意施药时间和气象因素等。

④ 先试验,再推广。为了保险起见,应先做单株或小面积试验,再中试,最后才能大面积推广,不可盲目草率,否则一旦造成损失,将难以挽回。

本章小结

植物生长物质是一些可调节植物生长发育的微量有机物质,包括植物激素和植物生长调节剂,此外,还有一些天然存在的生长活性物质和抑制物质。目前被公认的植物激素有五类,包括生长素类、赤霉素类、细胞分裂素类、脱落酸与乙烯。此外,茉莉酸类、水杨酸类、多胺类等也有植物激素的特性。各类激素的生理功能不同。生长素能促进细胞伸长和分裂,并且有促进插枝生根、抑制器官脱落、控制性别和向性、维持顶端优势、诱导单性结实等作用。赤霉素的主要功能是加速细胞的伸长生长,促进细胞分裂,打破休眠,诱导淀粉酶活性,促进营养生长,防止器官脱落等。细胞分裂素是促进细胞分裂的物质,它能促进细胞的分裂和扩大,诱导芽的分化,延缓叶片衰老,保绿和防止果实脱落等。脱落酸是抑制植物生长发育的物质,可抑制细胞分裂和伸长,还能促进脱落和衰老,促进休眠,调节气孔开闭,提高植物的抗逆性。乙烯是促进衰老和催熟的激素,也可促进细胞扩大,引起偏上生长,促进插枝生根,控制性别分化。茉莉酸能抑制生长和萌发,促进衰老,诱导蛋白质合成。水杨酸可诱导生热效应和提高抗性,并能诱导开花和控制性别表达。多胺能促进生长,延缓衰老,提高抗性。

植物生长调节剂是人工合成的具有类似激素活性的化合物,包括生长促进剂、生长抑制剂和生长延缓剂等。常见的生长促进剂有吲哚丙酸、萘乙酸、细胞分裂素、6-苄基腺嘌呤等。常见的生长抑制剂有三碘苯甲酸、整形素、乙烯类等。常见的生长延缓剂有矮壮素、多效唑、缩节胺等。应用植物生长调节剂的注意事项:首先要明确植物生长调节剂不是营养物质,也不是万灵药,更不能代替其他农业措施;要根据不同对象(植物或器官)和不同的目的选择合适的药剂;正确掌握药剂的浓度和剂量;先试验,再推广。

阅读材料

除草剂使用的基本原理

化学除草是一种有效、经济的除草方法,现在已广泛地采用。植物体内含有多种激素,对协调植物生长发育具有重要意义,是调节植物生长、发育、开花、结实不可缺少的物质。如可利用生长素类物质的双重作用,即生长素在较低浓度下可促进生长,而高浓度时则抑制生长。在生产上利用2,4-D、麦草畏等激素型除草剂进入杂草体内,破坏原有的天然激素平衡,使植物出现畸形发育,细胞分裂、伸长和分化不规律,可干扰敏感植物的正常生长。在受害杂草不同的器官反应是不同的,刺激作用和抑制现象并存,打破了规律性,使植物各部分互相协调,又互相制约的关系发生了不正常的变化。因此,杂草吸收除草剂后,体内激素异常,产生生理紊乱,茎秆扭曲与畸形,叶面皱缩和变色失绿,导致死亡。

赤霉素在蔬菜上的应用

赤霉素是一种高效能的植物生长激素,能促进细胞、茎的伸长,增加植株高度,能促进遗传矮化植株的生长,促进生理或病毒型矮化植株的生长;打破某些蔬菜的种子、块茎和鳞茎等器官休眠,提高发芽率,起低温春化和长日照作用,促进和诱导长日照蔬菜当年开花。在蔬菜上的应用如下。

① 延缓衰老及保鲜。西瓜:收获前,用浓度为25～35 mg/kg的赤霉素喷瓜1次可延长贮藏期。蒜薹:用浓度为40～50 mg/kg的赤霉素浸蒜薹基部10～30 min 1次,能抑制有机物质向上运输、保鲜。

② 保花保果,促进果实生长。番茄:用浓度为25～35 mg/kg的赤霉素,开花期喷花1次,可促进坐果,防空洞果。茄子:用浓度为25～35 mg/kg的赤霉素,开花期喷花1次,可促进坐果,增产。辣椒:用浓度为20～40 mg/kg的赤霉素,开花期喷花1次,可促进坐果、增产。西瓜:用浓度为20 mg/kg的赤霉素,开花期喷花1次,可促进坐果,增产;或幼瓜期喷幼瓜1次,促幼瓜生长,增产。

③ 促进营养生长,提早上市。芹菜:采收前15～30 d,用浓度为35～50 mg/kg的赤霉素,3～4 d喷洒1次,共2次,可增产25%以上,茎叶肥大,早上市5～6 d。韭菜:在植株10 cm高或收割后3 d,用浓度为20 mg/kg的赤霉素喷洒,增产15%以上。蘑菇:用浓度为400 mg/kg的赤霉素,在原基形成时浸料块一下,子实体增大、增产。

复习思考题

1. 植物激素有哪些特点?
2. 五大类植物激素的主要生理作用是什么?
3. 五大类植物激素在植物体内的分布与运输上有何异同点?
4. 农业生产上常用的植物生长调节剂有哪些?在作物生产上有哪些应用?

第十章　植物的生长生理

学习内容

植物休眠的原因；种子萌发的条件；植物生长发育的特性及外界环境对植物生长的影响。

学习目标

了解植物生长发育的特性和外界环境对植物生长的影响；掌握植物休眠的原因和调控休眠的方法；重点掌握植物生长发育的特性在农业生产上的应用。

技能目标

掌握测定种子生活力的方法。

第一节　植物的休眠

一、植物休眠的概念及意义

多数植物的生长都要经历季节性的不良气候，如温带的四季在光照、温度和雨量上差异十分明显，如果不存在某些防御机制，植物便会受到伤害或致死。在植物长期进化过程中进化出休眠这种生理现象，以此来防御外界不良的环境，有利于植物种族的延续。

（一）植物休眠的概念

休眠是指植物体或其器官在发育的某个时期生长和代谢暂时停顿的现象；通常特指由内部生理原因决定，即使外界条件（温度、水分）适宜也不能萌动和生长的现象。

（二）植物休眠的生理意义

植物生活在冷、热、干、湿季节性变化很大的气候条件下，种子或芽在气候不利的季节到来之前进入休眠状态，有利于植物度过不良环境期，保证物种的延续。

二、植物休眠的种类

（一）植物休眠的类型

1. 生理休眠（或深休眠）

种子自身内在的生理原因造成的休眠称为生理休眠（或深休眠）。生理休眠属于植物自身发育进程控制的休眠，即使给予充足的水分、足够的氧气、适宜的温度等生长条件，它们也不能萌芽生长。如桂花、落叶果树（如苹果、梨、海棠等）等种子要经过层积处理后才能萌发。

2. 强迫休眠

当植物在生育期内遇到高温、低温、干旱等不利条件时引起的休眠称为强迫休眠。如葱、蒜等遇到高温、干旱的夏季,地上部分死去,地下鳞茎处于休眠状态。

(二)植物休眠的形式

休眠有多种形式,一、二年生植物大多以种子为休眠器官;多年生落叶树以休眠芽过冬;而二年生或多年生草本植物大多则以休眠的根系、鳞茎、球茎、块根、块茎等度过不良环境期。

三、植物休眠的原因

(一)种子休眠的原因

种子休眠是植物发育过程中的一种生长暂停现象,是植物在长期进化中获得的一种对环境条件和季节性变化的生物学适应性。种子休眠主要是由以下三个方面原因引起的。

1. 种皮(果皮)的限制

种皮、果皮及种子、果实外面其他附属物由于不透水、不透气或太坚硬,使种子在成熟后的一段时间内处于休眠状态。如豆科、百合科、茄科、苍耳、苋菜、桃、李等种子。

2. 种胚未成熟

有两种情况。一种情况是胚尚未完成发育,如银杏、兰花、人参、冬青、当归、白蜡树等种胚要经过一段时间的继续发育,才能达到可萌发状态。另一种情况是胚在形态上似已发育完全,但生理上还未成熟,必须通过后熟作用才能萌发。所谓后熟作用,是指成熟种子离开母体后,需要经过一系列的生理生化变化后才能完成生理成熟而具备发芽的能力。一些蔷薇科植物和很多林木种子的休眠都属于这类情况。

3. 抑制物的存在

有些种子不能萌发是由于果实或种子内有抑制萌发的物质存在。这类抑制物多数是一些相对分子质量较小的有机物,这些物质存在于果肉(如苹果、梨、番茄、西瓜、甜瓜)、种皮(苍耳、甘蓝、大麦、燕麦)、果皮(酸橙)、胚乳(鸢尾、莴苣)、子叶(菜豆)等处。

(二)芽休眠的原因

芽休眠是指植物生活史中芽生长的暂时停顿现象。芽是很多植物的休眠器官,多数温带木本植物(包括松柏科植物和双子叶植物),在年生长周期中明显地出现芽休眠现象。芽休眠不仅发生于植株的顶芽、侧芽,也发生于根茎、球茎、鳞茎、块茎中。芽休眠主要是由以下两个方面原因引起。

1. 日照长度

这是诱发和控制芽休眠最重要的因素。对多年生植物而言,通常长日照促进生长,短日照引起伸长生长的停止以及休眠芽的形成。如刺槐、桦树、落叶松幼苗在短日照下经10~14 d即停止生长,进入休眠。而铃兰、洋葱则相反,长日照诱发其休眠。

2. 促进休眠的物质

促进休眠的物质最主要的是脱落酸,其次是氰化氢、氨、乙烯、芥子油、多种有机酸等。

短日照之所以能诱导芽休眠，主要是因为短日照促使脱落酸含量增加。

四、植物休眠的调控

（一）种子休眠的调控

1. 种子休眠的解除

（1）机械破损　适用于有坚硬种皮的种子。可用沙子与种子摩擦、划伤种皮或者去除种皮等方法来促进萌发。如紫云英种子加沙和石子各1倍进行摩擦处理，能有效促使萌发。

（2）清水漂洗　西瓜、甜瓜、番茄、辣椒和茄子等种子外壳含有抑制萌发的物质，播种前将种子浸泡在水中，反复漂洗，用流水更佳，让抑制物渗透出来，能够提高发芽率。

（3）层积处理　如苹果、梨、榛、白桦、赤杨等要求低温、湿润的条件来解除休眠。通常用层积处理，即将种子埋在湿沙中，在1～10 ℃下放置，一段时间后能有效地解除休眠。

（4）温水处理　某些种子（如棉花、小麦、黄瓜等）用35～40 ℃温水处理，可促进萌发。

（5）化学处理　棉花、刺槐、合欢、漆树等种子均可用浓硫酸处理来增加种皮透性。

（6）植物生长调节剂处理　多种植物生长调节剂能打破种子休眠，促进种子萌发。其中GA效果最为显著。

（7）光照处理　对需光性种子进行光照处理，可解除休眠。

（8）其他物理方法　用X射线、超声波、高低频电流、电磁场处理种子，也有破除休眠的作用。

2. 种子休眠期的延长

有些种子如水稻、小麦、玉米、大麦、燕麦和油菜有胎萌现象（即种子没有休眠期，收获时如遇雨水和高温，就会在农田或打谷场上的植株上萌发的现象，称为胎萌）。例如在南方，有些小麦种子在成熟收获期如遇雨或湿度较大，就会引起穗发芽。研究表明，用0.01%～0.5%青鲜素（MH）水溶液在收获前20 d进行喷施，对抑制小麦穗胎萌有显著作用。

对于需光种子，可用遮光来延长休眠期。对于种（果）皮有抑制物的种子，如要延长休眠期，收获时可不清洗种子等。

（二）芽休眠的调控

1. 芽休眠的解除

（1）低温处理　许多木本植物休眠芽需经历0～5 ℃的低温才能解除休眠。有些休眠植株未经低温处理而给予长日照或连续光照也可解除休眠。

（2）温浴法　把植株整个地上部分或枝条浸入30～35 ℃温水中12 h，取出放入温室就能解除芽的休眠。

（3）乙醚气熏法　把整株植物或离体枝条置于一定量乙醚薰气的密封装置内，保持1～2 d能发芽。

（4）植物生长调节剂　打破芽休眠使用GA效果较显著。GA浓度依不同的植物而定。

2. 芽休眠期的延长

在农业生产上,要延长贮藏器官的休眠期,使之耐贮藏,避免其丧失市场价值。如马铃薯在贮藏过程中易出芽,可在收获前2~3周,在田间喷施青鲜素,或用萘乙酸钠溶液,或用萘乙酸甲酯的黏土粉剂均匀撒布在块茎上,可以防止在贮藏期中发芽。对洋葱、大蒜等鳞茎类蔬菜也可用类似的方法处理。

第二节　种子的萌发

一、种子的生命力与寿命

(一) 种子的生命力

种子生命力的强弱和品质的好坏直接影响到种子萌发出苗的多少和幼苗的健壮程度。种子生命力的强弱主要从以下几个方面来衡量。

1. 种子活力

种子活力是指种子的健壮程度,种子迅速、整齐发芽出苗的潜在能力。一般健全饱满、未受损伤、贮存条件良好的种子活力高。近年来,植物生理学领域中常将种子活力作为评定种子播种品质的指标。

2. 种子寿命

种子从成熟到丧失活力所经历的时间,称为种子的寿命。种子按寿命的长短分为三类。

(1) 短命种子　寿命为几小时至几周。如杨、柳、榆、栎、可可属、椰子属、茶属种子等。柳树种子成熟后只在12 h内有发芽能力,杨树种子寿命一般为几周。

(2) 中命种子　寿命为几年至几十年。大多数栽培植物如水稻、小麦、大麦、大豆、菜豆的种子寿命为2年,玉米的种子寿命为2~3年,油菜的种子寿命为3年,蚕豆、绿豆、紫云英的种子寿命为5~11年。

(3) 长命种子　寿命在几十年以上。北京植物园曾对从泥炭土层中挖出的沉睡千年的莲子进行催芽萌发,后来竟开出花来。

(二) 种子的老化和劣变

种子老化是指种子活力的自然衰退。在高温、高湿条件下老化过程往往加快。种子劣变则是指种子生理机能的恶化。老化的过程也是劣变的过程,但劣变不一定是老化引起的,突然性的高温或结冰会使蛋白质变性,细胞受损,从而引起种子劣变。

(三) 种子的保存

种子的寿命长短主要是由遗传基因决定的,但也受环境因素、贮藏条件的影响。根据植物种子保存期的特点,可将其分为正常性种子和顽拗性种子两大类。

1. 正常性种子的保存

大多数作物种子属于这一类。这类种子耐脱水性很强,可在很低的含水量下长期贮藏而不丧失活力。一般说来,种子含水量和贮藏温度是保存种子的主要影响因素。

正常性种子理想的贮藏条件是：含水量 4%～6%；温度 −20 ℃或更低；相对湿度 15%；适度的低氧；高二氧化碳；贮藏室黑暗无光，避免高能射线等。另外，收获时带果皮贮存的种子，减少机械损伤和微生物侵害，比脱粒贮存的种子寿命长，活力高。

2. 顽拗性种子的保存

顽拗性种子耐脱水性差，这类种子成熟时仍具有较高的含水量（30%～60%），采收后不久便可自动进入萌发状态。一旦脱水（即使含水量仍很高），即影响其萌发，导致生活力的迅速丧失。产于热带和亚热带地区的许多果树，如荔枝、龙眼、芒果、可可、橡胶、椰子、板栗、栎树等，以及一些水生草本植物如水浮莲、菱、茭白等，均属于顽拗性种子。

贮存顽拗性种子的方法主要有两种：一种是采用适温保湿法，可以防止脱水伤害和低温伤害，使种子寿命延长至几个月甚至 1 年；另一种是用液氮贮藏其离体胚（或胚轴）。

二、影响种子萌发的外界条件

从生理学上讲，种子萌发是指干种子从吸水到胚根（或胚芽）突破种皮期间所发生的一系列生理生化变化过程。在农业生产上，种子萌发是指从播种到幼苗出土（“突破地皮”）之间所发生的一系列生理生化变化过程。种子萌发需要足够的水分、适宜的温度和充足的氧气，有些种子萌发还受光照的影响。影响种子萌发的外界条件主要有以下方面。

（一）水分

休眠的种子含水量一般只占干重的 10%左右。种子必须吸收足够的水分才能启动一系列酶的活动，开始萌发。不同种子萌发时吸水量不同。含蛋白质较多的种子，如豆科的大豆、花生等吸水较多；而禾谷类种子如小麦、水稻等以含淀粉为主，吸水较少。一般种子要吸收其本身质量的 25%～50%或更多的水分才能萌发。表 10-1 列举了几种主要作物种子萌发时的最低吸水率。

表 10-1　几种主要作物种子萌发最低吸水率

作物种类	最低吸水率/(%)	作物种类	最低吸水率/(%)
水稻	35	棉花	60
小麦	60	豌豆	186
玉米	40	大豆	120
向日葵	56.5	花生	40
油菜	48	蚕豆	157

种子萌发时吸水量的差异，是由种子所含成分不同而引起的。为满足种子萌发时对水分的需要，农业生产中要适时播种，精耕细作，为种子萌发创造良好的吸水条件。

（二）温度

种子萌发是由一系列酶催化的生化反应引起的，因而受温度的影响较大，并存在最低温度、最适温度和最高温度三个基点。在最低温度时，种子能萌发，但所需时间长，发芽不整齐，易烂种。种子萌发的最适温度是指在最短的时间内萌发率最高的温度。高于最高温度，虽然萌发较快，但发芽率低。常见作物种子萌发的温度范围见表10-2。

表 10-2　常见作物种子萌发的温度范围

作物种类	最低温度/℃	最适温度/℃	最高温度/℃
大麦、小麦	3～5	20～28	30～40
玉米、高粱	8～10	32～35	40～45
水稻	10～12	30～37	40～42
棉花	10～12	25～32	38～40
大豆	6～8	25～30	39～40
花生	12～15	25～37	41～46
黄瓜	15～18	31～37	38～40
番茄	15	25～30	35
白菜	8～10	20～25	30～32
辣椒	14～16	25～30	34～36
芹菜	8～10	15～20	25～28
田旋花	0.5～3	20～35	35～40

种子萌发的最低温度和最高温度是农业生产中决定播种期的重要依据。为了达到苗全、苗壮，春播作物要求在温度高于其萌发的最低温度时播种，而在夏末秋初播种的作物，则要求在温度低于其萌发的最高温度时才能播种。

（三）氧气

种子吸水后呼吸作用增强，需氧量加大。一般作物种子要求其周围空气中含氧量在10%以上才能正常萌发。含油种子，如大豆、花生等的种子萌发时需氧更多。空气含氧量在5%以下时大多数种子不能萌发。土壤水分过多或土面板结使土壤空隙减少，通气不良，均会降低土壤空气的氧含量，影响种子萌发，甚至造成烂种。因此，精细整地、排水、排渍，改善土壤通气条件，有利于种子萌发和培育壮苗。

（四）光照

一般种子萌发和光线关系不大，无论在黑暗或光照条件下都能正常进行，但有少数植物的种子，需要在有光的条件下才能萌发良好，如黄榕、紫苏、烟草和莴苣的种子在无光条件下不能萌发。这类种子称为需光种子。还有一些植物的种子，如洋葱、韭菜、甜瓜、西瓜、番茄、曼陀罗等种子，在有光条件下不能萌发，这类种子称为嫌光种子。

总之，要获得全苗壮苗，首先要有健全饱满、解除休眠、生命力强的种子；其次要有适宜的环境条件。因此，适期播种，播种前充分整地，注意播种深度和方法，就能获得水、气、温、光协调的萌发环境，种子便能顺利萌发并长成壮苗。

三、种子萌发时的生理生化变化

（一）种子的吸水

种子萌发时的吸水可分为三个阶段。

1. 快速吸水阶段

快速吸水过程是由吸胀作用引起的，它是依赖于原生质胶体吸胀作用的物理性吸水。无论是死种子还是活种子、休眠与否，同样可以吸水。通过吸胀吸水，原生质由凝胶转变为溶胶状态，细胞结构和功能恢复。

2. 吸水停滞阶段或速度变慢阶段

酶促反应和呼吸作用增强，贮存物质开始分解，一方面给胚的发育提供营养，另一方面，也降低了水势，提高了吸水能力。此时细胞内各种代谢开始旺盛进行。

3. 生长吸水阶段

此时，胚根已突破种皮，有氧呼吸加强；新生器官生长加快，表现为种子的吸水和鲜重持续增加。而死种子不能进行该活动。

（二）呼吸作用的变化

种子萌发时的呼吸作用与吸水过程相似，也可分为三个阶段：第一，在种子吸胀吸水阶段，呼吸作用也迅速增强；第二，在吸水停滞阶段，呼吸也停滞（胚根尚未突破种皮，呼吸需氧受限；有些酶尚未大量合成）；第三，在再次大量吸水阶段，呼吸作用又迅速增强。

（三）酶的活化与合成

种子萌发时酶的来源有两个方面：一方面是已经存在于种子中的束缚态的酶释放或活化，如β-淀粉酶、支链淀粉葡萄糖苷酶等；另一方面是种子吸水后新合成的酶，如α-淀粉酶等，其中有些酶合成所需的 mRNA 是在种子形成过程中就已产生的，这样的 mRNA 称为长命 mRNA。

（四）贮藏物质的动员

贮藏物质的动员是指种子萌发时贮藏的有机物在胚乳或子叶中被分解为小分子化合物，并被运输到胚根和胚芽中被利用的过程。这一过程包括淀粉的动员、脂肪的动员、蛋白质的动员等。

第三节　植物的营养生长

一、植物生长发育的特性

种子萌发后，由于细胞分裂和新产生的细胞体积加大，幼苗迅速长大。又由于细胞的不断分化，形成了各种组织和器官，最后长成植株。植物营养体生长的好坏，对产量影响很大。因此，掌握植物的生长发育的特性及其与外界条件的关系，更好地调控营养体的生长，可为丰产创造条件。

(一) 植物生长的周期性

植株或器官的生长速率随昼夜或季节变化而有规律地变化的现象称为植物生长的周期性。

1. 生长的昼夜周期性

植物器官的生长速率有明显的昼夜周期性。这主要是由于影响植株生长的因素,如温度、湿度、光照强度以及植株体内的水分与营养供应在一天中发生有规律的变化。通常把这种植株或器官的生长速率随昼夜温度变化而发生的有规律变化的现象称为温周期现象。

一般来说,植株生长速率与昼夜的温度变化有关。如越冬植物,白天的生长量通常大于夜间,因为此时限制生长的主要因素是温度。但是在温度高、光照强、湿度低的日子里,影响生长的主要因素则为植株的含水量,此时在日生长曲线中可能出现两个生长峰,一个在午前,另一个在傍晚。

2. 生长的季节周期性

农作物的生长发育进程大体有以下几种情况:春播、夏长、秋收、冬藏;春播、夏收;夏播、秋收;秋播、幼苗(或营养体)越冬、春长和夏收。总之,一年生、二年生或多年生植物在一年中的生长都会随季节的变化而呈现一定的周期性,即所谓生长的季节周期性。这种生长的季节周期性是与温度、光照、水分等因素的季节性变化相适应的。

树木的年轮一般是一年一圈。在同一圈年轮中,春、夏季由于适于树木生长,木质部细胞分裂快,体积大,所形成的木材质地疏松,颜色浅淡,被称为“早材”;到了秋、冬季,木质部细胞分裂减弱,细胞体积小但壁厚,形成的木材质地紧密,颜色较深,被称为“晚材”。可见,年轮的形成也是植物生长季节周期性的一个具体表现。

3. 植物生长大周期

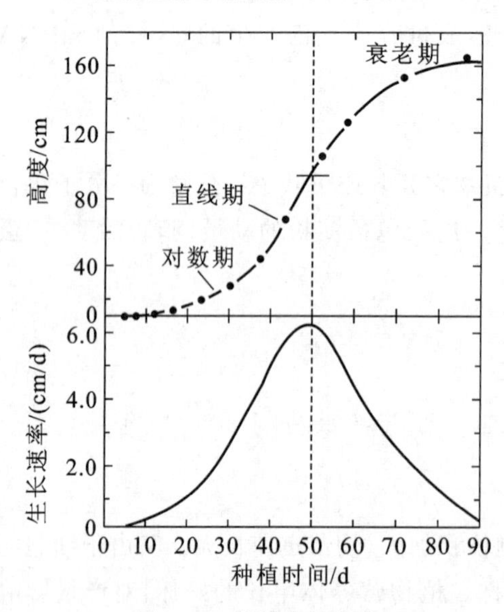

图 10-1 植物生长曲线

植物器官或整株植物的生长速率会表现出“慢—快—慢”的基本规律,即开始时生长缓慢,以后逐渐加快,然后又减慢以至停止,这一生长全过程称为生长大周期。若以植物(或器官)的总质量或总长度为纵坐标,时间为横坐标作图,整个生长周期呈S形曲线,称为生长曲线(图10-1)。

了解植物或器官的生长大周期,在生产实践上有一定的意义。由于植物的生长进程是不可逆的,无论采取促进或抑制生长的措施,必须在植物或器官生长最快的阶段到来之前进行处理,这样才能控制植株或器官的大小,否则往往效果甚小或完全不起作用。例如,为防止水稻倒伏,常用搁田来控制节间的伸长,然而,控制必须在基部第一、二节间伸长之前，迟了不仅不能控制节间伸长，还会影响幼穗的分化与生长，降低产量。

（二）植物生长的区域性

1. 茎和根的顶端生长

在茎和根的顶端有一段分生组织区，其中的细胞不断分裂、增殖。其后的一段是伸长区，细胞分裂活动减少，但细胞体积可以增长几倍、几十倍以至几百倍。茎顶端的分生组织衍生出地上部各生长区的分生组织；而根顶端生长也有优势，可以控制侧根的形成。一旦去掉根尖，可以从生长区域分化出更多的根来。如蔬菜育苗移栽时切除主根可促进侧根的生长。

2. 其他生长区

除了植物的顶端外，植物的其他部位还分布着一些生长区，只有在适当的时候或受到一定刺激后才活跃起来。如禾本科的玉米、水稻、小麦，在靠近每个节的上方，有居间分生组织，可以进行居间生长，在拔节期茎秆迅速伸长。在裸子植物和双子叶植物的根和茎内，有形成层，能进行细胞分裂和生长。这些细胞分化时，向内形成木质部，向外形成韧皮部，使根和茎逐步加粗。

（三）植物生长的相关性

构成植物体的各个部分，既有精细的分工，又有密切的联系，既相互协调，又相互制约，这种植物体各部分间相互协调与制约的现象称为植物生长的相关性。它包括地上部与地下部的相关性、主茎与侧枝的相关性、营养生长与生殖生长的相关性等。

1. 地下部和地上部的相关性

根与茎、叶彼此之间在生长过程中表现相互依赖又相互制约的关系。通常所说的“根深叶茂”、“本固枝荣”就是指地上部分与地下部分的协调关系。植物茎叶与根系的生长，需要大量的无机物和有机物。一方面根从地上器官得到光合产物和维生素、生长素、赤霉素等的供应，而植物地上部分茎、叶的展开则需要根的支持和对水分、无机盐、细胞分裂素等的供给；另一方面，两者进行生长都需要消耗糖类、氮素与其他营养元素，因而两者之间存在对水分、营养等的竞争性制约。

地下部分与地上部分的相关性可用根冠比（R/T），即地下部分的质量与地上部分的质量的比值来表示。不同植物有不同的根冠比，同一植物在不同的生育期根冠比也有变化。例如，一般植物在开花结实后，同化物多用于繁殖器官，加上根系逐渐衰老，使根冠比降低；而甘薯、甜菜等作物在生育后期，因大量养分向根部运输，贮藏根迅速膨大，根冠比反而增高；多年生植物的根冠比还存在明显的季节变化。

在农业生产上，可通过肥、水来调控根冠比，从而获得高产，如对甘薯、胡萝卜、甜菜、马铃薯等这类以收获地下部分为主的作物，在生长前期应注意氮肥和水分的供应，以增加光合面积，多制造光合产物，中后期则要施用磷、钾肥，并适当控制氮素和水分的供应，以促进光合产物向地下部分的运输和积累。

2. 主茎和侧枝以及主根与侧根的相关性

植物的顶芽长出主茎，侧芽长出侧枝，通常主茎生长很快，而侧枝或侧芽则生长较慢或潜伏不长。这种由于植物的顶芽生长占优势而抑制侧芽生长的现象，称为顶端优势。

除顶芽外,生长中的幼叶、节间、花序等都能抑制其下面侧芽的生长,根尖能抑制侧根的发生和生长。

顶端优势普遍存在于植物界,但各种植物表现不尽相同。有些植物的顶端优势十分明显,如向日葵、玉米、高粱、黄麻等的顶端优势很强,一般不分枝;有些植物的顶端优势较为明显,如雪松、桧柏、水杉等越靠近顶端的侧枝生长受抑制较强,从而形成宝塔形树冠;有些植物顶端优势不明显,如柳树以及灌木型植物等。

根据生产的要求,有时需要利用和保持顶端优势,如麻类、向日葵、烟草、玉米、高粱等作物以及用材树木,需控制其侧枝生长,而使主茎强壮、挺直。有时则需消除顶端优势,以促进分枝生长,如棉花打顶和整枝、瓜类摘蔓、果树修剪等可调节营养生长,合理分配养分;花卉打顶去蕾,可控制花的数量和大小;茶树栽培中弯下主枝可长出更多侧枝,从而增加茶叶产量;绿篱修剪可促进侧芽生长,而形成密集灌丛状;苗木移栽时的伤根或断根,则可促进侧根生长;使用三碘苯甲酸可抑制大豆顶端优势,促进腋芽成花,提高结荚率;B_9对多种果树有克服顶端优势、促进侧芽萌发的效果。

3. 营养生长与生殖生长的相关性

植物在整个生长发育过程中,根、茎、叶(营养器官)的生长称为营养生长。到一定时期,植物开始分化出花芽,随后进行开花结实等一系列生殖器官的生长过程,称为生殖生长。营养生长与生殖生长之间存在既相互依赖,又相互制约的关系。生殖生长需要以营养生长为基础,生殖器官生长所需的养料大部分是由营养器官供应的,营养器官生长不好,生殖器官自然也不会好。但若营养器官生长过旺,也会影响生殖器官的形成和发育。例如,稻麦若前期肥水过多,则引起茎叶徒长,延缓幼穗分化,增加空瘪率,若后期肥水过多,则造成恋青迟熟,影响粒重;同样,大豆、果树、棉花等,如枝叶徒长,往往不能正常开花结实,或者导致花、荚、果严重脱落。

生殖器官的生长也会影响营养器官的生长。例如一次开花植物(如玉米)和多年生的作物(如竹子),在开花结实后,整株衰老死亡。还有些多次开花植物虽然营养生长和生殖生长并存,但在生殖生长期间,营养生长明显减弱。由于开花结果过多而影响营养生长的现象在生产上经常遇到,例如果树生产上的“大小年”现象。

在协调营养生长和生殖生长的关系方面,生产上积累了很多经验。加强肥水管理,既可防止营养器官的早衰,又不会使营养器官生长过旺。例如,在果树生产中,适当疏花、疏果以使营养上收支平衡,并有积余,以便年年丰产,消除“大小年”现象。对于以营养器官为收获物的植物,如茶树、桑树、麻类及叶菜类,则可通过供应充足的水分,增施氮肥,摘除花芽等措施来促进营养器官的生长,而抑制生殖器官的生长。

(四) 植物生长的独立性

植物各个器官或不同部位,在生长上具有相对独立性,具体表现为极性和再生作用。

1. 极性

极性是指植物的器官、组织或细胞的形态学两端在生理特点上所具有的差异性。如取柳树枝条悬挂在潮湿的空气中,形态学的上端总是分化出芽,下端总是分化出根;无论将枝条横放或是倒放,这种性质均不会改变。花粉粒只在一端萌发,长出花粉管,都是极性的表现。

2. 再生作用

再生作用是指植物离体部分(如根、茎或叶)在适宜条件下具有恢复植物体的失去部分,并再次形成一个完整新个体的能力。上述柳树枝条实验正是极性再生作用的表现。

极性和再生是植物体无性繁殖的基础,在农业生产中具有重要作用。例如在大田生产中,甘薯、葡萄、月季、茶和森林苗木的扦插,都是利用植物的再生作用来繁殖的。但需注意枝条的极性,应将形态学下端插入土中,否则不易成活。

植物组织培养是指植物的离体器官、组织或细胞在人工控制的环境下培养发育再生成完整植株的技术。其原理为植物细胞全能性,也是利用了植物的再生能力。植物组织培养已成为研究植物细胞、组织生长分化以及器官形态建成规律的不可缺少的手段。植物组织培养可快速繁殖植物种苗,目前在无性系的快速繁殖、无病毒种苗培育、新品种的选育、人工种子和种质保存、药用植物和次生物质的工业化生产等方面的应用已十分广泛。

(五)植物生长的有限性与无限性

植物的组织和器官长到一定大小就停止发育,然后衰老、死亡,这种现象称为植物生长的有限性。如植物的叶、花、果等器官的生长,这些器官发育到一定的阶段就停止生长,然后衰老死亡。一年生或越年生植物个体的生长是有限的。多年生植物个体的生长是无限的。植物生长的"有限性"和"无限性"不是绝对的,可以转化。茎尖分生组织的生长通常是无限性的,但一旦变成花芽,就变成有限性的了;有限生长的植物器官也会产生无限生长的不定根或茎、芽来。

(六)植物生长运动

高等植物虽然不能像动物或低等植物那样整体移动,但是它的某些器官在内、外因素的作用下能发生有限的位置变化,这种器官的位置变化就称为植物运动。高等植物的运动分为向性运动和感性运动。

1. 向性运动

向性运动是指由于植物的某些器官受外界单方向刺激引起的定向生长运动。根据刺激因素的种类可将其分为向光性、向重性、向触性和向化性等,并规定对着刺激方向运动的为正运动,背着刺激方向运动的为负运动。

(1) 向光性　植物生长器官受单方向光照射而引起生长弯曲的现象称为向光性。通常,幼苗或幼嫩植株多向光源一方弯曲,称为正向光性;植物的根是背光生长的,称为负向光性。植物的向光性以嫩茎尖、胚芽鞘和暗处生长的幼苗最为敏感。生长旺盛的向日葵、棉花等植物的茎端还能随太阳而转动。燕麦、小麦、玉米等禾本科植物的黄化苗以及豌豆、向日葵的上、下胚轴,都常用作向光性的研究材料。

(2) 向重性　向重性是指植物依重力方向而产生的运动。种子或幼苗在地球上受到地心引力影响,不管所处的位置如何,总是根朝下生长,茎朝上生长。这种顺着重力作用方向的生长称为正向重性,逆着重力作用方向的生长称为负向重性;大多数植物的叶片呈水平方向展开,称为横向地性。禾本科植物(如水稻、小麦等)倒伏后能再直立起来,是由于茎具有负向重性。这是一种非常有益的生物学特性,可以降低因倒伏而引起的减产。

(3) 向触性　向触性是指生长器官因受到单方向机械刺激而引起运动的现象。许多攀缘植物,如豌豆、黄瓜、丝瓜、葡萄等,它们的卷须一边生长,一边在空中自发地进行回旋运动,当卷须的上端触及粗糙物体时,由于其接触物体的一侧生长较慢,另一侧生长较快,卷须发生弯曲而将物体缠绕起来。

(4) 向化性　向化性是指化学物质分布不均匀引起的生长反应。植物根的生长有向化性。根在土壤中总是朝着肥料多的地方生长。深层施肥的目的之一,就是使作物根向土壤深层生长,以吸收更多的肥料。根的向水性也是一种向化性。当土壤干燥而水分分布不均时,根总是趋向潮湿的地方生长,干旱土壤中根系能向土壤深处伸展,其原因是土壤深处的含水量较高。

2. 感性运动

感性运动是由没有一定方向的外界刺激(如光暗变化、触摸、震动)所引起的植物的运动,一部分属于生长运动,另一部分属于非生长运动。根据外界刺激的种类,可分为感夜性运动、感震性运动和感温性运动等。

(1) 感夜性　感夜性是指由光暗变化或温度变化所引起的植物的运动。如大豆、花生、合欢和酢浆草的叶子,白天叶片张开,夜间合拢或下垂;三叶草和酢浆草的花以及许多菊科植物的花序昼开夜闭,月亮花、甘薯、烟草等花的昼闭夜开,也是由光引起的感夜性运动。

(2) 感震性　感震性是指由于机械刺激而引起的植物运动。如含羞草小叶和复叶的运动(图 10-2)。另外,食虫植物的触毛对机械触动产生的捕食运动也是一种反应速度更快的感震性运动。

图 10-2　含羞草叶片的感震性

(3)感温性　感温性是指由温度变化引起的使器官背腹两侧不均匀生长的运动。如郁金香和番红花的花,通常在温度升高时开放,温度降低时闭合。这些花也能对光的变化产生反应,例如,将花瓣尚未完全伸展的番红花置于恒温条件下,光照时花开,黑暗中则闭合。

二、环境因素对植物生长的影响

(一) 物理因素

在自然环境中,对植物生长影响显著的物理因子有温度、光照、机械刺激与重力等。

1. 温度

植物是变温生物，其体温与周围环境的温度相平衡，各器官的温度也受土温、气温、光照、风、雨、露等影响。由于温度能影响光合、呼吸、矿质与水分的吸收、物质合成与运输等代谢功能，因此也影响细胞的分裂、伸长、分化以及植物的生长。植物生长温度的三基点因植物原产地不同而有很大差异。原产于热带或亚热带的植物，生长温度三基点较高；而原产于温带的植物，生长温度三基点稍低；原产于寒带（较低的温度下生长）的植物，生长温度三基点更低。对农作物而言，夏季作物的生长温度三基点较高，而冬季作物则较低。

2. 光照

光对植物生长有两种作用：一是光通过影响光合作用和物质的运输而影响植物的生长的间接作用；二是光对植物生长的直接作用。

（1）间接作用　即为光合作用。由于植物必须在较强的光照下生长一定的时间，才能合成足够的光合产物供生长需要，因此，光合作用对光能的需要是一种高能反应。

（2）直接作用　直接作用是指光对植物形态建成的作用，即光照对植物的高矮、株型、叶片大小、颜色以及生长特性的影响作用。如光促进需光种子的萌发、幼叶的展开、叶芽与花芽的分化、黄化植株的转绿、叶绿素的形成等。

就生长而言，只要条件适宜，并有足够的有机养分供应，植物在黑暗中也能生长。如豆芽发芽、愈伤组织在培养基上生长等。但与正常光照下生长的植株相比，其形态上存在着显著的差异，如茎叶淡黄、茎秆细长、叶小而不伸展、组织分化程度低、机械组织不发达、水分多而干物重少等。黄化植株每天只要在弱光下照光数十分钟就能使茎叶逐渐转绿，但组织的进一步分化又与光照的时间与强度有关，即只有在比较充足的光照下，各种组织和器官才能正常分化，叶片伸展加厚，叶色变绿，节间变短，植株矮壮。

在蔬菜生产中，可利用黄化植物组织分化差、薄壁细胞多、机械组织不发达的特点，用遮光或培土的方法来生产柔嫩的韭黄、蒜黄、豆芽菜、葱白、软化药芹等。在日本的水稻机械化育秧中，为了快速培育秧龄短而又有一定株高的小苗或乳苗，通常要在播种后的2～4 d中，对幼芽（苗）进行遮光处理，使秧苗伸长，以利于机械栽插。

3. 机械刺激

机械刺激是植物生活环境中广泛存在的一种物理因子，刺激的方式包括风、机械、动物及植物的摩擦、降雨、冰雹对茎叶的冲击、土壤颗粒对根的阻力以及摇晃、震动等。植物的生长发育受机械刺激的调节。例如，用布条、木棍等刺激番茄幼苗，能使番茄株高降低，节间变短，根冠比增大；用震动刺激黄瓜幼苗，不但株高降低，而且瓜数和瓜重增加；水稻、大麦、玉米等幼苗感受到机械刺激后，株高也显著降低。田间的植株要比温室或塑料大棚中的植株矮壮，原因之一是田间的植株常受到由风、雨造成的机械刺激。

4. 重力

重力除诱导植物根的向重性和茎的负向重性生长外，还影响植物叶的大小，枝条上、下侧的生长量以及瓜果的形状。例如悬挂在空中的丝瓜，因受重力影响要比平躺在地面的长得长、细、直。

（二）化学因素

化学因素包括各种化学物质，如水分、大气、矿质、植物生长调节剂等。

1. 水分

植物的生长对水分供应最为敏感。原生质的代谢活动，细胞的分裂、生长与分化等都必须在细胞水分接近饱和的情况下才能顺利进行。因此，供水不足，植株的体积增长会提早停止。在生产上，为使稻麦抗倒伏，最基本的措施就是控制第一、二节间伸长期的水分供应，以防止基部节间的过度伸长。水分亏缺还会影响呼吸作用、光合作用等(详见水分代谢、呼吸作用与光合作用等章节)。

水分过多，加速植物枝、叶伸长生长，但延缓组织分化，使茎、叶柔软，机械组织不发达。同时，水分过多也影响土壤通气状况，降低土温，不利于根系生长，使植物地上部徒长，而根系不发达，又容易造成倒伏或落花落果现象。

2. 大气

大气成分中对植物生长影响最大的是氧、二氧化碳。氧为一切需氧生物生长所必需，大气含氧量相当稳定(21%)，所以植物的地上部分通常无缺氧之虑，但在土壤过分板结或含水过多时，地下部分经常处在含氧量为20%以下的土壤环境中，而且土层越深，含氧量越少。因空气中氧不能向根系扩散，而使根部生长不良，甚至坏死；大气中的二氧化碳含量很低，常成为光合作用的限制因子，田间空气的流通以及人为提高空气中二氧化碳的浓度，能促进植物生长。

3. 矿质

土壤中含有植物生长必需的矿质元素。这些元素中有些属原生质的基本成分，有些是酶的成分或活化剂，有些能调节原生质膜透性，并参与缓冲体系以及维持细胞的渗透势。植物缺乏这些元素便会引起生理失调，影响生长发育，并出现特定的缺素症状。

4. 植物生长调节剂

生长调节物质对植物的生长有显著的调节作用。如GA_3能显著促进茎的伸长生长，因而在杂交水稻制种中，在抽穗前喷施GA_3能促进父母亲本穗颈节的伸长，便于亲本间传粉，提高制种产量。

本章小结

休眠是指植物生长暂时停滞的现象，包括生理休眠和强迫休眠两种类型。种子休眠的原因有种皮的影响、胚的影响、抑制萌发物质的存在等，在生产上要采取相应的措施人为地破除或延长休眠。解除种子休眠的方法有机械破损、浸泡冲洗、层积、药剂、激素、光照和X射线等处理。种子活力是指种子的健壮程度，种子迅速、整齐发芽出苗的潜在能力；种子老化是指种子活力的自然衰退；种子劣变则是指种子生理机能的恶化。正常性种子通常在干燥、低温下可以长期贮藏，而顽拗性种子在贮藏中忌干燥和低温。

许多植物或其器官以芽休眠的形式度过不良条件期。短日照、ABA等对芽休眠有促进作用，GA能有效地解除芽休眠，青鲜素等能防止芽萌发。

种子萌发需要充足的水分、适宜的温度、足够的氧气，有些种子的萌发还受光的影响。种子萌发时贮藏的有机物质发生强烈的转变，淀粉、脂肪和蛋白质在酶的作用下，被水解为简单的有机物，并运送到幼胚中作营养物质。

植物的器官或整株植物生长发育表现出一定的特性，即植物生长发育表现出生长大周期、生长的周期性、生长的区域性、生长的相关性、生长的独立性、生长的有限性和无限性以及生长运动等特性。影响植物生长的环境因素可分为两大类，即物理因素和化学因素。

阅读材料

最大的种子

在非洲东部印度洋中，有一个风光旖旎的群岛之国——塞舌尔。塞舌尔的热带植物郁郁葱葱，万紫千红。但是，最引人注目的是身躯高大的复椰子树。它树干笔直，树叶又宽又长。最有趣的是它的种子大得出奇，直径约为 50 cm。从远处望去，像是悬挂在树上的大箩筐。每个“箩筐”就重达 5 kg 多，最大的可重达 15 kg，是世界上最大的种子。因此，复椰子树又称为大实椰子树。

最小的种子

人们常常用芝麻来比喻“小”，1 kg 芝麻竟有 25 万粒之多。但是，就植物的种子来说，比芝麻小的还多着呢。5 万粒芝麻的种子，有 200 g 重，可是 5 万粒烟草的种子，只有 7 g 重。四季海棠的种子还要小些，5 万粒只有 0.25 g。有一种植物，称为斑叶兰，它的种子小得简直像灰尘一样，5 万粒种子只有 0.025 g。人们至今还没有发现比这更小的种子。斑叶兰这种微小的种子构造很简单，只有一层薄薄的种皮和少量供自己生长发育需要的养料，它们的生命力不强，容易夭折。但是它们轻似尘埃，随风飘扬，到处传播，种子数量又多得惊人，终有一些能传宗接代的。这也是生物适应环境的一种特性。

复习思考题

1. 什么是休眠？简述植物休眠的形式及生物学意义。
2. 种子休眠的原因有哪些？在生产实际中如何调控种子的休眠？
3. 简述植物地下部分和地上部分的相关性。在生产上如何调节植物的根冠比？
4. “根深叶茂”是何道理？
5. 什么是顶端优势？举 2～3 个例子说明在生产实践中如何应用顶端优势。
6. 营养生长和生殖生长的相关性表现在哪些方面？如何协调以达到栽培上的目的？
7. 简述植物组织培养的概念及意义。
8. 哪些环境条件影响植物的生长？为什么昼夜温差大更利于作物生长？
9. 什么是光形态建成？简述光对植物生长的影响。
10. 高山上的树木为什么比平地上长得矮小？
11. 生产芽菜试验中，相同的种子、相同的温度和供水，一组放在光下，另一组放在暗中，经过一段时间后，两组芽菜在干重和形态上有什么不同？
12. 请解释向性运动和感性运动的概念。

第十一章 植物的生殖生理

学习内容

光周期现象；春化作用；授粉受精生理。

学习目标

掌握光周期现象和春化作用的基本概念；了解春化作用和光周期现象的机理；熟悉其主要实际应用领域；理解授粉受精过程中的生理变化；理解环境条件对授粉受精的影响。

技能目标

能够快速测定植物花粉粒的活力；能依据成花诱导理论设计和进行植物花期的调控。

第一节 光周期现象

一、光周期现象的概念

在一天之中，白天和黑夜的相对长度称为光周期。光周期对诱导花芽形成有着极为显著的影响。很多植物在开花前，有一段时期要求每天有一定的光照或黑暗长度才能开花。这种植物成花对光周期的反应的现象称为光周期现象。光周期现象除诱导植物开花外，还与植物的许多发育过程如休眠、落叶、地下贮藏器官的形成等有关。

二、植物光周期反应的主要类型

依据植物开花对光周期的要求，将植物分为 3 种主要的光周期反应类型。

（一）长日照植物

在 24 h 昼夜周期中，日照必须长于一定时数才能开花的植物称为长日照植物（LDP），如小麦、大麦、油菜、菠菜、豌豆、萝卜、白菜、莴苣、天仙子、金光菊、杜鹃等。

（二）短日照植物

在 24 h 昼夜周期中，日照必须短于一定时数才能开花的植物称为短日照植物（SDP），如高粱、玉米、大豆、甘蔗、晚稻、苍耳、菊花、秋海棠、紫苏、草莓、烟草、牵牛花等。

（三）日中性植物

在任何日照条件下都可以开花的植物称为日中性植物（DNP）。这类植物对日照长度没有严格的要求，如番茄、茄子、辣椒、菜豆、棉花、早稻、黄瓜、月季、向日葵、蒲公英等。

长日照植物和短日照植物的划分依据它们开花要求的日照长度，是大于临界日长还是短于临界日长，而不是日照长度的绝对值。临界日长是指长日照植物开花所必需的最短日照长度或短日照植物开花所需的最长日照长度。一些长日照植物和短日照植物的临界日长见表 11-1。

表 11-1 一些长日照植物和短日照植物的临界日长

植物名称（长日照植物）	24 h 周期中的临界日长/h	植物名称（短日照植物）	24 h 周期中的临界日长/h
天仙子	11.5	菊花	15
菠菜	13	大豆	13.5～14
小麦	12	苍耳	15.5
甜菜（一年生）	13～14	一品红	14
木槿	12	草莓	10～11
毒麦	11	裂叶牵牛	14～15
燕麦	9	红叶紫苏	约 14
景天属	13	甘蔗	12.5
金光菊	10	晚稻	12

长日照植物是指在长于临界日长条件下开花和促进开花的植物，短日照植物是指在短于临界日长条件下开花和促进开花的植物。如长日照植物天仙子的临界日长是 11.5 h，只有在日照时数长于 11.5 h 时才能开花，且日照愈长对开花愈有利。短日照植物苍耳的临界日长是 15.5 h，只有在日照时数短于 15.5 h 时苍耳才能开花，日照缩短则促进开花。但是，短日照植物开花所要求的日照时数并非越短越好，如苍耳在每天日照时数短于 2 h 时则不能开花，这可能是光合时间太短，合成的有机养分不足以满足植物成花引起的。此外，植物的临界日长会随植物的年龄、温度等各种因素的变化而变化。如短日照植物日本牵牛，成年植株的临界日长是 15～16 h，而幼苗是 14～15 h。长日照植物天仙子在 15.5 ℃时临界日长是 8.5 h，在 28.5 ℃时临界日长是 11.5 h，低温降低长日照植物对日照长度的要求。

长日照植物在短于临界日长的条件下，不能开花，这样的植物称为绝对长日照植物，如莳萝、燕麦、毒麦、天仙子、菠菜、萝卜、二色金光菊、苜蓿等。一些长日照植物在不适宜的日照长度下，经过相当长时间也能或多或少地形成一些花，这样的植物称为相对长日照植物，如甜菜、芜菁、莴苣、月见草、矮牵牛等。短日照植物在长于临界日长的条件下，不能开花，这样的植物称为绝对短日照植物，如菊花、一品红、大豆、草莓、烟草、裂叶牵牛、苍耳、高凉菜、红叶紫苏等。有些短日照植物在不适宜的日照长度下，经过相当长时间也能或多或少地形成一些花，这样的植物称为相对短日照植物，如陆地棉、晚稻、一串红、甘蔗、亚麻等。

我国地处北半球，在北纬地区的不同纬度，日照时数的季节变化如图 11-1 所示，北半球不同纬度地区，夏至日照最长，冬至日照最短，春分和秋分的日照时数各为 12 h。就不同纬度比较，低纬度地区日照时数的季节变化是很小的，随着纬度的升高，日照时数的季节变化亦逐步加大，即冬季是短日照条件，夏季是长日照条件。但冬季温度很低，植物不能正常生长，植物生长的季节是长日照条件的夏季。因此，光周期和温度的高低共同决定了我国北半球起源于高纬度地区的植物是长日照植物，而起源于低纬度地区的植物是短日照植物。中纬度地区，既有长日照条件，又有短日照条件，而且长日照季节和短日照季节的温度条件都适于植物生长，因此既有长日照植物，又有短日照植物。在温带地区，植物开花的季节，很大程度上取决于植物对光周期条件的反应和温度的高低。一般来说，长日照植物的自然开花是晚春和早夏。而大多数短日照植物属喜温植物，在夏季的长日照高温季节进行旺盛的营养生长，到夏末和秋初时开花结实。日中性植物由于对日照长度没有要求，因此在任何一个季节里都可以开花。

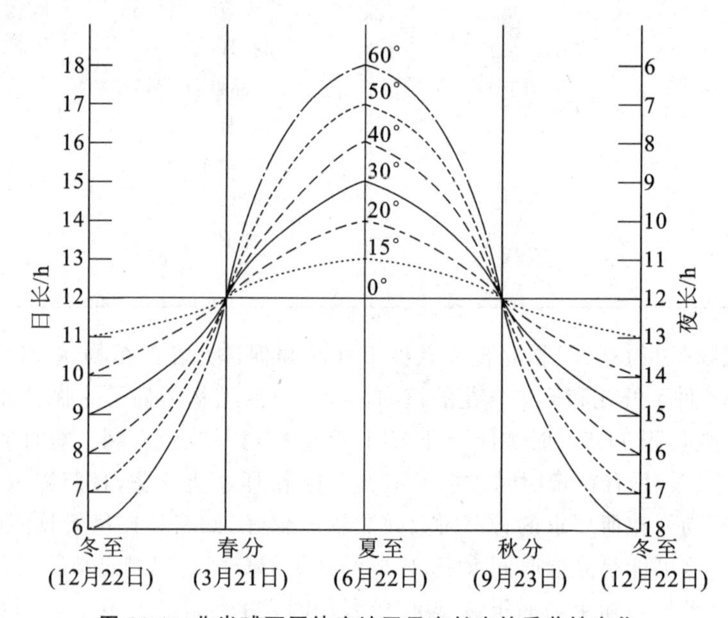

图 11-1　北半球不同纬度地区昼夜长度的季节性变化

三、光周期诱导的概念

由于光周期的作用而诱导植物开花的过程，称为光周期诱导。光周期敏感植物只需要一定天数适宜的光周期处理，以后即使处于不适宜的光周期下，仍然可以长期保持刺激的效果。光周期诱导时间一般为一至十几天。例如，短日照植物苍耳、藜、日本牵牛等只要 1 d，大麻是 4 d，苎麻是 7 d，菊花是 12 d。长日照植物油菜、毒麦、黑麦草、菠菜等只需 1 d。天仙子需要 2～3 d，甜菜需要 15～20 d。上述数据都是最短的诱导时间，短于这个光周期诱导时间植物就不能开花，但若增加光周期诱导时间，对开花更有利，即提早开花，开花数也增多。光周期诱导所需的光照强度较低，为 50～100 lx，是一种低能量反应。

四、光周期的感受部位和传导

植物经过适宜的光周期诱导后，发生光周期反应的部位是植物的生长点，而感受光周期刺激的部位则是植物的成年叶片。将菊花作如图 11-2 所示处理，结果发现，只要菊花的成年叶子处在短日照条件下，不论顶端是接受长日照还是短日照，都能开花。相反，如果成年叶子处于长日照下，生长点虽然接受短日照却不能开花。叶片对光周期的敏感性与叶片的发育程度有关。叶片长到最大时敏感性最高，而幼嫩和衰老的叶片敏感性低。

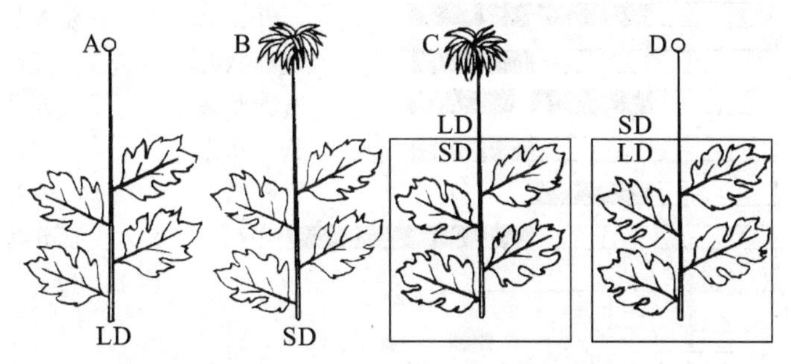

图 11-2 叶片和营养芽的光周期处理对菊花开花的影响

A～D—4 种处理；LD—长日照；SD—短日照

由于感受光周期的部位是叶片，而形成花的部位是茎顶端分生组织，说明叶片感受光的刺激后能够传导到分生区。嫁接试验可以证实这种推测：将 5 株苍耳嫁接串联在一起，只要其中一株上的一个叶片接受适宜的短日光周期诱导，即使将其他植株都种植于长日照条件下，最后所有植株也都能开花（图 11-3），这证明确实有某种或某些刺激开花的物质通过嫁接作用在植株间传递并发生作用。

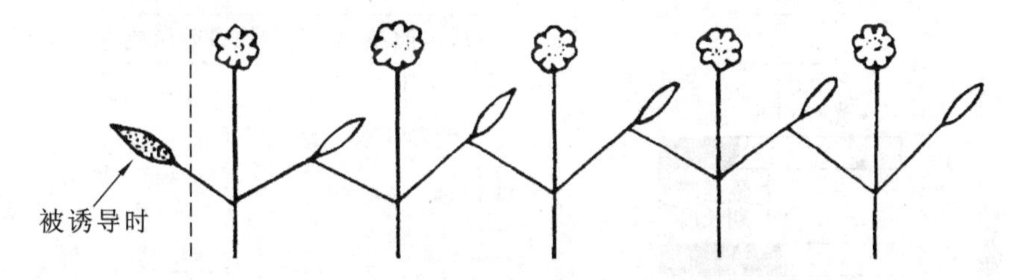

图 11-3 苍耳嫁接试验

五、暗期在成花诱导中的重要性

试验表明，在诱导植物开花中暗期比光期的作用更大。如图 11-4 所示，许多中断暗期和光期的试验则进一步证明了临界暗期的决定作用。若用短时间的黑暗打断光期，并不影响光周期诱导成花，但用闪光中断暗期，则使短日照植物不能开花，却诱导长日照植物开花。由此可见，在成花反应中暗期比光期更重要，暗期的长度对植物的开花起决定性的作用。在自然条件下，光期和暗期是在 24 h 内交替出现的，光期长度与暗期长度互补。因此与临界日长相对应，也有临界夜长。临界夜长是指引起短日照植物成花所需的最小暗期长度或引起长日照植物成花的最大暗期长度。所以把短日照植物称为长夜植物，把长日照植物称为短夜植物更为确切。

暗期虽然对植物的成花诱导起着决定性的作用，但光期也必不可少。只有在适当的暗期和光期交替条件下，植物才能正常开花。试验证明，暗期长度决定花原基的发生。同时由于花的发育需要光合作用为其提供足够的营养物质，因此，光期的长度会影响植物成

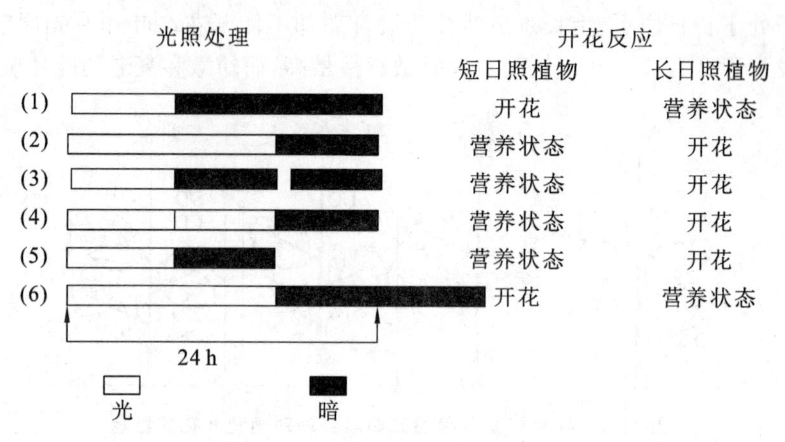

图 11-4　暗期间断对开花的影响

花的数量。

用不同波长的光来间断暗期的试验表明无论是抑制短日照植物开花,还是诱导长日照植物开花,都是红光最有效。如果在红光照过之后立即照以远红光,就不能发生暗期间断的作用,也就是红光作用被远红光的作用所抵消。这个反应可以反复逆转多次,而开花与否取决于最后照射的是红光还是远红光(图 11-5)。

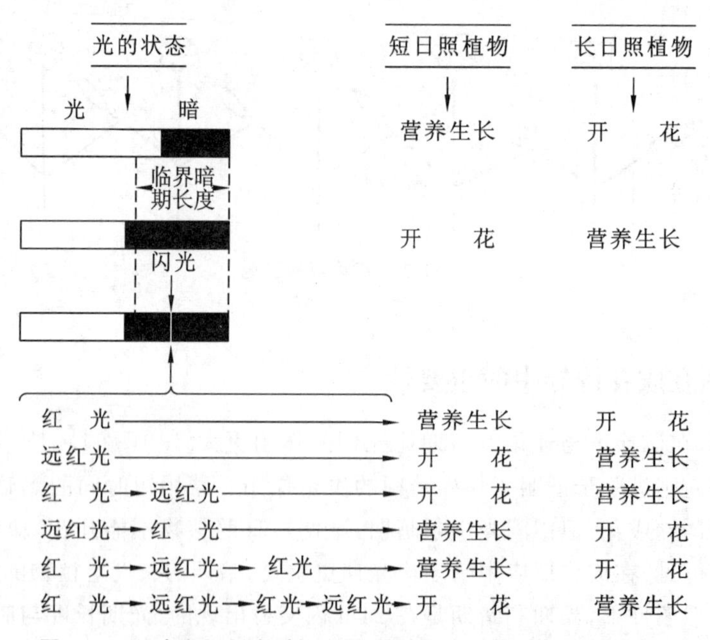

图 11-5　红光和远红光对短日照植物及长日照植物开花的控制

红光和远红光这两种光波能够对植物产生生理效应,说明植物体内存在某种能够吸收这两种光波的物质,它就是光敏素。光敏素广泛存在于植物体的许多部位,如叶片、胚芽鞘、种子、根、茎、下胚轴、子叶、芽、花及发育中的果实中。光敏素可以对红光和远红光进行可逆的吸收反应。

光敏素是一种色素-蛋白质复合体,由生色团和蛋白质两部分组成。在植物体内有两种存在状态：一种是最大吸收峰为波长 660 nm 的红光吸收型，以 Pr 表示；另一种是最大吸收峰为波长 730 nm 的远红光吸收型，以 Pfr 表示。两种状态随光照条件的变化而相互转变，光敏素 Pr 生理活性较弱，经红光或白光照射后转变为生理活性较强的 Pfr；Pfr 经远红光照射或在黑暗中又可转变为 Pr，但在黑暗中转变很慢，即暗转化。两者的关系可用下式表示：

$$P_{660}(Pr) \underset{\text{远红光(730 nm)或黑暗}}{\overset{\text{红光(660 nm)或白光}}{\rightleftharpoons}} P_{730}(Pfr) \rightarrow \text{引起生理反应}$$

（$P_{730}(Pfr)$ 经暗转化回到 $P_{660}(Pr)$）

暗转化

光敏素虽不是成花激素，但影响成花过程。光敏素对成花的作用不取决于 Pr 和 Pfr 的绝对量，而是受[Pfr]/[Pr]值的影响。短日照植物要求较低的[Pfr]/[Pr]值。光期结束时，光敏素主要呈 Pfr 型，此时[Pfr]/[Pr]值较高，当[Pfr]/[Pr]值随暗期延长而降到一定阈值水平时，就可促进成花刺激物质的形成而促进开花。长日照植物成花刺激物质的形成，则要求相对较高的[Pfr]/[Pr]值，因此，长日照植物需要短的暗期。如果暗期被红光间断，[Pfr]/[Pr]值升高，则抑制短日照植物成花，促进长日照植物成花。此外，光敏素还参与块根、块茎、鳞茎的膨大，种子萌发，芽的萌发与休眠，气孔形成等过程的调控作用。

六、光周期在生产上的应用

（一）引种

生产上常从外地引进新的农作物品种，以期获得优质高产。引种时如果没有考虑被引品种的光周期特性，可能因提早或延迟开花而造成减产甚至无收。一般在同纬度地区间的引种，成功的可能性较大。不同纬度地区间的引种，由于存在日照长度的差异，常出现短日照植物南种北引，生育期延长，北种南引，生育期缩短；长日照植物南种北引，生育期缩短，北种南引，生育期延长的现象。如需收获果实和种子，则短日照植物南种北引，应引早熟品种；北种南引，则应引晚熟品种。长日照植物则相反。

此外，同纬度地区之间的引种，也要考虑地势高低所带来的影响。一般高原地区的短日照植物品种引向平原，会缩短生育期；平原地区的品种引向高原地区，则生育期延长。长日照植物则相反。

（二）育种

育种时为缩短育种年限，常需要加速世代繁衍。通过人工光周期诱导，使花期提前，在一年中就能培育两代或多代。利用植物的光周期反应特性，可进行作物的南繁北育。如高纬度地区的短日照植物玉米和水稻，在冬季到低纬度地区的海南岛种植，可加快繁育种子，增加世代；长日照植物小麦夏季在黑龙江，冬季在云南种植，能够满足植物发育对光温的要求，一年内可繁殖 2～3 代，从而加速育种进程，缩短育种年限。

（三）生长调控

对收获营养体为主的作物，如果开花结实，会降低营养器官的产量和品质，因而需阻止或延迟这类作物开花。如短日照植物苎麻、黄麻开花结实会降低麻纤维的产量和质量，通过延长光照或南种北引,提高纤维产量和品质。甘蔗通过延长光照或暗期光间断也可以延迟或阻止开花,使甘蔗茎产量提高,含糖量增加。

(四)花期调控

在花卉栽培中,已经广泛采用人为控制光周期的办法来提早或推迟花卉植物开花。例如短日照植物菊花在自然条件下是秋季开花,如提早进行遮光缩短光照处理,则可使菊花提早到6—7月间开花。同时也可通过延长日照或用光进行暗期间断、施肥和摘心等技术措施,使菊花延迟到元旦或春节期间开花。长日照的花卉植物,如杜鹃、山茶花等,进行人工延长日照处理或暗期间断,可提早开花。

第二节　春化作用

一、春化作用的概念及条件

(一)春化作用的概念

在自然条件下,冬小麦在秋季播种,出苗后经过冬季低温作用,第二年夏初才能抽穗开花。若将冬小麦改在春季播种,它就只进行营养生长,不能开花结实。对冬小麦而言,冬季低温是诱导开花的必需条件。这种需要经过一定时间的低温诱导植物才能开花的现象,称为春化作用。若将萌动的冬小麦种子经低温处理后再春播,当年夏季即可抽穗开花。这种人工给予低温处理萌动种子,使它完成春化作用的过程,称为春化处理。

除了冬小麦、冬黑麦等禾谷类作物外,某些二年生植物,如白菜、萝卜、芹菜、胡萝卜、甜菜、甘蓝、荠菜、天仙子等也需要经过春化作用。

(二)春化作用的条件

1. 低温

低温是春化作用的主要条件。不同植物种类和品种通过春化作用所要求的温度范围和持续时间不同,与原产地有关。对大多数要求低温春化的植物来说,温度的上限在9～17 ℃,下限以植物组织内不结冰为度。1～2 ℃是最有效的春化温度。但只要低温春化持续足够的时间,上述温度范围内对春化都有效。在一定范围内,春化效应会随低温处理时间的延长而增加。

植物开花对低温的要求大致有两种类型:一类植物对低温的要求是绝对的,如二年生植物属此类,如不经过一定天数的低温,就一直保持营养状态;另一类植物对低温的要求是相对的,低温处理可促进它们开花,未经低温处理的植株虽然营养生长期会延长,但最终也能开花。

植物的原产地不同,通过春化时所要求的温度也不一样。如根据原产地的不同,可将小麦分为冬性、半冬性和春性三种类型。不同类型的小麦所要求的低温范围和时间都有所不同,一般而言,冬性越强,要求的春化温度越低,春化的时间也越长(表11-2)。我国华北地区的秋播小麦多为冬性品种,黄河流域一带的多为半冬性品种,而华南一带的则多为春性品种。

表 11-2 不同类型小麦通过春化需要的温度及时间

小麦类型	温度范围/℃	春化时间/d
冬 性	0～3	40～45
半冬性	3～6	10～15
春 性	8～15	5～8

2. 水分、氧气和碳水化合物

春化作用除了需要一定时间的低温外，还需要适量的水分、氧气和碳水化合物。植物以萌动的种子形式通过低温春化。试验表明，若将萌动的冬小麦种子失水干燥，当其含水量低于40%时，用低温处理种子不能通过春化作用。充足的氧气是萌动种子通过春化作用的必需条件。如将黑麦的种子催芽后放在氮气中，或浸在不通气的水中进行低温处理，均不表现春化效果。这说明春化作用和呼吸作用关系密切。通过春化作用还要有足够的营养，将冬小麦种子离体胚接种到琼脂培养基上时，为了引起春化，培养基必须添加蔗糖或果糖，才能在低温下通过春化。此外，许多植物在经历低温诱导后，还需要在较高温度、长日照条件下才能抽薹开花，如天仙子植株。

二、植物感受春化作用的部位、时期和传导

多数植物感受低温影响的部位是茎尖端的生长点。如将芹菜种植在温度较高的温室中，由于得不到花芽分化所需低温，不能开花结实。但若将细胶管缠绕在其茎顶端，并不断通过0 ℃左右的冷水流，使茎尖接受低温处理，其他部位处在高温下，植物可通过低温春化过程，开花结实。反过来，若将芹菜放在低温条件下，而使缠绕茎尖生长点的乳胶管通入暖水流，使茎尖生长点处于较高温度下，则芹菜不能开花结实。

大多数植物的春化是在种子萌发到苗期进行。依据植物感受低温诱导时期的不同，可将春化植物分为种子春化型和绿体春化型。冬性一年生植物冬小麦、冬黑麦等，可以在种子萌动状态进行春化，也可在苗期进行，其中以三叶期春化效果最佳，这类植物属种子春化型。甜菜也能在种子萌动状态通过春化。但是二年生和多年生植物，不能在种子萌动状态进行春化，而且它们的幼苗在对低温变得敏感之前需要长到一定的大小。如月见草至少要有6片叶时，才能进行低温春化，这类植物属绿体春化型。

有关春化效应可否传递的问题，用不同植物做的嫁接试验，得到了完全相反的结果。已春化菊花的春化效应不能通过嫁接传递给未春化菊花。用有分枝的菊花分别将分枝生长点置于不同温度条件下，经过低温诱导的芽可以开花，但同一植株上未经春化的芽则不能开花。这说明植物的春化感应只能随细胞分裂从一个细胞传递到另一个细胞。但将已春化的二年生天仙子植株上的一片叶嫁接到未春化的天仙子砧木上，可诱导未经春化的天仙子砧木开花，甚至将已春化的天仙子枝条嫁接到烟草或矮牵牛上，也使这两种植物都开了花。这说明通过低温处理的植株可能产生了某种可传递的物质，并通过嫁接传递给未经春化的植株而诱导植株开花。但至今也未分离出这种诱导开花的物质。

三、脱春化作用和再春化作用

春化作用是一个可逆的进程。在春化作用未完成前,把植物转到较高温度下,春化作用的效应被去除的现象称为脱春化作用或去春化作用。去除春化的温度一般为25～40℃。通常随着低温处理时间的延长,春化作用就越来越难于逆转。如果春化作用已经完成,高温就不能去除春化了。大多数脱春化的植物再返回到低温下,又可继续进行春化,称为再春化作用。而且已有的低温春化的效果可以累积,再次春化不必从头开始。

四、春化作用的生理变化

植物在通过春化作用的过程中,虽然在形态上没有发生明显的变化,但是在生理生化上发生了深刻的变化。主要表现在蒸腾作用加强,水分代谢加快;叶绿素含量增多,光合作用加强;酶活性增加,呼吸作用增强。植物通过春化作用,代谢强度增加,而抗逆性特别是植物的抗寒性显著降低。

五、春化作用在生产上的应用

(一)人工春化处理

在农业生产上,经过春化处理的植物,花诱导加速,提早开花,成熟。例如,春小麦春化处理后,可早熟5～10 d。在生产上,春小麦经过春化处理后,可适当晚播,以避免“倒春寒”对春小麦的低温伤害;我国农民在生产实践中创造了“闷麦法”,可用于春季补种冬小麦。闷麦法是将萌动的冬小麦种子闷在罐中,放在0～5℃的低温下处理40～50 d,然后在春季播种,当年便能开花结实;在育种时利用春化处理,一年内可以培育3～4代的冬性作物,以加速育种过程。

(二)花期调控

在生产上,可以利用春化处理、去春化处理、再春化处理来控制营养生长、控制花期和控制花季开花。如洋葱在前一年所形成的幼嫩鳞茎,经过越冬贮藏可以通过春化而提前开花,影响次年形成大鳞茎。在生产中常在春季高温处理以解除春化,防止在生长期抽薹开花。在花卉栽培中,若用低温处理,可促进一、二年生草本花卉花芽分化,由秋播改为春播,在当年开花。如用0～5℃低温处理石竹,可促进花芽分化。

(三)调种处理

我国地处北半球,不同地区的气候条件不一样,北方纬度高,气温低,南方纬度低,气温高,所以引种时一定要考虑被引品种对温度的要求。北方品种引种到南方,就可能因为当地温度较高而不能满足它对低温的要求,给农业生产带来不可弥补的损失。

第三节　被子植物的授粉受精生理

一、授粉生理

(一)花粉与柱头的生活力

在自然条件下,不同植物花粉的生活力存在很大差异。多数禾本科植物的花粉寿命不超过 1 d,如水稻花粉在田间 3 min 即有 50%失去生活力,5 min 几乎 100%失去生活力。又如,小麦花粉在田间条件下放置 5 h,授粉后结实率降低到 6.4%。高粱花粉采后超过 5 h,再授粉则不能获得任何种子。玉米花粉生活力在自然情况下可维持 1～2 d,而同属禾本科的狼尾草,其花粉在干燥的空气中可生活 186 d。棉花的花粉采后 24 h 内,尚有 95%保存生活力。向日葵花粉的生活力可保持一年。多数果树的花粉寿命为几周至几个月,如苹果、梨可维持 70～210 d。在人为条件下,花粉寿命不仅取决于种性,还与温度、湿度、光照、氧气等因素有关。一般来说,贮藏花粉与贮藏种子有相似之处。低温、低湿、低氧、弱光、高 CO_2能降低花粉代谢强度,有利于延长花粉寿命。

在自然条件下,柱头保持生活力时间的长短依植物种类而异,柱头的生活力一般能维持一周左右。玉米雌穗基部的花柱长度为当时穗长的一半时,柱头就开始有受精能力,但要到所有花丝抽齐后 1～5 d 柱头受精能力最强,8 d 之后开始下降,9 d 以后便急剧下降,甚至完全丧失受精能力。水稻柱头的生活力一般可维持 1～7 d,但以当天受精能力最强,随后便逐日下降。所以杂交授粉工作应掌握好时机。小麦柱头的受精能力,从麦穗由叶鞘抽出 2/3 时已经开始,但要到麦穗完全抽出后第三天受精结实率最高,第六天后开始下降。通常潮湿多云低温天气,有利于柱头寿命的延长,干燥高温则会缩短柱头寿命。

(二) 花粉与柱头的相互识别

花粉落在柱头上能否萌发,取决于花粉与柱头之间的亲和性。

研究表明,花粉与雌蕊柱头的亲和或否,其生理学基础在于双方某种蛋白质的相互识别。现已查明,花粉与柱头的识别蛋白为糖蛋白。花粉的识别蛋白是由绒毡层产生的,存在于花粉外壁中。花粉内壁的蛋白则是花粉自己合成的活性很高的酶。如角质酶、酯酶、葡萄糖苷酶和葡萄糖基转移酶等。这些酶与花粉萌发、花粉管穿入柱头及在花柱中的生长有关。

雌蕊柱头靠其表面的蛋白质薄膜进行识别。这种蛋白质薄膜亦称"感受器",是在雌蕊成熟过程中才产生的,幼嫩柱头上并无这种特殊的蛋白质。

花粉粒落到柱头上以后,几秒钟之内,即由花粉粒外壁释放,蛋白质与柱头的蛋白质表膜相互作用,进行识别,从而决定了以后的一系列代谢过程。如果两者是亲和的,花粉内壁即释放角质酶前体,然后被柱头蛋白质薄膜活化,蛋白质薄膜内侧的角质层溶解,花粉管便得以进入花柱。如果两者不亲和,便产生排斥反应,柱头的乳突细胞形成胼胝质,阻碍花粉管进入。有时花粉甚至根本不萌发,无花粉管的形成。

在育种实践中,常常要克服花粉与雌蕊组织之间的不亲和性,从而达到远缘杂交的目的。采用的主要方法如下。一是花粉蒙导法,即在授不亲和花粉的同时,混入一些杀死的但保持识别蛋白的亲和花粉,从而"蒙骗"柱头,达到受精的目的。二是蕾期授粉法,即在雌蕊组织尚未成熟、不亲和因子尚未定型的情况下授粉,以克服不亲和性。三是物理化学处理法,采用变温、辐射、激素或抑制剂处理雌蕊组织,以打破不亲和性。如用电刺激柱头(90～100 V)、CO_2处理雌蕊(3.6%～5.9% CO_2、5 h)以及盐水处理雌蕊(5%～8%NaCl)等,都可克服自交不亲和性。四是离体培养,利用胚珠、子房等的离体培养,进行试管受精,可克服原来自交不亲和植物及种间或属间杂交的不亲和性。五是利用细胞杂交、原生质体融合或转基因技术来克服种间、属间杂交的不亲和性,达到远缘杂交的目的。

(三) 花粉的萌发与花粉管的生长

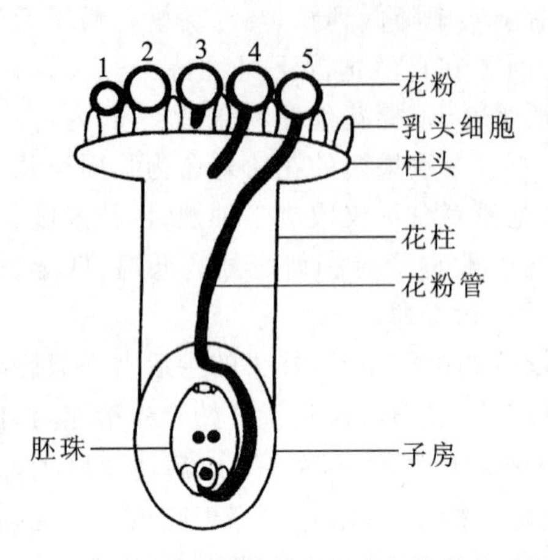

图 11-6　雌蕊的结构模式及花粉的萌发过程

1—花粉落在柱头上;2—吸水;3—萌发;
4—侵入花柱细胞;5—花粉管伸长至胚囊

如果花粉与柱头是亲和的,花粉的内壁就经过外壁的萌发孔伸出形成花粉管,并穿入花柱。当其在花柱中生长时,营养细胞与两个生殖细胞(若是二核型花粉,萌发后几小时内,生殖细胞即行分裂,形成三核花粉)在花粉管尖端随着花粉管的伸长向胚珠推进(图 11-6)。在此过程中,花粉分泌水解酶,使花柱组织部分溶解,更有利于花粉管通过。花粉管在生长过程中,除消耗花粉粒本身的贮藏物质外,还要消耗花柱介质中的大量营养。花粉管伸长对子房组织的分泌物表现出"向化性"运动,直指胚珠。

花粉管经花柱进入子房后,多沿子房内壁生长。花粉管进入胚珠的途径有以下三种:第一,由珠孔进入,如玉米、芹菜、百合等大多数植物;第二,由合点进入,如榆、桦、核桃等;第三,由珠被进入(称为中点受精),如南瓜、柳叶菜等。

花粉管在胚囊分泌的酶的作用下,尖端破裂,两个生殖细胞(精子)逸出。其中一个与卵细胞结合成合子,另一个与两个极核结合形成三倍体的初生胚乳核,从而完成双受精。

许多物质影响花粉管的生长。试验证明,花粉中的生长素、赤霉素可促进花粉的萌发和花粉管的生长。硼对花粉的萌发和伸长有显著的促进效应,一方面硼促进糖的吸收与代谢,另一方面硼参与果胶物质的合成,有利于花粉管壁的形成。子房中的钙可能是作为引导花粉管向着胚珠生长的一种化学刺激物。因此,在花粉培养基中加入硼和钙有利于花粉的萌发。

花粉的萌发和花粉管的生长表现出集体效应,即在一定的面积内,花粉的数量越多,萌发和生长的效果越好。人工辅助授粉增加了柱头上的花粉密度,有利于花粉萌发的集体效应的发挥,因而提高了受精率。

(四) 环境条件对授粉的影响

1. 温度

温度影响花药开裂,也影响花粉的萌发和花粉管的生长。一般花粉萌发的最适合温度为 20～30 ℃,如葡萄为 27～30 ℃。水稻抽穗开花期的最适合温度为 25～30 ℃,当温度低于 15 ℃时,花药就不能开裂,授粉极难进行;当温度超过 40 ℃时,花药容易干枯,柱头已失活,无法受精。西红柿花粉管生长速度在 21 ℃时最快,低于或高于这个温度时,花粉管的生长都逐渐减慢。

2. 湿度

花粉萌发需要一定的湿度,空气相对湿度太低会影响花粉的生活力和花丝的生长,并使雌蕊的花柱和柱头干枯。但如果相对湿度很大或雨天开花,花粉又会过度吸水而破裂。

一般来说，70%～80%的相对湿度对受精较为合适。如玉米开花时若遇上阴雨天气，雨水洗去柱头上的分泌物，花粉吸水过多膨胀破裂，花丝（花柱）及柱头得不到花粉，将继续伸长。由于花丝向侧面下垂，以致雌穗下侧面的花丝被遮盖，不易得到花粉，造成下侧面穗轴整行不结实。另外，在相对湿度低于 30%的情况下，如果此时温度又超过 32 ℃，则花粉在 1～2 h 内就会失去生活力，花丝也会很快干枯不能接受花粉。水稻开花的最适湿度为 70%～80%，否则将影响授粉。

此外，影响植株营养代谢和生殖生长的因素，如土壤的水肥条件，株间的通风、透光等因能影响雌雄蕊的发育而影响受精。虫媒花植物的授粉和受精受昆虫数量的影响。

二、受精生理

（一）受精的生理变化

通常授粉后，花粉可以立即萌发形成花粉管，穿过柱头进入胚囊，完成受精作用。在这些过程中，花粉与雌蕊间不断地进行着信息与物质的交换，并对雌蕊的代谢产生激烈的影响。主要表现在以下方面。

1. 呼吸速率的急剧变化

受精后，雌蕊的呼吸速率一般要比受精前高，并有起伏变化。如棉花受精时雌蕊的呼吸速率较开花当天增高 2 倍；百合花的呼吸速率在授粉后出现两次高峰，一次在精细胞与卵细胞发生融合时，另一次是在胚乳游离核分裂旺盛期。

2. 生长素含量显著增加

如烟草授粉后 20 h，花柱中生长素的含量增加 3 倍多，而且合成部位从花柱顶端向子房转移。此外，也发现细胞分裂素等激素物质增加。子房中促进生长类激素的提高，使子房成为竞争力很强的代谢库，导致大量营养物质向子房运输，子房便迅速生长发育成果实。

受精不仅影响雌蕊的代谢，而且影响到整个植株。受精是新一代生命的开始，随着新一代的发育，各种物质要从营养器官源源不断向子房输送，这就带动了根系对水分与矿质元素的吸收，促进了叶片光合作用的进行以及物质的运输和转化。

（二）单性结实

植物未经受精作用而发育成无籽果实的现象，称为单性结实。单性结实分为天然单性结实和刺激性单性结实。

1. 天然单性结实

天然单性结实是指不需要经过受精作用或其他刺激诱导而形成无籽果实的现象。如葡萄、柑橘、香蕉、无花果、菠萝、柿子等。这些植物的祖先都是靠种子繁衍的，由于种种原因，个别植株或枝条发生突变而形成无籽果实，通过营养繁殖的方法将突变枝条保存下来，形成无核品系。

一般认为，单性结实的果实生长是依靠子房本身产生的生长物质。其子房内所含有的生长物质含量高，在开花前就已开始积累，这样使子房本身能代替种子所具有的功能。如葡萄的无籽品种较有籽品种果内 IAA 上升得早，柿子无核品种子房中 GA 含量较有核品种高 3 倍以上。

天然单性结实虽然受遗传基因控制,但也会受到环境因素尤其是温度影响。如有些巴梨品种在气温较高的地区单性结实率很高,这主要是由开花期高温刺激果皮产生GA,使果皮中的GA能满足果实的正常生长引起的。霜害可引起无籽梨的形成,低温和高光照强度可诱导无籽番茄,短日照和较低的夜温可引起瓜类单性结实。低温和霜害诱导单性结实主要是由于抑制了胚珠的正常受精发育。

2. 刺激性单性结实

刺激性单性结实也称诱导性单性结实,是指雌蕊发育经过授粉或其他刺激后才能形成无籽果实的现象。在农业生产上可以使用植物生长调节剂代替植物内源激素,刺激子房等组织膨大,形成无籽果实。如番茄用2,4-D或防落素,葡萄用GA等均能诱导单性结实。

单性结实形成无籽果实,但无籽果实并不一定都是由单性结实形成的。有些植物虽已完成受精作用,但由于种种原因使胚的发育中止,而其子房或花的其他部分继续发育,也形成了无籽果实,如无核白葡萄。还有些无籽果实是由于四倍体和二倍体植物进行杂交而产生不孕性的三倍体植株形成的,如无籽西瓜。

本章小结

种子植物的生命周期,要经过胚胎形成、种子萌发、幼苗生长、营养体形成、生殖体形成、开花结实、衰老和死亡等阶段。无论是一年生、二年生还是多年生植物,在成花前都必须达到一定的大小、年龄或生理状态,然后才能感受外界条件的诱导,最后达到成花。影响植物成花诱导的最敏感的因子为低温和光周期。

植物对白天黑夜相对长度的反应,称为光周期现象。根据植物成花对光周期的要求,可将植物分为长日照植物、短日照植物和日中性植物。在昼夜的光暗交替中,暗期对植物的成花起决定作用,短日照植物的成花要求暗期长于一定的临界值,而长日照植物则要求暗期短于临界夜长。植物接收光周期信号的部位是叶片,叶片感受光周期信号后,产生的成花物质传递至发生花芽分化的茎尖生长点。

低温诱导促使植物开花的作用称为春化作用。一年生冬性植物和大多数二年生植物以及一些多年生草本植物的开花都需要经过春化作用。植物感受低温的部位是茎尖生长点。春化作用在未完成之前给予高温,可以解除,但一旦完成春化,高温就不再能解除春化。

植物成花生理理论在农业生产上有重要的指导意义,并已被广泛地应用于品种繁殖、异地引种、花期控制、调节营养生长和生殖生长等生产实践中。

花粉能否在柱头上萌发,花粉管能否在雌蕊中生长,取决于花粉与雌蕊的亲和性与识别反应。花粉的识别物质是糖蛋白,而雌蕊的识别物质是柱头表面和花柱介质中的蛋白质。只有两者亲和时,花粉管才能伸长,进入胚囊完成双受精。植物受精成败受花粉生活力、柱头生活力和环境温度、湿度等因素影响。在育种实践中,常常要克服花粉与雌蕊组织之间的不亲和性,从而达到远缘杂交的目的。少数植物未经受精作用而发育成无籽果实的现象,称为单性结实。单性结实分为天然单性结实和刺激性单性结实。在农业生产上可以使用植物生长调节剂代替植物内源激素,刺激子房等组织膨大,形成无籽果实。

阅读材料

无籽西瓜

西瓜在所有瓜果中果汁最为充足，含水量高达96.6%，是人们喜食的时令水果。但是西瓜好吃吐籽烦，西瓜能不能像香蕉那样没有籽呢？于是人们开始研究利用生物技术培育无籽西瓜。

1938年，中国的黄昌贤曾用植物激素处理西瓜雌花，第一次获得了无籽西瓜。但由于果实小、成瓜率低而没有应用于生产。同年，日本生物学家寺田甚七使用萘乙酸和吲哚乙酸处理西瓜雌花柱头，获得多倍体西瓜。1942年，日本首次培育成功三倍体无籽西瓜。

1950年，日本培育成9个品种的无籽西瓜，无籽西瓜得到大面积推广。到1957年，日本种植无籽西瓜的面积约达10^6 m^2，从而引起世界各国的重视，先后有印度、美国、意大利、智利、匈牙利、罗马尼亚、泰国等国家的科学工作者，开展了西瓜多倍体的研究工作。中国从20世纪50年代至60年代初，进行无籽西瓜的试种。1965年，湖南无籽西瓜已销往港澳市场。以后许多地区也积极推广，并选育出适合当地特点的优良品种。

无籽西瓜是利用三倍体不育的原理培育成功的。主要方法是：选择优良的二倍体有籽西瓜种，经过人工诱变，形成四倍体；以四倍体品种作母本，二倍体有籽西瓜作父本，进行有性杂交，得到三倍体种子；用三倍体种子种植，以二倍体有籽西瓜授粉，就可得到无籽西瓜。

由于无籽西瓜体细胞染色体为33条，它在生殖过程中无法正常进行减数分裂，不能形成完整的染色体组，生殖力显著衰退，胚珠高度不孕，不能发育成种子，只能形成白嫩秕子，故称无籽西瓜。无籽西瓜含糖量高，抗病性、耐湿性均强，丰产稳产，耐贮运，常温下室内可贮藏1个月，价格比普通西瓜高，使得无籽西瓜有了较大的发展。

复习思考题

1. 什么是光周期现象？举例说明植物的主要光周期类型。
2. 举例说明光周期理论在农业实践中的应用。
3. 简述光周期的反应类型与植物原产地的关系。
4. 南麻北种有何利弊？为什么？
5. 什么是春化作用？如何证实植物感受低温的部位是茎尖生长点？
6. 春化作用在农业生产实践中有何应用价值？
7. 简述使用植物生长调节剂处理植物可提高植物坐果率形成无籽果实的原因。

第十二章　植物的成熟与衰老生理

学习内容

种子成熟生理;果实成熟生理;植物的衰老与脱落生理。

学习目标

了解种子、果实成熟时的生理变化;掌握种子与果实衰老变化的基本规律和影响因素;了解植物器官的脱落过程及影响因素。

技能目标

能利用所学知识采取措施调控植物器官衰老与脱落。

第一节　种子的成熟生理

一、种子成熟时的生理变化

(一) 贮藏物质的变化

一般而言,种子成熟过程中的物质变化大体上和种子萌发时的变化相反。植物营养器官制造的养分以可溶性、低分子状态由营养器官运送至种子,并逐渐转化为不溶性的高分子化合物如淀粉、脂肪和蛋白质等贮存起来。

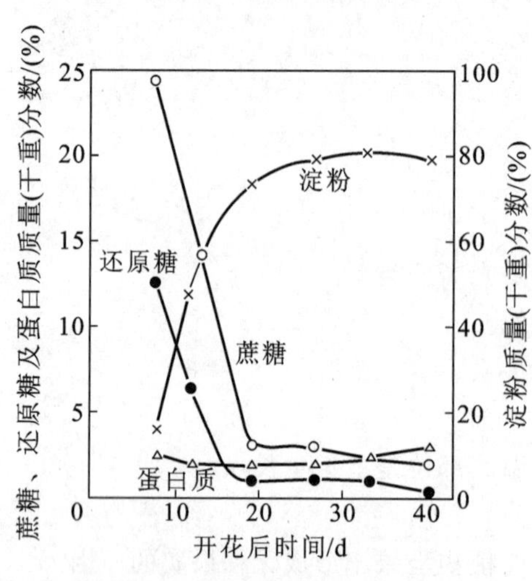

图 12-1　正在发育的小麦籽粒胚乳中几种有机物的变化

小麦、玉米、水稻等禾谷类种子和豌豆、菜豆及蚕豆等豆类种子,其贮藏物质以淀粉为主,通常称为淀粉种子。随着淀粉种子的成熟,由其他部位运来的可溶性糖含量降低,转化为难溶性淀粉积累起来,在积累大量淀粉的同时还可积累少量的蛋白质和脂肪。如小麦在开花后胚乳中的还原糖、非还原糖增加较快,它们由营养器官运送而来。之后,淀粉的积累则伴随着可溶性糖的迅速下降(图12-1)。这说明种子成熟的中、后期,可溶性糖从营养器官向种子转运已减慢或停止。另外,种子中也能积累各种矿质元素,如磷、钙、钾、镁、硫及微量元素,其中以磷为主。例如在水稻籽粒成熟时,植株中的磷有80%转移到籽粒中去。

油菜、花生、大豆等油料种子中所含的脂肪是由碳水化合物转化而来的。在种子形成初期，先有碳水化合物的积累。之后，随着种子的成熟，碳水化合物含量下降，而脂肪含量迅速增加(图 12-2)。此外，油料种子中也常含有较多的蛋白质，是由营养器官运来的氨基酸和酰胺合成的。

蛋白质种子中积累的蛋白质是以氨基酸或酰胺形式运往种子，然后合成蛋白质的。豆科种子成熟时，先在荚中合成蛋白质，处于暂时贮存状态，然后以酰胺态运到种子中，转变成氨基酸，进一步合成贮藏蛋白质。

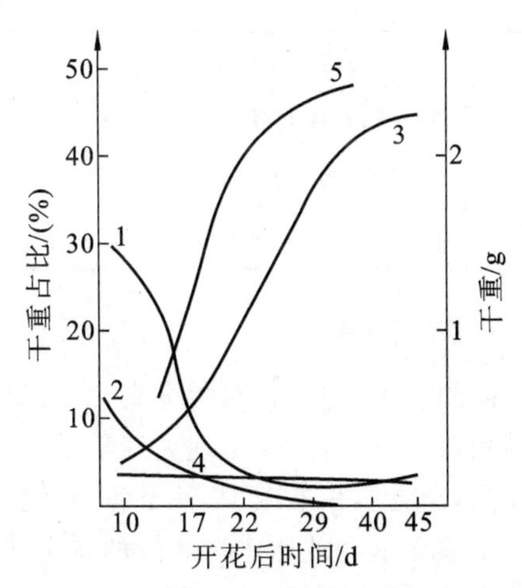

图 12-2 油菜种子成熟过程中各种有机物质的变化

1—可溶性糖；2—淀粉；3—不饱和脂肪酸；4—蛋白质；5—饱和脂肪酸

（二）呼吸速率的变化

种子成熟过程是有机物质合成和积累的过程，需要呼吸作用提供大量的能量。呼吸速率与有机物积累具有线性关系，在干物质积累迅速时，呼吸速率高，当种子接近成熟时，随着干物质积累变慢，呼吸速率逐渐降低，种子成熟时，呼吸达到最低水平。

（三）内源激素的变化

在种子成熟过程中，生长素、赤霉素、细胞分裂素等内源激素都不断发生变化。如小麦受精之前，胚珠中细胞分裂素含量很少，受精后 5 d 开始增加，15 d 后达到最高值，然后减少。籽粒开始生长时，赤霉素迅速增加，受精后 3 周达到最高值，然后减少。生长素在受精时也增加，在种子鲜重达到最大时含量最高，而当种子趋于成熟时又减少。脱落酸在种子成熟后期明显增加。不同内源激素交替变化与籽粒生长过程中细胞的分裂、生长，有机物合成、转运、积累以及进入休眠密切相关。

二、外界条件对种子成熟的影响

（一）光照

光照强度直接影响种子内有机物质的积累。如禾谷类植物籽粒中 2/3 的干物质来源于抽穗后叶片及穗子本身的光合产物，若抽穗后光照充足，叶片光合速率高，输入籽粒中的同化产物多，产量就高。小麦灌浆期遇到连续阴天，千粒重减小，产量降低。此外，光照强度也会影响籽粒的蛋白质含量和含油量。

（二）温度

温度适宜有利于物质积累，促进成熟。温度过高，呼吸消耗大，籽粒不饱满；温度过低，不利于有机物质运输与转化，种子瘦小，成熟推迟。昼夜温差大有利于种子中干物质的积累和增产。温度还影响种子化学成分的含量，如我国北方大豆种子成熟时，温度低，种子含油量比南方高，蛋白质含量则比南方低(表 12-1)。

表 12-1　不同地区大豆的品质

不同地区品种	蛋白质含量/(%)	含油量/(%)
北方春大豆	39.9	20.8
黄淮海夏大豆	41.7	18.0
长江流域春夏秋大豆	42.5	16.7

(三) 水分

阴雨天多,空气相对湿度高,会延迟种子成熟;若空气相对湿度较低,则加速成熟。若空气相对湿度太低,会出现大气干旱,不但阻碍物质运输,而且合成酶活性降低,水解酶活性增高,干物质积累减少,种子瘦小,使产量降低。

土壤干旱会破坏作物体内的水分平衡,严重影响灌浆,造成籽粒不饱满,导致减产。土壤水分过多,使根系因缺氧受到损伤,导致光合作用下降,种子不能正常成熟。北方小麦种子成熟时,降雨量及土壤水分比南方少,其蛋白质含量较高。

(四) 矿质营养

氮肥有利于提高种子中蛋白质的含量,但氮肥过多(尤其是生育后期)会引起贪青晚熟,油料种子则降低含油率。适当增施磷、钾肥可促进糖分向种子运输,增加淀粉含量,还有利于脂肪的合成和积累。

第二节　果实的成熟生理

果实成熟是果实充分成长以后到衰老之间的一个发育阶段。而果实的完熟则指成熟的果实经过一系列的质变,达到最佳食用的阶段。通常所说的成熟也往往包含了完熟过程。

一、果实的生长曲线

果实也有生长大周期,表现为单S形生长曲线和双S形生长曲线,如苹果的生长曲线为单S形,桃的生长曲线为双S形(图 12-3)。

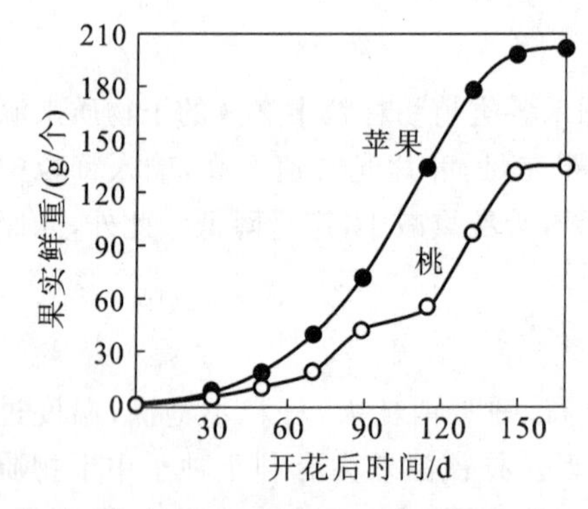

图 12-3　果实的生长曲线模式

单S形生长模式的果实有苹果、梨、草莓、香蕉和西红柿等。这类果实在开始生长时速度较慢,以后逐渐加快,达到高峰后又逐渐减慢,最后停止生长。生长节奏与果实中细胞分裂、膨大和分化直至成熟过程相一致。

双S形生长模式的果实有桃、李、杏、梅、樱桃等。这类果实在生长中期有一个缓慢的生长阶段,此时果肉暂时停止生长,营养主要供给种子发育。果实第二次迅速生长的时期,主要进行中果皮细胞的膨大和营养物质的大量积累。

二、果实成熟时的生理变化

在成熟过程中，果实从外观到内部发生一系列的变化，如呼吸速率的变化、乙烯的产生、贮藏物质的转化、色泽和风味的变化等，表现出特有的色、香、味，使果实达到最适合食用的状态。

（一）有机物质的变化

1. 色泽的变化

随着果实成熟，许多果实由绿色逐渐变为黄、橙、红、紫或褐色。果色变化常作为果实成熟度的直观标准。各种果色的形成，一方面是由于果皮中叶绿素逐渐降解，使类胡萝卜素的颜色显现出来；另一方面是花色素苷形成的结果。如苹果、柑橘、香蕉等在完熟时，果皮颜色由绿色逐渐转变为红色、橙色和黄色。充足的光照有利于花色素苷的形成，因此果实向阳面常常着色较好。

2. 香味的产生

果香是由许多挥发性化合物引起的，主要是酯、醛、醇、酮类小分子物质，如乙酸己酯、乙酸戊酯、甲酸甲酯、柠檬醛等。果实成熟时，形成这些挥发性的化合物，产生特有的香味。如香蕉的香味来自乙酸戊酯，橘子的香味来自柠檬醛。

3. 甜度和酸度的变化

肉质果实在生长中后期，果肉细胞中积累的大量淀粉，随着果实的成熟，淀粉再转化为蔗糖、葡萄糖和果糖等，并积累在细胞液中，使甜味增加。果实的酸味源于有机酸的积累，这些有机酸主要贮存在液泡中。有机酸在果实成熟过程中一部分作为呼吸底物被氧化分解，一部分转化为糖，还有一部分被 K^{+} 或 Ca^{2+} 中和，所以酸味减少。

4. 涩味的变化

涩味源于果实中存在可溶性单宁。单宁与口腔黏膜上的蛋白质作用，使人产生强烈的麻木感、收敛感和极不舒服的苦涩感。果实成熟过程中单宁被过氧化物酶氧化，或凝结成难溶的单宁物质，使果实成熟时涩味消失。

5. 果实的软化

在果实完熟过程中，原来沉积在细胞壁中难溶的果胶质，在果胶酶和原果胶酶的作用下变成可溶性的果胶、果胶酸和半乳糖醛酸，使胞间层分离，果肉变软。此外，果肉细胞淀粉粒中的淀粉降解为可溶性糖也是果实软化的部分原因。

（二）呼吸跃变

多数水果，如苹果、梨、桃、杏、无花果、西瓜、哈密瓜、番木瓜、柿、李、香蕉等，在果实成熟时呼吸强度最初有一个时期下降，然后突然上升，最后又下降，此时果实进入完全成熟阶段，这种现象称为呼吸跃变（图 12-4）。具有呼吸跃变现象

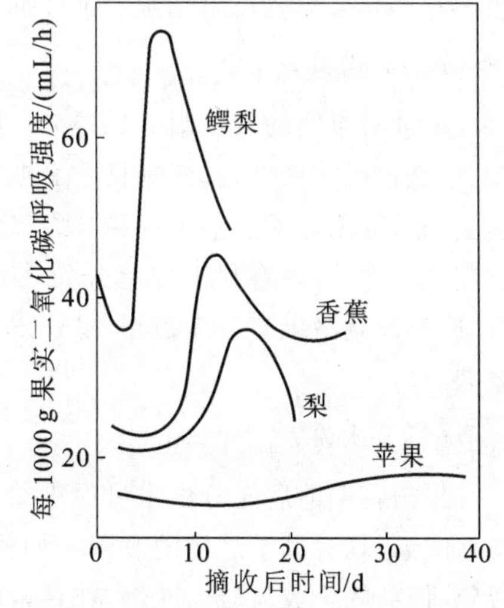

图 12-4　几种果实的呼吸跃变期

的果实称为跃变型果实。但另一些水果,如葡萄、草莓、橙、柠檬、荔枝、黄瓜、菠萝等,直到完全成熟,也无明显的呼吸跃变现象,这些果实称为非跃变型果实。果实呼吸跃变期的出现与乙烯的产生有密切关系。因此,生产上常施用乙烯利来诱导呼吸跃变期,以催熟果实。通过降低空气中氧气浓度或提高二氧化碳或氮浓度,可延缓呼吸高峰出现,延长贮藏期。

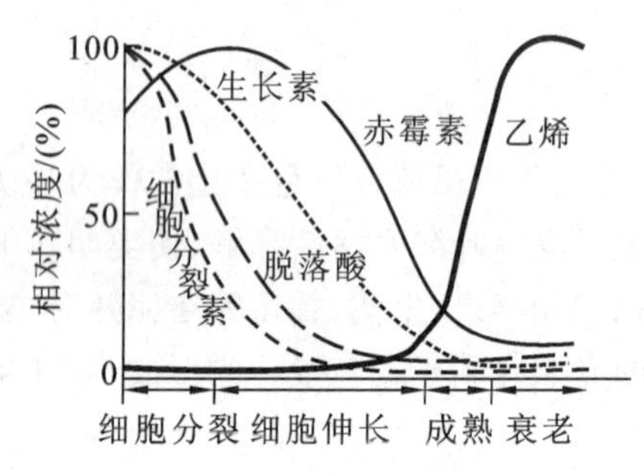

图 12-5　苹果各阶段激素变化情况

(三) 内源激素的变化

在果实成熟过程中,各种内源激素都有明显的变化。一般生长素、赤霉素、细胞分裂素的含量在幼果生长时期增高,但到果实成熟时都下降至最低点,而乙烯、脱落酸含量则升高(图 12-5)。其中影响最大的是乙烯,可加强果皮的透性,使氧气易于进入果实内,从而加速单宁、有机酸类物质的氧化,同时加快淀粉和果胶物质的分解,促进果实正常成熟。

三、环境条件对果实品质的影响

虽然植物果实的生物学特性是由植物的遗传所决定的,但外界条件仍能影响果实的成熟过程,影响农产品的产量和品质。

(一) 光照

光照直接影响肉质果实果肉和种子内有机物的积累。在阴凉多雨的条件下,果实中往往含酸量较多,而糖分相对较少。但在阳光充足、气温较高及昼夜温差较大的条件下,果实中含酸量减少而糖分增多。新疆吐鲁番的葡萄和哈密瓜之所以特别甜,就是这个原因。此外,花青素的形成也需要光照,黑色和红色的葡萄只有在阳光照射的情况下才能显色。有些苹果需要在阳光照射下才能着色。

(二) 温度

温度对果实的成熟影响也很大。贮藏期间适当降低温度,可以延迟呼吸跃变期的出现,以延迟果实成熟,从而延长贮藏期。此外,温度对果实生长有着不同程度的影响。如适当的日高温能促进苹果细胞分裂,增加细胞数目,特别是坐果期间对温度比较敏感,一般在 22～25 ℃最有利于细胞分裂,为中后期的细胞膨大和果实体积打下基础。低温高湿、冷气流刺激果实表皮破裂,易诱发果锈,低温弱光则使苹果果皮较厚,弹性差,易产生微裂。

(三) 水分

果树花期前后充分供水可促进幼果细胞分裂,使果实增大。采前应适当控水,高温时喷水降温,均有助于品质的改善。如葡萄果实生长期缺水可降低光合产物积累,推迟果实成熟,使糖的合成与转运减慢,花色素合成和有机酸降解转化受阻,使果实着色受阻,含酸量大。

第三节 植物的衰老与脱落生理

一、植物的衰老与调控

（一）衰老的概念与类型

植物的衰老通常是指植物的器官或整个植株个体的生理功能的衰退。植物衰老总是先于一个器官或整株的死亡，它是植物生长发育的正常过程之一，可以发生在分子、细胞、器官以及整体水平上。衰老是植物生命周期的最后阶段，是成熟细胞、组织、器官或整个生物体自然终止生命的一系列过程。

植物按照生长习性以不同方式衰老，一般将植物衰老分为 4 种类型。

1. 整株衰老

一年生植物或二年生植物在开花结实后出现整株衰老死亡。

2. 地上部衰老

多年生草本植物地上部随着生长季节的结束而每年死亡，而根仍可以继续生存多年。

3. 渐近衰老

多年生常绿木本植物较老的器官和组织随时间的推移逐渐衰老脱落，并被新的器官和组织所取代。

4. 落叶衰老

多年生落叶木本植物的茎和根能生活多年，而叶子每年衰老死亡和脱落。如北方多年生落叶木本植物发生的季节性叶片同步衰老脱落现象。

（二）衰老时的生理变化

植物衰老首先从器官的衰老开始，然后逐渐引起植株衰老。在农业生产上，农作物生育后期均出现不同程度的叶片早衰现象，已成为提高作物产量的限制因素。叶片衰老时的生理生化变化如下。

1. 代谢总趋势下降

在叶片衰老过程中，蛋白质分解加快，表现为蛋白质含量显著下降，同时伴有游离氨基酸积累，生理功能丧失；核酸中 DNA 和 RNA 含量均下降，但 DNA 下降速度比 RNA 缓慢；光合速率下降，主要原因是细胞中叶绿体数量减少，体积也变小，同时类囊体膨胀、裂解，叶绿素含量迅速下降，而类胡萝卜素降解较晚，因此叶片失绿变黄是衰老最明显的特征。光合色素的降解会导致光合速率下降。此外，叶片中可溶性蛋白质 Rubisco 的降解、光合电子传递与光合磷酸化受阻等。呼吸速率下降较光合速率慢，主要原因是线粒体的变化不如叶绿体大，线粒体的膨大和数目减少常发生在衰老的后期。有些叶片衰老时，呼吸速率迅速下降，后来又急剧上升，再迅速下降，有呼吸跃变现象。此外，衰老时呼吸过程中的氧化磷酸化逐步解偶联，使得 ATP 合成量减少，细胞中合成代谢所需的能量不足，进一步加速了衰老的进程。

2. 结构物质的分解量大于合成量

细胞衰老始于生物膜。而生物膜衰老与膜磷脂降解密切相关。膜磷脂减少和组分变化，使膜的致密程度和流动性降低，部分地出现液晶态转变为凝胶态，膜失去弹性。

细胞衰老的另一个明显特征是膜的透性随衰老进程而增加。膜脂过氧化加剧，膜结构逐步解体，膜的选择性功能丧失。一些具有膜结构的细胞器如叶绿体、线粒体、液泡、细胞核等，在衰老过程中膜结构发生衰退、破裂甚至解体，从而丧失有关的生理功能并释放出多种水解酶类及有机酸，使细胞发生自溶现象，进一步加速了细胞的衰老和解体。

3. 脱落酸和乙烯含量增加

在植物衰老过程中，植物内源激素有明显变化。一般情况是，吲哚乙酸、赤霉素和细胞分裂素在植株或器官的衰老过程中含量逐步下降，而脱落酸和乙烯含量逐步增加。

（三）植物衰老的调控

植物衰老受多种植物激素调控。细胞分裂素、赤霉素和低浓度的生长素有延缓衰老的作用，脱落酸和乙烯则促进衰老。试验表明，植物根系可以合成细胞分裂素等内源激素，并通过木质部运往地上部，调控植物的生长、发育与衰老进程。细胞分裂素延缓衰老的原因在于缓解蛋白质与核酸的降解。赤霉素对多数植物的衰老进程无明显影响，但对某些落叶木本植物叶片的衰老有一定延缓效果。乙烯和脱落酸已被证明能明显地加速植物衰老，特别是加速叶片与果实的衰老。这是因为它们都抑制蛋白质与核酸的合成。

光照、温度、水分和矿质营养等环境因素对植物衰老进程的影响，往往也是通过改变内源激素的水平而实现的。可通过耕作措施来改善生态条件，从而达到调控植物衰老进程的目的。低温和高温均能诱发自由基的产生，引起生物膜相变和膜脂过氧化，加速植物衰老。光照能延缓植物衰老，黑暗会加速衰老；光能抑制叶片中 RNA 的水解，阻碍乙烯合成；红光可阻止叶绿素和蛋白质含量下降，远红光则能消除红光的作用。蓝光可显著地延缓绿豆幼苗叶绿素和蛋白质的减少，延缓叶片衰老。但强光和紫外光促进植物体内产生自由基，诱发植物衰老。长日照促进 GA 合成，利于生长；短日照促进 ABA 合成，利于脱落，加速衰老。氧气浓度过高加速自由基的形成，引起衰老；臭氧污染环境，可加速植物的衰老过程；高浓度的 CO_2 可抑制乙烯生成和呼吸速率，对衰老有一定的抑制作用。在水分胁迫下可促进乙烯和脱落酸形成，加速蛋白质和叶绿素的降解，提高呼吸速率；自由基产生量增多，加速植物的衰老。矿质营养（如 N、P、K、Ca、Mg）亏缺也会促进衰老。如氮肥不足，叶片易衰老；增施氮肥，能延缓叶片衰老。

二、植物的脱落与调控

（一）脱落的概念与类型

1. 概念

植物器官自然离开母体的现象称为脱落。脱落的生物学意义在于植物物种的保存，尤其是在不适于生长的条件下，部分器官的脱落有益于留存下来的器官发育成熟。在生产上，异常脱落现象普遍存在，常给农业生产带来损失，如棉花蕾铃的脱落率一般在 70% 左右，大豆的花荚脱落率也很高。果树和茄果类等也都存在花果脱落问题。因此，采取必要措施控制脱落具有重要意义。

2. 类型

脱落可分为 3 种：一是由于衰老或成熟引起的脱落，称为正常脱落，例如果实和种子的成熟脱落；二是因植物自身的生理活动而引起的脱落，称为生理脱落，如营养生长和生殖生长竞争、源库关系不协调引起的脱落；三是因逆境条件（如水涝、干旱、高温、低温、盐渍、病虫害等）引起的脱落，称为胁迫脱落。生理脱落和胁迫脱落都属于异常脱落。

（二）植物器官脱落的过程

器官的脱落发生在离层，离层是指分布在叶柄、花柄或果柄等基部一段区域经横向分裂而成的几层细胞。如叶片的离层（图 12-6），落叶时叶柄细胞的分离就发生在离层的细胞之间。离层细胞的分离是由于胞间层的分解。离层细胞解离之后，叶柄仅靠维管束与枝条连接，在重力或风的压力下，叶片因维管束折断而脱落。

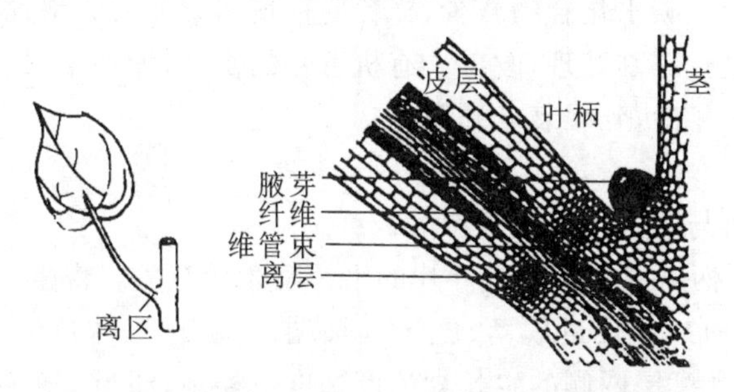

图 12-6　双子叶植物叶柄基部离区结构示意图

一般形成离层之后植物器官才脱落。但也有例外，禾本科植物叶片不产生离层，因而不脱落。而花瓣不形成离层也可脱落。

（三）影响脱落的因素

1. 环境条件

（1）光照　光照强度对器官脱落的影响很大。光照充足时，器官不脱落或延缓脱落；光照不足时，器官容易脱落。如大田作物种植过密时，植株下部光照过弱，叶片会早落。光照过弱，不仅使光合速率降低，形成的光合产物少，而且还会阻碍光合产物运送到叶片和花果，从而导致脱落。不同光质对脱落影响不同，远红光促进脱落，而红光延缓脱落。短日照促进落叶，长日照延迟落叶。日照缩短是落叶树秋季落叶的信号之一。北方城市的行道树（如法国梧桐和杨树），在秋季短日来临时纷纷落叶，但在路灯下的植株或枝条，因路灯延长光照时间，不落叶或落叶较晚。

（2）温度　高温或低温均促进脱落。如四季豆叶片在 25 ℃下脱落最快，棉花在 30 ℃下脱落最快。在田间条件下，高温常引起土壤干旱而加速脱落。霜冻可引起棉花落叶。秋季低温往往是引起秋天树木落叶的重要因素之一。

（3）水分　干旱引起植物器官脱落，以减少水分散失，使植物适应环境。所以叶片脱落是植物对水分胁迫的重要保护反应。干旱时，吲哚乙酸氧化酶活性增强，可扩散的生长素相应减少，细胞分裂素含量下降，乙烯和脱落酸增多，植物体内各种内源激素平衡被破坏，最终促进离层形成，导致脱落。植物根系受到水淹时，也会出现叶、花、果的脱落现象。涝淹主要是通过降低土壤中氧气浓度，产生乙烯，增加器官脱落。

（4）矿质营养　缺乏氮、磷、钾、硫、钙、镁、锌、硼、钼和铁都可导致脱落。缺氮和锌会影响生长素合成；缺硼常使花粉败育，引起不孕或果实退化；钙是胞间层的成分，因而缺钙会引起严重脱落。

(5) 氧气　氧气浓度在10%～30%范围内,随着氧气浓度的增加,会促进乙烯的合成,增加脱落率,还会增加光呼吸,消耗更多的光合产物。

此外,大气污染、盐害、紫外辐射、病虫害等对脱落也都有影响。

2. 营养因素

一般来说,碳水化合物和蛋白质等有机营养不足是造成花果脱落的主要原因之一。受精的子房在发育期间一方面需要大量的氮素来构成种子的蛋白质,另一方面也需要大量的碳水化合物用于呼吸消耗。若此时有机营养对植物的供应不足,就会引起脱落。遮光试验表明,光线不足、碳水化合物减少,棉铃脱落增多。而人为增加蔗糖,可减少棉铃脱落。在果树枝条上进行环割处理,改善了有机营养的供应,增加坐果。所以改善有机营养的供应可以延长叶片年龄,延缓衰老和脱落。

3. 植物激素

植物器官的脱落与体内各种激素有关。

(1) 生长素　叶柄离层的形成与叶片的生长素含量有关。将生长素施在离层的近轴端(离层靠近茎的一面),可促进脱落;施于远轴端(离层靠近叶片的一侧),则抑制脱落。因而有人认为,脱落受离层两侧的生长素浓度梯度所控制,即当远轴端的生长素含量高于近轴端时,则抑制或延缓脱落;反之,当远轴端的生长素含量低于近轴端时,会加速脱落。

(2) 乙烯　乙烯是与脱落有关的重要激素。内源乙烯水平与脱落率成正相关。乙烯可以诱导离层区纤维素酶和果胶酶的形成而促进脱落。乙烯对脱落的影响还受离层生长素水平的控制。即只有当其生长素含量降低到一定的临界值时,才会促进乙烯合成和器官脱落。而在高浓度生长素作用下,虽然乙烯增加,却抑制脱落。

(3) 脱落酸　脱落酸可促进脱落,这是由于脱落酸抑制叶柄内生长素的传导、促进分解细胞壁的酶类分泌和乙烯的合成。脱落酸含量与脱落相关,在生长叶片中脱落酸含量极低,而在衰老叶片中却含有大量脱落酸。如秋天短日照促进了脱落酸的合成,导致季节性落叶。

(4) 赤霉素和细胞分裂素　赤霉素能延缓植物器官脱落,已被广泛应用于棉花、西红柿、苹果等植物上。在玫瑰和香石竹中,细胞分裂素也能延缓植株衰老脱落。

各种激素的作用并不是彼此孤立的,器官的脱落也并非仅受某一种激素的单独控制,而是各种激素相互协调与相互平衡作用的结果。

(四) 脱落的调控

器官脱落在农业生产上影响极大,因而农业生产上常常采用各种措施来调控脱落。例如,苹果在采收前脱落会极大地影响品质和降低产量。应用生长素类化合物,如萘乙酸溶液,在落果前几天喷施到果实上,可有效阻止果实采前脱落。采用乙烯合成抑制剂如AVG,能有效防止果实脱落。棉花结铃盛期喷施一定浓度的赤霉素溶液,可防止和减少棉铃脱落。生产上也常采用一些促进脱落的措施,如应用脱叶剂乙烯利、2,3-二氯异丁酸等促进叶片脱落,有利于机械收获棉花、豆科植物等。使用萘乙酸或萘乙酰胺对梨、苹果等疏花、疏果,可避免坐果过多而影响果实品质。此外,增加水肥供应和适当修剪,也可使花、果得到充足养分,减少脱落。

本章小结

在种子的成熟过程中，不断输入可溶性的低分子物质，逐渐转化为不溶性的高分子化合物如淀粉、蛋白质、脂肪等贮藏起来。吸收速率与有机物积累有关系。不同内源激素交替变化与籽粒生长过程中细胞的分裂、生长，有机物合成、转运、积累以及进入休眠密切相关。种子的化学成分还受光照、水分、温度和矿质营养等外界环境的影响。

果实的生长有单S形曲线和双S形曲线两类。果实成熟过程中有呼吸高峰出现，并与果实内乙烯含量明显增多有关。呼吸高峰的出现标志着果实即将进入可食状态。果实成熟时有机物发生了一系列的变化，淀粉转化为可溶性的葡萄糖、果糖、蔗糖等，甜味增加；有机酸含量下降，酸味减少；单宁被过氧化物酶氧化成过氧化物或变成不溶性物质，涩味消失；产生一些具香味的挥发性物质；果胶酶和原果胶酶活性增强，果肉细胞彼此分离，果实软化；叶绿素含量下降，花色素苷和类胡萝卜素含量增加，果实色泽变艳。

衰老是植物体生命周期的最后阶段，是成熟的细胞、组织、器官和整个植株自然地终止生命活动的一系列衰败过程。它主要受遗传基因控制，但也受环境条件的影响。植物衰老有整株衰老、地上部衰老、渐近衰老和落叶衰老四种类型。植物衰老时蛋白质含量、核酸含量、光合速率、呼吸速率下降。衰老使膜由液晶态逐渐转变为凝固态，失去选择透性。

器官脱落是植物器官自然离开母体的现象。脱落可分为正常脱落、胁迫脱落和生理脱落三种类型。器官在脱落之前先形成离层。生长素、乙烯和脱落酸可调控器官脱落。温度过高或过低、干旱、弱光、短日照促进脱落。

阅读材料

果蔬的气调贮藏

果蔬的气调贮藏是调整果蔬环境的气体成分的冷藏方法。它是冷藏、减少环境中氧气、增加二氧化碳的综合贮藏方法。此法较单纯的冷藏能更好地保持其鲜度，从而延长果蔬的贮藏期。

1. 自然降氧法

利用果蔬本身呼吸作用的耗氧能力，逐渐减少空气中的氧，使其达到要求含量范围，然后加以调节，并控制在需要范围内。此法的优点是操作简便，成本低。不足是贮存初期果蔬呼吸强度较高，产生的二氧化碳较多，因此开始时可放入消石灰或利用塑料薄膜对气体的渗透性来吸收或排除过高的二氧化碳，消除它对果蔬的生理毒害。还由于呼吸强度高，贮藏环境中的温度也高，若不注意消毒防腐，就难免使微生物对果蔬造成危害。

2. 人工改变空气组成法

这种方法在短的时间内可以控制二氧化碳与氧的组成，在我国大型的气调库中也早已采用。该法是使用燃烧降氧机，通过对丙烷气体的完全燃烧来减少库内氧气成分。通过降氧机和二氧化碳脱除机制出果蔬最适组成气体后，就把此气体送入冷库中。对保持果蔬品质很有效，也扩大了气调贮藏的范围。适于贮藏期短、经济价值高的果蔬。

3. 塑料包装气调贮藏法

用 50 μm 厚的聚乙烯组成圆柱形套袋，苹果或梨一个挨一个放进去，排列成行，一般以 5～6 个或 1 kg 左右为好。袋子装好水果后，烫口密封，袋上没有任何孔洞。生理包装是在恒温下通过水果的呼吸作用和聚乙烯袋透过氧和二氧化碳的双重活动，可以在袋内原有空气的基础上获得一种适当减少氧气和增加二氧化碳的稳定组合气体。当水果呼吸作用放出二氧化碳的量与通过塑料袋透出的二氧化碳量相等，水果吸收氧气的总量与进入塑料袋的氧气总量相等，此时包装袋内的组合气体便可保持稳定。生理包装在贮藏时，袋内气压会明显下降

复习思考题

1. 种子成熟时主要发生哪些生理生化变化？

2. 何谓呼吸跃变？出现呼吸跃变的原因是什么？

3. 肉质果实成熟时由硬变软、由酸变甜、涩味消失、香味出现、果色变化的生理原因是什么？

4. 简述植物衰老的类型及意义。

5. 植物衰老时发生哪些生理生化变化？器官脱落过程的解剖学特点及主要生理生化变化有哪些？

6. IAA 与器官脱落有何关系？为什么防止器官脱落要采用综合农业技术措施？

模块二

植物与植物生理实践平台

第十三章　实验实训

实验实训一　显微镜的构造、使用与保养

一、目的和要求

了解光学显微镜的构造和各部分的作用，掌握显微镜的使用技术，明确显微镜的保养措施。

二、用品和材料

显微镜，擦镜纸，小绸布，二甲苯，洋葱表皮细胞切片（或其他切片）。

三、内容和方法

（一）显微镜的构造

显微镜的种类很多，但基本构造（图 13-1）大致相同，可分为机械部分和光学部分两大部分。

1. 机械部分

（1）镜座　镜座是显微镜的底座，一般呈马蹄形，用以稳固和支持镜体。

（2）镜柱　镜柱是与镜座相垂直的短柱。

（3）镜臂　镜臂下连镜柱，上连镜筒，为镜

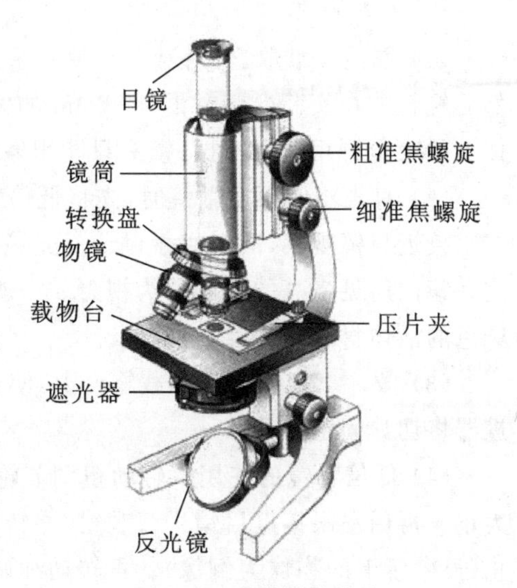

图 13-1　显微镜的构造

中的弯臂状支架,是拿取显微镜时手握的部位。

(4) 镜筒　镜筒为一金属圆筒,连接在镜臂上,下接转换盘。

(5) 倾斜关节　倾斜关节是镜臂与镜柱相连接的关节,可使显微镜倾斜,以便观察。

(6) 载物台　载物台是圆形或方形的平台,供放置切片用。中间有一通光孔,以通光线。通光孔两旁有一对压片夹,供固定切片用;有的为十字推进器。

(7) 转换盘　转换盘呈圆盘状,上安 2～4 个物镜。转动转换盘,可以换用放大率不同的物镜。

(8) 调节轮　调节轮装在镜臂上部两旁,通过转动,调节焦距。有大小两对,大的称为粗调节轮(又叫粗准焦螺旋),转动一周可使镜筒升降 10 mm;小的称为细调节轮(又叫细准焦螺旋),转动一周,可使镜筒升降 0.1 mm。

2. 光学部分

(1) 目镜　目镜也称为接目镜,是安插于镜筒顶部的镜头,具有放大作用。上面写有放大倍数,有“5×”～“40×”。放大倍数越低,目镜镜头越长。

(2) 物镜　物镜也称为接物镜,安装在转换盘的孔上,上面写有放大倍数。“10×”及以下为低倍镜,“40×”～“65×”为高倍镜,“90×”以上是放大倍数更高的油镜。使用油镜时,先在要观察部位的载玻片上滴一滴香柏油,将油镜头接油滴后再进行观察。放大倍数越低,物镜镜头越短。显微镜的放大倍数=目镜放大倍数×物镜放大倍数。

(3) 集光器　集光器由透镜组成,可以集合由下面反光镜投射来的光线。集光器下部装有光圈,推动其上的小柄可使光圈任意开大或缩小,以调节光线强弱。较简易的显微镜没有集光器,用光圈盘调节光线强弱。光圈盘上有几个大小不同的孔,可转动光圈以选用合适的光孔。

(4) 反光镜　反光镜在载物台的下方,安在镜臂下端,分为平面及凹面。凹面反射的光线较强。

(二) 显微镜的使用方法

(1) 取镜　拿取显微镜时,必须一手紧握镜臂,另一手平托镜座,镜体竖起不可倾斜,然后轻轻放在实验台距台沿 6～7 cm 的偏左位置上。检查显微镜的各部分是否完好。镜体上的灰尘可用绸布擦拭,镜头只能用擦镜纸擦拭。

(2) 对光　使用显微镜时,先将低倍物镜镜头转到载物台中央卡住,正对通光孔。用左眼接近目镜观察,同时用手调节反光镜和集光器,或选用光圈合适的孔,使镜内光亮适宜。镜内所见光亮的圆面称为视野。一般用低倍镜时,光线宜暗些;观察透明物体或未经染色的活体材料时,光线也暗些。

(3) 放片　把切片放在载物台上,使要观察的部分对准物镜镜头,用压片夹或十字推进器将切片固定。

(4) 低倍物镜的使用　转动粗调节轮,并从侧面注视,使镜筒缓慢下降至接近切片时为止。再用左眼接近目镜进行观察,并转动粗调节轮使镜筒缓慢上升,直至看到物像时为止(显微镜下的物像为倒像)。再转动细调节轮,将物像调至最清楚。使用显微镜要练习双眼同时张开,用左眼观察,右眼照顾绘图。

(5) 高倍物镜的使用　使用高倍物镜时，首先将低倍物镜按上法调好，然后将要放大观察的部分移至视野中央，再把高倍物镜转至中央，一般便可粗略看到物像，再用细调节轮调至物像清晰为止。如光线不亮，要增加强度。如看不到物像，可使镜头下降至几乎贴近切片，然后再转动调节轮，使镜头上升，直至看到物像为止。

(6) 还镜　使用完毕，应先将物镜移开，再取下切片。把显微镜擦拭干净，各部分恢复原位。使低倍物镜转至中央通光孔，下降镜筒，使物镜接近载物台。将反光镜转直，镜体套上棉布袋，放回箱内并上锁。

(三) 显微镜的保养

光学显微镜是最常用的精密贵重仪器。使用时要细心爱护，妥善保养。

① 使用时必须严格执行上述使用规程。

② 保持显微镜和室内的清洁、干燥。避免灰尘、水、化学试剂等沾污显微镜，特别是镜头部分。

③ 不得任意拆卸或调换显微镜的零部件。

④ 防止震动。在转动调节轮时用力要轻，转动要慢，不可将镜筒升得过高，转不动时不可强行用力转动，以免磨损齿轮或导致镜筒自行下滑。

⑤ 使用过的油镜头或镜头上沾有不易擦去的污物，应先用擦镜纸蘸少许二甲苯擦拭，再换用洁净的擦镜纸擦拭干净。

四、作业

(1) 光学显微镜的结构分哪几部分？各部分有什么作用？

(2) 使用显微镜时，载物台上玻片移动的方向与视野中物像移动的方向是否一致？为什么？

(3) 使用高倍物镜时，要特别注意什么问题？如何避免事故发生？

(4) 怎样做好显微镜的保养工作？

实验实训二　植物细胞构造的观察

一、目的和要求

学会简易装片法、徒手切片法和生物绘图法,认识植物细胞的结构。

二、用品和材料

显微镜,培养皿,镊子,解剖针,毛笔,滴管,双面刀片,吸水纸,蒸馏水,1%番红溶液(或碘液),玉米幼茎或蚕豆幼茎,洋葱鳞叶,胡萝卜(或萝卜、马铃薯块茎),小麦叶片或其他叶片。

三、内容和方法

(一) 简易装片法

(1) 擦拭玻片　载玻片和盖玻片用前均要擦拭干净。正确方法是用左手拇指和食指夹住玻片的两边,右手拇指和食指衬两层纱布夹住玻片的一半,进行擦拭,然后再擦拭另一半,使整个玻片干净为止,如玻片太脏,可用纱布蘸些水或乙醇擦拭,再用干纱布擦干。

(2) 取材　用镊子撕下洋葱鳞叶的内表皮,剪成长约 5 mm、宽约 3 mm 的小片。

(3) 装片　在载玻片上滴一滴蒸馏水,将剪好的表皮浸入水滴内,并用解剖针挑平,再加盖玻片。加盖玻片时先使一边接触水滴,另一边用镊子托住慢慢放下,以免产生气泡。如盖玻片内的水未充满,可用滴管吸水从盖玻片的一侧滴入;如果水太多溢至盖玻片外,可用吸水纸将多余的水吸去。这样装好的片子就可以进行镜检。

(二) 徒手切片法

徒手切片是制作切片的一种简单方法。制作时只需要一个刀片和一个培养皿即可开展工作。对草本植物器官的观察一般可以用徒手切片法进行,甚至于木本植物较细的嫩枝也可用此法。

1. 用植物幼茎(或其他器官)做徒手切片

切取一段(长约 2 cm)玉米幼茎或蚕豆幼茎,用左手的拇指、食指和中指夹住材料,材料要高于拇指 0.5～1 mm,右手执刀,刀要锋利,刀口向内,自左前向右后水平拉切。刀片与材料垂直切时最好用臂力而不用腕力,用力要均匀,材料与力相垂直,切片时只动右手,左手不动,更不要来回拉切。

不论切什么材料,在切前刀片及材料均要蘸水。每切几片后,用毛笔蘸水后将材料蘸到有水的培养皿中,然后选择最薄的进行染色装片。染色时,将薄片放在载玻片上,滴上一滴 1%番红溶液(或碘液),约 1 min,用吸水纸将染液吸去,再滴两滴蒸馏水,稍微摇动,再用吸水纸吸去多余的水分,盖上盖玻片后,便可镜检。

2. 用植物叶做徒手切片

将胡萝卜(或萝卜、马铃薯块茎)切成 0.5 cm×0.5 cm×2 cm 的长方条,将小麦叶片

(或其他叶片)夹在胡萝卜长方条的切口内,用上法做徒手切片。此外,也可将叶折叠或卷成数层后用手指夹持进行切片,或将叶片切成窄条放在载玻片上,重叠三个刀片,利用刀片间隙控制厚度切成薄的切片。

(三)生物绘图法

进行植物形态结构实验时,常需要绘图。绘出的图要清楚,并正确表示出形态、结构的特征,绘图注意事项如下。

① 绘图要用黑色硬铅笔,一般以2H铅笔为宜,不要用软铅笔或有色铅笔。

② 图的大小及在纸上分布的位置要适当,一般画在靠近中央稍偏左方,并向右方引出注明各部分名称的线条,各引出线条要平行整齐,各部分名称写在线条右边。

③ 画图时先用轻淡小点或轻线条画出轮廓,再依照轮廓一笔画出与物像相符的线条,线条要清晰,比例要正确。

④ 绘出的图要与实物相符,观察时,要把混杂物、破损、重叠等现象区别清楚,不要把这些现象绘上。

⑤ 图的阴暗及浓淡,用细点表示,不要采用涂抹方法。点细点时,要点成圆点。

⑥ 整个图要美观、整洁,特别要注意其准确性与科学性。

(四)植物细胞的构造

取洋葱鳞叶,按简易装片法制片。为使细胞观察得更清楚,可用碘液染色,即在装片时载玻片上放一滴稀碘液,将表皮放入碘液中,盖上盖玻片。用低倍物镜观察到许多长形的细胞,再换用高倍镜观察细胞的详细结构,可看到以下结构。

(1) 细胞壁　包在细胞的最外面。

(2) 细胞质　幼小细胞的细胞质充满整个细胞,形成大液泡时,细胞质贴着细胞壁成一薄层。

(3) 细胞核　在细胞质中有一个染色较深的圆球状颗粒,是细胞核。

(4) 液泡　把光调暗一些,可见细胞内较亮的部分,这就是液泡。幼小细胞的液泡小,数目多;成熟的细胞通常只有一个大液泡,占细胞的大部分。

四、作业

(1) 一张优等的生物绘图应具备哪些条件?

(2) 绘几张洋葱表皮细胞图,并注明细胞壁、细胞质、细胞核、液泡。

实验实训三　有丝分裂及分生组织的观察

一、目的和要求

掌握植物细胞有丝分裂各时期的主要特征，掌握分生组织的主要特征。

二、用品和材料

显微镜，擦镜纸，小绸布，洋葱根尖纵切片。

三、内容和方法

（一）植物细胞的有丝分裂

用显微镜观察洋葱根尖纵切片（图 13-2），先用低倍镜观察，找出分生区处于间期和分裂期各期的细胞。再换用高倍镜观察，可见有些细胞处在不同的分裂过程中，分别认出在间期、分裂期各期（前期、中期、后期和末期）的细胞，对照图示进行观察。

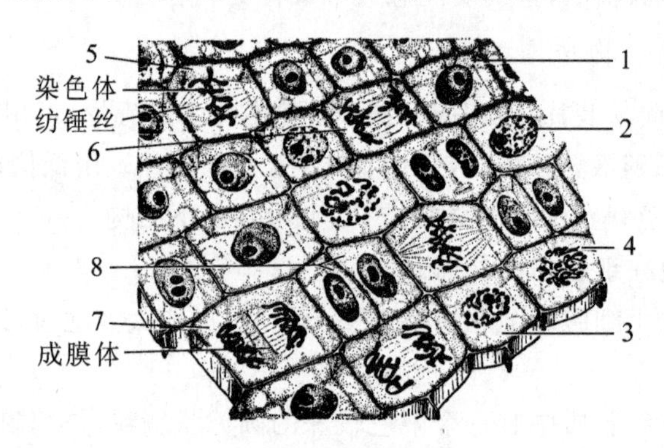

图 13-2　洋葱根尖细胞

1—间期；2～4—前期；5—中期；6—后期；7—末期；8—两个子细胞

（二）植物的分生组织

取洋葱根尖纵切片，在低倍镜下观察，可见根尖尖端根冠后面较暗的部分，即为顶端分生组织。其细胞形状近乎等径，细胞壁薄，细胞核大，细胞质浓稠，液泡很小，细胞排列紧密，具有分裂能力。

四、作业

（1）绘有丝分裂各时期的细胞特征图，并注明分裂时期。

（2）绘图并记录分生组织的主要特征。

实验实训四 植物成熟组织的观察

一、目的和要求

掌握植物各种成熟组织的主要特征，明确各种成熟组织的分布。

二、用品和材料

显微镜，吸水纸，镊子，1%番红溶液，碘液，盐酸间苯三酚，蚕豆叶，小麦叶，芹菜茎（或玉米茎），蚕豆茎，油菜幼根，柑橘，南瓜茎纵切片。

三、内容和方法

（一）保护组织

撕取蚕豆叶下表皮，制成装片，在显微镜下观察，可见下表皮是由形状不规则、凹凸嵌合、排列紧密的细胞所组成的。在表皮细胞之间分布着一些由两个肾形保卫细胞组成的气孔器。

撕取小麦叶上表皮制片观察，可见表皮结构是由许多长形细胞组成的。转换高倍镜观察，可见气孔器是由两个哑铃形保卫细胞组成的，在保卫细胞两旁还有一对梭形的副卫细胞。在有些植物的表皮上还可看到表皮毛和腺毛。

（二）基本组织

用芹菜茎或玉米茎做徒手横切制片观察，可见茎的中部有大量的薄壁细胞，细胞内具有液泡和一薄层贴紧细胞壁的淡黄色的原生质体，细胞间隙较大，此即基本组织。

（三）机械组织

取蚕豆茎（或芹菜茎）做徒手横切制片观察，可见表皮细胞内下方的一些细胞在角隅处细胞壁加厚。若用1%番红溶液染色，则加厚部分染成淡暗红色，此即厚角组织。

取蚕豆茎做徒手横切制片，用盐酸间苯三酚染色，置于显微镜下观察，可见每个维管束的外侧都有一束细胞壁加厚的组织着色，此即厚壁组织中的韧皮纤维。

（四）输导组织

取油菜幼根一小段，置于载玻片上，用镊子柄部将其压扁，然后用盐酸间苯三酚染色制片，在显微镜下观察，可见多条着红色的导管，旁边夹杂着一些薄壁细胞。调节显微镜细调节轮，可清楚看到导管次生壁有不均匀加厚的花纹。

用显微镜观察南瓜茎纵切片，在导管的两侧即为韧皮部。韧皮部一般着蓝色。其中，有许多纵向连接的管状细胞，为筛管，两个筛管连接处的横隔板称为筛板；筛管旁是伴胞，伴胞长与筛管相近，但直径较小。

（五）分泌组织

取柑橘果皮做徒手切片，装片后用显微镜观察，可见许多薄壁细胞围成圆形的腔状结构，其中若有挥发油存在，即为分泌组织中的分泌腔。

四、作业

绘图并记录各种组织的形态特征。

实验实训五　根解剖构造的观察

一、目的和要求

了解双子叶植物与单子叶植物根的初生构造,了解双子叶植物根的次生构造。

二、用品和材料

显微镜,放大镜,培养皿,滤纸,1%番红溶液,玉米根(或水稻根),蚕豆种子,向日葵老根横切片。

三、内容和方法

(一) 单子叶植物根的初生构造

用玉米根毛区的上方制作徒手横切片,加一滴1%番红溶液,先在低倍镜下区分出表皮、皮层和中柱三部分,再转换高倍镜由外向内观察,识别各种组织。

如用水稻根制作切片观察,由于水稻长期适应水生环境,根的皮层组织中胞间隙较大,并能形成气腔、气道,尤其在老根中更为明显。

(二) 双子叶植物根的初生构造

在实验前10 d左右,将蚕豆种子进行催芽处理,待幼根长至1～2 cm时,用根毛区作徒手横切,制成临时装片并加一滴1%番红溶液进行染色,观察其初生构造,可见到以下结构。

(1) 表皮　在根的最外层,细胞呈扁平状;有时还能看到根毛。

(2) 皮层　位于表皮以内、维管柱以外,占幼根切面的大部分。皮层最外一层细胞排列较紧密,为外皮层;在外皮层以内,有多层排列疏松的薄壁细胞;皮层最里面一层,排列较整齐的为内皮层,其细胞壁上可以看到凯氏点。

(3) 维管柱　皮层以内的整个部分称为维管柱,包括中柱鞘、初生维管束、髓。

① 中柱鞘　紧靠内皮层的一至多层薄壁细胞为中柱鞘。

② 初生维管束　初生维管束由初生木质部、初生韧皮部和薄壁细胞组成。初生木质部呈辐射状排列,细胞壁较厚,其中有一些大型细胞,为导管;初生韧皮部位于每两个初生木质部之间的外侧,为一团较小的细胞,细胞壁较薄,其中较大的细胞为筛管;在初生木质部和初生韧皮部之间有一些薄壁细胞。

③ 髓　髓位于根的中央,由薄壁细胞组成,细胞常为圆形、椭圆形或多边形,细胞排列疏松,有的细胞中含有贮藏营养的物质。

(三) 双子叶植物根的次生构造

取向日葵老根横切片,先用低倍镜观察其各个构造所在的部位,然后转换高倍镜详细观察其各部分构造。

(1) 周皮　在老根的最外层,根据周皮细胞所处的位置、形状、数量,可以识别出木栓层、木栓形成层和栓内层。

(2) 韧皮部　初生韧皮部一般已被破坏,分辨不清,但次生韧皮部清晰可见。

(3) 形成层　形成层位于次生韧皮部和次生木质部之间,呈一圆环。

(4) 木质部　次生木质部靠近形成层,所占面积最大,在根的中心部位有呈星芒状的初生木质部。

(5) 髓和髓射线　向日葵老根中央无髓,但可以清晰地看到呈放射状的射线。

四、作业

(1) 绘单子叶植物玉米根的初生构造图(1/4)。

(2) 绘双子叶植物蚕豆幼根的初生构造图(1/4)。

(3) 绘向日葵老根横切面图(约 1/6 扇形图)。

实验实训六　茎解剖构造的观察

一、目的和要求

掌握双子叶植物茎、单子叶植物茎和裸子植物茎的构造特点，了解木材三切面的构造。

二、用品和材料

显微镜，擦镜纸，小块绒布，纱布，向日葵或大丽菊幼茎横切片，椴树（或杨树）三年生茎横切片，玉米幼茎横切片，松树木材三切面切片。

三、内容和方法

（一）双子叶植物茎的初生构造

取向日葵或大丽菊幼茎横切片，置于显微镜下观察。

(1) 表皮　茎的最外一层细胞，为方形或长方形，排列紧密，细胞外侧有角质层，有的表皮细胞转化成单细胞或多细胞的表皮毛。

(2) 皮层　位于表皮之内、维管柱以外。紧接表皮的几层细胞比较小，为厚角组织；厚角细胞以内是数层薄壁细胞，排列疏松，有明显的胞间隙；皮层最内一层细胞排列较紧密，有时含淀粉。

(3) 维管柱　皮层以内的部分为维管柱，包括初生维管束、髓、髓射线三部分。

① 初生维管束　单个初生维管束常呈椭圆形，在横切面上许多初生维管束排成环状。每个初生维管束中，外侧是初生韧皮部，内侧是初生木质部。导管常呈径向排列，一个维管束中可以有一至多列导管，且内侧的导管直径较小，外侧的导管直径较大，属于“内始式”的分化形式；在初生韧皮部和初生木质部之间，是束中形成层，由一些较扁狭的细胞组成。

② 髓　位于茎的中央部分，由薄壁细胞组成，细胞常为圆形、椭圆形或多边形，细胞排列疏松，有的细胞可贮藏物质。

③ 髓射线　相邻两个维管束之间的薄壁组织，外接皮层，内接髓，在横切面上呈放射状排列。

（二）双子叶植物茎的次生构造

取椴树（或杨树）三年生茎横切片，置于显微镜下观察。

(1)周皮　位于茎的最外面，由木栓层、木栓形成层和栓内层组成。木栓层是外侧的几层扁长形的死细胞，细胞排列紧密、整齐，着色较深；木栓形成层位于木栓层以内，由活细胞构成，细胞壁薄、质浓、核明显；栓内层是木栓形成层以内的几层薄壁细胞，细胞排列较为疏松。

(2)皮层　位于周皮以内，由厚角组织和薄壁细胞组成。

(3)韧皮部　位于皮层和形成层之间，其中主要是次生韧皮部，初生韧皮部常被挤压而被破坏。

(4) 形成层　位于韧皮部内侧,由几层排列整齐的扁平细胞组成,呈环状。

(5) 木质部　形成层以内的部分,在横切面上所占面积最大,主要由次生木质部组成。在次生木质部的内侧,紧接髓的部位有小部分的初生木质部。

(6) 髓　位于茎的中心,主要由薄壁细胞组成,外侧细胞较小,内侧细胞较大,细胞排列疏松,有明显的胞间隙,细胞内常含有贮藏物质。

(7) 维管射线　在半径方向上呈放射状排列的薄壁细胞,是横向贯穿于次生韧皮部和次生木质部的薄壁细胞。由木射线和韧皮射线组成。

(三) 单子叶植物茎的构造

取玉米幼茎横切片,置于显微镜下观察。

(1) 表皮　茎的最外一层细胞呈扁方形,排列整齐、紧密,外壁增厚,上有气孔。

(2) 机械组织　靠近表皮处有几层厚壁细胞,常连成环状。

(3) 基本组织　在机械组织以内,有许多薄壁细胞,靠近机械组织的薄壁细胞较小,靠近茎的中央的细胞较大,排列疏松,具有明显的胞间隙;基本组织在茎中所占比例最大。

(4) 维管束　散生于基本组织中。靠茎边缘的维管束,排列较紧密;靠茎中央的维管束,排列较疏松。选择一个典型的维管束观察:维管束为有限维管束,韧皮部向着茎的外面,木质部向着茎的中心。木质部呈V形,V形的上部有两个大的孔纹导管,V形的下部有1～2个较小的环纹或螺纹导管。每一维管束的外面常由一圈厚壁组织包围,称为维管束鞘。

(四) 松树木材三切面的构造

取松树木材三切面切片,置于显微镜下观察。

(1) 横切面　管胞呈四边形或六边形,具明显的细胞腔和木质化的断面;木射线沿半径方向呈辐射状排列;横切面上有明显的年轮,呈同心圆环。

(2) 径向切面　管胞呈长形,两端钝圆,纵向排列;射线细胞横向穿过管胞与纵轴垂直,细胞呈长方形,排成多列,像一段砖墙;年轮呈纵平行线排列。

(3) 切向切面　管胞呈长形或梭形,纵向排列;射线呈纺锤状;年轮呈V形或八字形花纹。

四、作业

(1) 绘双子叶植物茎的初生构造图,注明各部分的名称。

(2) 绘双子叶植物茎的次生构造图,注明各部分的名称。

(3) 绘单子叶植物茎的构造图,注明各部分的名称。

(4) 绘松树木材三切面构造图,并注明年轮、射线等特征。

实验实训七　叶的形态识别

一、目的和要求

了解叶的形态特征,识别单叶与复叶,了解叶的形态与生理功能的关系。

二、用品和材料

具有不同形态叶的植物标本(10种左右),如贴梗海棠、桃树、月季、桑树、丁香、杨树、柳树、合欢、槐树、银杏、蒲公英等。

三、内容和方法

(一) 叶片的形态

观察植物的叶片,注意叶片的形状,有椭圆形、披针形、卵形、镰刀形、扇形等。

(二) 叶的类型

1. 完全叶与不完全叶

贴梗海棠、月季的叶,由叶片、叶柄和托叶三部分组成,为完全叶。桑树、丁香的叶具有叶片、叶柄,但不具有托叶,为不完全叶。

2. 单叶与复叶

杨树、柳树、桃树、丁香、银杏的叶,一个叶柄上只着生一个叶片,为单叶。月季、合欢、槐树的叶,一个叶柄上着生多枚小叶,为复叶;注意区分叶柄与叶轴。

3. 奇数羽状复叶与偶数羽状复叶

月季、合欢、槐树的叶,均为羽状复叶。月季、槐树叶的顶端小叶数为1,为奇数羽状复叶;合欢叶的顶端小叶数为2,为偶数羽状复叶。

(三) 叶序

杨树、柳树每个节上着生1个叶片,为互生。丁香每个节上相对着生2个叶片,为对生。银杏短枝上的叶为簇生。蒲公英的叶着生在茎基部近地面处,为基生。

四、作业

(1) 绘出单叶与复叶、奇数羽状复叶与偶数羽状复叶的形态图。

(2) 认真观察植物标本,完成表格(表13-1)。

表13-1　叶的形态观察

编号	植物名称	单叶	复叶	叶片形状	叶尖	叶基	叶缘	叶脉	叶序	完全叶	不完全叶
1											
2											
3											
⋮											

实验实训八　叶解剖构造的观察

一、目的和要求

掌握双子叶植物、单子叶植物和裸子植物叶的构造特点，理解叶的构造与生理功能的关系。

二、用品和材料

显微镜，擦镜纸，小块绒布，双子叶植物（棉花或女贞）叶横切片，单子叶植物叶（小麦或玉米）横切片，裸子植物叶（松叶）横切片。

三、内容和方法

（一）双子叶植物叶的解剖构造

取棉花或女贞叶横切片，置于显微镜下观察。

(1) 表皮　表皮分为上表皮和下表皮，表皮细胞排列整齐、紧密；外壁较厚，有角质层；表皮细胞之间分布有气孔。

(2) 叶肉　上、下表皮之间的绿色部分为叶肉，分为栅栏组织和海绵组织。栅栏组织紧接上表皮，海绵组织位于栅栏组织和下表皮之间。

(3) 叶脉　叶脉是叶肉中的维管束。叶中央较粗大的主脉维管束包括木质部、韧皮部和形成层三部分，木质部在上方，韧皮部在下方，形成层位于木质部和韧皮部之间；主脉的维管束外围有机械组织，称为维管束鞘。侧脉越小，其构造越简单。

（二）单子叶植物叶的解剖构造

取玉米叶的横切片，置于显微镜下观察。

(1) 表皮　表皮分为上表皮和下表皮，细胞外壁不仅角质化形成角质层，而且硅质化形成硅质突起；在两个叶脉之间的上表皮部位为泡状细胞；表皮细胞之间分布有气孔。

(2) 叶肉　上、下表皮之间的绿色部分为叶肉，没有栅栏组织和海绵组织的分化，属于等面叶，细胞形态不一，细胞壁有明显的内褶现象。

(3) 叶脉　叶脉由维管束和维管束鞘组成，维管束包括木质部和韧皮部两部分，木质部在上，韧皮部在下，在维管束外有维管束鞘包围。玉米的维管束鞘由单层细胞组成，细胞壁稍有增厚，细胞较大，排列整齐，含有叶绿体。小麦的维管束鞘由两层细胞组成，外层细胞较大，壁薄，含有叶绿体；内层细胞较小，壁厚，不含叶绿体。在维管束与上、下表皮之间常有机械组织。

（三）裸子植物叶的解剖构造

取松叶横切片，置于显微镜下观察。

(1) 表皮　最外一层细胞排列紧密，呈砖状，细胞壁厚，细胞腔小，外壁上有厚的角质层覆盖,表皮上的气孔明显下陷。

(2) 下皮层　下皮层位于表皮内,由一至数层排列紧密的厚壁纤维状细胞组成,在转角处细胞层数较多。

(3) 叶肉　叶肉位于下皮层的内侧,细胞壁具有很多不规则的皱褶,叶绿体沿细胞壁边缘排列;在叶肉中可以明显地看到由一层分泌细胞围成的树脂道,注意区分树脂道的类型。

(4) 内皮层　叶肉的最内一层细胞,排列整齐而紧密。

(5) 维管束　维管束位于针叶的中央,由木质部和韧皮部组成。木质部位于近轴面,由管胞和薄壁细胞径向相间排列而成;韧皮部位于远轴面,由筛胞和韧皮细胞所组成。

四、作业

(1) 绘双子叶植物叶横切面局部(主脉一侧)细胞构造图,注明各部分的名称。

(2) 绘玉米叶横切面构造图,注明各部分的名称。

(3) 绘裸子植物叶的构造图,注明各部分的名称。

实验实训九　花的形态识别

一、目的和要求

了解被子植物花的组成和类型，掌握常见花序的特点，学会用形态术语描述花的基本特征。

二、用品和材料

桃、苹果、刺槐、泡桐、向日葵、牵牛、石竹、油菜等植物的花(或相近类型的花，最好做到就地取材、采用鲜花，也可事先浸制部分花备用)，放大镜，解剖针，镊子等。

三、内容和方法

(一) 花的基本组成(以桃花为例)

取备好的桃花一朵，用镊子由外向内剥离，观察其组成。

(1) 花柄　花下面的短柄，是花与茎相连的中间部分。

(2) 花托　花柄顶端凹陷成杯状的部分(花筒)，花的其他部分均着生在花筒的边缘上。

(3) 花萼　着生在杯状花托边缘的最外层，由五片绿色叶片状萼片组成，为离生花萼。

(4) 花冠　位于花萼以内，由五片粉红色花瓣组成，为离生花冠。

(5) 雄蕊　位于花冠以内，数目较多，每一雄蕊由花丝和花药组成，花丝细长，花药呈囊状。

(6) 雌蕊　着生于杯状花筒底部的花托上，是由一个心皮组成的单雌蕊；顶端稍膨大的部分为柱头，基部膨大部分为子房，柱头和子房之间的细长部分为花柱。

(二) 花的类型

(1) 整齐花　油菜、牵牛、桃、苹果和石竹的花，花瓣的大小、形态相同或极相似，通过花冠的中心，能作多个对称面，为整齐花(辐射对称花)。其中，牵牛花的各花瓣彼此联合，为整齐合瓣花；其他植物的花各花瓣彼此分离，为整齐离瓣花。

(2) 不整齐花　刺槐和泡桐的花，花瓣的大小、形态不同，通过花的中心只能作一个对称面，为不整齐花(两侧对称花)。其中，刺槐花的旗瓣、翼瓣、龙骨瓣彼此分离，为不整齐离瓣花，泡桐花的花瓣下部联合成筒状而上部分离，为不整齐合瓣花。

(三) 花序类型

桃、牵牛、石竹的花单生，不构成花序。苹果的花序为伞房花序，刺槐、油菜的为总状花序，泡桐的为由多数聚伞花序复合而成的圆锥花序，向日葵的为头状(篮状)花序。

四、作业

(1) 绘一典型花,注明各组成部分的名称。

(2) 认真观察实验实训材料,填写表格(表 13-2)。

表 13-2　花的形态观察

编号	花的名称	花的类型	花冠类型	雄蕊类型	雌蕊类型	花序类型
1						
2						
3						
⋮						

实验实训十　花药和胚囊构造的观察

一、目的和要求

了解花药和子房的构造，掌握被子植物生殖器官的特点。

二、用品和材料

显微镜，擦镜纸，小块绒布，百合未成熟花药横切片，百合成熟花药横切片，百合子房横切片。

三、内容和方法

（一）花药的构造

取百合未成熟花药横切片，在低倍镜下观察，可见花药呈蝶状，其中有四个花粉囊，分左、右对称两部分，中间有药隔相连，在药隔内有一维管束。选一花粉囊换高倍镜仔细观察，由外至内可见：表皮为最外一层薄壁细胞，表皮以内有一层较大的细胞，再往内由 2～3 层较扁平的细胞组成中层，中层以内的一层细胞体积较大、质浓、核多，为绒毡层。绒毡层以内可以看到许多花粉母细胞，有的已进行减数分裂成为四分体。

观察百合成熟花药横切片，可看到每侧花粉囊隔膜已经消失，形成大室，因此花药在成熟后仅具左、右两室。药室内壁细胞的细胞壁出现明显的加厚，为纤维层；中层细胞部分或全部消失，绒毡层细胞全部消失。在花药两侧的中央，由表皮细胞形成几个大型的唇形细胞，花药由此处开裂，散出许多花粉粒。

（二）子房的构造

观察百合子房横切片，可见到三个心皮，每一心皮的边缘向中央合拢形成三个子房室和中轴胎座，在每个室中有两个倒生胚珠，它们背靠背着生在中轴上。

移动切片，选择一个完整而清晰的胚珠进行观察，可见胚珠倒生。每一胚珠外层染色较浓的是珠被，包括内珠被与外珠被；在近珠柄一端有 1 个小孔，即珠孔；珠被以内是珠心，珠心内有胚囊；胚囊内可见到 1 个、2 个、4 个或 8 个核（成熟的胚囊有 8 个核，由于 8 个核不是分布在一个平面上，所以在切片中，不易全部看到）。

四、作业

（1）绘百合成熟花药的横切面图，注明各部分的名称。

（2）绘百合子房横切面图，注明各部分的名称。

实验实训十一　果实和种子的识别

一、目的和要求

了解果实和种子的主要类型及构造,掌握不同类型果实和种子的主要特点。

二、用品和材料

显微镜,放大镜,刀片,镊子,解剖针,培养皿,蒸馏水。浸泡好的黄豆、蓖麻、玉米、华山松等植物的种子。以下植物的果实(新鲜、浸制或干果标本):桃、苹果、草莓、八角茴香、桑葚、无花果、凤梨、葡萄、黄瓜、柑橘、黄豆、梧桐、油菜、棉花、向日葵、小麦、榆、板栗等。

三、内容和方法

(一) 果实

(1) 单果　单果分为肉质果和干果。肉质果中,桃为核果,苹果为梨果,葡萄为浆果,黄瓜为瓠果,柑橘为柑果。干果包括裂果和闭果。裂果中,黄豆为荚果,梧桐为蓇葖果,油菜为角果,棉花为蒴果;闭果中,向日葵为瘦果,小麦为颖果,榆为翅果,板栗为坚果。

(2) 聚合果　观察草莓的果实,每一单雌蕊形成一个小瘦果,所有小瘦果聚生在肉质膨大的花托上,为聚合瘦果。八角茴香的果实为聚合蓇葖果。

(3) 聚花果　桑葚是由雌花序发育而成的,花萼与花序轴参与到果实的形成中。无花果的花序轴向内凹成囊状,成熟时,隐头花序的肉质花序轴连同里面的小花一起发育为无花果。凤梨也是由整个花序发育而成的,其肉质多汁部分是肥大的花序轴。

(二) 种子

(1) 双子叶植物无胚乳种子　观察黄豆种子,外面的革质部分是种皮,在种皮上凹侧有一斑痕,为种脐。种脐一端有种孔。剥去种皮,里面的部分为胚,掰开相对扣合的两片肥厚子叶,子叶间有胚芽,在胚芽下面的一段为胚轴,胚轴下端为胚根。

(2) 双子叶植物有胚乳种子　观察蓖麻种子,种皮呈硬壳状,光滑并具斑纹;种子的一端有海绵状突起,为种阜,种子腹部中央有一条隆起条纹,为种脊。剥去种皮,蓖麻内部白色肥厚的部分为胚乳;用刀片平行于胚乳宽面作纵切,可见两片大而薄的片状物,上有明显的纹理,即为子叶,两片子叶基部与胚轴相连;胚轴很短,上方为很小的胚芽,夹在两片子叶之间;胚轴下方为胚根。

(3) 单子叶植物有胚乳种子　观察玉米籽粒(颖果),用镊子将果柄和果皮(包括种皮)从果柄处剥掉,在果柄下可见一块黑色组织,为种脐。用刀片从垂直玉米籽粒的宽而正中位置作纵剖,种皮以内大部分是胚乳,在剖面基部呈乳白色的部分是胚,胚紧贴胚乳处,有一形如盾状的子叶(盾片)。

(4) 裸子植物有胚乳种子　解剖华山松种子，外种皮较厚而硬，内种皮较薄而软。种皮内侧有白色的胚乳，其中包藏着一个细长、呈白色的棒状体即胚。胚根位于种子尖细的一端，胚轴上端着生多片子叶，子叶中间包着细小的胚芽。

四、作业

(1) 绘各种肉质果、干果图，注明各部分的名称。

(2) 绘各类种子的结构图，注明各部分的名称。

(3) 观察各种果实，填写表格(表 13-3)。

表 13-3　果实的观察

果实类型				植物名称	主要特征
单果	肉质果		浆果		
			瓠果		
			柑果		
			核果		
			梨果		
	干果	裂果	荚果		
			蓇葖果		
			蒴果		
			角果		
		闭果	瘦果		
			坚果		
			颖果		
			翅果		
聚合果					
聚花果					

实验实训十二　低等植物、苔藓和蕨类植物的观察

一、目的和要求

掌握念珠藻、衣藻、细菌、地钱、铁线蕨等的主要特点，深入理解植物界的多样性及其演化趋向。

二、用品和材料

显微镜，解剖针，镊子，小刀，载玻片，盖玻片，含有念珠藻和衣藻的活材料(或念珠藻和衣藻切片)，海带，细菌三型切片，地钱标本和切片，铁线蕨。

三、内容和方法

(一) 藻类植物

(1) 念珠藻　在夏季雨后石坪或树皮上，有浅蓝色滑腻的耳状物，即为念珠藻。取少许材料装片观察，可见由圆柱形的藻细胞构成丝状体，交织在一起，共同埋在胶质中。也可观察永久制片。

(2) 衣藻　用吸管取一滴含有衣藻的新鲜材料，制成水装片，在显微镜下观察，可见一个个卵状绿色运动的单细胞藻类，单细胞前端有两根鞭毛，能运动。也可观察永久制片。

(3) 褐藻　取一完整的海带植株，用水浸泡，展平，观察其假根、柄、叶片三部分。

(二) 细菌

显微镜下观察细菌三型切片，可看到有球形、杆状和弧状三种形态，即球菌、杆菌和螺旋菌。

(三) 地钱

(1) 地钱的配子体　地钱的配子体是雌雄异株的，在雌株与雄株上面分别生长着伞状具柄的雌托与雄托，雌托边缘深裂，呈星芒状，腹面倒悬着许多颈卵器；雄托边缘浅裂，形如盘状，上面着生许多精子器。精子器内产生游动精子，游动精子借助水游至颈卵器内，与卵细胞结合。受精卵在颈卵器内发育成胚，胚发育成孢子体。

(2) 地钱的孢子体　孢子体由孢蒴、蒴柄、基足三部分组成。基足插入配子体内吸收养料，孢蒴内孢子母细胞经过减数分裂形成四分孢子。孢子体成熟时，孢蒴裂开，散出孢子，落地萌发成原丝体，再由原丝体分别发育成雌、雄配子体。

(四) 铁线蕨

蕨类植物已有根、茎、叶的分化。铁线蕨的茎生在地面以下，形状似根，为根状茎。根状茎上着生许多纤细的不定根，用放大镜观察，可见根上有许多根毛。铁线蕨无地上茎，其生活于地上的部分为大型复叶。复叶中的小叶呈羽毛状排列。成熟的小叶背面边缘的一些半球形的褐色隆起，是大量孢子囊组成的囊群。孢子囊里有许多孢子，用小刀轻轻刮下部分囊群，置于洁净的载玻片上，用显微镜观察。几分钟后，可以看到孢子囊裂开，孢子被弹出。

四、作业

（1）将观察过的各种低等植物绘成简图，并注明各部分的名称。

（2）绘地钱孢子体和配子体的剖面图，注明各部分的名称。

（3）绘铁线蕨的构造图，注明各部分的名称。

实验实训十三　植物组织水势的测定

一、目的和要求

了解植物体内不同组织和细胞之间、植物与环境之间水分的移动与植物组织水势的关系，掌握用小液流法测定植物组织水势的基本方法。

二、用品和材料

带塞试管及试管架，小指形管(或装青霉素的小瓶)，移液管，弯头毛细管，打孔器(直径 1 cm 左右)，剪刀，镊子，温度计，牙签，花生或菠菜的新鲜叶片，甲烯蓝(即亚甲蓝)粉末，1 mol/L 蔗糖溶液。

三、内容和方法

① 取 6 支带塞试管，编号后排列于试管架上，另取 6 支洁净、干燥的小指形管，编上相同的号码，与带塞试管对应排列于试管架上。

② 用 1 mol/L 蔗糖溶液作母液，用蒸馏水将其稀释成一系列不同浓度的蔗糖溶液：0.1 moL/L、0.2 moL/L、0.3 moL/L、0.4 moL/L、0.5 moL/L、0.6 moL/L 各 10 mL(具体范围可根据材料不同而加以调整)，加入编号的带塞试管中，然后充分摇匀，加塞。

③ 分别用移液管从带塞试管中取出不同浓度的蔗糖溶液 2 mL，并装入相对应的小指形管中，立即加塞。移液管与浓度一一对应。

④ 用剪刀剪取生长状态一致的植物叶片数片(擦干表面水分)，在叶片的相同部位(应避免叶脉)用打孔器打取小圆片，用镊子向小指形管中各投入 10 片，使溶液浸没小圆片，加塞放置约 30 min，其间经常摇动小指形管，并保持小圆片浸没于溶液中。打取小圆片及投入小指形管中时，动作应尽量快速。

⑤ 30 min 后，用牙签取甲烯蓝粉末少许(以染成蓝色为度)，分别投入小指形管中，摇匀，使溶液着色。

⑥ 取干燥毛细管 6 支，分别从小指形管中吸取蓝色溶液(为毛细管的一半以上)，用吸水纸将毛细管外壁的蓝色溶液擦干净，然后插入与小指形管相对应的带塞试管中，使毛细管尖端位于溶液中部，轻轻挤出着色溶液一小滴。小心取出毛细管(注意勿搅动溶液)，观察蓝色小液滴的移动方向。

⑦ 若小液滴向上移动，则说明叶片组织水势大于该浓度蔗糖溶液的水势；若向下移动，则相反；若静止不动，则说明叶片组织的水势与该蔗糖溶液的水势相等；如果在前一浓度中向下移动，而在后一浓度中向上移动，则植物组织的水势可取两种浓度蔗糖溶液水势的平均值。将蓝色小液滴的移动方向填入表 13-4 中。

表 13-4 蔗糖溶液浓度与小液滴移动方向

蔗糖溶液浓度/(mol/L)	0.1	0.2	0.3	0.4	0.5	0.6
小液滴移动方向						

⑧ 测量该蔗糖溶液的温度(℃)。

⑨ 根据公式 $\psi_s=-CiRT$,求出组织的水势。

式中:ψ_s表示渗透势;C 为等渗浓度(mol/L);R 表示摩尔气体常数;T 表示绝对温度(K),数值为 273+实训时的溶液温度(℃);i 表示解离系数(蔗糖:$i=1$)。

四、作业

(1) 试述小液流法测定植物组织水势的原理。

(2) 小液流法测定植物组织水势时,为什么强调操作所用试管、小指形管、毛细管应保持干燥,打取小圆片并投入小指形管中时动作应迅速,加入甲烯蓝时不能太多?

实验实训十四　植物蒸腾速率的测定

一、目的和要求

学会蒸腾速率的测定方法，了解植物生长在不同环境条件下蒸腾速率的大小。

二、用品和材料

防风玻璃箱，托盘扭力天平(感量 0.01 g，附砝码)，镊子，剪刀，铁夹，透明方格板，刀片，线绳，尺子，花生植株，凡士林。

三、内容和方法

① 在待测植株上选一叶片生长正常的枝条，在基部缠一线以便悬挂，然后剪下。在切口处涂上凡士林，立即在托盘扭力天平上(或用厘等秤)称重，记录时间和质量，并迅速放回原处(可用夹子将离体枝条夹在原母枝上)，使其在原来环境下进行蒸腾。10 min 后迅速取下枝条再次称重，取两次质量之差，即为蒸腾水量。称重时，将托盘扭力天平置于特制的防风玻璃箱内，以便避免称重时风的影响。

② 叶面积的测定。通常用叶面积测定仪或透明方格板计算所测枝条上的叶面积，也可用纸张称重法测定叶面积。用透明方格板测定时，用事先精确画有 0.5 cm×0.5 cm 方格的透明方格板覆盖在待测叶片上，统计叶片所占方格数(计数时，叶片边缘凡超过半格的计为 1，不足半格则不计数)。叶片所占方格数乘上每个方格面积即为该小叶的叶面积。

③ 用叶面积测定仪、透明方格板或纸张称重法，计算所测枝条上的叶面积，按下式求出蒸腾速率。

蒸腾速率(g/(m^2·h))=[蒸腾水量(g)×60×10000]/[测定时间(min)×叶面积(cm^2)]

④ 将结果及当时的气候条件详细记录于表 13-5。

表 13-5　蒸腾速率的测定

植物及部位	生长情况	开始时间			叶面积/cm^2	测定时间/min	蒸腾水量/g	蒸腾速率/[g/(m^2·h)]	当时天气
		h	min	s					

四、作业

(1) 一般植物的蒸腾速率如何？

(2) 测定蒸腾速率在水分生理研究上有何意义？

(3) 测定蒸腾速率时为什么要考虑到天气情况和气孔开闭情况？

实验实训十五　光合色素的提取、分离与定量测定

一、目的和要求

学会光合色素提取、分离与定量测定的方法，了解植物光合色素的种类及特性。

二、用品和材料

剪刀，滤纸，烧杯，试管架，研钵，玻璃漏斗，毛细管，量筒，棕色容量瓶，天平，大试管（带胶塞），刻度尺，滴管，大头针，玻璃棒，移液管，分光光度计，吸水纸，铅笔，丙酮，层析液（由 20 份石油醚、2 份丙酮、1 份苯配制而成），石英砂，碳酸钙粉，蒸馏水，青菜叶、大叶黄杨等新鲜叶片。

三、内容和方法

（一）光合色素的提取

① 取植物新鲜叶片 2 g，洗净，擦干，去掉中脉剪碎，放入研钵中。

② 研钵中加入少量石英砂及碳酸钙粉，加 5 mL 100%丙酮，共研磨成匀浆，再加 10 mL 100%丙酮，用漏斗过滤，即得色素提取液。

③ 如无新鲜叶片，也可用事先制好的叶干粉提取。称取叶干粉 1.5 g 放入小烧杯中，加 3 mL 100%丙酮，并随时搅动。待溶液呈深绿色时，滤出浸提液备用。

（二）光合色素的分离

① 取一块预先干燥的定性滤纸，将它剪成长约 10 cm、宽约 1 cm 的滤纸条，顶端剪成 V 形。

② 用毛细管吸取上述色素提取液，在距滤纸条顶端 1 cm 处画出一条滤液细线，等滤液干燥后，再重复画 4～5 次。

③ 在大试管中加入层析液 2 mL，然后将滤纸平口端固定于胶塞的小钩上，使滤纸条的顶端浸入溶剂内（滤液线要高于叶面，滤纸条边缘最好不要碰到试管壁），盖紧胶塞，直立于阴暗处层析。

④经几分钟后，当推动剂前沿接近滤纸边缘时，取出滤纸，风干，观察色素带的分布。最上端的胡萝卜素为橙黄色，其次是叶黄素为黄色，再次是叶绿素 a 为蓝绿色，最后的叶绿素 b 为黄绿色。

（三）光合色素的含量测定

① 取新鲜植物叶片，擦净组织表面污物，剪碎，混匀。

② 称取剪碎的新鲜样品 0.5 g，放入研钵中，加少量石英砂和碳酸钙粉及 2～3 mL 80%丙酮，研磨成匀浆，再加 80%丙酮 5 mL，继续研磨至组织变白。

③ 转移到 25 mL 棕色容量瓶中，用少量 80%丙酮冲洗研钵、研棒及残渣数次，连同残渣一起倒入容量瓶中。用 80%丙酮定容至 25 mL，摇匀。然后离心或过滤，收集上清液备用。

④ 将上述色素提取液倒入口径为 1 cm 的比色杯内。以 80%丙酮为空白，在波长 663 nm、645 nm 下测定吸光度。

⑤ 结果计算

将测得的吸光度代入公式，分别计算叶绿素 a、叶绿素 b 的浓度(mg/L)。

$$C_a=12.7A_{663}-2.69A_{645}$$
$$C_b=22.9A_{645}-4.68A_{663}$$

将 C_a 与 C_b 相加即得叶绿素总量 C_t，即

$$C_t=C_a+C_b=20.21A_{645}+8.02A_{663}$$

式中：A_{663}、A_{645} 分别为叶绿素溶液在波长 663 nm、645 nm 处的吸光度；C_a、C_b 和 C_t 分别为叶绿素 a、叶绿素 b 和叶绿素(总)的浓度，单位为 mg/L。

最后按下式计算组织中单位鲜重的各色素的含量：

色素含量(mg/g)=[色素浓度(mg/L)×提取液总体积(mL)]/[样品质量(g)×1000]

四、作业

(1) 研磨提取叶绿素时加入碳酸钙，有什么作用？

(2) 叶绿素 a、叶绿素 b、叶黄素和胡萝卜素在滤纸上的分离速度不一样，与它们的相对分子质量有关吗？

实验实训十六 植物光合速率的测定

一、目的和要求

学会用改良半叶法测定植物的光合速率，了解不同植物的光合生产能力。

二、用品和材料

分析天平，烘箱，铝盒，剪刀，镊子，打孔器，纱布，毛笔，带盖搪瓷盘，纸牌，卡尺，铅笔，5%三氯乙酸溶液，0.3 mol/L 丙二酸溶液，任选一种户外植物。

三、内容和方法

(1) 取样　在晴天上午 7:00—8:00 进行。在户外选择有代表性的植株叶片 15 片(增加叶片的数目可提高测定的精确度)，要注意叶龄、叶色、着生节位、叶脉两侧和受光条件的一致性。然后挂牌编号。

(2) 处理叶柄　阻止叶片光合作用产物外运的方法有环割法、烫伤法和抑制法。本实训采用抑制法。用毛笔蘸取 5%三氯乙酸溶液或 0.3 mol/L 丙二酸溶液涂抹叶柄一周。注意勿使抑制液流到植株上。为防止叶片折断或叶片下垂，可用锡纸、橡皮管或塑料管包绕，使叶片保持原来的着生角度。

(3) 剪取样品　叶柄处理完毕后即可剪取样品，开始记录时间，进行光合速率的测定。首先按编号次序分别剪下对称叶片的一半(主脉留下)，并按顺序夹在湿润的纱布中，放入带盖的搪瓷盘内，保持黑暗，带回室内。2～3 h 后，再按原来的顺序依次剪下叶片的另一半。同样按编号包入湿润的纱布中带回。注意两次剪叶次序与剪叶速度应尽量保持一致，使各叶片经历相同的光照时间。

(4) 称干重　取 6 个铝盒分别编号(铝盒事先烘干称重)，将各同号叶片光下与暗中的两半叶叠在一起，用打孔器打取叶圆片，分别放入相应编号的铝盒中(即光下和暗中的叶圆片分开)。每 5 个叶片打下的叶圆片放入一个铝盒中，作为一个重复。记录每个铝盒中的小圆片数量。打孔器直径根据叶片面积的大小进行选择，尽可能多地打取叶圆片。注意不要忘记用卡尺量打孔器的直径。将铝盒中叠在一起的叶圆片分散，开盖置于 105 ℃烘箱中烘 10 min 以快速杀死细胞，然后将温度降到 70～80 ℃，烘干至恒重(2～4 h)。最后取出加盖，置于干燥器中冷却至室温，用分析天平称重。将测定的数据填入表 13-6 中。

表 13-6　光合速率的测定

植物名称	重复	叶圆片数量	叶圆片总面积/m^2	暗中半叶干重/mg	光下半叶干重/mg	光照时间/s	光合速率/[mg(DW)/(m^2·s)]
	1						
	2						
	3						

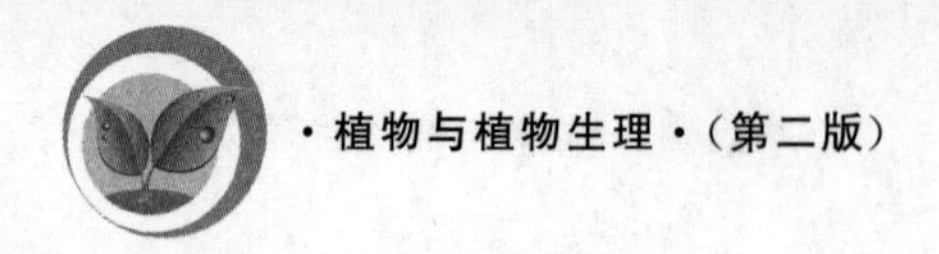

(5) 结果计算

$$光合速率(mg(DW)/(m^2 \cdot s))=(m_2-m_1)/(At)$$

式中:m_2 为光下半叶的叶圆片干重(mg);m_1 为暗中半叶的叶圆片干重(mg);A 为叶圆片面积(m^2);t 为光照时间(s)。若将干物质重乘以系数 1.5,便可得 CO_2 的同化量,以$mg(CO_2)/(m^2 \cdot s)$表示。

四、作业

(1) 通过光合作用测定可以解决什么理论和实际问题?

(2) 为什么选择叶龄、叶色、着生部位和受光一致,以及主脉两侧对称的叶片?

(3) 在取样称重时,为什么将同号叶片的两个半叶叠在一起用打孔器打取叶圆片?

实验实训十七 植物呼吸速率的测定

一、目的和要求

学会采用广口瓶法测定植物呼吸速率。

二、用品和材料

广口瓶，分析天平，滴定台，酸式滴定管，移液管，容量瓶，钟表，恒温箱，干燥管，大头针，尼龙网制小篮，酚酞指示剂，碱石灰，0.05 mol/L $Ba(OH)_2$溶液，1/44 mol/L 草酸溶液，处于不同萌发阶段的小麦种子。

三、内容和方法

① 取 500 mL 广口瓶两个，每个瓶口用打有 2 孔的橡皮塞塞紧，一孔插一盛碱石灰的干燥管，使呼吸过程中能进入无 CO_2的空气，另一孔直径约 1 cm，供滴定用，不滴定时用小橡皮塞塞紧。瓶塞下方挂一尼龙网制小篮，以便装植物样品(也可用单层纱布包裹种子代替)。

② 称取萌发的小麦种子 20～30 g，装于小篮内，将小篮挂在橡皮塞下方的钩子上，同时加 0.05 mol/L $Ba(OH)_2$溶液 20 mL 于广口瓶内，立即塞紧瓶塞。同时，在另一广口瓶加入等量的 0.05 mol/L $Ba(OH)_2$ 溶液，只是小篮中不放实验材料，作为对照。

③ 一切装置好后，立即把两瓶移放入 30 ℃的恒温箱内(如做不同温度条件对呼吸速率影响比较的试验：可将待测材料放于 20 ℃以下、25 ℃以上等不同温度条件中)，准确记录时间，每 10 min 左右轻轻地摇晃广口瓶(不能用力太猛，以免小篮掉下或碱液沾到小篮筐上)，破坏溶液表面的 $BaCO_3$薄膜，以利于 CO_2的吸收，反应 30 min。

④ 反应时间到后，小心打开瓶塞，迅速取出小篮，加入 1～2 滴酚酞指示剂，立即重新塞紧瓶塞，然后拔出小橡皮塞，把滴定管插入小孔中，用 1/44 mol/L 草酸溶液滴定，直到红色刚刚消失为止。记录滴定碱液所消耗的草酸溶液的体积于表 13-7 中。

表 13-7 呼吸速率的测定

材料名称	材料质量/g	反应时间/min	草酸用量/mL		呼吸速率/[mg(CO_2)/(g・h)]
			空白滴定值(V_1)	样品滴定值(V_2)	

⑤ 结果计算

$$呼吸速率(mg(CO_2)/(g\cdot h))=(V_1-V_2)\times 1/(mt)$$

式中:V_1为空白滴定用去的草酸溶液体积(mL);V_2为样品滴定用去的草酸溶液体积(mL);m 为样品鲜重(g);t 为测定时间(h)。

四、作业

(1) 本实验中为何要进行空白滴定?

(2) 为何在实验操作过程中动作要迅速?

(3) 试比较不同萌发阶段小麦种子的呼吸速率。

实验实训十八　植物组织汁液中氮、磷和钾的快速测定

一、目的和要求

掌握植物组织中氮、磷和钾含量快速分析的技术，了解根系活力和根系营养状况。

二、用品和材料

榨汁机，比色盘，药勺，分光光度计，天平，恒温水浴锅，玻璃棒，电炉，大白菜或瓜类、葡萄等幼苗。还包括下列 12 种试剂。

(1) 硝酸试粉　分别称取 1 g 硫酸钡、0.2 g 锌粉、0.4 g 对氨基苯磺酸、0.2 g α-萘胺，混合，置于研钵中研细，混匀，再加入 3.75 g 柠檬酸一起研磨，混匀，贮于棕色瓶中，防潮、避光。

(2) 50%醋酸　50 mL 冰醋酸加蒸馏水至 100 mL。

(3) 100 mg/L 硝态氮标准液　精确称取经 105 ℃烘干的分析纯 KNO_3 0.7220 g(或 $NaNO_3$ 0.6068 g)，溶于蒸馏水中，定容至 1000 mL。

(4) 100 mg/L 铵态氮标准液　精确称取经 105 ℃烘干的分析纯 $(NH_4)_2SO_4$ 0.4761 g，溶于蒸馏水中，定容至 1000 mL。

(5) 纳氏试剂　称取 5 g KI，溶于 5 mL 蒸馏水中，另溶 3.5 g $HgCl_2$ 于 15 mL 水中，加热溶解。将 $HgCl_2$ 溶液缓缓倒入 KI 溶液中，直至有少许经搅动仍不溶解的红色沉淀出现为止，然后加入 50%KOH 溶液 40 mL(或 20%NaOH 溶液 70 mL)，再用蒸馏水稀释至 100 mL，混匀，倾出清液，装于棕色瓶中暗处保存。

(6) 1%阿拉伯胶　称取 1 g 阿拉伯胶，加热溶解于 100 mL 蒸馏水中。

(7) 盐酸钼酸铵溶液　称取 15 g 化学纯钼酸铵，溶于约 300 mL 蒸馏水中(如混浊，需过滤)，缓缓注入 292 mL 浓盐酸(相对密度为 1.19)，边加边搅拌，最后加蒸馏水稀释至 1000 mL，贮于棕色瓶内。

(8) 氯化亚锡甘油溶液　称取淡黄色新鲜干燥的氯化亚锡细晶体($SnCl_2 \cdot 2H_2O$) 2.5 g，加入 10 mL 浓盐酸(相对密度为 1.19)，待溶液全部溶解并透明后(如混浊，需过滤)，再加纯甘油 90 mL 混匀，贮于棕色瓶中，塞紧，置于阴暗处可保存半年以上。

(9) 10 mg/L 磷标准液　精确称取经 105 ℃烘干的分析纯 KH_2PO_4 0.4390 g，溶于蒸馏水中，定容至 1000 mL。

(10) 3%四苯硼钠溶液　称取 0.3 g 四苯硼钠，放入小烧杯中，加水 10 mL 使之溶解，如混浊需过滤，滤液加 0.2 mol/L NaOH 溶液 1 滴，贮于棕色瓶内，此液可保存 1 个月。

(11) 钾标准液　精确称取经 105 ℃烘干的分析纯 K_2SO_4 2.2287 g(或 KCl 1.9120 g)，溶于蒸馏水中，定容至 1000 mL。

(12) 甲醛溶液　浓度为 37%。

三、内容和方法

1. 植物组织汁液的制备(也可收集伤流液)

将大白菜茎放在榨汁机中榨取汁液,过滤后备用。

2. NO_3^- 的测定

在比色盘的 5 个孔中分别按表 13-8 顺序滴加各试剂,用玻璃棒依次搅匀。5 min 后,即成 5 个浓度分别为 10 mg/L、20 mg/L、30 mg/L、40 mg/L、50 mg/L 硝态氮的系列色阶。再于 6 号孔中加入汁液 5 滴(浓度太高时,可稀释后用)及硝酸试粉 1 勺,搅匀,5 min 后,将其所显粉红色与标准色阶比较,确定样品液硝态氮浓度。

表 13-8 NO_3^- 的测定

项　　目	孔　　号					
	1	2	3	4	5	6
各管 NO_3^- 浓度/(mg/L)	10	20	30	40	50	x
蒸馏水用量/滴	9	8	7	6	5	5
100 mg/L 硝态氮标准液用量/滴	1	2	3	4	5	汁液 5
50%醋酸用量/滴	1	1	1	1	1	1
硝酸试粉用量/勺	1	1	1	1	1	1

3. NH_4^+ 的测定

在比色盘的 5 个孔中分别按表 13-9 顺序滴加各试剂,用玻璃棒依次搅匀。5 min 后,即成 5 个浓度分别为 10 mg/L、20 mg/L、30 mg/L、40 mg/L、50 mg/L 铵态氮的系列色阶。再于 6 号孔中加入汁液 5 滴(浓度太高时,可稀释后用)及 1%阿拉伯胶 2 滴、纳氏试剂 1 滴,搅匀,5 min 后,将其所显红棕色与标准色阶比较,确定样品液铵态氮浓度。

表 13-9 NH_4^+ 的测定

项　　目	孔　　号					
	1	2	3	4	5	6
各管 NH_4^+ 浓度/(mg/L)	10	20	30	40	50	x
蒸馏水用量/滴	9	8	7	6	5	5
100 mg/L 铵态氮标准液用量/滴	1	2	3	4	5	汁液 5
1%阿拉伯胶用量/滴	2	2	2	2	2	2
纳氏试剂用量/滴	1	1	1	1	1	1

4. $H_2PO_4^-$ 的测定

在比色盘的 5 个孔中分别按表 13-10 顺序滴加各试剂,用玻璃棒依次搅匀。5 min 后,即成 5 个浓度分别为 2 mg/L、4 mg/L、6 mg/L、8 mg/L、10 mg/L 无机磷的系列色阶。再于 6 号孔中加入汁液 5 滴(浓度太高时,可稀释后用)及钼酸铵 1 滴、氯化亚锡甘油 1 滴,搅匀,5

min 后，将其所显蓝色与标准色阶比较，确定样品液无机磷浓度。（含磷 10 mg/L 以上时颜色过深，难以比较。）

表 13-10 $H_2PO_4^-$ 的测定

项　目	孔　号					
	1	2	3	4	5	6
各管 $H_2PO_4^-$ 浓度/(mg/L)	2	4	6	8	10	x
蒸馏水用量/滴	8	6	4	2	0	5
10 mg/L 磷标准液用量/滴	2	4	6	8	10	汁液 5
盐酸钼酸铵溶液用量/滴	1	1	1	1	1	1
氯化亚锡甘油溶液用量/滴	1	1	1	1	1	1

5. K^+ 的测定

在黑色比色盘（或透明表面皿下衬黑纸代替）的 5 个孔中分别按表 13-11 顺序滴加各试剂，用玻璃棒依次搅匀。5 min 后，即成 5 个浓度分别为 20 mg/L、40 mg/L、60 mg/L、80 mg/L、100 mg/L K^+ 的系列色阶。再于 6 号孔中加入汁液 5 滴（浓度太高时，可稀释后用）及甲醛 1 滴（排除 NH_4^+ 的干扰）、3%四苯硼钠溶液 1 滴，搅匀，5 min 后，将其所显白色与标准浊度比较，确定样品液钾离子浓度。

表 13-11 K^+ 的测定

项　目	孔　号					
	1	2	3	4	5	6
各管 K^+ 浓度/(mg/L)	20	40	60	80	100	x
蒸馏水用量/滴	8	6	4	2	0	0
100 mg/L 钾标准液用量/滴	2	4	6	8	10	汁液 5
甲醛用量/滴	1	1	1	1	1	1
3%四苯硼钠溶液用量/滴	1	1	1	1	1	1

四、作业

将植物汁液成分分析结果（包括检测的离子、检测方法、显色及现象、浓度等）汇总于表 13-12。

表 13-12 植物汁液成分分析结果

检测的离子	检测方法	显色及现象	浓度
NO_3^-			
NH_4^+			
$H_2PO_4^-$			
K^+			

实验实训十九　植物生长调节剂在插条生根上的应用

一、目的和要求

通过实训加深对植物生长调节剂调控植物生长理论的理解，掌握植物生长调节剂诱导植物插条生根的技术，探索植物生长调节剂影响植物插条生根的最适宜浓度和处理方法。

二、用品和材料

电子天平，烘箱，枝剪，直尺，杨树（或丁香）等植物材料，1000 mg/L 吲哚丁酸（称取 100 mg 吲哚丁酸，加 95%乙醇 0.2 mL 溶解，用蒸馏水定容至 100 mL），1000 mg/L 萘乙酸（称取 100 mg 萘乙酸，加 95%乙醇 0.2 mL 溶解，用蒸馏水定容至 100 mL）。

三、内容和方法

① 按照设计配制不同浓度的植物生长调节剂（参考浓度：100 mg/L、200 mg/L、300 mg/L、400 mg/L）。

② 取植物的插条，保留顶端 1～2 个叶片。

③ 将插条基部 2～3 cm 浸泡在植物生长调节剂的溶液中，用相同体积的水作对照。记录浸泡时间，然后换水（或插入基质苗床中）。

④ 弱光通风处培养，室温 20～25 ℃，注意加水至原来高度。（插入基质苗床中的插条要注意遮阴和喷雾，以保持适宜的湿度和温度。）

⑤ 插条用水培养 10～20 d 后，统计基部不定根发生的数目，每个插条的发根数、根的长度、根的鲜重和干重等。

四、作业

将观察结果汇总于表 13-13，并分析适宜插条生根的植物生长调节剂和处理浓度。

表 13-13　植物生长调节剂对插条生根的影响

植物生长调节剂种类和浓度		发根数	平均根长度	根的鲜重	根的干重
吲哚丁酸	0				
	100 mg/L				
	200 mg/L				
	300 mg/L				
	400 mg/L				
萘乙酸	0				
	100 mg/L				
	200 mg/L				
	300 mg/L				
	400 mg/L				

实验实训二十　植物春化处理及其效应观察

一、目的和要求

了解春化作用的基本原理，掌握春化处理及其效应的观察方法。

二、用品和材料

冰箱，解剖镜，镊子，解剖针，载玻片，培养皿，冬小麦种子。

三、内容和方法

① 选取一定数量的冬小麦种子（最好用强冬性品种），分别于播种前 50 d、40 d、30 d、20 d 和 10 d 吸水萌动，置于培养皿内，放在 0～5 ℃的冰箱中进行春化处理。

② 在春季（在 3 月下旬或 4 月上旬），从冰箱中取出经不同时间处理的种子和未经低温处理但使其萌动的种子，同时播种于花盆或实验地中。

③ 麦苗生长期间，进行肥水管理，随时观察植株生长情况。当春化处理时间最长的麦苗出现拔节时，分别取不同处理的麦苗，用解剖针剥出生长锥，并将其切下，放在载玻片上，加 1 滴水，然后在解剖镜下观察，并作简图。比较不同的生长锥有何区别。

④ 继续观察植株生长情况，直到处理时间最长的麦株开花时为止。

四、作业

将观察结果汇总于表 13-14。

表 13-14　春化处理及其效应观察

观察日期	春化时间及植株生育情况记载					
	50 d	40 d	30 d	20 d	10 d	未春化

实验实训二十一　植物光周期现象的观察

一、目的和要求

在自然光照条件下,对植物进行短日照、间断光期、间断黑夜等处理,了解日照和黑夜的交替及其长度对短日照植物开花结果的影响。掌握植物光周期的观察方法,能应用光周期理论对植物的生长发育进行调控。

二、用品和材料

黑罩(外面白色,里面黑色)或暗箱、暗柜、暗室,日光灯或红色灯泡(60~100 W),闹钟(附光源开关自动控制装置),大豆幼苗(迟熟种)或水稻幼苗(感光性强的品种),菊花或其他短日照植物。

三、内容和方法

① 当大豆幼苗长出第一片复叶,或水稻幼苗长出 5~6 个叶片(夜温在 20 ℃以上)后,按表 13-15 所列方法给予不同处理,一般情况下连续处理 10 d 后即可完成。

表 13-15　光周期现象的观察

处理项目	处理方法
短日照	每日光照 8 h(7:00—15:00,注意南、北方时差)
间断白昼	每日 11:30—14:30 移入暗处间断白昼 3 h
间断黑夜	在短日照处理基础上,于午夜 0:00—1:00 光照 1 h,以间断黑夜
对照	以自然条件为对照

经上述处理后,记录各处理的大豆现蕾期(或水稻始穗期),并与对照作比较。

② 取菊花或其他当地短日照植物 4 株:第 1 株予以每日光照 18 h 的长日照处理;第 2 株予以每日光照 10 h 的短日照处理;第 3 株下部叶片予以短日照处理,而摘去叶片的顶端则受长日照处理;第 4 株与第 3 株处理相反。观察最后的开花情况。记录结果于表 13-16 中。

表 13-16　光照长度对短日照植物开花的影响

植株编号	光照处理方法	是否开花
1	18 h 长日照处理	
2	10 h 短日照处理	
3	下部叶片 10 h 短日照处理,摘去叶片的顶端 18 h 长日照处理	
4	下部叶片 18 h 长日照处理,摘去叶片的顶端 10 h 短日照处理	

四、作业

根据观察的结果,分析不同的光照处理对短日照植物开花的影响。

实验实训二十二 植物组织抗逆性的测定(电导率仪法)

一、目的和要求

逆境胁迫会对细胞膜造成不同程度的损害,使细胞内电解质外渗,进而危害植物生长发育。电导率仪法是植物抗逆性测定的间接方法之一。通过本实验掌握电导率仪的使用方法,学会用电导率仪法测定植物组织的抗逆性。

二、用品和材料

电导率仪,天平,保鲜膜,恒温箱,人工气候箱(冰箱),真空抽气装置,容量瓶,烧杯,打孔器,吸水纸,双蒸水(无离子水),小麦、玉米、水稻、菠菜或小青菜等植物叶片。

三、内容和方法

1. 用具清洗

由于电导率变化极为灵敏,稍有杂质就产生很大误差,因此所有玻璃用具必须充分洗净。清洗顺序为:用肥皂水洗后,再以新配洗涤液洗,然后用自来水、双蒸水(最好为无离子水)各淋洗 3～4 遍。将洗净的器皿置于洁净并垫有清洁滤纸的瓷盘中,上面覆盖清洁纱布、自然干燥备用,或烘干后备用。

2. 材料处理

① 选取植物叶片(或枝条),以纱布擦去尘土,用打孔器取样三等份(也可用刀片切取等面积叶块或枝段)。第一份置于－20 ℃冰柜中;第二份放在 40 ℃恒温箱中处理 1 h;第三份不处理,作为对照(常温)。

② 取出材料,依次用自来水,双蒸水(或无离子水)冲洗数次,用洁净滤纸吸干水分,置于烧杯中,再冲洗 2～3 次,各加 20 mL 双蒸水(或无离子水),放入注射器抽气,或用真空泵抽气。抽完气将叶片和双蒸水(或无离子水)重新倒回各烧杯中。室温下浸提1～2 h(整个过程不要用手接触材料,以防污染)。

3. 电导率测定

用双蒸水(或无离子水)进行电导率仪校正后,测定三种温度处理材料浸出液的电导率,记录并比较各处理对电导率的影响。

四、作业

将测定结果填于表 13-17 中,并分析结果。

表 13-17 电导率仪法测定植物组织的抗逆性

处 理	电导率/(μS/cm)
双蒸水(空白)	
－20 ℃	
40 ℃	
常温	

实验实训二十三　花粉生活力的观察与测定

通过花粉生活力的测定，了解并掌握花粉生活力的测定方法，认识不育花粉的形态特征。

Ⅰ　碘染色法

一、实验原理

水稻、小麦、玉米等禾谷类植物的花粉粒属淀粉型花粉，发育正常的成熟花粉粒充实饱满，并积累较多淀粉，可被 I_2-KI 染成蓝色。发育不良的花粉常呈畸形，积累淀粉极少或无淀粉，用 I_2-KI 染色时，不显蓝色，而呈黄褐色。

二、用品和材料

显微镜，镊子，载玻片，盖玻片，水稻、玉米或小麦的成熟花粉，I_2-KI 溶液（取 KI 2 g，溶于 5～10 mL 蒸馏水中，然后加入 1 g I_2，待全部溶解后，再加蒸馏水至 300 mL，贮于棕色瓶中备用）。

三、内容和方法

1. 材料的采集

田间取成熟、即将开放的花蕾（或花序）带回室内。

2. 染色与镜检

取 1 个花药，置于载玻片上，加一滴蒸馏水，用镊子充分捣碎后，再加 1～2 滴 I_2-KI 溶液，盖上盖玻片，在显微镜下观察花粉着色情况。凡被染成蓝色的为生活力强的花粉粒，呈黄色的为无生活力花粉。观察三张片子，每片统计 3～5 个视野中花粉粒总数与着蓝色的花粉粒数。

四、作业

按下列公式计算花粉生活力：

$$花粉生活力=\frac{蓝色花粉粒数}{观察花粉粒总数}\times 100\%$$

Ⅱ　氯化三苯基四氮唑（TTC）法

一、实验原理

有生活力的花粉呼吸作用所产生的 NADH 能将 TTC 还原成红色的 TTF，从而被染成红色，没有生活力的花粉则不着色。

$$C_6H_5-C\begin{matrix}\nearrow N-N-C_6H_5 \\ \searrow N=N^{+}-C_6H_5\end{matrix}\ Cl^{-}\xrightarrow{2H} C_6H_5-C\begin{matrix}\nearrow N-NH-C_6H_5 \\ \searrow N=N-C_6H_5\end{matrix}+HCl$$

TTC(无色)　　　　TTF(红色)

二、用品和材料

恒温箱,显微镜,凹面载玻片,盖玻片,镊子,任一植物的花粉,0.5%TTC溶液(称取TTC 0.5 g,用少量95%乙醇溶解,最后定容至100 mL)。

三、内容和方法

① 取少量花粉,置于凹面载玻片上,加1～2滴0.5%TTC溶液,盖上盖玻片,于35 ℃恒温箱中保温15 min。

② 将载玻片置于显微镜下观察,凡被染为红色的花粉生活力强,淡红色次之,无色为没有生活力的花粉(不育花粉)。观察2～3张片子,每片统计5个视野的花粉粒总数和着色花粉数。

四、作业

按方法Ⅰ中的公式,计算植物的花粉生活力。

综合实训一　观赏植物的花期调控技术

一、目的和要求

了解花期调控的主要途径,掌握花期调控的基本方法,为生产和科学研究服务。

二、用品和材料

剪刀,喷雾器,菊花。

三、内容和方法

(一) 日长处理对花期的影响

1. 电照

(1) 电照时期　依栽培类型和预计采花上市日期而定。如 11 月下旬至 12 月上旬采收,电照时期为 8 月中旬至 9 月下旬;12 月下旬采收,电照时期为 8 月中旬至 10 月上旬;1—2 月采收,电照时期为 8 月下旬至 10 月中旬;2—3 月采收,电照时期为 9 月上旬至 11 月上旬。

(2) 电照时间　以某一品种为例,分为连续照明(太阳落山时即开始)和深夜 12 时开始两种,比较花期早晚。

(3) 电照中的灯光设备　用 60 W 的白炽灯作为光源(100 W 的照度),两灯相距 3 m,设置高度在植株顶部以上 80～100 cm 处。

(4) 重复电照　重复电照的时间分 10 d、20 d 和 30 d 三组,比较三组花芽分化的早晚及切花品质(如舌状花比例、有无畸变等)。

2. 遮光处理

(1) 遮光时期　8 月上旬开始遮光。10 月上旬开花的品种在 8 月下旬,10 月中旬开花的品种在 9 月 5 日,10 月下旬至 11 月上旬开花的品种在 9 月 15 日前后终止遮光。根据基地现有品种进行遮光处理,并比较不同时期、不同品种的催花效果。

(2) 遮光时间带和日长比较　一般遮光时间设在傍晚或者早晨。分 4 种情况比较花期早晚:①傍晚 7 点关闭遮光幕,早晨 6 点打开的 11 h 遮光处理;②傍晚 6 时到早晨 6 时遮光的 12 h 处理;③傍晚和早晨遮光,夜间开放处理;④下午 5 时到 9 时遮光,夜间开放处理。

注意用银色遮光幕在晴天的傍晚保持在 0.5～11 lx 较好,最高照度不超过 3 lx。

(二) 温度调节对花期的影响

菊花从花芽分化到现蕾期所需温度因品种、插穗冷藏的有无、土壤水分的变化和施肥量以及株龄不同而异。一般以最低夜温为 15 ℃,昼温在 30 ℃以下较为安全。

在实训中将营养生长进行到一定程度而花芽分化还未进行的盆栽菊分为两组:一组放在夜温 15 ℃、昼温 27～30 ℃的室内(控制光照状况,使其和自然状态相近);另一组置于自然状态下，观察比较现蕾期的早晚。

（三）栽培措施处理对花期的影响

① 将盆栽菊花摘心，分留侧芽与去侧芽、留顶芽两组处理，观察两者现蕾期的早晚。

② 对现蕾的盆栽菊进行剥副蕾留顶蕾、不剥蕾两组处理，观察蕾期的长短。

四、作业

(1) 观察并记载各种处理结果。

(2) 比较不同品系菊花生长发育的特性及花期调控特点。

(3) 举例说明影响电照或遮光时间和强度的因素有哪些。

(4) 秋菊是短日照植物，还是长日照植物？要使菊花在元旦开花，应采取哪些具体措施？

综合实训二　植物的溶液培养与缺素症观察

一、目的和要求

溶液培养法是鉴别各种矿质元素是否为植物必需元素的主要方法。本实训中有意识地配制各种缺乏某种矿质元素的培养液，观察植物在这些培养液中所表现出来的各种症状，加深对各种矿质元素生理作用的认识。

二、用品和材料

分析天平，容量瓶，烧杯，移液管，量筒，培养皿，培养钵，玻璃棒，洗耳球，pH 试纸，记号笔，硝酸钾，硫酸镁，磷酸二氢钾，硫酸钾，硝酸钠，磷酸二氢钠，硫酸钠，硝酸钙，氯化钙，硫酸亚铁，硼酸，硫酸锰，硫酸铜，硫酸锌，钼酸，氢氧化钠，盐酸，乙二胺四乙酸二钠，蒸馏水，玉米种子。

三、内容和方法

1. 幼苗培育

选取饱满无病的玉米种子，用自来水冲洗 3 次，再用蒸馏水冲洗 2 次，放在培养皿中萌发 24 h。然后播种到洁净、湿润的石英砂中，放在阳光充足的地方并经常检查，加适量蒸馏水以保持湿润状态。待叶子展开后可适当浇一些稀释 5 倍的完全培养液。当幼苗长出 2 片真叶，根长到 5～7 cm 时，选择生长健壮、大小一致的幼苗植株备用。

2. 培养液的配制

配制各大量元素及微量元素的贮备液(母液)，用蒸馏水按表 13-18 配制。

表 13-18　贮备液的配制

大量元素		微量元素	
药品名称	浓度/(g/L)	药品名称	浓度/(g/L)
$Ca(NO_3)_2 \cdot 4H_2O$	236	H_3BO_3	2.860
KNO_3	102	$MnSO_4$	1.015
$MgSO_4 \cdot 7H_2O$	98	$CuSO_4 \cdot 5H_2O$	0.079
KH_2PO_4	27	$ZnSO_4 \cdot 7H_2O$	0.220
K_2SO_4	88	H_2MoO_4	0.090
$CaCl_2$	111		
NaH_2PO_4	24		
$NaNO_3$	170		
Na_2SO_4	21		

续表

大量元素			微量元素	
药品名称		浓度/(g/L)	药品名称	浓度/(g/L)
Fe-EDTA	Na_2-EDTA	7.45		
	$FeSO_4 \cdot 7H_2O$	5.57		

配备以上贮备液后，再按表13-19配成完全培养液和缺乏某种元素的培养液(用蒸馏水)。配好营养液后，测定每瓶溶液的pH值，用0.1 mol/LNaOH或0.1 mol/LHCl调节pH值为5～6。

表13-19 培养液的配制

贮备液	每1000 mL培养液中贮备液的用量/mL						
	完全	缺 N	缺 P	缺 K	缺 Ca	缺 Mg	缺 Fe
$Ca(NO_3)_2$	5	0	5	5	0	5	5
KNO_3	5	0	5	0	5	5	5
$MgSO_4$	5	5	5	5	5	0	5
KH_2PO_4	5	5	0	0	5	5	5
K_2SO_4	0	5	1	0	0	0	0
$CaCl_2$	0	5	0	0	0	0	0
NaH_2PO_4	0	0	0	5	0	0	0
$NaNO_3$	0	0	0	5	5	0	0
Na_2SO_4	0	0	0	0	0	5	0
Fe-EDTA	5	5	5	5	5	5	0
微量元素	1	1	1	1	1	1	1

3. 植株培养

将按以上方法配制的完全培养液和缺乏某种元素的培养液，分别倒入培养容器中，然后选择具有2个叶片的玉米幼苗，用蒸馏水将根系冲洗干净，小心用海绵把茎包好，通过小孔固定在培养容器的盖上，勿伤根系，使整株根系浸入培养液中，并在液面处画一记号。装好后把培养容器放在阳光充足、温度适宜(20～25 ℃)的地方。在盖与溶液之间应保留一定空隙，以利通气。另外，培养容器盖上另打一孔，插入一条玻璃管至培养容器底部，以便每日打气和灌注培养液至标记的原液面位置。培养容器最好用内黑外白的蜡光纸包好，培养过程中要始终保持pH值在5.5～6.0，若变动较大，可用酸、碱进行调整。培养液1周更换一次。

4. 观察记录

要求每隔2 d观察1次，观察整个植株根、茎、叶的生长发育情况，注意记录缺乏必需元素时所表现的症状及最先出现症状的部位。认真填写记录表（表 13-20）。

表 13-20　溶液培养记录表

培养时间	生长情况、缺素症状及部位						
	完全	缺 N	缺 P	缺 K	缺 Ca	缺 Mg	缺 Fe
2 d							
4 d							
6 d							
8 d							
10 d							
12 d							
14 d							

四、作业

(1) 为什么说无土培养是研究矿质营养的重要方法?

(2) 所用药品必须为分析纯(A.R.),并注意用具洁净,为什么?

(3) 根据实训结果描述玉米幼苗缺乏大量元素时所表现的典型症状,并分析原因。

综合实训三　常用植物制片技术

一、目的和要求

了解植物制片技术的种类，掌握植物制片的方法与技术，明确有关注意事项。

二、用品和材料

显微镜，切片机，染色缸，显微镜，烘箱，载玻片，盖玻片，双面刀片，毛笔，镊子，培养皿，滤纸，滴管，小木块，离析液，FAA 固定液，软化剂，95%乙醇，盐酸，番红染液，固绿溶液，植物新鲜材料。

三、内容和方法

（一）徒手切片技术

徒手切片技术是指徒手用双面刀片将新鲜的或已固定的材料切成薄片，放在载玻片上的水滴中，盖上盖玻片制成玻片标本的技术。亦即以手切代替机械切片，而将切下的薄片制成永久制片的技术。

徒手切片前，应先准备好一个盛有清水的培养皿。在切片时，用左手的拇指与食指、中指夹住实验材料，大拇指应低于食指 2～3 mm，以免被刀片割破。材料要伸出食指外 2～3 mm，左手拿材料要松紧适度，右手平稳地拿住刀片并与材料相垂直。然后，在材料的切面上均匀地滴上清水，以保持材料湿润。将刀口向内对着材料，并使刀片与材料切口基本上保持平行，再用右手的臂力（不要用手的腕力）向自身方向拉切。此时，左手的食指一侧应抵住刀片的下面，使刀片始终平整。连续地切下数片后，将刀片放在培养皿的水中稍一晃动，切片即漂浮于水中。当切到一定数量后，可在培养皿内挑选透明的薄片，用低倍镜观察检查。好的切片应该薄且比较透明、组织结构完整，否则要重新进行切片。

对经检查符合要求的切片，如果只作临时观察，可封藏在水中进行观察。若要更清楚地显示其组织和细胞结构，可选择一些切片进一步通过固定、染色、脱水、透明及封藏等步骤，做成永久玻片标本。

（二）石蜡切片技术

石蜡切片技术是常规制片技术中最为广泛应用的技术，是利用石蜡作为组织支撑物，对组织标本进行切片和染色观察的制片技术。

石蜡切片包括取材、固定、洗涤和脱水、透明、浸蜡、包埋、切片与贴片、脱蜡、染色、脱水、透明、封片等步骤。一般的组织从取材固定到封片制成玻片标本需要数日，其标本可以长期保存使用，为永久性显微玻片标本。

1. 取材

应根据要求选取材料来源及部位。例如，观察植物细胞有丝分裂时多选取洋葱根尖，细胞分裂快又便于切取。

2. 固定

用适当的化学药液——固定液浸渍切成小块的新鲜材料，迅速凝固或沉淀细胞和组织中的物质成分，终止细胞的一切代谢过程，防止细胞自溶或组织变化，尽可能保持其活体时的结构。固定液的种类很多，其对组织的硬化收缩程度以及组织内蛋白质、脂肪、糖类等物质的作用各不相同。植物组织常用的固定液为F.A.A固定液，F.A.A固定液又称标准固定液、万能固定液，适用于一般根、茎、叶、花药、子房组织切片，在植物形态解剖研究上应用极广，此固定液最大优点是兼有保存剂作用。具体配方为：50%或70%乙醇90 mL、冰醋酸5 mL、福尔马林(37%～40%甲醛溶液)5 mL。如果用在植物胚胎的材料上，改用下面的配方，效果较好：50%乙醇89 mL、冰醋酸6 mL、福尔马林5 mL。

3. 洗涤与脱水

固定后的组织材料需除去留在组织内的固定液及其结晶沉淀，否则会影响后期的染色效果。乙醇为常用脱水剂，它既能与水相混合，又能与透明剂相混。为了减少组织材料的急剧收缩，应按从低浓度到高浓度递增的顺序进行，通常从30%或50%乙醇开始，经70%、85%、95%乙醇直至纯乙醇(无水乙醇)，每次时间为1 h至数小时。

4. 透明

纯乙醇不能与石蜡相溶，还需用能与乙醇和石蜡相溶的媒浸液，替换出组织内的乙醇。材料块在这类媒浸液中浸渍，出现透明状态，此液即称为透明剂，透明剂浸渍过程称为透明。常用的透明剂有二甲苯、苯、氯仿、正丁醇等，各种透明剂均是石蜡的溶剂。通常组织先经纯乙醇和透明剂各半的混合液浸渍1～2 h，再转入纯透明剂中浸渍。透明剂的浸渍时间则要根据组织材料块大小而定。如果透明时间过短，则透明不彻底，石蜡难以浸入组织；如果透明时间过长，则组织硬化变脆，不易切出完整切片。最长为数小时。

5. 浸蜡与包埋

用石蜡取代透明剂，使石蜡浸入组织而起支持作用。通常先把组织材料块放在熔化的石蜡和二甲苯的等量混合液浸渍1～2 h，再先后移入2盒熔化的石蜡液中浸渍3 h左右，浸蜡应在高于石蜡熔点3 ℃左右的温箱中进行，以利于石蜡浸入组织内。浸蜡后的组织材料块放在装有蜡液的容器中(摆好在蜡中的位置)，待蜡液表层凝固，迅速放入冷水中冷却，即做成含有组织块的蜡块。容器可用光亮且厚的纸折叠成纸盒或金属包埋框盒。如果包埋的组织块数量多，应进行编号，以免弄错。石蜡熔化后应在蜡箱内过滤后使用，以免因含杂质而影响切片质量，且可能损伤切片刀。通常石蜡采用熔点为56～58 ℃或60～62 ℃两种，可根据季节及操作环境温度来选用。

6. 切片

包埋好的蜡块用刀片修成规整的四棱台，以少许热蜡液将其底部迅速贴附于小木块上，夹在轮转式切片机的蜡块钳内，使蜡块切面与切片刀刃平行，旋紧。切片刀的锐利与否、蜡块硬度是否适当都直接影响切片质量，可用热水或冷水等适当改变蜡块硬度。通常切片厚度为6～8 μm，切出一片接一片的蜡带，用毛笔轻托轻放在纸上。

7. 贴片与烤片

用黏附剂将展平的蜡片牢固附于载玻片上，以免在以后的脱蜡、水化及染色等步骤中滑脱开。黏附剂是蛋白甘油。首先在洁净的载玻片上涂抹薄层蛋白甘油，再将一定长度蜡带(连续切片),或用刀片断开成单个蜡片,于温水(45℃左右)中展平后,捞至载玻片上铺正,或直接滴2滴蒸馏水于载玻片上,再把蜡片放于水滴上,略加温使蜡片铺展,最后用滤纸吸除多余水分,将载玻片放入45℃温箱中干燥,也可在37℃温箱中干燥,但需适当延长时间。

8. 切片脱蜡及水化

干燥后的切片需脱蜡及水化才能在水溶性染液中进行染色。用二甲苯脱蜡,再逐级经纯乙醇及梯度乙醇直至蒸馏水。如果染料配制于乙醇中,则将切片移至与配制染料的乙醇近似浓度时,即可染色。

9. 染色

染色的目的是使细胞组织内的不同结构呈现不同的颜色,以便于观察。未经染色的细胞组织其折光率相似,不易辨认。经染色,可显示细胞内不同的细胞器与内含物以及不同类型的细胞组织。染色剂种类繁多,应根据观察要求及研究内容采用不同的染色剂及染色方法,还要注意选用适宜的固定剂,这样才能取得满意的结果。经典的苏木精和番红染色法是植物组织切片标本的常规染色法。

10. 切片脱水、透明和封片

染色后的切片尚不能在显微镜下观察,需经梯度乙醇脱水,在95%及纯乙醇中的时间可适当延长以保证脱水彻底;如染液为用乙醇配制,则应缩短在乙醇中的时间,以免脱色。二甲苯透明后,迅速擦去材料周围多余液体,滴加适量(1～2滴)中性树胶,再将洁净盖玻片倾斜放下,以免出现气泡,封片后即制成永久性玻片标本,在光镜下可长期反复观察。

四、作业

(1) 利用徒手切片法观察几种植物叶片的细胞形态和特征。

(2) 利用压片法观察植物根尖在有丝分裂各时期的染色体的形态特征。

(3) 编制石蜡切片法中从固定到包埋的时间进程安排表。

综合实训四　植物标本的采集及制作技术

一、目的和要求

通过野外观察和采集植物标本,掌握蜡叶标本的制作技术。

二、用品和材料

标本夹(配以绳带),采集箱(或采集袋),小铲,枝剪,海拔仪,放大镜,吸水纸(易于吸水的草纸或旧报纸),号签,野外记录签,定名标签(具体式样附后),小纸袋,照相机,蛇药,地图。

三、内容和方法

(一) 标本的采集

1. 植株选择

① 采集的标本要求完整,即花、果、枝、叶俱全。由于物候差异造成花果不能同期采摘的,应分期采集,因为植物分类时主要根据花与果实的形态特点加以区分。

② 所采标本大小要求为 30 cm×40 cm。植物小或稍大但细弱者,应采集全株,压制时依据植株大小放成原形、V 形或 N 形;植物粗大者,可剪取几段有代表性的压起来;对木本植物通常只采取树枝的一段。

③ 对于雌雄异株的植物,要尽可能采集到雌株和雄株;对于雌雄同株且异花的植物,要采集到雌花枝和雄花枝。

④ 对于寄生植物(如菟丝子等),要求连寄主一起采集。

⑤ 有些科的植物采集时有特别的要求,如百合科、兰科、石蒜科和禾本科等植物地下部分必须采集;伞形科、十字花科、杨柳科、桑科和菊科等植物,要求采到不同部位的叶子;紫草科、十字花科和伞形科等植物应收到果实等。

⑥ 每种植物要多采集几份,以供选择压制,最后留下 3~5 份。对于稀有种、有特殊用途的种、有经济价值的种,应多采集几份,以便同有关单位交换,但采集数量要与资源多少相一致。

⑦ 及时将采集到的标本编号登记。

2. 填写记录表格时应注意的问题

① 同时同地采来的同种标本,编同一号数,每个标本挂一个标本牌。

② 采集时间或地点不同的标本编成不同的号数。

③ 同一采集人或采集队,其标本编号应是连续的。

④ 在每张记录表上详细写出采集地点,避免写“同上”字样。

⑤ 对雌雄异株的植物,分别编号,但要说明两号的关系。

⑥ 仔细填写记录表中的项目,尤其要注明花、枝和叶的颜色,因为压制后有些颜色会失真。

(二) 植物标本的压制

压制植物标本的目的是使植物在短时间内脱水干燥,使其形态与颜色得以固定,便于保存和研究，在压制植物标本的过程中需要注意以下问题。

1. 边采摘边压制

边采摘边压制可以保持植物良好的自然形态，便于植物各部分铺平展开，并视实际需要进行一些人为加工，以展示全貌。对于脱落的花、果实、种子等，应装入小纸袋中与标本放在一块。

2. 及时更换吸水纸

在压制过程中，植物体会外释水分，造成一个湿环境，使标本难以干燥或发生霉变，因此要及时更换吸水纸。换纸时间：前一天压下的标本，第二天早上就应换第一次纸，以后逐步延长换纸间隔时间，直至标本干燥。换下来的湿的吸水纸应拿去晒干或烘干，以备再用。为保证标本质量，在换纸过程中应对标本进行修整，去除霉变部分，合理布局，便于今后标本的制作和鉴定。

3. 整理充分干燥的标本

按号数抄写野外记录，与相应的标本放在一起，以备送交进一步整理或鉴定。

（三）蜡叶标本的制作

把充分干燥的植物标本固定在硬纸上作为永久性标本，这种标本称为蜡叶标本，所用的硬纸称为台纸。

1. 台纸的大小与性质

台纸有不同的规格，标本室里正式标本的台纸规格为 30 cm×40 cm；台纸纸质要硬、较厚，上面有一层薄而韧的盖纸。

2. 标本消毒

未经消毒便存入标本室的标本，经过长时间之后会发生虫蛀。为避免此损失，有必要在标本存入标本室之前给予消毒处理。少量标本消毒可将标本放在 0.5%～1%升汞和 50%～70%乙醇溶液中浸一下；大量标本消毒可采用熏蒸方法，即将标本置于密封容器或房内，注入适量溴甲烷或氯化钴，熏蒸 23～35 h。

3. 标本的装帧——上台纸

固定时可用针线缝上，或用 2～3 mm 宽的牛皮小纸条粘贴，近年来亦有用有机黏合剂把标本固定在台纸上的。装订时要摆好标本的位置，勿使过于偏于一侧。枝叶太多时，可适当剪去一部分。最后在台纸的左上角贴上同一编号的采集记录，以利于日后鉴定和研究，并在台纸的右下角贴上一张鉴定用的标签纸，以供鉴定时填写。形体过小的植物可以装在小塑料袋中贴于台纸中央。脱落的花、果和种子可用小塑料袋装好贴于右上角。

（四）标本的保存

将上好台纸的标本分科、分属装入标本柜中，标本的排列顺序一般应遵循自然系统。为了标本更安全，可在柜中放一些樟脑丸，在里面常配置放大镜、解剖镜和解剖器等常用工具。

（五）其他标本处理

有些不易上台纸装帧成蜡叶标本的种类或器官，可参照下列方法处理。

① 常绿、针叶带球果标本，如云杉、油松等，可待其干燥后托以棉花放入标本盒中。

② 树皮标本可干燥后钉、贴于薄板上，存于塑料袋中。

③ 不宜压制的果实、花及含水量高的枝叶，可制成液浸标本。程序为：清洗标本，敷

于玻璃棒(条)上;放入药液标本缸中,药液应浸没标本;蜡封瓶盖;贴上标签。

四、作业

自行设计并制作1～3份合格的植物蜡叶标本。

附:式样1　号签

植物标本号签
采集号:
俗名:
采集人:
采集时间:
采集地点:

式样2　野外记录卡

植物标本采集野外记录卡	
采集号:	采集时间:　　年　　月　　日
产地:	
生境:(如森林、草地、山坡等)	
海拔:	分布:
性状:	
胸径:	树高:
树皮:	
叶:(正反面的颜色或有毛否)	
花:(花序、颜色等)	
果、种子:(颜色、性状)	
采集人:	
学名:	科名:
俗名:	
附记:(特殊性状等)	

式样3　定名标签

植物标本定名标签	
中文名:	学名:
科名:	产地:
采集号:	采集时间:
采集人:	鉴定人:

综合实训五　野生植物资源的调查技术

一、目的和要求

野生植物资源是指人类采集利用的野生原料植物。通过野生植物资源调查，了解和掌握野生植物资源的种类及应用价值；学会制订不同野生植物资源的调查方案。

二、用品和材料

① 资源植物测定的用品、用具：这类用具随所调查的植物资源类别而异。如测定纤维植物需要显微镜和测微尺，测定芳香植物则需要小型蒸馏装置。应该根据调查内容做好准备。

② 标本采集和制作的用品、用具：植物资源调查，离不开分类工作。在确定某种植物的资源价值时，必须同时确定它的名称和分类地位。要使调查者认识所调查的植物，并采集和制作标本。

③ 群落考察的用品、用具：植物资源调查，是在群落中进行的，无论是样方还是样线法，都需要测绳、标杆、坡度计等各项用具。

三、内容和方法

（一）调查前的准备工作

1. 确定调查内容

植物资源调查内容可多可少，取决于调查目的和可能投入的人力、物力，在调查内容上通常有以下三种范围。

（1）调查某区域的全部植物资源　当一个地区从来没开展过植物资源调查时，需要进行全面调查，以提供一份本地区的植物资源名单。

（2）调查某区域某一类或某几类植物资源　通常是根据本地某项经济要求或根据调查者本人的意愿而确定的。

（3）调查某区域一种、两种或几种资源植物　在对本地区植物资源已有初步了解，而想对其中利用价值大、有发展前途的种类进行重点了解时，则采用深入调查少数几种植物的做法。

2. 选择调查地点和时间

（1）调查地点　可选择本地有代表性的地方作为调查点。所谓具有代表性，是指能代表本地的生境特点和植被类型。在山区，可选择1～2个山头；平原则可选择1～2块自然地段作为调查点。

（2）调查时间　在时间安排上，最好选择周年定期的方式，即在4—10月份的植物生活期间，每隔半个月或一个月，进行一次调查。这样安排，对全面了解一个地点的植物资源很是必要。在人力不足时，也可采取在暑期集中调查几次的方式。

3. 选用调查方法

（1）样地法　在植物群落中划出一定面积的长方形或正方形样方，在样方中进行调查,这种调查方法称为样地法。在同一植物群落中,要在不同高度、不同坡向选择典型地段设置若干个样方,其数目多少随群落大小和调查人力情况而定,一般为5~10个;样方面积,森林一般为400 m^2,灌丛50 m^2,草坡5 m^2。样方适用于各种生活型的植物(乔木、灌木、草本均可),调查结果也较为准确,但比较费时费力。

(2) 样线法　在植物群落中设想一条直线,在沿直线一侧的1 m范围内进行调查,这种调查方法称为样线法。样线长度一般不短于50 m,样线数目草本不少于5条,木本不少于10条(要在不同高度、不同坡向设立样线)。样线法一般适用于乔木、灌木、大型草本和稀疏分散的种类。

(二) 调查过程

1. 野外初查

野外初查是植物资源调查的第一步,而且是很重要的一步,这一步主要寻找资源植物并确定资源植物的类型。

(1) 野外初查的基本方法　野外初查的基本方法有三种。一种是用器官感觉的方法,即利用视觉、嗅觉乃至触觉,去观察形态颜色、分辨气味和触摸质地。在野外,大多数资源植物可以用这种方法进行测定。第二种方法是简单的化学速测方法,例如将碘-碘化钾溶液滴在含淀粉的器官薄片上,会迅速产生蓝紫色,证明有淀粉存在。用1%铁矾滴在含单宁的树皮切面上,很快呈现蓝绿色,证明有单宁的存在。第三种方法是访问当地居民,主要针对各种药用植物,在野外很难测定,可访问当地居民,了解各种植物的药用价值。

(2) 野外初查中应注意的问题　不同科属中常含有不同的资源植物,所以在野外初查中,要根据分类学所提供的资料,心中有数地进行调查。例如,唇形科是富含芳香植物和药用植物的一个科,当遇到唇形科植物时,就应该主要从芳香油和药用这两个方面进行鉴别;如果要寻找芳香植物或药用植物,就应该多考虑唇形科的植物。这样就不会“大海捞针”了。

2. 采集标本和样品

初查后,要对初步确定的资源植物进行标本和样品的采集。

(1) 采集标本　对于所调查的资源植物,不管调查者是否认识,都要采集标本。采集标本时,要按照正确的方法进行,必须填写采集记录卡,在标本制作好以后,定名务必准确。

(2) 采集样品　采集样品主要是为了供室内检验测定之用。样品采集的部位、数量以及规格要求,视资源植物的类型而异。例如,油脂植物要采集果实(或种子)2000~3000 g,纤维植物则要采集其皮部或全部茎叶,在1000 g左右。采集的样品要放在阴凉处风干保存,勿使其生霉腐烂。样品采集后,应填写“资源植物采集样品登记卡”,并拴好号牌。

3. 室内测定

室内测定是利用有关仪器设备,在室内对资源植物进行检验测定。室内测定有两个任务:一是提取植物体中的有关成分,如芳香植物的芳香油、纤维植物的纤维;二是分析提取物的含量和质地,如芳香植物单位干重含芳香油的数量,芳香油的物理指标、化学指标的测定,纤维的化学分析,单纤维的长度和宽度等。通过室内测定,可以确定一个资源植物的产量、品质和利用价值,这是调查植物资源不可缺少的步骤。如果调查者缺乏室内测定的手段,可将一部分样品送交有关单位代为测定。

4.调查资源植物的蓄积量

衡量一种资源植物的利用价值，不仅看它本身有用成分的含量和质地，还要看它的蓄积量。如果一种植物的蓄积量很少，即使有用成分含量再高、质地再好，利用价值也不大。蓄积量包含数量和质量两个方面。

数量蓄积是指单位面积内该资源植物的株数。可以用样地法或样线法进行计算，样方和样线均应设5～10个(条)，取其平均值，最后计算每公顷所含株数。样方和样线的设立，可利用野外初查时所划的样方、样线。

质量蓄积是指单位面积内该资源植物的总湿重和总干重。质量蓄积的调查是在数量蓄积调查的基础上进行的。可在样方内或在样线一侧选择一定数目的植株，或挖取其整株植物，或采摘其有用部分，就地进行称重，获得湿重数值，再将称重过的植物带回晒干，再次称重，获得干重数值。调查也应在5～10个样方(或样线)上进行，求取平均值，并计算每公顷所含质量。每个样方(样线)中选取的植株数目，视植株大小而异，乔木和灌木可取5～10株，草本可取10～50株。所选用的植株均应是中等发育水平的。

(三) 资料整理和总结

1. 资料的整理

(1) 整理植物标本　在野外调查中，采集了大量标本，应及时将它们制成蜡叶标本和浸制标本，并查阅文献，鉴定名称。定名后的标本，应该按资源植物的类别进行分类，妥善存放。每一份标本都要具备以下三个条件：标本本身应是完整的，包括根、茎、叶、花(果)；野外记录复写单的各项内容应完整无缺；定名正确。

(2) 整理样品　每一种样品都要单独存放(放入布袋、纸袋或其他容器内)，样品要拴好号牌，容器外面贴好登记卡。需要请外单位代为测定的样品应及时送出，不要拖延，以免时间过长样品变质。

(3) 整理各项原始资料　所有野外观察记录、野外简易测定结果、室内测定数据、各种测定方法、访问记录等，都是调查工作的原始资料。依据这些原始资料，才能发现和确定新的资源植物和提出如何利用植物资源的意见。所以要珍视各项原始资料。原始资料要按类别装订成册，由专人保管。

2. 资料的总结

(1) 提出被调查区各类野生植物资源名录　对名录中的每一种资源植物，应说明它的分布、生境、利用部分、野外测定结果、利用价值等项。如果做了室内测定和蓄积量调查，应将这两方面的数值写入名录。

(2) 提出几种有开发价值的资源植物　在提出一份植物资源名录的基础上，应提出几种有开发价值的植物。有开发价值的植物应该是新发现的、有重大利用价值的新资源植物；或是已知的资源植物，但在调查中发现有新的重要用途；或是已知的资源植物，也没发现新的用途，但在被调查区发现有大量分布。对有开发价值的资源植物，除应按照名录中各项内容进行介绍外，还应提出它的利用方法和发展前途。

(3) 提出被调查区野生植物资源的综合利用方案　根据被调查区的野生植物资源名单和重要资源植物情况，可以提出对调查地野生植物资源综合利用的方案。其内容包括：应开发利用哪些植物资源；如何开发利用；如何做到持续利用；对调查地濒危植物资源如何保护；如何做到开发和保护相结合；等等。

（4）举办小型展览会　可以将上述资料整理和总结的全部内容进行展出，这样不仅可向各方面汇报自己的调查工作，同时也是宣传、保护和开发野生植物资源的一种好形式。

（5）将调查工作的内容以“通讯”、“小论文”的形式进行总结，投交报刊发表，扩大影响。

（四）案例分析

我国的野生植物资源按照其用途的不同，可分为食用植物资源、药用植物资源、工业用植物资源、防护和改造环境植物资源以及植物种质资源等五类，其中每一类又可分为若干小类。下面以纤维植物资源为例说明植物资源的调查方案。

富含纤维的植物称为纤维植物。植物纤维按其存在于植物体部位的不同，可分为韧皮纤维、叶纤维、茎秆纤维、种子纤维、木材纤维、果壳纤维和根纤维。

1. 野外初查

在野外，对于木本植物，可剥取枝条的皮部；对草本植物，则摘取它的茎或叶，用手试验它们的拉力和扭力，并将纤维和其他组织分离，观察纤维束的长短、粗细和数量，初步判断它们的利用价值。

2. 标本采集

其方法与一般植物相同。但对木本植物，要采它的树皮，并将树皮和纯净的纤维束装订在蜡叶标本的台纸上。

3. 样品采集

对一般双子叶植物，可直接剥其皮部，用木棒锤打，并在钉梳上来回撕拉，再在水中揉搓漂洗，除去纤维以外的杂质，仅留纯净的纤维束。对一般单子叶植物（禾草、莎草、蒲草等），可以割取其地上部分，所得到的这些样品要放在阴处风干保存。这种风干的样品，应不少于 2000 g。样品应进行登记，并拴好号牌。

4. 室内测定

（1）纤维的脱胶和含量计算　纤维在植物体内多集中成束，彼此由果胶质紧密相连，此外尚有木质素、五碳糖混生于其中。脱胶的目的是将这些物质分解而使纤维分离出来。脱胶的方法很多，大致分为天然脱胶和人工脱胶两类。前者是利用细菌分解纤维细胞间的果胶质和其他物质，后者是用化学物质分解这些物质。野生植物纤维一般采用化学脱胶法，其中最常用的是碱煮脱胶法和氯碱脱胶法。果胶含量多、木素含量少的材料，应采用碱煮脱胶法；木素含量多，则应采用氯碱脱胶法。纤维脱胶后，应求算纤维在样品中的百分含量。

（2）纤维的化学分析　纤维的化学分析项目有含水量、脂肪含量、水溶性物质含量、乙醇可溶物含量、纤维素含量、半纤维素含量、果胶质含量、木质素含量和灰分含量等，其中以纤维素、半纤维素、木质素、果胶质四项最为重要。条件具备时，应该测定。

（3）纤维在茎叶中的分布及相对含量　用徒手切片法将树皮、茎、叶进行横切，制作临时切片，在显微镜下观察纤维的形状、大小和排列方式，并用测微尺测定纤维在单位面积中所占的比例，以确定其相对含量。

（4）测定单纤维的长度和宽度　将纤维放入铬酸-硝酸离析液中进行离析，经半天至一天，纤维细胞即可彼此离散。将离析好的纤维制作临时装片，并用测微尺测量单个纤维的长度和宽度。

(5) 测量纤维的拉力、扭力和公制支数　本项由于需用特殊仪器，自己一般无法测定，可请有关单位代测。

5. 蓄积量的调查

其方法同一般植物。

6. 记载

按野生纤维植物调查登记表内容进行记载，见表 13-21。

表 13-21　野生纤维植物调查登记表

<table>
<tr><td colspan="2">号数：</td><td colspan="3">标本号：</td></tr>
<tr><td colspan="5">植物名称：</td></tr>
<tr><td colspan="2">采集地点：</td><td colspan="3">生境：</td></tr>
<tr><td colspan="2">每公顷株数：</td><td colspan="3">每公顷质量：</td></tr>
<tr><td colspan="5">植株发育阶段：</td></tr>
<tr><td>植株高度：</td><td>茎粗：</td><td>叶长：</td><td colspan="2">叶宽：</td></tr>
<tr><td colspan="5">野外粗查结果：</td></tr>
<tr><td colspan="5">纤维含量/(%)：</td></tr>
<tr><td colspan="5">纤维中的化学成分</td></tr>
<tr><td>纤维素含量/(%)</td><td>半纤维素含量/(%)</td><td>木质素含量/(%)</td><td>果胶质含量/(%)</td><td>其他成分含量/(%)</td></tr>
<tr><td></td><td></td><td></td><td></td><td></td></tr>
<tr><td colspan="5">茎叶横切面上纤维分布及相对含量</td></tr>
<tr><td colspan="2">纤维排列形式</td><td colspan="3">纤维占茎叶面积的比例/(%)</td></tr>
<tr><td colspan="2"></td><td colspan="3"></td></tr>
<tr><td colspan="5">单纤维的形态</td></tr>
<tr><td>形状</td><td>平均长度/mm</td><td>平均直径/μm</td><td>壁厚/μm</td><td>腔宽/μm</td></tr>
<tr><td></td><td></td><td></td><td></td><td></td></tr>
<tr><td colspan="5">纤维品质</td></tr>
<tr><td colspan="2">拉力</td><td colspan="2">扭力</td><td>支数</td></tr>
<tr><td colspan="2"></td><td colspan="2"></td><td></td></tr>
<tr><td colspan="5">备注：</td></tr>
</table>

四、作业

查阅相关资料并结合当地实际情况，制订出 2～3 种野生植物资源的调查方案。

参考文献

[1] 陈忠辉.植物与植物生理[M].2版.北京:中国农业出版社,2012.
[2] 张守润,杨福林.植物学[M].北京:化学工业出版社,2007.
[3] 崔玲华.植物学基础[M].北京:中国林业出版社,2005.
[4] 林纬,潘一展,杨卫韵.植物与植物生理[M].北京:化学工业出版社,2009.
[5] 方炎明.植物学[M].北京:中国林业出版社,2006.
[6] 马炜梁,王幼芳,李宏庆.植物学[M].北京:高等教育出版社,2009.
[7] 崔爱萍,邹秀华.植物与植物生理[M].北京:中国农业出版社,2017.
[8] 强胜.植物学[M].2版.北京:高等教育出版社,2017.
[9] 王衍安.植物与植物生理[M].北京:高等教育出版社,2009.
[10] 李扬汉.植物学[M].上海:上海科学技术出版社,1987.
[11] 卞勇,杜广平.植物与植物生理[M].北京:中国农业大学出版社,2007.
[12] 周云龙.植物生物学[M].2版.北京:高等教育出版社,2004.
[13] 王忠.植物生理学[M].北京:中国农业出版社,2000.
[14] 秦静远.植物与植物生理[M].北京:化学工业出版社,2006.
[15] 陈润政.植物生理学[M].广州:中山大学出版社,1998.
[16] 潘瑞炽.植物生理学[M].北京:高等教育出版社,2008.
[17] 曹仪植,宋占午.植物生理学[M].兰州:兰州大学出版社,1998.
[18] 邹良栋.植物生长与环境[M].北京:高等教育出版社,2004.
[19] 李德全,高辉远,孟庆伟.植物生理学[M].北京:中国农业科学技术出版社,1999.
[20] 武维华.植物生理学[M].北京:科学出版社,2008.
[21] 茼辉民.植物生理学[M].北京:北京农业大学出版社,1994.
[22] 孟繁静,刘道宏,苏业瑜.植物生理生化[M].北京:中国农业出版社,1995.
[23] 李合生.现代植物生理学[M].北京:高等教育出版社,2002.
[24] 张继澍.植物生理学[M].北京:世界图书出版公司,1999.
[25] 张新中.植物生理学[M].北京:化学工业出版社,2007.
[26] 郝建军.植物生理学[M].北京:化学工业出版社,2007.
[27] 黄建国.植物营养学[M].北京:中国林业出版社,2004.
[28] 陆景陵.植物营养学(上)[M].北京:中国农业大学出版社,2010.

[29] 徐克章.植物生理学[M].北京:中国农业出版社,2007.
[30] 杨玉珍.植物生理学[M].北京:化学工业出版社,2010.
[31] 张慎举,卓开荣.土壤肥料[M].北京:化学工业出版社,2009.
[32] 金为民.土壤肥料[M].北京:中国农业出版社,2009.
[33] 陈伦寿.农田施肥原理与实践[M].北京:中国农业出版社,1984.
[34] 陈晓亚,汤章城.植物生理与分子生物学[M].北京:高等教育出版社,2007.
[35] 胡宝忠,胡国宣.植物学[M].北京:中国农业出版社,2002.
[36] 徐汉卿.植物学[M].北京:中国农业出版社,1994.
[37] 王三根.植物生理生化[M].北京:中国农业出版社,2008.
[38] 吴显荣.基础生物化学[M].2 版.北京:中国农业出版社,2004.
[39] 北京市农业学校.植物及植物生理学[M].3 版.北京:中国农业出版社,1995.
[40] 郑殿升.中国引进的栽培植物[J].植物遗传资源学报,2011,12(6):910-915.
[41] 杨泽敏.植物芽休眠及调控的研究进展[J].世界农业,2001(11):41-42.
[42] 潘琳,徐程扬.种子休眠与萌发过程的生理调控机理[J].种子,2010,29(6):42-47.
[43] 杨期和,叶万辉,宋松泉,等.植物种子休眠的原因及休眠的多形性[J].西北植物学报,2003,23(5):837-843.
[44] Pon Liza A,Schon Eric A.Mitochondria[M].2nd ed.California:Elsevier Inc.,2007.
[45] Taiz L,Zeiger E.Plant Physiology[M].3rd ed.Sunderland:Sinauer Associates Inc.,2010.
[46] Dennis D T,Turpin D H,Lefebvre,et al. Plant Metabolism[M].2nd ed.Essex:Longman,1997.
[47] Buchanan B B,Gruissem W,Jones R L.Biochemistry & Molecular Biology of Plant[M].Rockville:American Society of Plant Physiologists,2002.
[48] Hopkins W G.Introduction to Plant Physiology[M].2nd ed.New York:John Wiley & Sons Inc.,1999.
[49] 韩云民,胡昌川,段宪明,等.利用外源化学抑制物质控制杂交小麦不育种子的穗萌[J].种子,1991(4):12-15.